CONSTRUCTION CONTRACT

建设工程合同

谢华宁◎著

北 京

图书在版编目(CIP)数据

建设工程合同 / 谢华宁著.
北京:中国经济出版社,2017.5
ISBN 978-7-5136-4633-8
Ⅰ.①建… Ⅱ.①谢… Ⅲ.①建筑工程—经济合同—管理 Ⅳ.①TU723.1

中国版本图书馆 CIP 数据核字(2017)第 045068 号

责任编辑 师少林
责任印制 巢新强
封面设计 久品轩

出版发行 中国经济出版社
印 刷 者 北京科信印刷有限公司
经 销 者 各地新华书店
开　　本 787mm×1092mm 1/16
印　　张 19.5
字　　数 350 千字
版　　次 2017 年 5 月第 1 版
印　　次 2017 年 5 月第 1 次
定　　价 88.00 元
广告经营许可证 京西工商广字第 8179 号

中国经济出版社 **网址** www.economyph.com **社址** 北京市西城区百万庄北街 3 号 **邮编** 100037
本版图书如存在印装质量问题,请与本社发行中心联系调换(联系电话:010-68330607)

序

这是一份等待了许久的作业。记得那是1989年初春的一个下午,我从美国带回了一本《建设合同法律丛书》(《Deskbook of Construction Contract Law》),交由本书作者谢华宁,希望他能与同仁一同学习研究,期待他们能有所收获,并提交相应的成果,但终究未能如愿。时隔多年的今天,谢华宁携《建设工程合同》一书,恳请我为该书作序,心存感慨。无论作者经历了什么,是从中国国际工程咨询公司到中国工程咨询协会的磨砺,还是又从协会到中国政法大学潜心对《合同法》的研究和授课,《建设工程合同》一书就算对我多年前所布置的作业的完成,尽管提交得太迟。

谢华宁曾跟随我多年。在中国国际工程咨询公司时,他作为经济与法律部法律处负责人,曾主持过建设工程相关合同范本的起草工作,并参与了许多重大工程建设项目的评估调研工作;在中国工程咨询协会时是政策研究部处级干部,参与了协会有关政策法规方面的研究工作,其间,于1992—1993年在香港美国伟凯律师事务所(White & Case)工作学习,参与了相关国际工程项目法律业务;后来调入中国政法大学任教,讲授《合同法》、《公司法》等商法课程,依旧坚持对建设工程合同方面问题的研究。

本书还是体现了作者的职业背景和风格的。首先从基本概念出发,对建设工程合同在我国的涵义、特征和产生的特定历史背景作了阐述,体现了作者作为大学教师的一种治学严谨的态度,并有助于读者了解有中国特色的建设工程合同内容及管理体制;纵观本书内容结构,对建设工程合同涉及的问题较为全面,这与同类书籍比较,不失为特色之一,对读者全方位地了解建设工程合同内容有很大帮助;在注重涉猎范围全面的同时,也不乏对重点问题的关注和探讨,如对建设工程合同效力方面,从理论到实践都作了较为深入的分析。

建设工程合同是专业性、实践性极强的合同,纯粹的理论分析将使文章的价值大打折扣,作者了解到了建设工程合同的实用性和操作性的重要,在书中大篇幅地对FIDIC红皮书和我国九部委颁发的《标准施工招标文件》及《建设工程施工合同(示范文本)》这三个国际和国内被广泛使用的文本进行了比较分析，这有助于读者在实践中对相关文本的选择使用。

《建设工程合同》一书，是一份完成得不错的作业，也可以说是作者过去和现在的一份工作总结，望对读者能有所裨益。

徐礼章

2017.3.15

前　言

《中华人民共和国合同法》(以下简称《合同法》)把建设工程合同从承揽合同中独立出来,在《合同法》分则中做专章规定,反映了建设工程合同的特殊性。建设工程合同一般具有合同标的额大、履行周期较长、专业性和技术性强、国家干预多等特征,使得建设工程合同的订立和履行、效力的影响因素等方面与其他合同有很大区别。加之建设工程合同实施过程中涉及的法律关系复杂,导致在理论和实践中,对建设工程合同某些原则和规则存在不同的认识,在该类合同案件的法律适用方面存在较大争议,甚至"同案情不同判决"的现象时有发生。为此,最高法院在 2004 年出台了《关于审理建设工程施工合同纠纷案件适用法律若干问题的解释》,该解释的颁布实施,对建设工程施工合同案件的审理起到了指导性作用,解决了一部分理论和实践的问题,但是最高法院的司法解释本身同样也引起了一些新的争议。所以有必要从《合同法》的基本理论出发,结合建设工程的具体实践,对建设工程合同作进一步的探讨研究。

建设工程合同包括工程勘察合同、工程设计合同及工程施工合同三大类。工程勘察合同和工程设计合同涉及的是工程建设的前期工作,在工程建设中起到了基础性的作用,而工程施工合同则是将设计图纸变为满足功能、质量、进度、投资等发包人投资预期目的的建设产品,工程施工合同所涉及的主体更为复杂,履行的时间更长,理论和法律问题争议也较大,所以本书在论述中更多以工程施工合同为主展开,以澄清相关理论问题和法律适用问题。

在建设工程合同的实践中,我们离不开合同的文本。在国际工程承发包活动中,有被誉为"圣经"的 FIDIC 合同条款,特别是其中的《土木工程施工合同条件》(称为"红皮书")和 1999 年版的《施工合同条件》(称为"新红皮书")更是运用广泛;在国内,有关建设工程合同的范本是:《标准施工招标文件》(2007 年版)和《建设工程施工合同(示范文本)》(GF—2013—0201),前者为国有资本投资或使用国际组织或者外国政府贷款、援助资金的项目并通过招投标签订的建设工程合同需强制采用的文本,后者则是几经修改的由住房城乡建设部、国家工商行政管理总局联合制定的示范文本,虽不具有强制使用的性质,但也被广泛采用。在对建设工程合同相关内容进行探讨时,离不开对以上文本的分析,本书重点分析的文本主要是 FIDIC 施工合同条件、《标准施工招标文件》(2007 年版)和《建设工程施工合同(示范文本)》(GF—2013—0201)这三个在国际和国内被广泛使用的文本。

本书的特点在于：

（1）涉及的建设工程合同问题较为全面，同时重点突出。本书从《合同法》的基本理论出发，对建设工程合同，特别是建设工程施工合同的订立、合同的招投标、合同主要条款、合同的履行、合同效力、合同解除及合同争议的解决等问题进行重点探讨；合同效力是《合同法》的核心问题，在建设工程合同实践中合同效力争议也是最大的，所以本书对建设工程合同的效力阐述的篇幅较其他章节大，以期突出本书重点；此外，对建设工程突出的问题如建设工程合同的担保、工程索赔、工程款支付等也专章涉及。

（2）结构合理。每章的第一部分为基础理论阐述，第二部分为所涉问题的实践状况和相关法理分析，第三部分为相关案例解析。

（3）论述力求客观，注重说理。特别是对于争议较大的相关问题，力求对现存的观点逐一进行论述分析，并提出笔者鲜明的意见。

（4）注重案例分析的权威性。本书所引案例大部分为各地高级法院或最高法院发布的权威案例，并对每个案例审判法官的观点进行阐述，并对涉及的相关法律问题做了适当的分析，提出了笔者的观点。

笔者曾经在国内某大型国际工程咨询机构和工程咨询行业协会工作过很长一段时间，在此期间，对国际工程实践中被广泛运用的工程合同范本有较深的接触。后由于个人原因到中国政法大学从事法学教育工作，主要讲授合同法学及商法学，尽管如此，仍然一直关注着建设工程相关法律问题和工程建设领域的发展。其实很早就想对建设工程合同方面做进一步的学习研究，但都因种种原因没有达成此愿。今终下决心，几经努力，最后形成此书。在此，我要感谢我的女儿谢佳鸣，是她在精神上给予我极大支持，让我能够在相当长的一段时间里静下心来收集整理资料并进行分析研究。尽管我本着虔诚之心写作此书，但由于本人的学识和见解的不足，本书一定会存在各种不足甚至错误，还望读者见谅并批评指正。

为了文章的阐述方便，本书对其中经常引用的法律、法规和合同文本简称如下：《中华人民共和国合同法》简称为《合同法》；《中华人民共和国建筑法》简称为《建筑法》；《中华人民共和国招标投标法》简称为《招标投标法》；最高法院《关于审理建设工程施工合同纠纷案件适用法律若干问题的解释》简称为《施工合同司法解释》；FIDIC 1999 年版《施工合同条件》——（用于业主设计的房屋建筑或工程）简称为 FIDIC 施工合同条件；《中华人民共和国标准施工招标文件》简称为《标准施工招标文件》；《建设工程施工合同（示范文本）》（GF—2013—0201）简称为《施工合同示范文本》。

作者联系方式：xiehn@ 263. net

谢华宁

2017. 3. 2

目　录

第一章　建设工程合同概述

第一节　建设工程合同的概念与特征

一、建设工程合同的概念与范围

英文“Construction Engineering”一般译为“建设工程”，同样也有翻译成“建筑工程”的。建设工程合同采用的是大建筑的概念，Building construction（各种建筑及构筑物合同）、Engineering Construction（大坝、桥梁、高速公路及其咨询服务等合同）以及Industiral Construction（制造及生产车间合同）都属于建设工程合同范畴。[1]

建设工程与建筑工程内涵本没有差异，但在我国却因为法律的不统一，人为地把两个相同的概念割裂开来，造成了法律适用的窘境。最为典型的就是合同法与建筑法，分别对建设工程合同和建筑行为进行规范，造成了建设工程与建筑工程概念的人为差异。

我国的《合同法》对建设工程合同进行了专章规定，尽管建设工程合同与承揽合同存在着诸多相似性，但大陆法系一些国家，如德国、日本等，将建设工程合同视为不动产承揽合同。而我国长期以来经济建设、法制等方面受到前苏联的影响，导致后来合同立法时，将建设工程合同独立成为我国十五个有名合同之一。即便现在的《俄罗斯民法》已将建设工程合同与承揽合同合并规定，但我国依旧独树一帜，《合同法》在分则中仍将建设工程合同与承揽合同分别进行规定。

《合同法》第二百六十九条规定：“建设工程合同是承包人进行工程建设，发包人支付价款的合同。建设工程合同包括工程勘察、设计、施工合同。”这个概念虽然简洁，但却引起较大争议。争议的焦点在于，把建设工程合同的标的定义为“工程建设”，而《合同法》和《建筑法》等法律并没有对“工程建设”这一标的的范围作出规定，这就导致对某些合同是否属于建设工程合同存在不同的认识。

我国至今对工程建设还是实行行业管理，能源、水利、交通、住宅建设等领域的工程建设分别归属于相关部门管理，对建设工程没有统一的立法。原全国人大常委会

---

① Kelth Collier. construction contracts < 3th edition >, Prentice Hall, 2001. PP24

法制工作委员会经济法室主任房维廉在《建筑法条文释义》序言[①]中对建筑法适用范围作出解释时，谈到建筑法草案曾对建筑活动定义为“土木建筑工程和建筑范围内的线路、管道、设备安装工程的新建、扩建、改建活动及建筑装修装饰活动”，其中包括了铁路、公路、机场、港口、水库、大坝、电信线路等建设工程在内，而这些工程各有特点，技术上有特殊要求，工程建设也各有其主管部门，本法难以完全适用。所以草案关于适用范围的建议最后没有被采纳。最终《建筑法》第二条第二款规定：“本法所称建筑活动，是指各类房屋建筑及其附属设施的建造和与其配套的线路、管道、设备的安装活动。”但《建筑法》第八十一条还是为其他建设工程适用《建筑法》留了个通道：“本法关于施工许可、建筑施工企业资质审查和建筑工程发包、承包、禁止转包，以及建筑工程监理、建筑工程安全和质量管理的规定，适用于其他专业建筑工程的建筑活动，具体办法由国务院规定。”

可见，《建筑法》也主要是对建筑工程活动进行规范，并不能涵盖所有建设工程。

后来国务院根据《建筑法》有关规定，于2000年1月10日制定并颁布《建设工程质量管理条例》，2000年9月25日颁布《建设工程勘察设计条例》，这两个条例所调整的对象却都是“建设工程”。其中《建设工程质量管理条例》第二条第二款规定：“本条例所称建设工程，是指土木工程、建筑工程、线路管道和设备安装工程及装修工程。”

由此看来，我国由于行业管理的原因，法律法规未能对建设工程的范围予以明确、统一的界定，使得司法实践在法律适用上存在对合同性质认定不一、“同案情不同判决”的现象，并由此造成了不良的社会影响。因此，从理论上和立法方面对建设工程合同形成统一认识，就显得尤为重要。

目前理论上对建设工程范围有以下几种观点：

（1）我国的建设工程就是指基本建设工程。事实上，基本建设工程不能等同于建设工程，基本建设工程是建设工程的重要组成部分，但不是全部。在改革开放之前，我国实行计划经济，工程建设几乎全部由国家严格按计划进行，国家严格按照五年计划、年度计划等方式安排国家的工程建设，由此形成了“基本建设”工程的概念，赋予了其特定的含义。国家长期对基本建设工程进行计划管理，颁布了许多行政管理性质的部门规章，形成了严格的基本建设程序和标准，这些程序和标准至今仍对我国基本建设发挥着重要作用。即使在市场经济地位得到确认的今天，基本建设工程依旧是我国建设工程最重要的组成部分，相关的部门规章仍然层出不穷。例如，2011年修订的《国家重点建设项目管理办法》中，对国家大中型国家重点基本建设项目管理作出了规定，其中第二条规定：“本办法所称国家重点建设项目，是指从下列国家大中型基

---

① 闫铁流，张桂芹．建筑法条文释义［M］．北京：人民法院出版社，1998，6.

本建设项目中确定的对国民经济和社会发展有重大影响的骨干项目：（一）基础设施、基础产业和支柱产业中的大型项目；（二）高科技并能带动行业技术进步的项目：（三）跨地区并对全国经济发展或者区域经济发展有重大影响的项目；（四）对社会发展有重大影响的项目；（五）其他骨干项目。”

改革开放后，我国的经济建设发生了翻天覆地的变化，并逐步确立了市场经济的地位。改革开放至今，民营企业得到空前的发展，民营资本成为我国经济建设不可或缺的部分，民营企业成为工程建设的重要力量。同时，外国资本也参与到了我国工程建设当中。

所以，我国工程建设再也不是从前国有资本“一枝独秀”的时候了，而是处于国有、民营、外国资本并存的时期，因此，基本建设工程已经无法涵盖建设工程的概念了。

但值得注意的是，我国目前有相当多的部门规章，是针对属国家计划建设的基本建设项目的，并不适用于民营、外资投入的建设工程项目，由此形成了建设工程项目管理程序的二元制结构。

（2）有学者认为建设工程是指不动产的建造。持这种观点的人认为，建设工程合同属承揽合同的一种，承揽合同分为动产承揽和不动产承揽，建设工程属不动产承揽。诚然，许多国家的确没有独立的建设工程合同，而是由承揽合同来调整建设工程中的法律关系。大部分的建设工程都具有固定、不可移动性，如建筑物的建造、电力设施建设等，但建设工程绝非仅限于不动产建造，建筑安装、机械制造、船舶建造等在我国都属于建设工程范畴，因而把建设工程的范围界定为不动产建造是不科学的。

（3）有学者把对承包方有资质要求的建设活动界定为建设工程，没有资质要求的界定为承揽工作。笔者认为，这种观点未免以偏概全。尽管我国对从事建设工程的企业和人员有严格的资质要求，而承揽合同没有类似要求，但仅以此作为区分建设工程合同和承揽合同的唯一标准并不合适，笔者认为还应当根据合同标的的复杂性、技术性和专业性等特点一并综合判断认定。

关于建设工程合同的适用范围，还有两个相关问题需要统一认识和立法明确确定：

第一、农村农民自建住宅合同是否属于建设工程合同。对此，实践中存在不同认识。第一种观点认为，根据《建筑法》第八十三条明确规定：“农民自建低层住宅的建筑活动，不适用《建筑法》”；《村庄与集镇规划建设管理条例》第二十一条规定：“在村庄、集镇规划区内，凡建筑跨度、跨径或者高度超出规定范围的乡（镇）村企业、乡（镇）村公共设施和公益事业的建筑工程，以及二层（含二层）以上的住宅，必须由取得相应的设计资质证书的单位进行设计，或者选用通用设计、标准设计。”由此推出，农民自建二层以下住宅建设，不属于《建筑法》调整范畴，所订合同不是工程建设合同。有些法院，如江西高院在2005年的会议纪要中明确表示，农村农民自建住宅不属于《村镇与集镇规划建设管理条例》第二十一条规定的建筑工程，均按照承揽合同的有关规定处理。再如某法院在有关案件的裁判要旨中阐述到："农村建房是比较简单的建筑活动，它无需经过严格的规划、勘查、设计等工作，而且大多数建房工程的发包方和承包方均为个人，这与建设施工合同规定的大型、复杂的土木工程建筑有明显的区别。本案中，涉案工程是甲某带领的建筑施工队按照房主的各项要求完成建房工作，向房主交付房屋并由房主支付一定报酬的行为，其各项特征均符合承揽合同的特征。同时，《中华人民共和国建筑法》第八十三条第三款规定：'抢险救灾及其他临时性房屋建筑和农民自建低层住宅的建筑活动，不适用本法'，故该案合同性质应认定为承揽合同"。①

持该观点的人还认为，根据承揽合同的概念和特征，农村建房是建房施工队按房主的各种具体要求完成建房工作，向房主交付房屋并由房主支付一定报酬的行为，其各项特征均符合承揽合同的特征。同时，农村建房是比较简单的建筑活动，它无需经过严格的规划、勘察、设计等工作，而且大多数建房工程都是包工不包料的劳务工程，这与建设施工合同规范的大型、复杂的土木工程建筑工程是有明显区别的。最后，农村建房合同中的发包方和承包方均为个人，从合同的权利义务来看，将农村建房合同定性为承揽合同更有利于保护合同双方当事人的权利。②

第二种观点认为属于建设工程合同。持这种观点的人认为，对于认定为建设施工合同纠纷，首先，从立法的角度来看，因建设工程的特殊性和安全性要求，立法将建设工程施工合同从承揽合同中独立出来，并制定专门的法律规定予以完善规范，以维护建筑市场的秩序和保证建设工程的质量。因此，农村的建房合同列为建设工程施工合同是与立法本意相符的。其次，从农村建房的特点来看，虽然表面上是施工队提供劳务为房主建房，实际上施工队不仅提供了劳务，而且利用自己的设备和技术，按房主提供的设计图纸或相关要求施工，最后交付劳动成果。因此，农村建房已经是一个完整的小工程建设，应认定为建设工程施工合同③。

笔者认为，对于农民自建住宅的建筑活动是否属于建设工程合同调整范畴，应根据《建筑法》第二条规定来认定。《建筑法》第八十三条第三款规定："农民自建低层住宅的建筑活动，不适用本法。"何为"农民自建低层住宅"？根据建设部〔2004〕216号《关于加强村镇建设工程质量安全管理的若干意见》第三条第（三）项规定"农民自建低层住宅"是指农民自建的两层（含两层）以下的住宅。因此农民自建两层（含两层）以下的住宅活动不适用《建筑法》，应定为承揽合同。反之，建盖三层（含三层）以上房屋的，属于建设工程合同调整范畴，则应适用《建筑法》。这也与建

①http：//tadpfy. sdcourt. gov. cn/tadpfy/369377/369389/1388950/index. html，于2016年12月15日访问。

②③武晨："对于农村建房合同纠纷案由的法律认识"，载于 http：//sxfpfy. chinacourt. org/public/detail. php？ id =1159，访问于2016年12月16日。

设部建村〔2006〕303 号《关于加强农民住房建设技术服务和管理的通知》第六条“三层（含三层）以上的农民住房建设管理要严格执行《建筑法》《建设工程质量管理条例》等法律法规的有关规定”相符。

可见，我国审判实践对农村农民自建住宅合同是否属于建设工程合同的问题，并没有一个统一和清晰的态度，导致对该类合同性质认定不一，因而审判结果存在差异。解决此问题，需要我国相关法律作出明确规定，因为部门规章在合同性质认定方面不具有法律效力，不能作为判案的依据。

第二、装饰装修工程。最高人民法院《关于装修装饰工程款是否享有合同法第二百八十六条规定的优先受偿权的函复》（〔2004〕民一他字第14 号）确认：“装饰装修工程属于建设工程”。但存在争议的是，属于建设工程的装饰装修工程是否包括家庭装饰装修工程？针对此问题，地方高级法院如江苏、江西、山东等，都态度鲜明地认为属于承揽合同。例如，江苏省高级人民法院《关于审理建设工程施工合同纠纷案件若干问题的意见》（审判委员会于2008 年 12 月 17 日第 44 次会议讨论通过），其中第一条就规定：“因承包人进行工程施工建设，发包人支付工程价款的建设工程施工合同纠纷案件适用本意见的规定。劳务承包合同纠纷案件和家庭住宅装饰装修合同纠纷案件不适用本意见的规定。”家庭装饰装修工程是否属于建设工程，最高人民法院就此问题曾函商建设部，建设部的答复是，工程项目所有权不明确的或家庭装饰、装修合同，不属于建设工程合同。

笔者认为，为了避免争议，对装饰装修工程是否包括家庭装饰装修工程，法律应作出明确规定，以解决实践中法律适用不一致的问题。对装饰装修工程合同也将在本章第二节中作进一步论述。

综上所述，笔者认为在合同法中应当对建设工程的范围作出规定，把《建设工程质量管理条例》对建设工程的定义，引入合同法中，或在相关司法解释中作出规定以达到立法与司法的统一。

总之，建设工程按照自然属性可分为建筑工程、土木工程和机电工程三类。涵盖房屋建筑工程、铁路工程、公路工程、水利工程、市政工程、煤炭矿山工程、水运工程、海洋工程、民航工程、商业与物质工程、农业工程、林业工程、粮食工程、石油天然气工程、海洋石油工程、火电工程、水电工程、核工业工程、建材工程、冶金工程、有色金属工程、石化工程、化工工程、医药工程、机械工程、航天与航空工程、兵器与船舶工程、轻工工程、纺织工程、电子与通信工程和广播电影电视工程等。

二、建设工程合同的特征

在合同法分则规定的十五个有名合同中，建设工程合同可谓个性十足，与其他合同存在较大差异，其主要特征如下：

1. 法律对建设工程合同主体有特殊要求

承揽合同等合同双方当事人，可以是法人、其他组织，也可以是自然人，而建设工程合同的双方当事人即发包人和承包人，法律和法规对其有特殊要求。首先，对发包人有要求，发包人不包括自然人。在我国大多建设工程合同都是通过招投标方式订立的，根据我国的《招标投标法》第八条的规定："招标人是依照本法规定提出招标项目、进行招标的法人或者其他组织。"因此，通过招投标订立的建设工程合同的发包人不能是自然人。其次，对建设工程合同承包人要求更加严格，自然人被排除在建设工程合同承包人范围之外，只有具备法定资质的单位才能成为建设工程合同的承包主体。我国《建筑法》第十二条明确规定："从事建筑活动的建筑施工企业、勘察单位、设计单位和工程监理单位应具备的条件，并将其划分为不同的资质等级，只有取得相应等级的资质证书后，才能在其资质等级许可的范围内从事建筑活动。"第十二条的规定也同样适用建筑活动之外的其他工程建设活动。与之相配套，我国行业主管部门以部门规章的形式分别对该部门领域的建设工程承包活动进行了规范，对承包人都有严格的资格要求。这也是为何江苏、江西、山东等高级法院把家庭装修工程视为承揽合同而不是建设工程合同的主要原因之一。家庭装修工程承包人一般是某个包工头，签订合同也是以个人名义签订的。实践中存在的非法转包的建设工程合同，其主要原因有二，一是未经发包人同意；二是转包给了没有资质的个人承包。

2. 建设工程合同是长期性合同，是专业性、技术性强的复合合同

一般而言，工程建设的周期较长，工程项目从立项到验收交付，短则几年，长则几十年，如三峡水利工程，南水北调工程等。建设周期长，给合同的履行带来许多不确定的因素，因此，多采用承包合同的方式进行工程建设，以明确合同发包方和承包方各自的责任、风险，或对风险的转移作出明确的约定。正是由于长期性合同存在的不确定性因素，使得承包合同不能像其他民事合同那样，对合同双方的权利义务作出明确、细致的约定，而必需给合同履行期间双方的权利义务留出一定合理的调整空间。如工程建设中的签证与索赔就因此成为合同履行的一项重要日常工作，成为工程造价调整的重要原因；又如按形象进度付款，也只是一个大致的时间点，而不能确定具体的日期。

建设工程合同是专业性极强的合同，它包含了承揽合同等其他合同所没有的条款，比如说合同效力的解释顺序、工程分包、现场考察、文物和地下障碍物处理施工事故处理、施工专利技术、联合投标体的责任、发包人代表、监理工程师、造价工程师、承包人代表、指定分包人、工程担保、施工财产保险、施工人员保险、停工与延期、安全防护和文明施工、放线、隐蔽工程和中间验收、工程试车、预留金、零星工作项

目费、工程进度款的支付、工程变更、安全防护与文明施工措施费、索赔与反索赔等。①

工程建设合同又是技术性非常强的合同。当然并非所有的工程建设项目技术含量都高。在房屋建筑领域，某些工作技术含量并不高，如平整土地等，成千上万的农民进城从事建筑行业的工作就是最好的证明。但大多数建设工程的勘察、设计、施工，对技术的要求却很高，如核电站、高速铁路、大型水利设施等，它们不仅对设计、勘察方面的技术要求极高，而且对施工技术也有很严格的技术要求。多如牛毛的国家标准规范、行业标准规范，表明工程建设合同的技术性的要求。

建设工程合同是复合合同。一般说来，合同可以分为交易型合同和关系型合同。交易型合同目的明确、方式简单、履行时间短、结果符合预期，不会发生意外；而关系型合同目标难以定义、履行时间不确定、结果无法预期。建设工程合同就属于典型的关系型合同。

建设工程合同包括勘察、设计、施工三大类，同时会派生出监理、建筑材料、设备采购、专业分包等合同。严格地说，一个项目的工程建设涉及许多合同，形成了一个合同群。

3. 建设工程合同是计划性合同

我国经济体制经历了重大变革，由计划经济转变为社会主义市场经济，工程建设也同时发生了重大变化。投资主体的多元化，市场的日益国际化，使得原先基本建设的指令性计划范围逐步缩小，但是并未消灭工程建设的计划性。在工程建设领域，国家基本建设还是占主导地位；对此，《合同法》在第二百七十三条中规定："国家重大建设工程合同，应当按照国家规定的程序和国家批准的投资计划、可行性研究报告等文件订立"。

对于建设工程项目中其他主体投资部分，国家仍需要对工程建设项目实行计划控制，这是实现国民经济高速有效、稳定发展的重要措施。所以，工程建设合同仍受国家计划的约束，对于计划外的工程项目，当事人不得签订建设工程合同，否则，该建设工程合同无效。②

4. 建设工程合同是国家干预最多的合同

经调查，至今还没有任何合同像建设工程合同那样受到国家全方位的干预。在合同订立前，建设项目的立项和报批，要符合国家规定的程序，取得相应的许可证书；在合同订立方面，不仅限定了合同双方当事人的资格，同时对合同订立的方式和程序也有明确规定。根据《招标投标法》第三条的规定："在中华人民共和国境内进行下列

① 张继承．论建设工程合同规范定位的嬗变及完善［J］．时代法学，2013，2.

② 郭明瑞，王轶．合同法新论・分则［M］．北京：中国政法大学出版社，1996.

工程建设项目，包括项目的勘察、设计、施工、监理以及与工程建设有关的重要设备、材料等的采购，必须进行招标：（一）大型基础设施、公用事业等关系社会公共利益、公众安全的项目；（二）全部或者部分使用国有资金投资或者国家融资的项目；（三）使用国际组织或者外国政府贷款、援助资金的项目。前款所列项目的具体范围和规模标准，由国务院发展计划部门会同国务院有关部门制定，报国务院批准。”

原国家计委对上述工程建设项目招标范围和规模标准进一步细化：①规定了关系到社会公共利益的公众安全的基础设施项目的范围和公用事业项目的范围；②列举了使用国有资金投资项目的范围；③规定了国家融资项目的范围；④规定了使用国际组织或者外国政府资金的项目的范围；⑤规定了范围内的各类工程建设项目，包括项目的勘察、设计、施工、监理以及与工程建设有关的重要设备、材料等采购必须进行招标的具体标准；⑥规定了建设项目的勘察、设计，采用特定专利或者专有技术的，或者其建筑艺术造型有特殊要求的，经项目主管部门批准，可以不进行招标；⑦明确指出依法必须进行招标的项目，全部使用国有资金投资或者国有资金投资占控股或者主导地位的，应当公开招标。

建设工程合同的履行也处处体现出国家的干预。重点体现在工程建设的质量、工期、工程款的支付等方面，充分体现建设工程合同受我国行政法、经济法等部门法调整；具有行政监管和市场竞争双重特性以及国家对这些关键点的重视。

根据以上特性，有学者认为建设工程合同应受我国经济法部门法调整。

5. 建设工程合同双方当事人市场地位不平等

合同是平等的双方当事人意思表示一致的协议。其中的平等，指的是法律意义上的平等，任何一方当事人不得强迫他人与之签订相关合同。但是，从社会经济意义来讲，建设工程合同的发包人与承包人在合同签订时的地位就不平等。主要原因在于，工程建设市场属于卖方市场，是由发包方主导的市场，承包方处于弱势地位。这种弱势地位反映在合同签订时，承包方迫于竞争压力，常常被迫降低工程款的报价，以取得中标；或者接受发包方的要求，在中标后，另行签订不利于承包方的“黑合同”；或者在合同履行阶段，遭受工程款的拖欠之累。市场地位的不平等成为导致建设工程在实践中频繁发生挂靠施工、非法转包、非法分包、签订黑白合同等违法现象的主要原因之一。

6. 建设工程合同为要式合同

我国《合同法》第三十六条规定：“法律、行政法规规定应当采用书面形式订立合同，若当事双方未采用书面形式，而一方已经履行主要义务，另一方也已接受的，认为该合同成立。”但是，签订建设工程合同必须采用书面形式，这是出于国家对建设工程进行监督管理的需要，也是建设工程合同履行的特点所决定的。没有书面合同，相关部门无从监管，比如各地要求建设工程合同向主管机关备案等。因此，建设工程合同应为要式合同，不采用书面形式的建设工程合同不能有效成立。在实践中，一旦出现缺乏书面合同的情况，对已开始履行的建设工程，如果双方当事人对已经履行并无异议，一般由建设工程行政主管部门、工商行政主管部门或其他行政主管部门责令在一定期限内补签建设工程合同；如果当事人在一定期限内不补签的，则责令其立即停工；如果双方当事人对已履行的部分有异议，则口头建设工程合同无效，应立即停止履行。但是在实践中，建设工程不签订书面合同的情况比较少，这与建设工程合同的标的大、履行时间长也有很大的关系。

7. 建设工程合同的履行关系到社会稳定

建设工程合同的履行，不仅涉及合同当事人的利益，还涉及诸多社会群体的利益，处理稍有不慎，很容易引起矛盾甚至影响社会稳定。最近几年，农民工工资能否按时支付已成为社会热点问题和政府部门必须高度重视并竭力解决的问题，处理不好会影响社会稳定和相关人员家庭的安定，其事关重大。

三、建设工程合同与承揽合同的关系

建设工程合同脱胎于承揽合同，在我国成为了独立的一类有名合同，然而在大陆法国家并未独立。在罗马法上，则把承揽合同归入租赁合同。租赁合同包括物的租赁、劳务租赁、工作物的租赁。承揽被视为是劳动力租赁合同，称为承揽租赁。法国法上继承了罗马法关于租赁合同的规定，根据《法国民法典》第1779条规定："劳动力的租赁主要可分为约定为他人提供劳力的劳动力租赁、水陆运送旅客和货物的劳动力租赁、依包工或承揽从事工程建筑的劳动力租赁。"德国、日本等国家民法典却有单独的承揽合同，不动产承揽（建筑物）归入其中。对建筑承揽人保全抵押权（如《德国民法典》第648条）、建筑物瑕疵担保责任的特殊存续期间（《日本民法典》第638条、《意大利民法典》第1668条）、建筑物定作物解除权的丧失（中国台湾地区民法典第494条）等作出了特别规定，除此之外，适用一般承揽合同的规定。

根据我国合同法的相关定义，建设工程合同是"承包人进行工程建设，发包人支付价款的合同"；承揽合同是"承揽人按照定作人的要求完成工作，交付工作成果，定作人给付报酬的合同"。另外合同法规定"法律对建设工程合同没有特别规定的，适用对承揽合同的有关规定"。因此可以说，建设工程合同从广义上讲属于承揽合同，是一种特殊的承揽合同，这两类二者具有很多相似的法律特征，具体体现为：这两种合同均为双务合同、有偿合同，两合同中各方均互负义务，并对价有偿；均以完成一定的工作并交付工作成果为标的；标的物均具有特定性；两类合同中发包人或定作人对标的物的品性均有特殊要求，不同于普通的买卖合同；工作的完成均具有独立性，合同的承揽人或承包人都以自身的人力、物力和财力等独立完成合同约定任务，不受他方干扰和指令；合同任务均具有一定的人身性质，承揽人或承包人一般须亲自完成合同工作，不得擅自转包等，且对任务风险负责。①

然而，我国建设工程合同独立性得以确立的主要原因和合理化因素也正是基于两个方面：第一，规范建设市场确保工程质量；第二，解决拖欠工程款和民工工资的问题。在界定建设工程时，必须考虑到这两个立法目的并以之为指导。可以说，对建设工程合同作出独立规定是基于建设市场的现实需要。②

法律对建设工程合同的规制有别于一般承揽合同，主要体现在：（1）合同主体资格不同。特别是对于承包方的资格条件，有严格的要求，而承揽合同对合同主体无特别要求，自然人、法人或其他组织均可为合同主体；（2）合同表现形式不同。建设工程合同必须采用书面形式，承揽合同无此要求；（3）合同标的范围不同。建设工程合同标的一般是比较大型的项目，实践中大多需要通过招投标的方式来签订合同，而承揽合同标的一般较小；（4）合同完成方式不同。在建设工程合同中，总承包人或者勘察、设计、施工承包人经发包人同意，可以将自己承包的部分工作交由第三人完成，但主体工程必须自己亲自完成。而在承揽合同中，除当事人另有约定外，承揽人应当以自己的设备、技术和劳力，完成主要工作；（5）合同解除条件不同。建设工程合同中，除双方约定或者法定的解除条件出现，一般不允许各方随意解除合同，而承揽合同则不同，定作人一方享有任意解除权，可以随时解除合同；（6）对合同违约的救济方式不同。建设工程合同中，除特定情形外，一方当事人违约时，另一方均有权要求其继续履行。而承揽合同中，定作人如解除合同，则承揽人只能要求其赔偿损失，不能要求其继续履行。

第二节　建设工程合同的分类

作为特殊的承揽合同，建设工程合同由其特征决定了建设工程合同的复杂性、多样性和次序性，呈现出众多的合同类型。对这些合同进行分析，有助于我们了解建设工程合同的本质特征，对于其法律适用也会有很大帮助。

一、依工程建设阶段的分类

建设工程大体上经过勘察、设计、施工三个阶段，围绕不同阶段的工作订立相应的合同。

（1）建设工程勘察合同。是指勘察人接受发包人的委托，根据建设工程的要求，查明、分析、评价建设场地的地质地理环境特征和岩土工程条件，完成建设工程地理、

① 胡森宝．建设工程合同与承揽合同之异同［J］．江苏经济报，2013，2（B03）．

② 辛坚，闵海峰，章豪杰．建设工程合同与承揽合同之区分［J］．人民司法，2011，8．

地质等情况的调查研究工作，编制建设工程勘察文件，发包人支付相应价款的合同。

工程勘察是一项专业性很强的工作，是工程建设的第一个环节，也是保证建设工程质量的基础环节。为了确保工程勘察的质量，我国法律对勘察单位规定了较为严格的条件。根据《建筑法》第十二条和《建设工程勘察设计企业资质管理规定》，勘察合同的勘察人必须是经国家或省级主管机关批准，持有《勘察许可证》，具有法人资格的勘察单位。

（2）建设工程设计合同。根据2000年国务院颁布实施的《建设工程勘察设计管理条例》规定："所称建设工程设计，是指根据建设工程的要求，对建设工程所需的技术、经济、资源、环境等条件进行综合分析、论证，编制建设工程设计文件的活动。"它包括总体规划设计、方案设计、初步设计和施工图设计等。

工程设计处于工程建设的第二个阶段，处于非常重要的环节。决定了工程建设是否经济合理、技术先进的结果。

《合同法》第二百七十四条对勘察、设立合同应包括的重要内容作出了原则规定："勘察、设计合同的内容包括提交有关基础资料和文件（包括概预算）的期限、质量要求、费用以及其他协作条件等条款。"

2015年3月4日，住房和城乡建设部和国家工商行政管理总局颁布施行了《建设工程设计合同示范文本（房屋建筑工程）》（GF—2015—0209）和《建设工程设计合同示范文本（专业建设工程）》（GF—2015—0210）等两个建设工程设计合同示范文本，用以规范建设工程设计合同的签订和管理。

（3）建设工程施工合同。在建设工程合同中，建设工程施工合同是最为基本的合同类型，是建设工程合同成为独立有名的基础。工程建设勘察合同和工程建设设计合同从性质上更为接近委托合同，而建设工程施工合同则接近承揽合同。在司法实践中，建设工程合同纠纷中，施工合同的争议占据全部建设工程合同的90%左右，并且案件更为复杂、诉讼标的大、诉讼时间长、涉及主体多，社会影响更为广泛。为了更好地解决审理建设工程施工合同有关难题，最高法院于2004年颁布实施《关于审理建设工程施工合同纠纷案件适用法律问题的解释》。

我国《合同法》没有对施工作出定义。《辞海》对"施工"的解释是"泛指工程的实施。一般指土木、建筑和水利等工程的现场修建工作"；而《现代汉语小词典》对"施工"的解释则是"按照设计的规格和要求建筑房屋、桥梁、道路、水利工程等。"根据我国建设工程实践和相关行政法规规章的表述，对于"施工"，我们可以理解为工程的建筑和安装活动。而"建设工程施工合同"可以理解为施工人完成土木、建筑、线路管道和设备安装等工程的建筑安装工作，发包人验收后，接受该工程并支付价款的合同。

我国《合同法》第二百七十五条对施工合同应当约定的内容进行了规定："施工合

同的内容包括工程范围、建设工期、中间交工工程的开工和竣工时间、工程质量、工程造价、技术资料交付时间、材料和设备供应责任、拨款和结算、竣工验收、质量保修范围和质量保证期、双方相互协作等条款。”

二、按承包方式的分类

按承包方式可以分为：直接承包合同、工程总承包合同、承包合同、专业分包合同。

（1）直接承包合同，是指不同的承包人在同一工程项目上，分别与发包人（建设单位）签订承包合同，各自直接对发包人负责。各承包商之间不存在总承包、分承包的关系，现场上的协调工作由发包人自己去做，或由发包人委托一个承包商牵头去做，也可聘请专门的项目经理去做。

（2）工程总承包合同，又称为“交钥匙承包合同”，亦即发包人将建设工程的勘察、设计、施工等工程建设的全部任务一并发包给一个具备相应的总承包资质条件的承包人。

（3）承包合同，是指总承包人就工程的勘察、设计、建筑安装任务分别与勘察人、设计人、施工人订立的勘察、设计、施工承包合同。

（4）专业分包合同，是指施工总承包企业将其所承包工程中的专业工程发包给具有相应资质的其他建筑企业完成的合同，如单位工程中的地基、装饰、幕墙工程。

三、法院民事案件案由的分类

根据《合同法》《建筑法》等法律法规并参照最高院民事案件案由界定，最高院的《民事案件案由规定》“第四部分·债权纠纷”中的“十、合同纠纷”中的“89.建设工程合同纠纷”包括：（A）建设工程勘察合同纠纷；（B）建设工程设计合同纠纷；（C）建设工程施工合同纠纷；（D）建设工程分包合同纠纷；（E）建设工程监理合同纠纷；（F）装饰装修合同纠纷。

因此，建设工程合同除上述工程勘察合同、工程设计合同、工程施工合同外，还包括以下几种：

（1）装饰装修合同。《建筑法》第四十九条规定：“涉及建筑主体和承重结构变动的装修工程，建设单位应当在施工前委托原设计单位或者具有相应资质条件的设计单位提出设计方案；没有设计方案的，不得施工。”另外，根据《建筑法》第十三条、《建设工程质量管理条例》第二十五条、《建筑业企业资质管理规定》第六条的规定，原建设部于2001年3月8日发布了《专业承包企业资质等级标准》，设立了60个类别专业施工类别资质，其中第 3 类专设为“建筑装修装饰工程专业承包企业资质等级标准”，等级划分为一级、二级、三级。

2004 年 12 月 8 日，最高人民法院在答复福建省高级人民法院的相关请示时复函，《最高人民法院关于装修装饰工程款是否享有合同法第二百八十六条规定的优先受偿权的函复》中是这样回复的：

“你院闽高法〔2004〕143 号《关于福州市康辉装修工程有限公司与福州天胜房地产开发有限公司、福州绿叶房产代理有限公司装修工程承包合同纠纷一案的请示》收悉。经研究，答复如下：装修装饰工程属于建设工程，可以适用合同法第二百八十六条关于优先受偿权的规定，但装修装饰工程的发包人不是该建筑物的所有权人或者承包人与该建筑物的所有权人之间没有合同关系的除外。享有优先权的承包人只能在建筑物因装修装饰而增加价值的范围内优先受偿。”因此，根据上述行政法规和司法解释的精神，装修合同归入建设工程合同范畴。

但是根据《住宅室内装饰装修管理办法》（建设部 100 号令）第九条“装修人经原设计单位或者具有相应资质等级的设计单位提出设计方案变动建筑主体和承重结构的，或者装修活动涉及本办法第六条、第七条、第八条内容的，必须委托具有相应资质的装饰装修企业承担”可知，建设部只是将部分装修活动纳入了建设工程调整范畴。

2005 年 1 月 1 日，最高人民法院发布《关于审理建设施工工程合同纠纷案件适用法律问题的解释》开始实施。各地对装饰装修合同是否适用该解释，有不同的规定。山东高院规定，家庭居室装饰装修合同不适用《建筑法》调整，适用《合同法》承揽合同规定。

福建高院规定，城镇个人自建房屋适用该司法解释，但农村建房不适用该司法解释，农村建筑活动由国务院《村庄和集镇规划建设管理条例》及相关法律、法规调整。

桥梁、铁路、公路、码头、堤坝等构筑物工程、线路管道和设备安装工程以及构成专业承包的建筑装饰装修工程等施工合同适用该司法解释。

江苏高院规定，劳务承包合同纠纷和家庭住宅装修合同纠纷案件不适用《指导意见》。

可见，各地高级法院倾向于把家庭装修排除在建设工程合同之外，使其归属于承揽合同，适用合同法对承揽合同的规定。

（2）建设工程监理合同。建设工程监理，是指具有相应资质的监理单位受工程项目建设单位的委托，依据国家有关工程建设的法律、法规，经建设主管部门批准的工程项目建设文件、建设工程委托监理合同及其他建设工程合同，对工程建设实施的专业化监督管理。实行建设工程监理制，其主要目的在于确保工程建设质量、提高投资效益和社会效益。

建设工程监理合同是指工程建设单位聘请具有相应资质监理单位代其对工程项目

进行管理，明确双方权利、义务的协议。建设单位称委托人、监理单位称受托人。

《合同法》第二百七十六条对建设工程监理也有相关规定：“建设工程实行监理的，发包人应当与监理人采用书面形式订立委托监理合同。发包人与监理人的权利和义务以及法律责任，应当依照本法委托合同以及其他有关法律、行政法规的规定。”根据《合同法》的规定，可见建设工程监理合同属委托合同的范畴，这也是本书未深入进行探讨的主要原因。

四、按承包人所处的地位的分类

该分类包括独立承包和联合承包两种。

（1）独立承包。是指承包人依靠自身力量自行完成承包任务等的发包承包方式。通常主要适用于技术要求比较简单、规模不大的工程和修缮工程等。

（2）联合承包。是相对于独立承包而言的，指发包人将一项工程任务发包给两个以上承包人，由这些承包人联合共同承包。联合承包主要适用于大型或结构复杂的工程。

大型建筑工程和结构复杂的建设工程，工程任务量大、技术要求复杂、建设周期较长，需要承包方有较强的经济、技术实力和抗风险的能力。由多家单位组成联合体共同承包，可以集中各方的经济、技术力量，发挥各自的优势，大大增强投标竞争的实力；对发包方来说，也有利于提高投资效益，保证工程建设质量。

在联合共同承包中，参加联合承包的各方应就承包合同的履行向发包方承担连带责任，联合承包的联合体成员之间的法律关系是一种合伙关系。

FIDIC《土木工程施工合同条件》中也明确规定：“如果承包商是由两家或两家以上组成的联营体，所有各家将为履行该合同条款共同并各自对雇主承担责任，并且应当推举一家作为有权管辖该联营体的领导人。”此处所规定的共同与各自责任，与“连带责任”有相同的含义。

五、按照承包工程计价方式分类

1. 总价合同

总价合同一般要求投标人按照招标文件要求报一个总价，在这个价格下完成合同规定的全部项目。总价合同还可以分为固定总价合同、调价总价合同等。

（1）固定总价合同。是指在约定的风险范围内价款不再调整的合同，一般适用于建设期在一年以内，合同履行时不会出现重大的设计变更，承包商报价的工程量与实际完成工程量不会有较大差异；并且规模较小、技术不复杂的工程。

（2）调整总价合同。是指合同价格可以调整的合同。具体价格调整方式有：①公式调价法。即采用价格指数调整价格差额。主要是根据完成工程施工所需的人工、材料和机械台时等因子的估计耗用量，在招投标时事先约定各可调因子的变值权重和不可调因子的定值权重，以公平分担价格风险的原则，计算得出支付项目的价格波动价差。其优点是可在进度付款中减少由于调价不及时引起的合同争议。②文件证明法。指采用造价信息调整价格差额。合同履行期间，当合同内约定的某一级以上有关主管部门或地方建设行政管理机构颁发价格调整文件时，按文件规定执行。③票据价格调整法。是指合同履行期间，承包商依据实际采购的票据和用工量，向业主实报实销与报价单中该项内容所报基价的差额。

（3）固定工程量总价合同。其主要特点是，如未改变设计或未增加新项目，则总价不变；如改变设计或增加新项目，则总价也变，具体做法是通过合同中已确定的单价来计算新增的工程量和调整总价。

（4）管理费总价合同。其主要特点是，由业主聘请管理专家并支付一笔总的管理费。

2. 单价合同

这种合同指根据发包人提供的资料，双方在合同中确定每一单项工程单价，结算则按实际完成工程量乘以每项工程单价计算。

单价合同还可以分为：按发包人提供估算工程量清单，承包方填报单价，最后以实际工作量乘以单价结算的估计工程量单价合同；发包方不提供估算工程量清单，承包方只提供单价，最后实际结算的纯单价合同；双方协议，在一定工程量内包干，超过部分按工程量乘以单价结算的单价与包干混合式合同等。

（1）估计工程量单价合同。承包商在投标时，以工程量报价单中列出的工作内容和估计工程量填报相应的单价后，累计计算合同价。估计工程量单价合同的特点是一种量变价不变合同。单价不变，总价随工程量变化。

这种合同风险的分担较为合理。承包人承担单价风险；发包人承担工程量风险。这有利于公正地维护双方的经济利益，是目前工程市场上普遍采用的合同形式。

（2）纯单价合同。招标文件中仅给出各项工程的分部分项工程项目一览表、工程范围和必要的说明，而不提供工程量。投标人只要报出各分部分项工程项目的单价即可，实施过程中按实际完成工程量结算。

（3）单价与包干混合合同。这种合同是总价合同与单价合同结合的一种形式。对内容简单、工程量准确部分，采用总价合同承包；对技术复杂、工程量为估算值部分采用单价合同方式承包。

3. 成本加酬金合同

这种合同是指成本费按承包人的实际支出由发包人支付，发包人同时另外向承包人支付一定数额或百分比的管理费和商定的利润。成本加酬金合同可分为成本加固定酬金合同；成本加定比酬金合同；成本加浮动酬金合同。其中成本加浮动酬金合同最能提高承包商节约投资的积极性。

该类合同适用的范围主要有三类：第一，风险较大的项目；第二，需要立即展开工作的项目，如灾后重建项目新型项目；第三，对工程内容及其技术经济指标未确定的项目。

这类合同的特点是属于实报实销型合同，由业主承担工程实施中的绝大部分风险，不利于业主的经济利益。

这类合同是针对合同的使用时机来分的。如工程设计合同，在概念设计阶段，一般使用成本补偿合同。在基本设计阶段，一般使用单价合同。在详细设计阶段，一般使用总价合同。

建设工程合同除上述分类外，在工程建设中还存在一种合同，即劳务分包合同。劳务分包合同，是指施工总承包企业或者专业承包企业将其承包工程中的劳务作业发包给劳务分包企业完成的合同。

根据建设部和国家工商行政管理总局于 2003 年 8 月发布的《建设工程施工劳务分包合同标准》的规定："劳务分包又称劳务作业分包，指施工总承包企业或专业承包企业即劳务作业发包人将其承包工程的劳务作业发包给劳务承包企业即劳务作业承包人完成的活动。工程的劳务作业分包无需经过发包人或总承包人的同意。"

劳务分包合同不属于建设工程施工合同，它与工程分包存在重大区别：①标的种类不同。工程分包的标的是建设工程，分包人取得总包工程中的一部分非主体工程施工任务；工程劳务分包人取得工程中的劳务作业，为工程施工提供劳动力；②完成方式不同。工程分包单位以自己的劳动力、设备、原材料、管理等独立完成分包工程。劳务分包人只提供劳务即劳动力；③签订条件不同。承包单位分包工程必须经过业主的同意；承包单位进行劳务分包则无需业主同意；④合作管理方式不同。工程分包要对分包工程进行施工中的统一协调管理，承包人收取分包人的管理费；工程劳务分包人提供的劳动力是工程承包人人工建设内容的一部分，属于工程承包人的内部劳动的一部分，承包人要对劳务分包人提供的劳动力进行直接管理，但不能收取管理费；⑤价款结算不同。工程分包人向工程承包人结算的是工程价款；劳务分包人向工程承包人结算的是施工工费，是按劳动力单价和工时数量进行结算的。

第三节　案例分析

【案例一】名为建设工程合同实为合作经营合同应结合案件所涉法律关系来认定其效力①

【基本案情】

2007 年 2 月 A 公司与 B 公司签署了《XX 项目中央空调系统合作协议》（以下简称《合作协议》），协议约定，B 公司作为总包为 A 公司开发的 XX 项目提供全部中央空调系统的总包服务，其中项目的中央空调系统安装工程总造价按 1.3 亿元人民币包干计算，并由 B 公司提供三十年的运营管理服务，同时 A 公司以其开发建设 XX 项目与 B 公司提供的中央空调系统价值相等的相应写字楼建筑面积进行置换。随后双方签订了《XX 项目中央空调系统合作协议补充协议》（以下简称《补充协议》）、《商品房预售合同》《中央空调系统采购及营运合同》。最后 B 公司指定其关联公司 C 公司与 A 公司签署了《中央空调系统安装合同》，约定由 C 公司实施空调安装施工，C 公司具有三级施工资质，总价包干 1.3 亿元。双方对《XX 项目中央空调系统合作协议》《XX 项目中央空调系统合作协议补充协议》及《中央空调系统安装合同》是否有效产生争议，遂诉至北京市第一中级人民法院。一审法院认为，《XX 项目中央空调系统合作协议》性质为建设工程施工合同，C 公司仅具有三级施工资质，与本案要求的资质不符，故判决认定《XX 项目中央空调系统合作协议》《XX 项目中央空调系统合作协议补充协议》及《中央空调系统安装合同》为无效合同。双方不服一审判决，依法上诉至北京市高级人民法院。

【争议焦点】

本案的争议焦点是《XX 项目中央空调系统合作协议》和《XX 项目中央空调系统合作协议补充协议》的合同性质与合同效力问题，即该两份合同的性质是否属于建设工程施工合同，以及是否可以适用于建设工程施工合同的相关法律规范和司法解释以认定其合同效力。

【法院观点】

北京市第一中级人民法院认为，从《合作协议》的内容上看，B 公司的主要义务为负责出资进行设计、购买设备和施工安装调试等事项，上述内容符合建设工程合同的基本要素。理由如下：

该中央空调系统的安装是与房屋的建设基本同步进行的，B 公司的合同义务包括：设计、施工，最后调试完好，交钥匙给 A 公司，该合同的内容中包括了设计和安装工

① 本案例来自网络：http：//sanwen8.cn/p/153tFF4.html，2016 年 11 月 10 日访问。

程。《建设工程质量管理条例》规定，本条例所称建设工程，是指土木工程、建筑工程、线路管道和设备安装工程及装修工程。由此可知，建设工程包括土木建筑工程、建筑安装工程和装修工程，其共同点在于工程施工完成后，其成果均构成了不动产或者添附在不动产之上难以分割、拆卸的一部分，这是建设工程合同与承揽合同在合同标的物上最本质的区别。中央空调系统属于建设安装工程，该项目除空调设备的安装之外，还涉及大量像管网铺设这样的隐蔽工程，只有经过专业的设计选型和高工调试才能成功运转。该《合作协议》中约定，从设计生产到安装施工、调试再到运营，而且要确保按时交付并验收合格。合同内容是合同目的的具体体现，A 公司签订该《合作协议》就是为在其承建的“XX 商城”工程中，完成中央空调系统的安装、调试工程，以达到完善“XX 商城”整体功能之目的，至于能源合作只是后期的一种运营方式，并非 A 公司签订该合同的初衷，只有完成中央空调系统的安装后，才能谈到后期的合作问题。综上，应认定该合同属于建设工程施工合同。

B 公司称该《合作协议》是投资置换合同，首先合同法中并没有规定投资置换合同，《合作协议》中以等值写字楼面积置换的表述，只是一种付款方式，即以房屋折抵全部中央空调系统的工程款，不能以此而认定该合同的性质即为投资置换合同。据此，B 公司关于《合作协议》性质的辩解，缺乏事实和法律依据，不予采信。

北京市高级人民法院认为：

2007 年 2 月 9 日，A 公司与 B 公司签订了《合作协议》，该协议明确约定 B 公司为 A 公司开发的 XX 项目提供全部中央空调系统服务；A 公司以其开发建设的 XX 项目《京房售字（2005）675 号》中与 B 公司所提供的中央空调系统价值相等的写字楼建筑面积进行置换。双方约定了具体的置换房屋面积以及每平方米 1.3 万元的折算价格，同时也确认了合同成立后，同步签订《商品房预售合同》《中央空调系统采购及营运合同》《中央空调系统安装合同》。上述一系列行为表明，双方签订合同的目的不仅仅是单纯的安装空调，其中包含了双方以后的其他合作，该合作不仅包括安装空调及售后服务，同时也包括以 1.3 万元每平方米置换房屋。为了更进一步明确合作的意向，2007 年 2 月 9 日，A 公司与 B 公司签订《补充协议》，双方在该《补充协议》中更加明确了合作的意向以及具体的操作方法，包括 A 公司在上述合同签订后要与 C 公司再行签订《安装合同》，后 A 公司与 C 公司于 2007 年 2 月 9 日另行签订了《安装合同》。现该工程已经基本施工完成，A 公司已经为 B 公司办理了部分商品房的相关手续。综上，原审法院仅依据建设工程施工合同应当具备的条件，单一认定双方签订的《合作协议》为建设工程施工合同，以 B 公司不具备建设资质，确认双方签订的《合作协议》及《补充协议》为无效合同不妥。B 公司上诉请求确认《合作协议》及《补充协议》为有效合同符合案件事实及法律规定，本院予以支持。

【案例评析】

建设工程合同相比其他合同，具有很明显的特点，合同所涉及的因素多，合同履行周期很长，特别是对合同的订立主体有很严格的要求，承包方必须具备相应的资质条件，否则会导致无效。本案处理的关键在于认定合同的性质，是建设工程合同，还是置换合同。本案中当事人签订的合同，如果认定为建设工程合同，主体必须满足相关资质的要求，那么原审判决的判决就是正确的。但是，二审法院通过对案件涉及的所有法律关系的综合分析，认定双方签订合同的目的不仅仅是单纯的安装空调，其中包含了双方以后的其他合作，该合作除安装空调及售后的服务外，同时也包括以1.3万元每平方米置换房屋。最终二审法院认定为本案所涉合同是合营合同，该合营合同是双方当事人真实意思表示，并且有足够的证据证明当事人之间的合同关系，所以北京高院最后肯定了双方合营合同的效力，其判决更具说服力。

【案例二】[①] **个人承包的简单装修工程合同不属于建设工程合同中的装饰装修合同，而是承揽合同**

【基本案情】

2008年6月11日遂宁市某公司和自然人方某签订了装饰装修合同，将位于遂宁市安居区的某公司几栋办公楼楼的外墙漆和室内涂料工程发包给方某，由于双方对工程量和工程质量存在争议，工程无法结算，在支付了部分工程款后，遂宁市某公司不再支付剩余的工程款，方某遂起诉到法院要求被告支付拖欠的工程款和按合同约定支付违约金。最终法院认定涉案合同为承揽合同，支持了原告的诉讼请求。

该案的争议焦点主要是自然人方某和遂宁市某公司之间的装饰装修合同是否有效。

【案件评析】

根据原建设部《住宅室内装饰装修管理办法》第六条规定：装修人从事住宅室内装饰装修活动，未经批准，不得有下列行为：（一）搭建建筑物、构筑物；（二）改变住宅外立面，在非承重外墙上开门、窗；（三）拆改供暖管道和设施；（四）拆改燃气管道和设施。本条所列第（一）项、第（二）项行为，应当经城市规划行政主管部门批准；第（三）项行为，应当经供暖管理单位批准；第（四）项行为应当经燃气管理单位批准。第七条规定："住宅室内装饰装修超过设计标准或者规范增加楼面荷载的，应当经原设计单位或者具有相应资质等级的设计单位提出设计方案。"第八条规定："改动卫生间、厨房间防水层的，应当按照防水标准制订施工方案，并做闭水试验。"第九条规定："装修人经原设计单位或者具有相应资质等级的设计单位提出设计方案变动建筑主体和承重结构的，或者装修活动涉及本办法第六条、第七条、第八条内容的，必须委托具有相应资质的装饰装修企业承担。"

综合《住宅室内装饰装修管理办法》的以上条文可知，该办法主要规定了几种特

① 刘继文，赵晓荣．浅析装饰装修合同效力与资质——兼评一则自然人从事装饰装修工程案例［J/OL］载于：http：//www. bjdcfy. com/qita/zszxht/2015－12/398862. html，2016年12月7日访问。

殊的装饰装修工程，一是需要其他主管部门或单位批准的，比如涉及房屋规划、供暖以及燃气等；二是需要建设工程设计单位参与的，比如改变建筑主体结构、承重、增加楼面负荷等；三是涉及房屋楼层防水需要做闭水试验的，这几种特殊的装饰装修工程需要施工企业还另外具有相应的资质。

但本案原告与某公司签订的合同标的是几栋办公楼的外墙漆和室内涂料工程的施工，不属于上述《住宅室内装饰装修管理办法》涉及的房屋规划、供暖以及燃气、改变建筑主体结构、承重、增加楼面负荷、需做闭水试验等几种特殊的装饰装修工程范围，因此，原告无需具备相应的资质即可施工。

笔者认为，如果个人承包的从事小型装饰装修如铺地砖、重新粉刷墙壁等都归入与工程施工合同并列的装饰装修合同中，成为建设工程合同的一种，要求施工人员必须具备相应资质，显然不符合我国国情，更会导致大量的无效合同出现。所以，法院最终认定本案所涉合同为承揽合同是正确的。

第二章　建设工程合同的订立

第一节　建设工程合同订立的特点

一、建设工程合同订立的程序

合同订立，必须具备以下几个要件：

首先，订约主体存在双方或者多方当事人。所谓订约主体，是指实际订立合同的人，他们既可以是未来的合同当事人，也可以是合同当事人的代理人。

其次，订约主体必须具备相应的民事权利能力和民事行为能力。

最后，对合同条款达成合意。合同成立的根本标志在于当事人意思表示一致，即达成合意。这首先要求当事人作出订约的意思表示，同时经过要约和承诺而达成合意。

所以说，一般合同的订立，都需经过要约与承诺这两个阶段。《合同法》第十三条明确规定："当事人订立合同，采取要约、承诺方式。"

在建设工程合同订立中，有其独特的地方，如有些建设工程合同，要约邀请是必经程序，因为依我国《招标投标法》的规定，大型基本建设项目、涉及国有资本投入的项目、国际组织和外国政府贷款项目以及限额以上投资项目，必须通过招投标程序订立合同。依照招投标程序，发包人向特定或不特定的意向承包人发出投标邀请（招标公告），依其法律性质，应视为要约邀请。《合同法》第十五条规定："要约邀请是希望他人向自己发出要约的意思表示。寄送的价目表、拍卖公告、招标公告、招股说明书、商业广告等为要约邀请。"

当然，如不属于强制招投标的项目，其合同的订立，依当事人的自由意思，协商决定，像其他合同一样，通过要约与承诺的方式订立，此时，要约邀请就便不是必经程序了。

二、建设工程合同订立的方式

1. 直接发包

直接发包是指发包人直接与承包人进行协商谈判，就建设工程的内容达成一致，在此基础上签订建设工程承包合同的一种发包方式。

《建筑法》第十九条规定："建筑工程依法实行招标发包，对不适于招标发包的可以直接发包。"

《招标投标法》第六十六条规定："涉及国家安全、国家秘密、抢险救灾或者属于利用扶贫资金实行以工代服、需要使用农民工等特殊情况，不适宜进行招标的项目，按照国家有关规定可以不进行招标。"

根据《中华人民共和国招标投标法实施条例》第九条的规定："除招标投标法第六十六条规定的可以不进行招标的特殊情况外，有下列情形之一的，可以不进行招标：（一）需要采用不可替代的专利或者专有技术；（二）采购人依法能够自行建设、生产或者提供；（三）已通过招标方式选定的特许经营项目投资人依法能够自行建设、生产或者提供；（四）需要向原中标人采购工程、货物或者服务，否则将影响施工或者功能配套要求；（五）国家规定的其他特殊情形。招标人为适用前款规定弄虚作假的，属于招标投标法第四条规定的规避招标。"

原国家计委颁布的《工程建设项目招标范围和规模标准规定》中，对于关系社会公共利益、公共安全的基础设施项目、公用事业项目、使用国有资金投资项目、国家融资的项目、使用国际组织或者外国政府资金的项目，其施工单项合同估算价在200万元以下，勘察、设计、施工单项合同估算价在50万元以下的并且项目投资总额在3 000万元以下的，也可以直接发包；对于私人投资建设的工程项目，如不涉及公共安全、社会公共利益，法律并不强制公开招标，所以也可采取直接发包的方式订立合同。

此外，我国各地方对无须招标的项目也作出了规定，如《深圳经济特区建设工程施工招标投标条例（2004修订）》第八条规定："下列建设工程是否实行招标发包，由投资者自行决定：（一）全部由外商或者私人投资的；（二）外商或者私人投资控股的；（三）外商或者私人投资累计超过50%且国有资金投资不占主导地位的。通过发行彩票、募捐等形式募集的社会公共资金进行工程建设的，比照国有资金进行招标。本条例所称控股是指投资占50%以上。"再如《江苏省工程建设项目招标范围和规模标准规定》（苏政发〔2004〕48号）也对可以不招标的项目进行了规定，其第十条规定："依照本规定必须进行招标的项目，有下列情形之一的，可以不进行招标：（一）涉及国家安全、国家秘密或者抢险救灾而不宜招标的；（二）使用扶贫资金实行以工代赈、需要使用农民工的；（三）建设工程的设计，采用特定专利技术、专有技术，或者其建筑艺术造型有特殊要求的；（四）施工所需的主要技术、材料、设备属专利性质，并且在专利保护期内；（五）停建或者缓建后恢复建设的工程，且承包人未发生变更的；（六）施工企业自建自用的工程，且该施工企业资质等级符合工程要求的；（七）在建工程追加的附属小型工程（追加投资低于原投资总额的10%）或者主体加层工程，且承包人未发生变更的；（八）法律、法规、规章规定可以不招标的。"

从以上规定可以看出，直接发包方式订立建设工程合同，主要适用于投资小、建设周期短的小型建设工程，因而其适用范围有限。

2. 招标发包（竞争缔约）

根据《招标投标法》第三条的规定：在我国境内进行下列工程建设项目包括项目的勘察、设计、施工、监理以及与工程建设有关的重要设备、材料等的采购，必须进行招标：①大型基础设施、公用事业等关系社会公共利益、公众安全的项目；②全部或者部分使用国有资金投资或者国家融资的项目；③使用国际组织或者外国政府贷款、援助资金的项目。

除上述规定必须招标的项目外，其他项目的业主也可以通过招标方式进行发包活动。因此在我国工程建设实践中，招标发包成为建设工程合同订立的最主要方式。

3. 续标

在建设工程实践中，还存在一种合同订立的方式——续标。（该种方式以建筑领域尤为普遍。指在项目发生变更或者新项目的采购中，原招标人不再另行招标而直接与原有项目的中标人订立合同的行为。采用续标的原因主要是项目特殊性决定需要分期建设；或是出于项目管理和工程质量的考量。）

必须指出的是，续标并不符合我国招投标法的规定，无论是项目变更还是新上项目，只要符合招投标标准的，理应都重新招标，否则将影响到续标所签订合同的效力。

三、建设工程合同的缔约主体及其资格

根据合同法对建设工程合同的定义，发包人和承包人为建设工程合同的两大主体。

（一）发包人

所谓发包人，是指依照法律规定的程序，与承包方（施工企业、勘察设计单位）订立合同，将某一工程的全部或其中一部分工作交由等为其完成，支付相应价款的当事人。

《施工合同示范文本》中在第1.1.2.1款对合同当事人定义为：是指发包人和（或）承包人。在第1.1.2.2款中对发包人则定义为：是指与承包人签订合同协议书的当事人及取得该当事人资格的合法继承人。该定义直接借鉴了FIDIC施工合同条件的定义。从该定义中可知，《施工合同示范文本》对发包人是否具备相应的工程价款支付能力并没有作出限制性约定，这与国际工程承包行业惯例一致。

而《标准施工招标文件》的通用条款中的第1.1.2.2款对发包人的定义是：发包人指专用合同条款中指明并与承包人在合同协议书中签字的当事人。可见发包人不一定是项目业主，代建单位也可以是发包人。

上述定义表明，我国对建设工程发包人没有资格限制，只需具备一般民事活动主

体资格即可，我国的《建筑法》就未对建筑工程的发包人主体资格作出专门的限制性规定。

但是，我国对建设工程行业还是有市场准入要求的。如《城市房地产管理法》第三十条第一款规定了房地产开发企业必须具备的条件；而《城市房地产开发经营管理条例》第五条中，更加具体的规定了资格要求；第九条则对房地产开发项目要求核定相应的资质等级。最高人民法院《关于审理房地产管理法实施前房地产开发经营若干问题的解答》第一条规定："不具有房地产开发经营资格的企业与他人签订的以房地产开发经营为内容的合同，一般应认定为无效，但在一审诉讼期间依法取得房地产开发经营资格的，可认定合同有效。"

房地产开发公司作为商主体，以盈利为目的进行房地产开发，应首先取得政府的特别许可，取得相应的营业执照，这是法律对商主体权利能力的特别限制。因此，对于没有取得相关房地产开发的营业执照，而与他人订立建筑合同，由于违反了法律的效力性强制性规定而无效。我国对市场主体的准入管理，实行的是"证照合一"，一般是"先证后照"，即需先取得有关行政管理部门的相应许可，获得相应的资质，然后再进行工商登记，领取营业执照。

在我国工程建设领域，特别是对国家基本建设项目，实行严格的前置程序。建设单位，即发包人在建设工程项目实施之前的前期阶段和准备阶段，需办理项目立项及报建等一系列手续，获得相关的行政许可。包括必须获得立项批准（设计任务书）、土地使用权证、建设用地规划许可证、建设工程规划许可证以及通过环境、消防人防等事项的审核，方具备发包资格。因此，在没有完成其前置程序前，此时并不具备缔约能力，发包人与承包人签订工程建设合同，应属未获得相应的行政许可，属于无效合同的范畴。

（二）承包人

承包人是指接受发包人所发包的工程，具体完成工程并接受工程价款支付的主体。《施工合同示范文本》中第 1. 1. 2. 3 款对承包人的定义为：是指与发包人签订合同协议书的，具有相应工程施工承包资质的当事人及取得该当事人资格的合法继承人。《标准施工招标文件》对承包人的定义为：指与发包人签订合同协议书的当事人。这里并没有对承包人有资质要求。笔者认为《标准施工招标文件》的约定更加科学，有关资质要求是法律对主体的约束和管理，在相关法律法规中，规定得已经很详尽，在定义中没有必要约定。

作为建设项目的承包方，工程的勘察、设计和施工的成果关乎国计民生，因此，我国法律法规十分重视承包方的市场准入标准。在《建筑法》第十二条中，对建筑施工企业、勘察单位、设计单位和工程监理单位要求具备相应的条件；第十三条规定："根据不同条件划分不同的相应资质等级。"而后建设部颁布的《建筑业企业资质管理规定》则具体规定了资质标准。要注意的是，该资质管理规定，只是部门规章性质，不能作为审判实践认定的依据。直到最高人民法院《施工合同司法解释》的颁布实施，该解释明确规定“承包人未取得建筑施工企业资质或超越资质等级”签订工程建设合同的应为无效。该规定已然成为审判实践认定承包人行为效力的依据。

为何我国对承包人的资质等级有如此严格的要求，我认为主要基于以下原因：

首先，基于对工程建设项目监督管理的需要。由于建设工程这一特殊产品的特性决定，国家有必要对其全过程的生产活动进行全面管理与监督。工程的承包方在其主体设立阶段，法律对其商事能力就有特殊要求，须符合一定条件方能取得相关的营业执照并开展相关营业活动。尽管合同法司法解释已经放宽对商事主体的经营范围的限制，对一般超经营范围对外签订的合同，不再认定为无效，但同时规定违反行政特别许可的除外，工程建设领域就属于特别许可范畴。因此，承包方在未取得相关营业执照情况下签订的合同，属违反法律效力性强制规定而无效。

其次，是基于国家对特定行业的资格准入制度的规定。建筑行业与金融、能源、交通等涉及国计民生的重点行业一样，影响到国家的经济发展，在经济发展中处于举足轻重的地位，有必要设置准入“门槛”。所以，如果承包人借用资质、超越资质，违反国家特定行业准入门槛制度，所签订的施工合同必然无效。

第二节　建设工程合同招投标行为的法律性质

目前，我国大多数建设工程合同都是采用招投标方式订立的。采用招标投标方式订立合同的程序为：招标、投标、开标、评标、定标并发出中标通知书，最后双方依据中标通知书及投标文件签订合同。这些程序同样可以运用要约与承诺的理论来分析其合同成立和生效的问题。

通过招投标订立的建设工程合同何时成立和生效，是目前争议较大的问题，特别是对招标行为和中标通知书的法律性质，认识不一，甚至导致司法实践“同案情，不同判决”的现象出现，严重影响工程建设市场的健康发展。这也是本文仅就招标行为和中标通知书这两个争议较大的问题进行理论探讨和实践分析的原因所在。

一、建设工程合同招标的法律性质

建设工程合同招标的法律性质，通说认为是要约邀请。尽管我国《合同法》也明确规定，招标公告是要约邀请，但长期以来，在我国理论上和实践中一直存在不同的认识。具体而言，主要有如下三种不同的观点：

有学者认为，招标行为属于要约邀请，不具有要约的效力①。

持这种观点的学者内部也不尽统一。大陆法系学者一般认为，招标只是一种要约邀请，属于事实行为，本身不具有任何法律上的意义；但英美法学者虽也承认招标为要约邀请，但同时认为招标具有法律意义，理由是招标文件发出以后，已构成承包合同条件，对承发包双方具有约束力。

还有学者认为，招标的法律性质为要约。

持该观点的学者认为，招标公告或招标邀请函的内容明确具体，完全符合要约的形式要求。同时法律赋予了招标行为一定的法律约束力，比如说招标人不得擅自改变已发出的招标文件，否则要赔偿由此而给投标人造成的损失；另外法律还对招标行为进行了期限限制，招标文件中也规定了招标有效期，这已经超出了要约邀请的范畴。

另有学者认为，原则上建设工程招标不具有要约效力，但是当招标人在招标公告中或者招标邀请函中已经明确表示将与投标最优者签订合同，则招标人负有在开标后与投标最优者签订合同的义务，这种情况下的招标便具有要约的法律性质。

笔者认为，建设工程招标应当按照《合同法》第十五条的规定来认识其法律性质,② 招标应当属于要约邀请。首先，招标不具有直接的缔约意图，而是希望通过投标方式，选择出条件最优的投标者作为签订建设工程合同的对象；其次，尽管招标文件中也附有合同文本，但作为合同的主要条款的价格条款（标底），在招标文件中是不出现的；再次，招标方一般在招标文件中，都明确表示不受招标文件的约束。在我国九部委③联合制订的《标准施工招标文件》（2007）中就表明：“在投标截止时间 15 天前，招标人可以书面形式修改招标文件，并通知所有已购买招标文件的投标人。”④

有人认为，建设工程招标具有一定程度的法律约束力。具体理由是，根据《招标投标法》第二十三条规定：“招标人对已发出的招标文件进行必要的澄清或修改，应当在招标文件要求提交投标文件截止时间至少 15 日前，以书面形式通知所有招标文件收受人。”可见，依我国法律及相关交易习惯，建设工程招标具有一定的法律约束力，招标人不得擅自修改已发出的招标文件。立法赋予招标法律约束力的理由，主要是考虑到投标人在了解招标人的招标意思后，会做大量的准备工作，且投标人只有一次投标权，投标后就不得对投标文件再作修改。因此，如果允许招标人在招标公告发出后随意修改招标文件的内容或撤回招标，势必造成投标人不必要的经济损失和不稳定的心理压力。因而，从规范市场行为，保障公平竞争角度，有必要赋予招标以法律约束力。

---

① 郭明瑞，王轶．合同法新论·分则［M］．北京：中国政法大学出版社，1997.

② 《中华人民共和国合同法》第 15 条：“要约邀请是希望他人向自己发出要约的意思表示。寄送的价目表、拍卖公告、招标公告、招股说明书、商业广告等为要约邀请。商业广告的内容符合要约规定的，视为要约。”

③ 九部委指：国家发展改革委、工业和信息化部、财政部、住房和城乡建设部、交通运输部、铁道部、水利部、广电总局、中国民用航空局。

④ 九部委联合制订的《标准施工招标文件》（2007），第一卷，第二章：投标人须知，2.3 招标文件的修改。

如果招标人擅自改变已发出招标文件，应赔偿由此而给投标人造成的损失。这种赔偿责任属于缔约过失责任。①

笔者认为，这种观点值得商榷。对于招标活动，招标人无法保证投标人中标，招标人也不对投标人在投标中的损失承担赔偿责任。从发出招标、公告开始至投标截止日期为止，这段期间属于要约邀请阶段，在此期间内，招标人在不违背诚信原则的前提下，可以对招标文件进行补充、修改，甚至撤销招标公告，即使投标人已经为投标做了准备，招标人就因此给投标人造成的损失仍无须承担任何责任。这种损失应认为是投标人自己应承担的正常商业风险。

国际组织如世界银行也持相同的态度。在世界银行编制的招标文件中规定：招标人"保留在授予合同前的任何时候接受或拒绝任何投标，取消招标和拒绝所有投标的权利，无须对受影响的投标者承担任何责任，也没有义务将招标者的行动背景通知受影响的投标者。"②

二、关于中标通知书的法律效力问题

招投标已然成为了国际工程建设市场标准交易模式。但其他国家大都没有独立的招投标立法，对于中标通知书的法律效力问题，也缺乏统一的认识。英国《建筑法》上认为，若业主的招标文件内容比较齐备，如：包括工程合同的通用条件、特殊条件等，合同的条款基本齐全，法院倾向于中标通知书的发出构成合同成立；反之，如业主招标文件中涉及的一些事宜缺乏详细的规定，还须进一步签署协议方能完善合同时，法院倾向于判决中标通知书的发出不构成合同的成立。③

我国《招标投标法》第四十五条规定："中标人确定后，招标人应当向中标人发出中标通知书，并同时将中标结果通知所有未中标的投标人。中标通知书对招标人和中标人具有法律效力。中标通知书发出后，招标人改变中标结果的，或者中标人放弃中标项目的，应当依法承担法律责任。"第四十六条第一款规定："招标人和中标人应当自中标通知书发出之日起30日内，按照招标文件和中标人的投标文件订立书面合同。招标人和中标人不得再行订立背离合同实质性内容的其他协议。"

正是上述规定，在学界和工程建设领域引发了极大的争议。中标通知书发出后，合同处于何种的法律状态，专家学者对此认识不一，主要有以下三种观点。

第一种观点认为，中标通知书系经过投标（要约）、中标（承诺）程序，符合《合同法》关于合同订立的规定，因此，合同已成立生效。尽管按《招标投标法》第

---

① 宋宗宇，温长煌，曾文革．建设工程合同成立程序研究［J］．重庆建筑大学学报，2004（3）：96.

② 《世界银行贷款项目国际招标文件》：二、投标者须知，Ⅶ合同授予，31、接受和拒绝任何或所有投标的权利。

③ 王秉乾，谭敬慧．英国建筑工程法［M］．北京：法律出版社，2010.

四十六条的规定，双方还需再签订一份施工合同，但那只是对双方在招投标文件中约定的事项加以确定而已，所以即便一方拒绝签订正式施工合同，也不影响合同实质成立并生效的事实。如其不按投标中标所约定的事项办理，即构成违约，应承担违约责任，甚至需赔偿对方可得利益（利润）损失。

著名民法学者王利明教授也持此种观点，认为发出中标通知书时双方当事人已经就合同主要条款达成协议，应当认为合同已经成立。[①] 这种观点的主要理由有：第一，中标通知书发出属于承诺，根据《合同法》第二十五条规定，承诺生效时合同成立。所以中标通知书具有合同成立的效力；第二，根据《招标投标法》第四十五条的规定，中标通知书对招标人和中标人都具有法律约束力，若合同未成立，其法律约束力从何体现，也无法解释为何《招标投标法》规定中标通知书发出后，当事人不得再行订立与中标通知书实质内容不一致的合同；第三，某些国际行业组织，如FIDIC，也认同中标通知书为合同成立标志，接受中标函的日期为双方订立合同协议书的日期。

第二种观点认为，根据《合同法》第二百七十条的规定，建设工程合同属于要式合同，招标人与中标人必须专门签署一份施工合同，且《招标投标法》第四十六条又有要求，所以双方未签订正式施工合同的，说明合同还无法成立，更未生效。主要理由在于：第一，《合同法》第三十二条规定，合同应当采用书面形式的，应当自双方当事人在书面合同上签字或盖章时成立；第二，审判实践处理建设工程合同纠纷大多依据合同书，只是在合同约定发生争议时，才参照投标文件和中标通知书的规定[②]；第三，招投标文件主要包括价款、工期、质量等着主要合同条款，合同履行等其他条款还需合同书进一步确认；第四，根据我国推行的施工等合同文本，招标文件、中标通知书都是合同的组成部分，但在效力层次上，则都低于发包人与承包人签订的协议书。所以一方拒绝签订正式施工合同的，只能追究其缔约过失责任，只能获得对方为签订合同而支出的有限的实际损失，如交通费等。

而第三种观点，则参照《最高人民法院关于审理买卖合同纠纷案件适用法律问题的解释》第二条的规定，倾向于认为中标通知书发出系成立了一个预约合同，一方不履行订立正式建设工程合同的义务，对方可以请求承担不订立合同的违约责任或要求解除预约合同并主张损害赔偿。

持该观点的学者认为，预约合同说较好地说明了中标书发出后的合同所处的法律状态，比较符合建设工程合同实践的状况。比如，在土地使用权合同招标中，从发出招标公告到发出中标通知书阶段形成的合同从属性上讲是一份民事合同，从阶段性划分是一份预约合同；之后国家土地管理部门和中标人签订正式的《国有土地使用权出

① 王利明．合同法新问题研究（修订版）[M]．北京：中国社会科学出版社，2011.

② 王永起，李玉明．建设工程施工合同纠纷法律适用指南[M]．北京：法律出版社，2013.

让合同》从属性上讲属于行政合同，从阶段上划分属于本约合同，这里，两个阶段的合同一个是民事合同一个是行政合同，比较清楚地说明通过招投标活动签订合同应当分为两阶段的现实状态。①

笔者同意第三种观点，认为中标通知书具有预约合同承诺的性质。

“预约是与本约相对应的，即约定将来成立一定契约的契约，本约则是履行该预约后而成立的契约。”② 大陆法系某些国家在其民法典中对预约有相关规定。如《意大利民法典》对预约定义为：“通过将行订立合同的协议，当事人使自己承担在将来订立一个确定性合同的义务。”③

我国《民法》或《合同法》并没有对预约合同作规定，但并不排除合同当事人出于实际需要，订立预约合同。中标通知书就是具有对预约合同承诺的性质，而不是对本约的承诺。笔者认为主要具有以下理由：

第一，符合我国建设工程合同订立的实际情况。如《标准施工招标文件》（2007版）中包括施工合同条款，尽管明确规定强制适用于政府投资的招投标项目，但其中作为招投标文件中的合同条款，并不符合具体的工程建设项目的需要。工程建设项目千差万别，在建设工程合同订立过程中，一定要结合本项目的具体实际情况来制定。《标准施工招标文件》（2007 版）也允许发包方与承包方就项目的特殊要求，在招投标结束后，在特殊条款中作有别于通用条款的规定，以便项目建设的顺利实施。这也是为何《招投标法》第四十六条第一款规定招标人和中标人应当自中标通知书发出之日起 30 日内，按照招标文件和中标人的投标文件订立书面合同的原因之一。

工程建设招投标的目的就是选择最优的签约对象，签约对方选定后，再由双方签订正式合同，符合预约的特征。

有学者认为，如果将包含本约合同必备条款的合同视作预约合同，将会导致预约合同与本约合同之间的混淆。④ 这种观点值得商榷，预约合同并不排斥在其中规定有本约中应有的合同条款，只是预约合同的目的是履行本约的签订责任。如果预约与本约在内容上完全一致，则可把预约视为本约。

第二，与我国对建设工程合同管理的需要相适应。建设工程合同一般具有建设周期长，涉及社会公共利益的特点。因此，建设工程合同也是国家干预最多的合同。且至今还没有任何一种合同像建设工程合同那样，受到国家全方位的干预：在合同订立前，建设项目的立项和报批，要符合国家规定的程序，取得相应的许可证书；在合同

---

① 参见陈川生，王倩，李显冬．中标通知书法律效力研究——预约合同的成立和生效［J］．中国政府采购，2011（1）：75.

② 郑玉波．民法债编总论［M］．北京：中国政法大学出版社，2004.

③ 吴颂明，预约合同研究［C］．梁慧星，民商法论丛香港：金桥文化出版（香港）有限公司，2000.

④ 高印立．论中标通知书发出后建设工程合同的本约属性［J］．建筑经济，2015（1）：70.

订立方面，不仅限定了合同双方当事人的资格，同时对合同订立的方式和程序也有明确规定；建设工程合同的履行更是处处体现出国家的干预，如工程建设的质量、工期、工程款的支付等。这些都充分表明我国建设工程合同受到经济法等部门法的调整，有行政监管和市场竞争双重特性。

出于对建设工程合同管理的需要，中标通知书发出后 30 日内，由发包方与承包方正式签订建设工程施工合同，在原先招投标文件中的合同条款基础上，完善双方的权利义务配置，由双方签字盖章后，建设工程合同方正式成立。随后在一定期限内，将该合同送交相关主管机关备案。合同双方的权利义务以备案的合同为准，不得另外签订违背实质性条款的合同。

因此，把中标通知书视为预约合同的成立而不是本约合同成立，是符合我国实际情况要求的。

实际上，预约合同在司法实践中得到最高法院的认可。2012 年 7 月，最高法院颁布施行了《最高人民法院关于审理买卖合同纠纷案件适用法律问题的解释》，其中第二条规定："当事人签订认购书、订购书、预订书、意向书、备忘录等预约合同，约定在将来一定期限内订立买卖合同，一方不履行订立买卖合同的义务，对方请求其承担预约合同违约责任或者要求解除预约合同并主张损害赔偿的，人民法院应予支持。"这可以认为是我国法律上首次确认了预约合同。虽然该司法解释在内容上限于买卖合同，但实际上预约的适用范围非常宽泛，还包括租赁、承揽等各种合同类型。① 建设工程合同从承揽合同脱胎而来，根据《合同法》第二百八十七条规定："建设工程合同没有规定的，适用承揽合同的有关规定。"

在招投标订立建设工程合同过程中引入预约合同的概念，可以将招标投标活动大致分为两个阶段。第一阶段为缔结预约合同过程，即投标人向招标人缴纳投标保证金，作为履行预约合同的担保，保证其要约的真实、可靠性；第二阶段则为通过对预约合同的补充和完善，正式签订本约书合同，使本约成立和生效，在缔结本约合同的这一阶段的过程中，出于合同风险规避的需要，投标人向招标人以"立约定金"的形式缴纳履约保证金，以作为本约合同履约的担保。预约合同与本约合同的分别订立，解决了《招标投标法》第四十五条、第四十六条引发的难题，对于理论和实践都有重大意义。②

三、由中标通知书引发的法律责任问题

根据《招标投标法》第四十五条规定，中标通知书对于招标人和中标人都具有法

① 王利明，预约合同若干问题研究——我国司法解释相关规定述评［J］. 法商研究，2014（1）：55.

② 陈川生，王倩，李显冬．中标通知书法律效力研究——预约合同的成立和生效［J］. 中国政府采购，2011（1）：77.

律约束力。发出中标通知书后，招标人改变中标结果或中标人放弃中标项目的，均应当承担相应的法律责任。但承担何种责任，对当事人影响重大。如果承担违约责任，赔偿范围是合同履行后的期待利益损失，如中标人通过履行合同取得的利润；[①] 如果承担缔约过失责任，赔偿范围是信赖利益损失，即办理招投标手续以及订立建设工程合同所支出的费用。

有学者认为，如果中标通知书不具有成立合同的效力，那么招标人擅自改变中标结果所承担的是缔约过失责任，仅赔偿对方文本制作费、交通费、通讯费、律师费等，达不到惩治招标方毁标的效果，招投标双方利益难以平衡。[②]

其实把中标通知书视为预约合同的成立，是不会发生这种情况的。当事人违反了中标通知书这一预约合同，导致工程建设合同这一本约合同不能签订，将承担违反预约合同的违约责任。因为预约合同和本约合同是属于两个不同的法律关系，是两个合同，如果招标方擅自改变中标结果或投标方毁标导致本约合同没能签订，这时候本约合同不存在，更谈不上承担责任问题，只能按预约合同违约责任处理，不能适用缔约过失责任。违反预约合同一方要承担损害赔偿的责任。所谓的损害赔偿，应当采完全赔偿原则，即当事人订立合同时违约方可以合理预见到的损失。[③] 当然如果当事人对预约合同违约责任有约定的，首先应当按约定处理。

在工程建设实践中，履约保证金具有定金性质，即立约定金。同时它也能起到约束招投标双方遵守中标通知书的效力的作用。招标方如果违反预约合同拒绝签订正式工程建设合同的，收受的保证金应当双倍返还给投标方；正如《工程建设项目施工招标投标办法》第八十五条规定："如招标人不履行合同的，应当双倍返还中标人履约保证金。"而如果是中标方不签订正式工程建设合同的，将失去保证金。

四、结论

在通过招投标方式订立建设工程合同中，招标行为应定性为要约邀请，所以招标人在不违背诚实信用原则的基础上在招标阶段可以对招标文件进行补充修改，甚至撤销招标，而无需承担法律责任，此时投标人若有损失，也属正常的商业风险。

中标通知书导致预约合同的成立，而不具有成立建设工程合同（本约）的效力，这正是我国《招投标法》第四十五条规定的本意，同时符合我国工程建设的现实情况和国家管理的需要。这样的法律定位，对保证建设工程事业的有序和健康发展将起到保证作用。

---

① 黄强光．建设工程合同纠纷前沿问题析解［M］．北京：法律出版社，2010：7.

② 孙杰，何佰洲．中标通知书法律责任的性质分析［J］．建筑，2007（6）：62.

③ 王利明．预约合同若干问题研究——我国司法解释相关规定述评［J］．法商研究，2014（1）：61.

第三节 案例分析

【案例一】对于国家投资的项目，当事人双方在项目审批过程中签订建设工程合同，签订时未取得有审批权限的主管部门的批准文件，违反了我国的基本建设程序，该建设工程合同无效

【基本案情】

某城市拟新建一大型火车站，各有关部门组织成立建设项目法人，在项目建议书、可行性研究报告、设计任务书等经市计划主管部门审核后，报国家计委、国务院审批并向国务院计划主管部门申请国家重大建设工程立项。审批过程中，项目法人以公开招标方式与三家中标的一级建筑单位签订《建设工程总承包合同》，约定由该三家建筑单位共同为车站主体工程承包商，承包形式为一次包干，估算工程总造价 18 亿元。但合同签订后，国务院计划主管部门公布该工程为国家重大建设工程项目，批准的投资计划中主体工程部分仅为 15 亿元。因此，该计划下达后，委托方（项目法人）要求建筑单位修改合同，降低包干造价，建筑单位不同意，委托方诉至法院，要求解除合同。

法院审理认为，双方所签合同标的系重大建设工程项目，合同签订前未经国务院有关部门审批，未取得必要批准文件，并违背国家批准的投资计划，故认定合同无效，建设项目法人负主要责任，应赔偿建筑单位相应损失。

【案例评析】

本案的车站建设项目属 2 亿元以上大型建设项目，并被列入国家重大建设工程，应经国务院有关部门审批并按国家批准的投资计划订立合同，不得任意扩大投资规模。根据《合同法》第二百七十三条的规定："国家重大建设工程合同，应当按照国家规定的程序和国家批准的投资计划、可行性研究报告等文件订立。"本案合同双方在审批过程中签订建筑合同，签订时并未取得有审批权限主管部门的批准文件，违反了我国的基本建设程序，同时合同金额也超出国家批准的投资额，扩大了固定资产投资规模，违反了国家计划，故法院认定合同无效，过错方承担赔偿责任，其认定是正确的。

【案例二】[①] **法律规定应当招标订立的合同未经招标合同无效**

【基本案情】

原告：赣州某林业工程公司

被告：某置业有限公司

第三人：某县房产管理局

原告诉称：2005 年 1 月 28 日，原、被告签订《建设工程施工合同》。合同约定，

① 来源：赣州法院网，依据判决书整理（本案案号［2005］赣中民初一字第 52 号）。

由原告承建被告某大厦图示土建项目（基础管桩除外），开工时间为2005年3月6日，竣工时间为同年12月31日，同时约定桩基础由被告提供验收资料。合同签订后，原告即投入资金做好施工准备。但被告却迟迟不提供基础管桩验收资料并办理交接手续，致使原告无法履行施工合同。2005年8月3日，原告收到被告发来的通知，称“建筑合同已发生法律效力，可你公司长期以来迟迟未开工，已严重违约，并由你公司承担违约经济损失。”而实际上，原告为施工已做了大量准备工作，投入了大量的资金，被告不按约定提供基础管桩验收资料并办理交接手续才是不能开工的根本原因。被告的行为给原告带来极大的经济损失。为维护原告的合法权益，特提起诉讼，请求依法判令被告赔偿原告因终止合同造成的经济损失844 870元，并承担诉讼费用。

被告辩称：① 2002年，某县人民政府决定施行旧城改造，答辩人与县政府签订了改造开发合同。依据该合同规定，答辩人与第三人于2003年2月25日签订《某县“一江两岸”房屋拆迁补偿安置协议》。议协议约定，由答辩人安置第三人面积3752.31平方米。后经答辩人与第三人协商，答辩人以土地置换方式安置第三人房屋面积后，由第三人补偿答辩人155万元，该宗土地由第三人建设，定名为“某某大厦”。② 第三人是《某某大厦》的实际建设单位和发包人。由于第三人属行政事业单位，不宜工程申报，2005年1月26日，答辩人与第三人及原告共同签订了一份《协议书》。该协议对三方的权利义务作了明确约定，答辩人在该项目中的义务只是负责项目申报、提供施工水电条件，房屋建成后，由第三人补偿答辩人155万元。③ 协议签订后，答辩人履行了项目申报手续，对图纸进行了审核，并获得批准。因第三人属行政事业单位，故约定由答辩人与原告签订工程施工合同。2005年4月，答辩人与原告签订《建设工程施工合同》，该合同第四十七条补充条款规定，第三人为答辩人的履约保证人，后因该条款违反有关担保的法律规定，故建设主管部门未予备案。此后，原告为达到承包该工程的目的，多次要求答辩人修改该担保条款。2005年1月28日，答辩人与原告签订“补充协议”书，明确答辩人在该施工合同中不承担任何责任。在得到原告上述承诺后，第三人的保证条款被删除。2005年4月30日，答辩人与原告第二次签订了《建设工程施工合同》。但答辩人根据与原告、第三人签订的协议及答辩人与原告签订的补充协议，未参与该工程的履约，对履约的情况一概不知。④ 原告与第三人在实际履行合同中，因规避国家有关招投标的法律规定，被纪检监察部门查处，工程被责令停工，答辩人没有过错。⑤ 由于“某某大厦”项目的实际建设单位是第三人，工程是否招标，答辩人既不知道，也未参与，与答辩人无关。请求法院根据事实和法律，依法驳回原告的诉讼请求。

第三人述称：① 原告与被告2005年1月28日签订的《建设工程施工合同》的实际建设单位是第三人，使用的是国有资金。根据《招标投标法》规定必须进行招投标，未经招投标直接发包的合同属无效合同，应依法解除。② 某县纪委、监察局对规避招投标的行为已作出处理，导致合同无效，原、被告及第三人都有过错。③2005 年 6 月第三人已通知原告停止施工，2005 年 9 月 7 日又以书面形式通知原告解除合同，并要求原告提交结算依据办理结算，但原告一直未提交。第三人认为，原告已施工部分应据实结算，实际损失应由原、被告及第三人根据公平、合理的原则分担。

针对原告的诉请和被告及第三人的答辩，本案的主要争议焦点是：原、被告之间签订的《建设工程施工合同》和原、被告及第三人签订的协议是否有效？造成工程停工后的损失应当如何计算？

经审理查明：2003 年 2 月 25 日被告与第三人签订《某县“一江两岸”房屋拆迁补偿安置协议》。双方对第三人的房屋拆迁安置相关事宜作了约定。

2005 年 1 月 26 日，原、被告及第三人签订协议书。三方约定：由第三人在某某花园 3 号楼建设一栋九层高的大厦，该大厦及占地归第三人所有，被告负责该大厦工程建设的报建手续，税费由第三人承担；第三人除应免除被告安置补偿费用外，另行给付被告155 万元差额款（大厦竣工后结算）；被告与第三人于 2003 年 2 月 25 日签订的《某县“一江两岸”房屋拆迁补偿安置协议》废止；被告应负责该大厦外围的公共基础设施建设，并允许第三人使用被告的水电设施，水电费用由第三人承担；大厦由原告负责承建，由原告全额垫资完成全部主体工程，主体工程完成一个月内第三人预付工程总造价的 70% 给原告，工程竣工验收之日起一个月内第三人预付工程总造价的 20% 给原告，余款 10% 在六个月内付清；工程造价以现行《全国建筑安装基础定额（江西省估价表）》及《江西省建筑安装取费定额》，按实际完成工作量计算工程总造价；工期于 2005 年 9 月 30 日前完成主体工程，12 月 31 日竣工；违约条款约定：第三人如未按约定付款，原告有权以所欠金额的 2% 按月向第三人计取违约金，同时工期顺延；工程竣工验收之日起六个月内，第三人未付清原告全部工程款，原告有权拍卖其酒店房产；由于第三人的原因造成工程停建或缓建，原告有权要求第三人及时办理工程决算和补偿损失，并在一个月内付清全部款项。

2005 年 1 月 28 日，原、被告签订补充协议书，该协议明确表明某某大厦工程的实际履约人为原告和第三人，由原告和第三人享有 2005 年 1 月 26 日原、被告及第三人签订的协议书中约定的权利和义务，被告不承担任何责任；如第三人不履行协议约定的权利与义务，原告有权处置该项目的全部房地产，收益部分除偿还被告 155 万元差额款外，全部归原告所有以资抵工程款。同日，原、被告签订《建设工程施工合同》，约定由被告将某某大厦工程发包给原告承建（基础管桩除外），开工日期为 2005 年 3 月 6 日，竣工日期为 2005 年 12 月 31 日，工程质量标准为合格，合同价款采用可调价格合同方式确定，暂定为 360 万元，以实际完成工程量清单，按国家及地方的有关法律法规和现行省颁《建筑安装工程定额》的有关规定和说明及通用条款规定的调整因素为该工程结算，并以审计结论为依据办理财务结算；工程款的支付方式和时间为，主体工程完成之日起一个月内预付工程总造价（预算）的70%，工程竣工验收之日起一个月内预付工程总造价（预算）的20%，余款（结算）在扣除质保金后六个月内付清；发包方的违约责任为，发包方未按约定及时支付工程款，承包方除有权以所欠全额的2%按月向发包方计取违约金外，同时适用通用条款的有关规定；合同还就相关事宜作了约定。上述合同、协议签订后，原告即投入资金、组织人员进入施工的前期准备工作，但因被告及第三人未提供施工必需的相关资料，致使原告无法施工。

2005年7月4日，某县监察局就某县房管局规避房管大楼招投标问题作出信监决字（2005）04号监察决定书。认定第三人以被告名义办理房管大楼报建手续，并直接将该大楼的建设工程发包给原告的行为违反了《招标投标法》的规定，属于规避招投标的行为，责成第三人中止与原告签订的建设工程施工合同及协议，重新按有关程序进行公开招投标。

2005年8月31日，某县纪律检查委员会就某县房管局办公大楼规避招投标问题作出信纪字（2005）26号处理决定，认定第三人违反了《招标投标法》的规定，是弄虚作假、规避招投标的违纪行为，责成第三人终止与原告签订的建设工程施工合同及协议。

法院依据查明的事实认定，2005年1月26日原、被告及第三人签订的协议书、同月28日原、被告签订的补充协议书及《建设工程施工合同》，因该工程项目的实际发包方（建设方）为第三人，而第三人所使用的资金属国有资金，依照招投标法的相关规定，该工程项目必须进行招标。第三人在该工程项目发包时，以被告名义办理相关报建手续，该行为是一种规避法律的行为，其实质是以合法形式掩盖非法目的，违反了国家法律的禁止性规定，故上述协议、合同无效。原、被告及第三人明知上述协议、合同违反国家法律规定，但为了各自的目的，仍然签订上述无效协议及合同，所以原、被告及第三人均有过错，各自应承担相应的责任。因原告在举证期限内提供的损失计算依据不足以证明原告的事实主张，故原告应承担举证不能的法律后果。判决驳回原告的诉讼请求。

【案件评析】

众所周知，规定强制招标的项目，往往涉及国家利益、公共利益，为此国家依法强制实行招标，引入公平竞争的招标交易程序。其中，把使用国有资金进行投资建设的项目纳入强制招标范围，是切实保护国有资产的有效办法。

本案的事实比较清楚，即本案建设工程施工合同违反了《招标投标法》的强制性规定，本案项目使用的资金符合“全部或部分使用国有资金投资或者国家融资的项目”的要求，属于必须进行招标的项目，根据最高人民法院《施工合同司法解释》第一条第三项规定：“建设工程必须进行招标而未招标或者中标无效的，建设工程施工合同无效”。

所以根据以上规定，法院判决涉案合同无效，对于原告提出请求依法判令被告赔偿原告因终止合同造成的经济损失844 870元，并承担诉讼费用的诉讼请求，不予支持，是有充足的法律依据的。

第三章　建设工程合同条款

第一节　建设工程合同条款概述

当事人通过意思表示一致，形成了合同条款，把合同双方的权利义务固定了下来。合同权利与义务，除少数系由法律直接规定产生之外，绝大部分是由合同约定的，准确地说，是通过合同条款固定的。从这个意义上讲，合同的内容又指合同条款。

合同条款依据不同标准，有不同分类。首先，《合同法》以行为规范为标准，规定了提示性条款，即《合同法》第十二条的规定，包括八种条款[①]。其次，以合同若不具备就不成立为标准，合同条款分为主要条款和非主要条款；以是否采用格式条款形式分为格式条款和个别协议条款；此外以是否具有免责功能分为免责条款和非免责条款等。

在建设工程领域，存在许多建设工程示范合同文本，其中大部分合同范本是相关行业的专家在总结多年实践经验的基础上，将建设工程合同条款固化下来，以求平衡合同双方当事人的利益，引领他们依法订立并履行合同。在我国，合同范本的推广使用同时也体现了国家对建设工程行业的重视和监督管理。而这种行政监督管理是非常必要的，对保证建设工程的质量，维护当事人合法利益起到重要作用。《合同法》确立了当事人契约自由和国家对合同行为进行适度干预的原则。按照《合同法》的设计，国家对合同自由的干预主要体现在三个方面：一是通过立法规定相应的制度，二是通过司法审判确认合同的效力及其履行，三是工商部门等行政机关对合同进行监督管理。三者的功能不能互相替代。行政监管有利于主动及时地发现和制止恶意串通侵害国家利益、社会公共利益的行为及其他一些违法行为；有利于事前防范、减少合同纠纷，防患于未然，为维护市场经济秩序增设一道防线。[②]

实施合同行政监管是国际上对合同监管的重要内容。据不完全梳理，英国、澳大

① 合同法第十二条规定：合同的内容由当事人约定，一般包括以下条款：（一）当事人的名称或者姓名和住所；（二）标的；（三）数量；（四）质量；（五）价款或者报酬；（六）履行期限、地点和方式；（七）违约责任；（八）解决争议的方法。当事人可以参照各类合同的示范文本订立合同。

② 全国工商行政管理、市场监督管理部门市场规范管理与合同行政监管专家型人才培训班课题组．浅析合同示范文本管理制度［J/OL］．载于：http：//www. cicn. com. cn/zggsb/2015－12/21/cms79756article. shtml，2016 年 12 月 12 日访问。

利亚、新加坡等国家均设定了合同政府监管的制度。以英国为例，该国的公平交易局是负责监管不公平合同条款的主导执法机构和行政执法的核心协调机构。公平交易局监管的领域包括服务业、旅游和交通、建筑、制造业和工程技术、消费品、媒体和通信等广阔的领域，该机构成功地修改或删除了大量的不公平消费者合同条款，其中不乏知名公司的格式合同或行业协会制定的合同示范文本。有人认为，市场经济发达、市场秩序完善的区域，合同问题完全可由市场来解决，但是作为市场失灵的典型领域，合同的问题是市场经济中"更好发挥政府作用"课题中必须面对的问题。因此，市场经济与合同行政监管并非排斥关系，而是互相促进和兼容的关系。①

我国的建设工程合同示范文本，就是属于政府对工程建设领域实行监督管理的有效措施之一。《建设工程施工合同（示范文本）》是由住房城乡建设部、国家工商行政管理总局联合制定的；而《中华人民共和国标准施工招标文件》则是在2007年由国家发改委联合九部委颁发实施的，在重大国有资本建设项目的招投标中强制使用的。因此，研究探讨建设工程合同离不开对这些示范文本的理解，本章就是居于这一理由展开论述。

一、建设工程合同条款的特征

1. 条款构成的多样性

在建设工程合同中，合同的内容即合同条款，也是通过多种多样的合同文件来体现的。依据我国实践中被广泛使用的三大建设工程示范合同文本，即FIDIC《合同条件》和《建设工程施工合同（示范文本）》《标准招标文件》通用条款，建设工程合同一般由以下几个部分组成：①合同协议书；②中标通知书；③投标书及其附件；④合同专用条款：⑤合同通用条款；⑥标准、规范、有关技术文件；⑦图纸；⑧工程量清单；⑨工程报价单或预算书；⑩在合同履行过程中，当事人有关工程的洽商、变更等书面协议或文件。实践中，甚至有的将招标文件也纳入合同范围。以上10个方面文件规定有时会不一致，因此，在解释合同条款时的优先顺序显得很重要，原则上允许当事人协商解释的优先顺序，但当事人未经约定时，一般依以上顺序为解释的优先顺序，三大合同文件就是如此。如2007年，国家发改委联合九部委颁发实施的《标准施工招标文件》中的通用条款作了如下规定："1.4. 合同文件构成和优先次序如下：①合同协议书；②中标通知书；③投标函和投标函附录；④专用合同条款；⑤通用合同条款；⑥技术标准和要求；⑦图纸；⑧已标价工程量清单；⑨其他合同文件。"

---

①　全国工商行政管理、市场监督管理部门市场规范管理与合同行政监管专家型人才培训班课题组．浅析合同示范文本管理制度［J/OL］．载于：http：//www.cicn.com.cn/zggsb/2015－12/21/cms79756article.shtml，2016年12月12日访问。

2. 合同文本的强制使用

2007 年 11 月 1 日，国家发展和改革委员会会同财政部、建设部、铁道部、交通部、信息产业部、水利部、民用航空总局、广电总局发布了《标准施工招标文件》，并在此基础上陆续发布了《简明标准施工招标文件（2012 年版）》《标准设计施工总承包招标文件（2012 年版）》，相关行业主管部门也陆续发布了本行业的标准施工招标文件。

自 2012 年 2 月 1 日起施行的《招标投标法实施条例》第十五条第四款赋予了标准施工招标文件强制使用的法律地位，即编制依法必须进行招标的项目的资格预审文件和招标文件，应当使用国务院发展改革部门会同有关行政监督部门制定的标准文本。由于承发包双方所签订的合同条款对标准施工招标文件中所包含的合同条款不能进行实质性的修改，《招标投标法实施条例》第十五条第四款的规定也意味着在未来建设工程施工领域，九部委联合发布的标准施工招标文件以及相配套的行业文本适用于指定范围内的强制招标的项目。

2007 年 11 月，国家发改委等九部委在颁布 56 号文件时，突出强调了政府主管部门加强对政府投资项目的严格管理，强调通用条款属于强制使用的文本，明确规定当事人对通用条款不得擅自修改。

但是，通用合同条款设定的工程质量检验程序、进度控制程序、合同变更程序、计量支付程序和竣工验收程序等均留有专用合同条款约定的空间，供各行业根据其不同的行业管理特点和具体方法自行约定。

56 号文件第五条规定："行业标准施工招标文件和试点项目招标人编制的施工招标资格预审文件、施工招标文件，应不加修改地引用《标准施工招标资格预审文件》中的申请人须知（申请人须知前附表除外）、资格审查办法（资格审查办法前附表除外），以及《标准施工招标文件》中的投标人须知（投标人须知前附表和其他附表除外）、评标办法（评标办 法前附表除外）、通用合同条款"。

第六条规定："行业标准施工招标文件中的专用合同条款可对《标准施工招标文件》中的通用合同条款进行补充、细化，除通用合同条款明确专用合同条款可做出不同约定外，补充和细化的内容不得与通用合同条款强制性规定相抵触，否则抵触内容无效"。

第十三条规定："因出现新情况，需要对《标准文件》中不加修改的引用的内容做出解释或调整的，由国家发展和改革委员会会同国务院有关部门做出解释或调整。该解释和调整与《标准文件》具有同等效力"。

从以上规定我们可以得出这样的结论：九部委颁布用于政府投资工程项目的"通用合同条款"，属于当事人必须执行的行政强制性的管理规范。

住房和城乡建设部和国家工商行政管理总局自 2011 年起相继发布了《GF—2011—

0216 建设项目工程总承包合同示范文本》《GF—2012—0202 建设工程监理合同（示范文本）》《GF—2013—0201 建设工程施工合同（示范文本）》等新版建设工程合同。

住建部和工商行政管理总局联合发布的建设工程合同示范文本，虽不具有强制性，但由于版本的日益完善，采用该示范文本的合同项目越来越多。该文本适用于非强制招标的项目。

3. 合同文本的多样性

从 2008 年以来，我国逐渐建立和完善了对建设工程合同的管理。按是否属于政府和国有资金为主的投资主体，以及是否属于基础设施建设的项目客体进行区分，建立起建设工程合同由不同部门归口管理的制度。

按国务院的“三定”方针，凡政府投资和国有资金投资为主的基础设施建设归口国家发改委牵头管理，非政府投资的房建项目归口住建部牵头管理，与此对应，在合同文本适用上，各主管部门分别制定了适用范围不同的两种合同文本。

首先，在 1999 年 12 月，建设部和国家工商管理总局共同颁布施行了《建设工程施工合同（示范文本）》，现已为 2013 版施工合同取代。在 2011 年 11 月，住建部和国家工商管理总局共同颁布房建项目的《工程总承包合同（2011 版示范文本）》该文本适用于非强制性招投标项目。从 2015 年 7 月 1 日起，住房城乡建设部、工商总局制定的《建设工程设计合同示范文本（房屋建筑工程）》（GF—2015—0209）、《建设工程设计合同示范文本（专业建设工程）》（GF—2015—0210）开始执行。2015 年的范本在 2000 年设计合同范本的基础上，在内容和体例上进行了较大的修订。

其次，在 2007 年 11 月，国家发改委等九部委共同颁发用于政府投资的基础设施项目的《（标准施工招标资格预审文件）和（标准施工招标文件）试行规定》即 56 号文件，其《标准招标文件》中的施工总承包《通用合同条款》，共 24 条 131 款；2012 年 1 月，国家发改委等九部委共同颁发用于政府投资的基础设施项目的《设计、采购、施工总承包招标文件》，其中的通用合同条款，共 24 条 139 款。这些合同条款适用于政府投资的强制招投标项目。

再次，我国利用外资工程项目和国外金融机构贷款项目，有些直接采用国际上通行的 FIDIC 合同条件。

4. 借鉴国际组织特别是 FIDIC 合同文本的先进经验

无论是九部委颁发的合同文件，还是住建部和工商总局联合制定的施工合同示范文本，都是在借鉴国外的成熟条款并结合我国的实践制定的。如 2013 版施工合同示范文本根据市场的需求，借鉴国际组织菲迪克（FIDIC）的合同文本创设的八项合同管理新制度，就是最好的证明。这八项合同管理新制度具体是：①通用条款第 2. 5. 3. 7 款确定承发包双方的双方互为担保制度；②通用条款第 11. 1 款确定价格市场波动的情势变更调价制度；③通用条款第 14. 4 确定逾期付款的违约双倍赔偿制度；④通用条款第

13.2 和 15.2 款规定两项工程移交证书制度；⑤通用条款第 15.2 款规定保修金返还的缺陷责任定期制度；⑥通用条款 18 条确定风险防范的工程系列保险制度；⑦通用条款第 19.1 和 19.3 款规定的索赔过期作废制度；⑧通用条款第 20.3 款规定前置程序的争议过程评审制度。上述八项新制度均借鉴国际 FIDIC 合同的成熟经验，其依据均可在 1999 版 FIDIC 合同文本中找到答案。①

二、关于交易习惯条款

有学者认为，“示范文本有些条款被司法实践认可，并逐渐成为交易习惯”。

所谓交易习惯，根据最高人民法院《关于适用合同法若干问题的解释（二）》第七条之规定：“交易习惯是指在交易行为当地或者某一领域、某一行业通常采用并为交易对方订立合同时所知道或应该知道的做法；或者指当事人双方经常使用的习惯做法。”

我国《合同法》中也有明确的规定，如第六十一条规定：“合同生效后，当事人就质量、价款或者报酬、履行地点等内容没有约定或者约定不明确的，可以协议补充；不能达成补充协议的，按照合同条款或者交易习惯确定”。

主张示范文本中存在交易习惯的人认为，住建部与工商总局共同制定的施工合同示范文本，本没有适用的强制性要求，但由于该文本的制定，参照了国际组织特别是 FIDIC 合同条件的成熟条款，所以得到了广泛的认同。

他们以其 1999 版施工合同示范文本为例，来证明示范文本中行业习惯的存在。认为通用条款中的有关规定因其行业交易习惯性质，成为最高院《施工合同司法解释》处理相关争议的依据。并举例说明：如工程实际竣工日期的认定、施工过程中出现质量事故对影响工期的处理等疑难复杂的问题，由于目前我国法律、法规并无相应的规定，司法解释分别采用 1999 版施工示范文本的相关规定作为处理的依据。具体构成行业交易习惯的有以下几个方面：

1. 工程实际竣工日期的认定方面

《施工合同司法解释》第十四条规定：“当事人对建设工程实际竣工日期有争议的，按照以下情形分别处理：（一）建设工程经竣工验收合格的，以竣工验收合格之日为竣工日期；（二）承包人已经提交竣工验收报告，发包人拖延验收的，以承包人提交验收报告之日为竣工日期；（三）建设工程未经竣工验收，发包人擅自使用的，以转移占有建设工程之日为竣工日期”。

其依据的就是 1999 版示范文本通用条款第三十二条“竣工验收”的规定。其中第一款规定：“工程具备竣工验收条件，承包人按国家工程竣工验收有关规定，向发包人

---

① 曹珊．及时应对新版合同，加强施工合同管理：执行 2013 版施工合同及合同管理新制度的十二个操作问题

提供完整竣工资料及竣工验收报告。双方约定由承包人提供竣工图的，应当在专用条款内约定提供的日期和份数”；第二款规定：“发包人收到竣工验收报告后28天内组织有关单位验收，并在验收后14天内给予认可或提出修改意见。承包人按要求修改，并承担由自身原因造成修改的费用”；第三款规定：“发包人收到承包人送交的竣工验收报告后28天内不组织验收，或验收后14天内不提出修改意见，视为竣工验收报告已被认可”；第四款规定：“工程竣工验收通过，承包人送交竣工验收报告的日期为实际竣工日期。工程按发包人要求修改后通过竣工验收的，实际竣工日期为承包人修改后提请发包人验收的日期”；第五款规定：“发包人收到承包人竣工验收报告后28天内不组织验收，从第29天起承担工程保管及一切意外责任”。

2. 施工过程中出现质量事故对工期影响的处理

《施工合同司法解释》第十五条规定：“建设工程竣工前，当事人对工程质量发生争议，工程质量经鉴定合格的，鉴定期间为顺延工期期间”。

其依据的是，1999版施工合同通用条款第十八条“重新检验”的规定，该条规定：“无论工程师是否进行验收，当其要求对已经隐蔽的工程重新检验时，承包人应按要求进行剥离或开孔，并在检验后重新覆盖或修复。检验合格，发包人承担由此发生的全部追加合同价款，赔偿承包人损失，并相应顺延工期。检验不合格，承包人承担发生的全部费用，工期不予顺延”。

他们认为，制定上述两条司法解释规定并没有相关法律、法规的依据，最高院是在认真研究、确认1999版施工合同的通用条款属于行业交易习惯，然后按合同法的相关规定，才做出了司法实践迫切需要的上述两条规定。

但也有人持反对意见，认为示范文本中不存在交易习惯或惯例的问题。理由是，最高法院从未承认1999版施工合同是行业惯例。最高法院的相关回复（〔2005〕民一他字第23号）① 表明最高法院从未认为1999版施工合同是行业惯例。最高法院认为1999版施工合同是“格式合同”而已。

另外，FIDIC合同编制者从未将自己编制的合同文本贴上“行业惯例”（Trade Usages）的标签。在FIDIC合同明确规定“本合同受工程所在地法律管辖”，换句话讲，

---

① 关于发包人收到承包人竣工结算文件后，在约定期限内不予答复，是否视为认可竣工结算文件的复函（2005）民一它字第23号你院渝高法〔2005〕154号《关于如何理解和适用最高人民法院〈关于审理建设工程施工合同纠纷案件适用法律问题的解释〉第二十条的请示》收悉。经研究，答复如下：

同意你院审委会的第二种意见，即：适用该司法解释第二十条的前提条件是当事人之间约定了发包人收到竣工结算文件后，在约定期限内不予答复，则视为认可竣工结算文件。承包人提交的竣工结算文件可以作为工程款结算的依据。建设部制定的建设工程施工合同格式文本中的通用条款第33条第3款的规定，不能简单地推论出，双方当事人具有发包人收到竣工结算文件一定期限内不予答复，则视为认可承包人提交的竣工结算文件的一致意思表示，承包人提交的竣工结算文件不能作为工程款结算的依据。

最高人民法院民事审判庭

二OO六年四月二十五日

如果 FIDIC 合同条款同适用的法律有冲突了，应该以法律规定为准。FIDIC 编制者充其量称自己努力提供业界标准合同是“最佳实践”（Best Practice）。

ICC 仲裁实践裁定 FIDIC 合同不满足成为行业惯例的条件（Satisfy the Requirements to Become Trade Usages）否定了 FIDIC 合同是“行业惯例”（ICC Case No. 8873［1997］）①。

值得注意的是，在我国司法实践中，有些地方司法机关对建设施工合同示范文本的作用有独特的解释。如《山东省高级人民法院 2008 年民事审判工作会议纪要》（鲁高法［2008］243 号）中第（五）关于建设施工合同示范文本的适用问题。规定“为了规范建设工程施工活动，我国国家有关部门先后制定了《建设工程施工合同（示范文本）》等多项格式合同文本，这些文本一般由协议书、通用条款、专用条款三部分内容组成，其中通用条款既是国家为加强建筑行业的行政管理而制定的规范，也是建筑行业中众多交易习惯的总结和体现，是建设工程施工合同必不可少的条件。实践中，应当注重对建筑行业交易习惯的运用，对当事人采用示范文本签订合同的，在协议书没有明确约定的情形下，可以采纳通用条款确定当事人的权利义务。”

而江苏省高院《关于审理建设工程施工合同纠纷案件若干问题的意见》的通知（苏高法审委〔2008〕26 号）第八条规定：“建设工程合同生效后，当事人对有关内容没有约定或者约定不明确的，可以协议补充；不能达成补充协议的，按照合同有关条款或者参照国家建设部和国家工商总局联合推行的《建设工程施工合同（示范文本）》的通用条款定。”

从以上两个地方司法机关的规定，的确是有把建设施工合同示范文本中通用条款作为行业习惯的意思。

笔者认为，无论是《标准招标文件》的合同通用条款，还是《建设工程施工合同（示范文本）》中的合同通用条款，尽管像 FIDIC 合同条件一样，都是实践经验的总结，但这两种合同文本的通用条款还是存在差异的，简单把其中一种合同文本中某些通用条款视为交易习惯或交易惯例，都是不合适的做法。交易习惯或交易惯例的确具有法律漏洞补充的作用，但是否构成交易习惯或交易惯例，应严格按照合同法及合同法司法解释二的有关规定来判断。特别是在工程实践中，存在多种示范文本的情况下，要避免适用交易习惯或交易惯例出现矛盾的现象。更为稳妥可行的办法是，把实践证明行之有效的条款，上升为法律法规或司法解释，而不是简单地把某个文本中的条款视为交易习惯或交易惯例。

---

① 李继江，李继忠．新版施工合同是否是行业惯例？［J/OL］. http：//www. law - lib. com/lw/lw_ view. asp？no =25724&page =2，2016 年 12 月 8 日访问。

第二节　合同文本中的合同条款

一、《标准施工招标文件》中的合同条款

1. 制定原因和目的

主要为了规范政府投资项目施工招标资格预审文件和招标文件编制，从而规范招标投标活动。具体基于以下原因：

（1）统一标准。进一步统一招标文件编制依据，统一各个行业对招标投标相关的法律法规的理解和应用；解决条块分割、政出多门、条文法体系带来的问题；促进统一开放、竞争有序招投标大市场的形成。

（2）解决突出问题。解决招标文件编制中存在的突出问题，提高招标文件编制质量，进一步规范招标投标活动。

（3）有机衔接基本建设制度，发挥制度的整体优势，加强政府投资项目管理。标准文件将政府投资项目管理的一系列制度，如项目法人责任制、资本金制、招标投标制、工程监理制、合同管理制和代建制等，有机衔接起来。

（4）学习国际上成功的做法。编制标准文件不是中国首创，欧盟、美国各州、世界银行、联合国都有自己的标准招标文件，招标采购比较规范，因此，国外好的做法可以借鉴。

2. 九部委标准施工招标文件体系

（1）九部委 56 号部令与标准文件。2007 年 11 月，九部委联合发布 56 号部令《〈标准施工招标资格预审文件〉和〈标准施工招标文件〉试行规定》；所谓九部委，即由国家发改委牵头，联合财政部、建设部、交通部、铁道部、信息产业部、水利部、民用航空总局、广电总局。

该标准文件自 2008 年 5 月 1 日起试行，试行期间为一至两年，适用范围是一定规模以上政府投资工程，适用于房屋建筑和市政基础设施、公路、铁路、港口航道、水利水电、民航、信息产业、广播电视施工招标工程。发包方式为传统的施工总承包组成。

（2）《简明标准施工招标文件》和《标准设计施工总承包招标文件》。发改法规〔2011〕3018 号颁发了九部委编制的《简明标准施工招标文件》和《标准设计施工总承包招标文件》。

该文规定："依法必须进行招标的工程建设项目，工期不超过 12 个月、技术相对简单、且设计和施工不是由同一承包人承担的小型项目，其施工招标文件应当根据《简明标准施工招标文件》编制；设计施工一体化的总承包项目，其招标文件应当根据

《标准设计施工总承包招标文件》编制。”

3.《标准施工招标文件》合同条款的特点

（1）在合同条款的设置及构架上有创新。《标准施工招标文件》不再分行业而是按施工合同的性质和特点编制招标文件，首次专门对资格预审作出详细规定，结合我国实际情况对通用合同条款作了较为系统的规定。

《标准施工招标文件》按照合同当事人、合同目标控制及项目实施流程等对合同条款的构架进行了调整，比如对合同当事人的合同义务、职责；进度、质量、采购及造价等方面的合同条款集中设置等，以便于合同使用者系统了解其合同任务，从而有利于履行合同。这比其他如《建设工程施工合同（示范文本）》通用合同条款的分散规定，更有利于对合同义务的了解和履行，也更接近99版FIDIC施工合同条件，进一步促进了中国建设工程领域与国际接轨的接轨。

《标准施工招标文件》还在加强环境保护、制止商业贿赂、保证按时支付农民工工资等方面，也提出了更高要求。例如，在第四章第一节通用合同条款一般约定中用文字形式明示严禁贿赂，明确规定：“合同双方当事人不得以贿赂或变相贿赂的方式，谋取不当利益或损害对方权益。因贿赂造成对方损失的，行为人应赔偿损失，并承担相应的法律责任。”

总之，合同条款对发包人、承包人的责任进行恰当的划分，在材料和设备、工程质量、计量、变更、违约责任等方面，对双方当事人权利、义务、责任较为作了相对具体、集中和具有操作性的规定。

（2）合同条款是以监理人作为发包人授权的合同管理者对合同实施管理，监理人的具体权限范围，由发包人根据合同管理的需要确定。

（3）赋予通用条款和专用条款不同的处理办法。通用合同条款主要阐述了合同双方的权利、义务、责任和风险，以及监理人遇到合同问题时，处理合同问题的原则。根据标准施工招标文件的要求，该条件应全文纳入招标文件（合同文件）中，双方当事人不得删减，在通用条款中明确了哪些方面允许更改，并在专用条款中约定。

专用合同条款是指结合工程所在地、工程本身的特点和实际需要，对通用合同条款进行补充、细化或试点项目进行修改，但不得违反法律、行政法规的强制性规定和平等、自愿、公平和诚实信用原则。

这两部分条件组成为一个适合某一特定地区和特定工程的完整的施工合同条款。

国务院有关行业主管部门可以根据通用合同条款（不加修改全文纳入招标文件）并结合本行业施工特点和管理需要，编制符合行业标准的专用合同条款。

2009年，水利部出台《水利水电工程标准施工招标文件（2009年版）》。2009年5月，交通运输部以交公路发〔2009〕221号文件发布了《公路工程标准施工招标资格预审文件》和《公路工程标准施工招标文件》，自2009年8月1日起施行。作为行业管理部门之一的住建部根据九部委标准文件发布房屋和市政行业的标准合同文本——《房屋建筑和市政工程标准施工招标资格预审文件》和《房屋建筑和市政工程标准施工招标文件》，自2010年6月9日起施行。

这些行业的标准文件，在通用条款方面是一样的，区别就在于专用条款方面。

这种对合同条款留有空间，供各行业部门或招标人根据项目具体情况编制专用条款和技术条款，予以补充的做法，将使整个合同文件趋于更加完整和严密。

（4）用监理人的概念取代“工程师”的概念。合同条款是以监理人作为发包人授权的合同管理者对合同实施管理，监理人的具体权限范围，由发包人根据合同管理的需要确定。这与FIDIC合同条件相比，更加符合中国国情和中国工程建设发展的路径。

《标准施工招标文件》通用合同条款对“监理人”定义为：“受发包人委托对合同履行实施管理的法人或其他组织”。

这样监理人不仅仅指我国现阶段的监理单位，还包括项目管理单位、甚至开展业主方项目管理咨询服务的设计单位等；“工程师”并非一定要具有相应的建设监理资质，“总监理工程师”也非一定具有监理工程师执业资格。

（5）设计单位不再出现在合同条款中。《标准施工招标文件》中所有合同条款所涉及的当事人仅为发包人、承包人和监理人三个主体。这种做法符合设计责任与施工责任不属于同一合同范畴的事实，避免了施工单位与设计单位之间的责任相互推诿，同时也进一步强调了项目法人制。

施工单位在合同履行过程中不应与设计单位发生联系，而应通过监理人转由发包人与设计人进行联系。

（6）增加争议评审组解决争端程序（见24.3款），对迅速有效解决争议将起到重大作用。争议评审是指借鉴国内外施工程管理经验，在双方合同签订后或纠纷发生的28日内，组成独立于合同双方的专家组对合同的争议进行评审和调解。

《标准施工招标文件》肯定争议评审制度，表明我国在建筑领域解决争端纠纷与国际通行做法日趋一致，逐步与国际接轨。

但必须强调的是，争议评审在我国法律地位是一种民间调解行为，并不具有法律强制约束力，是否采用争议评审是需要经过当事人认可，当事人可以采用也可以选择其他方式解决争端纠纷。

4. 《标准施工招标文件》通用条款主要框架

据专家分析，其通用条款中约80%的条款均直接取自于FIDIC 1999年施工合同条件，另约20%的条款是根据中国国情对FIDIC条件进行的修订、简化、细化 和增补。

通用合同条款全文共24条130款，分为以下八个部分：（一）合同主要用语和常用语的定义和解释。1. 词语涵义；（二）合同双方的责任、权利和义务。2. 发包人义务；3. 监理人；4. 承包人。（三）合同双方的资源投入。5. 材料和工程设备；6. 施工设备和临时设施；7. 交通运输；8. 测量放线；9. 施工安全、治安保卫和环境保护。（四）工程进度控制。10. 进度计划；11. 开工和竣工；12. 暂停施工。（五）工程质量控制。13. 工程质量；14. 试验和检验。（六）工程投资控制。15. 变更；16. 价格调整；17. 计量和支付。（七）验收和保修。18. 竣工验收；19. 缺陷责任与保修责任。（八）工程风险、违约和索赔。20. 保险；21. 不可抗力；22. 违约；23. 索赔；24. 争议的解决。

二、《建设工程施工合同（示范文本）》中的合同条款

（一）《建设工程施工合同（示范文本）》的发展进程

原国家建设部和国家工商行政管理局于 1991 年联合制定了《建设工程施工合同（示范文本）》（GF—1991—0201），这是我国最早的由行政主管部门颁布的建设施工合同示范文本。使用八年后，在总结该文本使用经验和效果的基础上，1999 年对该文本修改和完善后的 1999 年版本发布，修订后的示范文本由协议书、通用条款、专用条款三部分组成，并新增加了三个附件：《承包人承担工程项目一览表》《发包人供应材料设备一览表》、《工程质量保修书》。

1999 年版《建设工程施工合同（示范文本）》是在总结施工合同示范文本推行经验及借鉴国际上一些通行的施工合同文本的基础上，对原《建设工程施工合同》（GF—91—0201）修订完成的，适用于各类公用建筑、民用住宅、工业厂房、交通设施及线路管道的施工和设备安装。该版合同自原建设部会同国家工商行政管理总局印发施行以来，对于规范建筑市场主体的交易行为，维护参建各方的合法权益起到了重要的作用。

但是，随着我国建设工程法律体系的日臻完善、项目管理模式的日益丰富、造价体制改革的日趋深入，1999 版的施工合同越发不能适应工程市场环境的变化，具体表现为该版合同条件不能够满足工程量清单计价的需要、合同内容与新近法律规范存在冲突、当事人双方权利义务不尽公平以及合同风险分配不尽公平等几个方面的问题。示范文本修订工作显得尤为迫切和必要。①

于是住建部、工商总局于 2011 年发布了《工程总承包合同》（GF—2011—0216）示范文本，2013 年又对 1999 版的《建设工程施工合同》示范文本进行修订并发布了（GF—2013—0201），于 7 月 1 日开始执行。

前述可知，2013 年版《建设工程施工合同（示范文本）》，创设了八项全新的合同管理制度，成为该版本的最大特色。

---

① 宿辉，何佰洲 . 2013 版《建设工程施工合同（示范文本）》解读［J］. 建筑经济，2013（6）：12.

（二）2013 年《建设工程施工合同（示范文本）》的框架

该示范文本由合同协议书、通用合同条款、专用合同条款三部分组成。

1. 合同协议书

《示范文本》合同协议书共计 13 条，主要包括：

工程概况、合同工期、质量标准、签约合同价和合同价格形式、项目经理、合同文件构成、承诺以及合同生效条件等重要内容，集中约定了合同当事人基本的合同权利义务。

合同协议书与下列文件一起构成合同文件：（1）中标通知书（如果有）；（2）投标函及其附录（如果有）；（3）专用合同条款及其附件；（4）通用合同条款；（5）技术标准和要求；（6）图纸；（7）已标价工程量清单或预算书；（8）其他合同文件。

合同协议书中，在当事人“承诺”中增加了关于不另行签订“黑白合同”的约定。

这个约定，是根据《招标投标法》第四十六条规定而制定的：“招标人和中标人不得再行订立背离合同实质性内容的其他协议”；最高人民法院《施工合同司法解释》第二十一条进一步规定：“当事人就同一建设工程另行订立的建设工程施工合同与经过备案的中标合同实质性内容不一致的，应当以备案的中标合同作为结算工程价款的根据。”这样的承诺，可以有效解决工程实践中发包人一方试图通过签订“黑白合同”来降低工程价款、规避费税等情况发生。

2. 通用合同条款

总共有 20 个条文，分别是：1. 一般约定；2. 发包人；3. 承包人；4. 监理人；5. 工程质量；6. 安全文明施工与环境保护；7. 工期和进度；8. 材料与设备；9. 试验与检验；10. 变更；11. 价格调整；12. 合同价格、计量与支付；13. 验收和工程试车；14. 竣工结算；15. 缺陷责任与保修；16. 违约；17. 不可抗力；18. 保险；19. 索赔；20. 争议解决。

3. 专用合同条款

专用合同条款是合同当事人对通用合同条款进行的补充和完善。

对专用合同条款的使用应当尊重通用合同条款的原则要求和权利义务的基本安排。

如果专用合同条款对通用合同条款进行颠覆性修改，则从基本面上背离该合同的原则和系统性，还将出现权利义务的失衡。

（三）2013 年《建设工程施工合同（示范文本）》具体新增条款

以下针对新增的八项全新的合同管理制度作具体介绍。

1. 增加了相互担保条款

新版合同吸收了 FIDIC 条款的承发包双方互为担保制度，即第二条发包人的支付担保和第三条的承包人履约担保条款。直接借鉴了 FIDIC 红皮书第 2.4 款［雇主的资金安排］中规定；4.2 款中承包商履约保证，发包人的支付担保。

2. 合理调价制度

2013 版合同借鉴和吸收了 FIDIC 条款第 12.3 款“估价”中的有关内容，在 10.4.1 项【变更估价原则】规定：“除专用合同条款另有约定外，变更估价按照本款约定处理：（1）已标价工程量清单或预算书有相同项目的，按照相同项目单价认定；（2）已标价工程量清单或预算书中无相同项目，但有类似项目的，参照类似项目的单价认定；（3）变更导致实际完成的变更工程量与已标价工程量清单或预算书中列明的该项目工程量的变化幅度超过 15% 的，或已标价工程量清单或预算书中无相同项目及类似项目单价的，按照合理的成本与利润构成的原则，由合同当事人按照第 4.4 款‘商定或确定’确定变更工作的单价。”其中第（3）项规定可以有效防止和解决投标人不平衡报价问题。

2013 版合同还在第 11 条规定了“市场价格波动引起的调整”（11.1 款）和“法律变化引起的调整”（11.2 款）。其中 11.1 款规定了因人工、材料、设备和机械台班等价格波动影响合同价格时调整合同价格及具体调整方式（采用价格指数、造价信息或专用合同条款约定的其他方式调整价格差额），该款规定：“除专用合同条款另有约定外，市场价格波动超过合同当事人约定的范围，合同价格应当调整。合同当事人可以在专用合同条款中约定选择以下其中一种方式对合同价格进行调整：第一种方式：采用价格指数进行价格调整。第二种方式：采用造价信息进行价格调整。合同履行期间，因人工、材料、工程设备和机械台班价格波动影响合同价格时，人工、机械使用费按照国家或省、自治区、直辖市建设行政管理部门、行业建设管理部门或其授权的工程造价管理机构发布的人工、机械使用费系数进行调整；需要进行价格调整的材料，其单价和采购数量应由发包人审批，发包人确认需调整的材料单价及数量，作为调整合同价格的依据。第三种方式：专用合同条款约定的其他方式。”11.2 款规定了“法律变化引起的调整”：“基准日期后，法律变化导致承包人在合同履行过程中所需要的费用发生除第 11.1 款‘市场价格波动引起的调整’约定以外的增加时，由发包人承担由此增加的费用，减少时，应从合同价格中予以扣减。基准日期后，因法律变化造成工期延误时，工期应予以顺延。因法律变化引起的合同价格和工期调整，合同当事人无法达成一致的，由总监理工程师按第 4.4 款‘商定或确定’的约定处理。因承包人原因造成工期延误，在工期延误期间出现法律变化的，由此增加的费用和（或）延误的工期由承包人承担。”

在 2013 版合同中增加条款规定“市场价格波动引起的调整”和“法律变化引起的调整”，可以引导发承包双方在合同中约定合理分担市场价格波动和法律变化的风险，有效平衡发承包双方的权利义务。

3. 违约双倍赔偿制度

2013 版施工合同通用条款第十四条“竣工结算”第二款“竣工结算审核”（2）规

定："除专用合同条款另有约定外，发包人应在签发竣工付款证书后的14天内，完成对承包人的竣工付款。发包人逾期支付的，按照中国人民银行发布的同期同类贷款基准利率支付违约金；逾期支付超过56天的，按照中国人民银行发布的同期同类贷款基准利率的两倍支付违约金。"；第四款"最终结清"第二项"最终结清证书和支付"规定："（2）除专用合同条款另有约定外，发包人应在颁发最终结清证书后7天内完成支付。发包人逾期支付的，按照中国人民银行发布的同期同类贷款基准利率支付违约金；逾期支付超过56天的，按照中国人民银行发布的同期同类贷款基准利率的两倍支付违约金。"

4. 工程移交证书制度

2013版施工合同13.2.2项"竣工验收程序"第（3）规定："竣工验收合格的，发包人应在验收合格后14天内向承包人签发工程接收证书。发包人无正当理由逾期不颁发工程接收证书的，自验收合格后第15天起视为已颁发工程接收证书。"第十五条"缺陷责任与保修"第二款"缺陷责任期"第四项规定："除专用合同条款另有约定外，承包人应于缺陷责任期届满后7天内向发包人发出缺陷责任期届满通知，发包人应在收到缺陷责任期满通知后14天内核实承包人是否履行缺陷修复义务，承包人未能履行缺陷修复义务的，发包人有权扣除相应金额的维修费用。发包人应在收到缺陷责任期届满通知后14天内，向承包人颁发缺陷责任期终止证书。"

5. 保修金返还的缺陷责任定期制度

1999版合同中只有质量保修的规定，而并无质量缺陷责任的规定，而2013版合同在15.2款规定了"缺陷责任期"："15.2.1 缺陷责任期自实际竣工日期起计算，合同当事人应在专用合同条款约定缺陷责任期的具体期限，但该期限最长不超过24个月。

单位工程先于全部工程进行验收，经验收合格并交付使用的，该单位工程缺陷责任期自单位工程验收合格之日起算。因发包人原因导致工程无法按合同约定期限进行竣工验收的，缺陷责任期自承包人提交竣工验收申请报告之日起开始计算；发包人未经竣工验收擅自使用工程的，缺陷责任期自工程转移占有之日起开始计算。"

6. 工程系列保险制度

2013版合同第18.1款工程保险；第18.2款中明确规定了"工伤保险"，以及对"其他保险""持续保险""保险凭证"进行了系统规定；并借鉴和吸收FIDIC条款18.1款中的有关内容，在18.6款中规定了"未按约定投保的补救"。增加该款规定可以有效促使发承包双方自觉按照合同约定办理相关保险，强化发承包双方通过工程保险来防范和化解工程风险的意识。

7. 索赔过期作废制度

2013版合同借鉴和吸收FIDIC条款中的上述规定，在19.1款"承包人的索赔"第（1）项中规定："承包人应在知道或应当知道索赔事件发生后28天内，向监理人递交索赔意向通知书，并说明发生索赔事件的事由；承包人未在前述28天内发出索赔意向通知书的，丧失要求追加付款和（或）延长工期的权利。”此外，2013版施工合同示范文本还在19.3款“发包人的索赔”中规定：“发包人应在知道或应当知道索赔事件发生后28天内通过监理人向承包人提出索赔意向通知书，发包人未在前述28天内发出索赔意向通知书的，丧失要求赔付金额和（或）延长缺陷责任期的权利。”即2013版施工合同示范文本中不仅明确规定了承包人过期索赔作废的后果，还明确规定了发包人过期索赔作废的后果，与FIDIC条款相比，更加对等和合理，可以更好地平衡发包方和承包方双方的权利义务。

8. 前置程序的争议过程评审制度

1999版合同中规定的争议解决方式包括和解、调解、仲裁或诉讼，并没有争议评审的制度。2013版施工合同示范文本借鉴和吸收了FIDIC条款中的上述规定，在20.3款中规定了“争议评审”的争议解决方式。规定：合同当事人可以共同选择一名或三名争议评审员，组成争议评审小组。合同当事人可在任何时间将与合同有关的任何争议共同提请争议评审小组进行评审。争议评审小组作出的书面决定经合同当事人签字确认后，对双方具有约束力，双方应遵照执行。

任何一方当事人不接受争议评审小组决定或不履行争议评审小组决定的，双方可选择采用其他争议解决方式。

第三节　《标准施工招标文件》《建设工程施工合同示范文本》和FIDIC 99红皮书重要条款的比较

一、合同条款的适用范围

FIDIC 99版红皮书示范文本中包括：通用条件、专用条件编制指南、投标书格式、合同协议书以及争端裁决协议书这五个部分。

FIDIC 99条款具有条款严密、系统性强和可操作性；工程建设各方（业主、监理工程师、承包商）风险责任明确、权利义务公平的特点，也有学者概括为四个特性：国际性（Internationalism）、通用性（Widely Recognized）、公正性（Fairness）和严密性（Strictness）。世界银行（World Bank）、亚洲开发银行（Asian Development Bank）、日本国际协力银行（Japan International Cooperate Bank）、非洲开发银行（Afric Development Bank）等国际金融组织编写的招标文件范本均以FIDIC合同条款为基础。

FIDIC合同条件很快在国际上成为一种被广泛使用的示范文本。国际工程承包项目中的承包商、国际金融组织和项目业主也视其为规范性文件而广泛使用，被称为国际工程承包业的“圣经”。可以说是世界上应用范围最广，影响力最大的合同范本。

我国的黄河小浪底水利枢纽工程、四川二滩水电站，就是按照 FIDIC 管理模式的典范；京—津—塘高速公路、济南—青岛高速公路、南昌—九江高速公路等最早的一批世界银行贷款项目；沈阳—本溪高速公路、长春—四平高速公路等最早的一批亚洲开发银行贷款项目，都采用了 FIDIC 合同条件。

然而，FIDIC 条款在我国除了以上等一些国际投资项目外，而其他工程建设项目在国内并未真正得到广泛使用。

由于 FIDIC 合同范本有其自身的存在环境，任何国家在采纳时都必须结合本国的行业环境、法律体系等来对其进行移植，而不能全盘照搬。后来建设部和工商总局联合制订的《建设工程合同示范文本》正是居于这种原因颁布实行的。从 1991 版本到 1999 版本，直至 2013 版本，合同条款逐渐完善，然而由于我国工程建设管理体制的特殊性，决定了该文本不具有强制使用的效力，目前适用于非政府投资的工程项目管理中。

2007 年发改委联合九部委颁布实施的《标准施工招标文件》，由于后来招标投标法实施条例中明确政府投资项目必须使用该文件，使得《标准施工招标文件》具有了强制使用的范围。

二、合同条款的制定者

FIDIC 合同条件，是由国际咨询工程师联合会（Fédération Internationale Des Ingénieurs－Conseils）在总结了世界各大工程的建设经验，并借鉴其他国家行业组织的范本，特别是英国 ACE 范本的基础上，编制的一套国际工程合同示范文本。

FIDIC 出版的各类合同条件先后有：

FIDIC 合同条件有：（1）《土木工程施工合同条件》（1987 年第 4 版，1992 年修订版）（红皮书）；（2）《电气与机械工程合同条件》（1988 年第 2 版）（黄皮书）；（3）《土木工程施工分包合同条件》（1994 年第 1 版）（与红皮书配套使用）；（4）《设计——建造与交钥匙工程合同条件》（1995 年版）（桔皮书）；（5）《施工合同条件》（1999 年第一版）；（6）《生产设备和设计——施工合同条件》（1999 年第一版）；（7）《设计采购施工（EPC）/交钥匙工程合同条件》（1999 年第一版）；（8）《简明合同格式》（1999 年第一版）；（9）多边开发银行统一版《施工合同条件》（2005 年版），等等。

FIDIC 是一个国际性的行业组织，由于其独立的地位以及其具有的科学性、公正性和严谨性，所以其合同条件一经问世，便得到国际上的广泛认可和使用。由此逐渐确立了其在国际工程承包领域中的权威地位。

而 2007 年发改委联合九部委颁布实施的《标准施工招标文件》以及 2011 年发布的《简明标准施工招标文件》和《标准设计施工总承包招标文件》，是由政府主管部门联合发布的合同条件。作为合同条件的制定者，政府主要出于对建设工程管理的需要，因此，其合同条件中必然反映出政府的管理要求。

其实，由政府制定相关的合同条件，来对建设工程活动进行管理，并不是我国首创。国外其实早有先例。以德、日为代表的大陆法系国家，为了适用建筑业发展的需要，也为了弥补其民法典规定的不足，制定了一些有关示范文本或类似于示范文本的文件，如德国有《建筑工程发包规则》（VOB/B），日本有“建设工程合同的通用条件”“公共建设工程合同的标准文本和通用条件”“ENAA 制程工厂建造国际合同示范文本”和“ENAA 电厂建造国际合同示范文本（ENAA 电厂文本）”等。①

2013 版《建设施工合同示范文本》也是由我国住建部和工商总局联合制定的，也虽然主要适用于非政府投资的建设项目，但也明显带有政府管理的痕迹。

三、合同文本的选择

FIDIC 彩虹系列合同文本，几经修改，目前存在不同版本，而不同的版本之间，并未因新版本的诞生，使原有的版本失效。比如《土木工程施工合同条件》最新的版本是 1999 版，此前有 87 版、77 版。各个版本之间合同条款存在很大差异，正式由于这些差异，给了合同双方更多的选择权。其实，在国外选择使用 77 版《土木工程施工合同条件》的为数还不少。为何在实践中，这些不同版本的合同条件能够和平相处，共同存在？究其原因在于，FIDIC 合同条件是基于英国法而制定的，确切说，它是普通法的产物。普通法也称案例法，古老的案例中确立的法律原则，在当今依旧适用。而在大陆法系国家，以成文法为主要特征，随着法律的修改，旧法失效而被新法取代。

我国的法律采用成文法立法模式，与大陆法基本一致。如我国的《建设施工合同示范文本》，随着我国经济的发展和法律的变化，于 2013 年颁布了新的版本（GF—2013—0201），取代了旧的版本（GF—1999—0201）。新的版本更多地吸收借鉴了 FIDIC 相关文本的内容，并结合了中国的实际情况而制定，因而也更加完善和实用。

四、合同条款中工程师的地位

FIDIC 合同条件最为显著的特征在于拥有一整套完善的、以工程师为中心的专家管理机制。如在《土木工程施工合同条件》中，工程师处于举足轻重的地位。工程师在一定范围内，他可以指令承包人从事建筑活动、可以决定承包人的索赔是否成立、可以决定签发付款证书、可以决定工程是否竣工、甚至可以对发包人和承包人之间关于工程建设过程中引发的争议作出对双方有约束力的决定。②

---

① 闵卫国 . FIDIC 合同条件适用性问题比较研究［D］. 武汉：武汉大学，2013.

② 闵卫国 . FIDIC 合同条件适用性问题比较研究［D］. 武汉：武汉大学，2013.

FIDIC 合同文件与国内的文本在工程师的地位和职权方面存在以下不同。

1. 工程师的独立性和职权范围

FIDIC 条件中工程师称为咨询工程师，77 年红皮书定位为独立的第三方，99 版红皮书则定位有所变化，为业主一方，作为业主的委托代理人，为业主进行工程管理。由于有了这种委托合同关系，业主在项目管理中并不直接与承包商交往，而是直接全权委托咨询工程师与承包商联系，独立履行其职责，而不受业主或承包商的干涉。业主在合同中赋予咨询工程师在项目投资、进度和质量控制方面享有广泛的管理职权。

以 FIDIC 99 版《施工合同条件》（新红皮书）为例，工程师的权力主要包括：审查工程进度计划和决定开工、停工、赶工和复工；审查承包商的设计；材料、设备和工艺的监控权与拒收权；对工程的验收和签发接受证书；缺陷通知期满后签发履约证书；审查现金流量表；批准付款，使用暂定金额；决定合同变更权；审理索赔；决定变更费率；合同解释权；工程师助理的任命与授权，对承包商人员的批准权和解除权；决定工程分包权和核准承包商选定分包商等。

根据 FIDIC 合同条件，咨询工程师实际上成为资金的主要掌控人，承包商在施工中使用任何工程款都需要工程师批准。工程师有权签发期中付款证书和最终付款证书批准发包人向承包人付款；工程师有权确定变更价格；有权指示使用暂定金额；甚至工程师还有权决定额外付款，赋予工程师在资金分配上的自由裁量权等以便适应其工程管理的需要。除非业主在合同中对这些权利进行明确限制。

99 版红皮书同时给工程师权力的行使给予了很好的保护。红皮书第 3. 3 款规定："工程师可以行使合同中规定的、或必然隐含的应属于工程师的权力。如果要求工程师在行使规定权力前须取得雇主批准，这些要求应在专用条款中写明。除得到承包商同意外，雇主承诺不对工程师的权力作进一步的限制。"这就使得咨询工程师的权力不会被雇主轻易剥夺或限制。

而在我国的工程实际中，监理工程师实际上并没有独立的地位，没能发挥应有的作用。更有甚者，成了业主的附庸或一种摆设。特别是有些业主对监理工作干预较多，有的不通过监理工程师而直接给承包商下达指令，造成不必要的纠纷和误解。而我国监理工程师的工程管理职权是有很大缺失的，业主往往不愿意将工程投资控制方面的权利交由监理工程师行使，这就削弱了监理工程师对工程项目的质量和进度的控制力，其职权只限于质量控制和施工安全方面，因而最终无法发挥监理工程师的作用。

2. 工程监理与缔约义务

我国工程监理属国家强制推行的一种制度。如《建设工程质量管理条例》第三条规定："建设单位、勘察单位、设计单位、施工单位、工程监理单位依法对建设工程质量负责;”第三十二条规定:“实行监理的建设工程,建设单位应当委托具有相应资质等级的工程监理单位进行监理,也可以委托具有工程监理相应资质等级并与被监理工程的施工承包单位没有隶属关系或者其他利害关系的该工程的设计单位进行监理;”第三十六条规定:“工程监理单位应当依照法律、法规以及有关技术标准、设计文件和建设工程承包合同,代表建设单位对施工质量实施监理,并对施工质量承担监理责任。”

《建设工程安全生产管理条例》第四条规定:“建设单位、勘察单位、设计单位、施工单位、工程监理单位及其他与建设工程安全生产有关的单位,必须遵守安全生产法律、法规的规定,保证建设工程安全生产,依法承担建设工程安全生产责任;”第十四条规定:“工程监理单位应当审查施工组织设计中的安全技术措施或者专项施工方案是否符合工程建设强制性标准。工程监理单位在实施监理过程中,发现存在安全事故隐患的,应当要求施工单位整改;情况严重的,应当要求施工单位暂时停止施工,并及时报告建设单位。施工单位拒不整改或者不停止施工的,工程监理单位应当及时向有关主管部门报告。工程监理单位和监理工程师应当按照法律、法规和工程建设强制性标准实施监理,并对建设工程安全生产承担监理责任。”

《建筑法》第三十二条规定:“建设工程监理应当依照法律、行政法规及有关的技术标准、设计文件和建筑工程承包合同,对承包单位在施工质量、建设工期和建设资金使用等方面,代表建设单位实施监督。”同时,还要根据《建设工程安全生产管理条例》等法规、政策,履行建设工程安全生产管理的法定职责。

虽然国家通过法律和行政法规的形式强行推广工程项目工程监理制度,有利于我国建设项目质量水平的提高和安全管理,有利于监理制度的推广,但同时使该制度存在天然的缺陷。满足一定条件的项目必须采购工程监理,而不顾建设单位的主观愿望,这就造就了建设单位对监理的不信任,不能放心大胆地将工程管理的工作交由监理完成,而是保留管理的决定权直接干涉监理工作。这样严重影响了监理的职责履行和作用的发挥。

而 FIDIC 咨询工程师的选择,完全交由市场决定,业主出于自身的利益,也会慎重选择工程师,一旦选择了自己信任的咨询工程师,则会毫无保留的赋予项目管理权利,同时通过约定,确定其相应的责任和义务。

3. 关于工程师的核心工作

FIDIC 99 版红皮书在第 3.5 款“决定”一项中约定:每当合同条件要求工程师按照本款规定对某一事项作出商定或决定时,工程师应与合同双方协商并尽力达成一致。如果未能达成一致,工程师应按照合同规定在适当考虑到所有有关情况后作出公正的决定;工程师应将每一项协议或决定向每一方发出通知以及具体的证明资料。每一方均应遵守该协议或决定,除非或直到按照第二十条“索赔、争端和仲裁”规定作了修改。

我国《标准施工招标文件》通用条款和2013施工合同示范文本借鉴了FIDIC该条的规定，并形成了“商定和确定”条款。

《标准施工招标文件》通用条款第3.5款“商定或确定”中约定：合同约定总监理工程师应按照本款对任何事项进行商定或确定时，总监理工程师应与合同当事人协商，尽量达成一致。不能达成一致的，总监理工程师应认真研究后审慎确定。第3.5.2款约定：总监理工程师应将商定或确定的事项通知合同当事人，并附详细依据。对总监理工程师的确定有异议的，构成争议，按照第十七条的约定处理。在争议解决前，双方应暂按总监理工程师的确定执行，按照第十七条的约定对总监理工程师的确定作出修改的，按修改后的结果执行。

2013版《施工合同示范文本》则在第4.4款“商定或确定”中，也作出了类似的约定。

我国关于商定和确定的条款两个文本基本一致。与FIDIC文本也无大的差异。该条款成为监理人工作核心。

4. 工程师的进入项目的时间

在FIDIC《土木工程合同条件》，虽然在施工阶段才在其中列明咨询工程师的职责，权利义务，但国外业主在工程项目的招投标阶段其实就选定了咨询工程师，这对咨询工程师今后的项目管理工作，无疑有极大帮助。FIDIC《土木工程合同条件》第1.1.2.4定义：“工程师（Engineer）指雇主为合同之目的指定作为工程师工作并在投标函附录中指明的人员，或由雇主按照第3.4款‘工程师的撤换’随时指定并通知承包商的其他人员。”

而我国监理工程师一般都是在施工阶段才由建设单位选定的。如我国施工合同示范文本第1.1.2.4对监理认的定义为：“监理人：是指在专用合同条款中指明的，受发包人委托按照法律规定进行工程监督管理的法人或其他组织。”

可见我国监理工程师只是在施工阶段开始其工作。监理工程师对于前期工作不甚了解，给其工程管理工作带来不利。

五、工期条款

工期是指建设一个项目或一个单项工程从正式开工到全部建成投产时所经历的时间，它是从建设速度角度反映投资效果的指标。作为建设工程施工合同的实质性内容之一，工期的法律意义在于确定承包人是否违约及计算违约金的数额、给付工程款的本金及利息的起算时间、建设工程交付及风险转移等诸多问题。而且，在承包人提出工程款支付请求时，工期延误往往是发包人抗辩的一个重要理由之一。

建设工程工期可分为合同约定工期和实际使用工期，约定工期是发包人限定的承包人完成工程所用时间的最大值；实际使用工期是指承包人全面、适当履行施工承包合同所消耗的时间，包括延误的时间，如果承包人的实际使用工期超过了约定工期，就将为此承担违约责任。

如工期是由合同双方当事人在合同中约定的，即为合同工期。除合同工期外，建设工程项目还存在定额工期（或工期定额），指在一定的生产技术和自然条件下，完成某个单位（或群体）工程平均所需的定额天数。

工期定额由建设行政主管部门或授权有关行业主管部门制订、发布，依据正常的建设条件和施工程序，综合大多数企业施工技术的管理水平编制，因而具有一定的代表性。工期定额在建设前期主要作为项目评估、决策、设计时按合理工期组织建设的依据，还可作为编审设计任务书和初步设计文件时确定建设工期的依据。对于编制施工组织设计、进行项目投资包干和工程招标投标及鉴定合同工期具有指导作用。

（一）对工期的界定

《标准招标文件》通用条款第 1. 1. 4. 3 款对工期的界定是：承包人在投标函中承诺的完成合同工程所需的期限，包括因发包人的工期延误、异常恶劣的气候条件和工期提前等事由所作的变更（第 11. 3 款、第 11. 4 款和第 11. 6 款）。

《FIDIC 合同条件》第 8. 2 款的约定：工期包括整个工程的完工时间，以及通过竣工检验的时间以并完成合同中规定的，按照工程接收的要求进行移交之目的所必需的所有工作的时间。即工期包括（承包人）工程完工、（工程师）竣工检验、（业主）工程接收所需的期间。

《施工合同示范文本》通用条款中第 1. 1. 4. 3 款对工期的定义是：工期指在合同协议书约定的承包人完成工程所需的期限，包括按照合同约定所作的期限变更。

以上合同的对工期的定义，大体相同，只是在文字表达上有所差异。都属于约定工期的范畴。

（二）开工工期

《施工合同示范文本》第 1. 1. 4. 1 款对开工日期定义是：包括计划开工日期和实际开工日期。计划开工日期是指合同协议书约定的开工日期；实际开工日期是指监理人按照第 7. 3. 2 项［开工通知］约定发出的符合法律规定的开工通知中载明的开工日期。

开工日期涉及到合同项下工程是否如期完成的关键问题，对认定承包人是否违约具有重大作用，在实践中经常会对开工日期发生争议。确定开工日期的原则是：按工程实际开工的时点确定，承包人能够证明实际开工日期的，则应以此认定，比如发包人向承包人发出的开工通知、工程建立记录、会议纪要、开工许可证等材料。承包人不能证明实际开工日期，但有开工报告，应以开工报告记载的日期为实际开工日期。如果无任何书面文件证明实际开工时点，则以合同约定的开工时间确认实际开工日期。

为避免开工日期的争议，标准招标文件通用条款第 1. 1. 4. 2 款、第 11. 1 款明确约定，开工日期指监理人发出的开工通知中写明的开工日期。监理人应在开工日期7天前向承包人发出开工通知，监理人在发出开工通知前应获得发包人同意。工期自监理人发出的开工通知中载明的开工日期起计算。

《FIDIC合同条件》第8.1款约定：工程师应至少提前7天通知承包商开工日期。除非专用条件中另有说明，开工日期应在承包商接到中标函后的42天内。

《施工合同示范文本》第7.3.2款在“开工通知”中约定：发包人应按照法律规定获得工程施工所需的许可。经发包人同意后，监理人发出的开工通知应符合法律规定。监理人应在计划开工日期7天前向承包人发出开工通知，工期自开工通知中载明的开工日期起算。

除专用合同条款另有约定外，因发包人原因造成监理人未能在计划开工日期之日起90天内发出开工通知的，承包人有权提出价格调整要求，或者解除合同。发包人应当承担由此增加的费用和（或）延误的工期，并向承包人支付合理利润。

因此，在《标准招标文件》通用条款、《施工合同示范文本》及《FIDIC合同条件》中，工程师必须通知开工日期，并且工期从通知的开工日期起算，这样可以避免承发包双方发生争议。

（三）竣工日期

竣工是指承包人完成施工任务。一般来说，工程竣工后，发包人均进行验收，确认合格后予以接收。然而在实践中，承包人工程完工之日和竣工验收时间经常有时间差，所以确定竣工日期很重要，因为涉及到工程款的支付时间和利息的起算时间、逾期竣工违约和违约金的数额、工程风险转移等重要问题。

按照施工合同示范文本的定义，竣工日期包括计划竣工日期和实际竣工日期。计划竣工日期是指合同协议书约定的竣工日期；实际竣工日期按照第13.2.3项“竣工日期”的约定确定。而第13.2.3项约定，工程经竣工验收合格的，以承包人提交竣工验收申请报告之日为实际竣工日期，并在工程接收证书中载明；因发包人原因，未在监理人收到承包人提交的竣工验收申请报告42天内完成竣工验收，或完成竣工验收不予签发工程接收证书的，以提交竣工验收申请报告的日期为实际竣工日期；工程未经竣工验收，发包人擅自使用的，以转移占有工程之日为实际竣工日期。

最高人民法院《施工合同司法解释》对竣工日期做了明确规定。第十四条第（一）项规定：建设工程经竣工验收合格的，以竣工验收合格之日为竣工日期；建筑法第六十一条规定：“建筑工程竣工经验收合格后，方可交付使用；未经验收或者验收不合格的，不得交付使用。”《建设工程质量管理条例》第十六条的规定，建设单位收到建设工程竣工报告后，应当组织设计、施工、工程监理等有关单位进行竣工验收。建设工程经验收合格的，方可交付使用。《合同法》第二百七十九条规定：“建设工程竣工后，发包人应当根据施工图纸及说明书、国家颁发的施工验收规范和质量检验标准及时进行验收。验收合格的，发包人应当按照约定支付价款，并接收该建设工程。建设工程竣工经验收合格后，方可交付使用；未经验收或者验收不合格的，不得交付使用。”

竣工日期具体认定标准应根据情况作具体分析：

1. 建设工程经竣工验收合格的，竣工日期的认定

（1）有约定的，按约定认定。除以上《施工合同示范文本》规定外，《标准招标文件》通用条款第 18. 3. 5 款也约定：除专用合同条款另有约定外，经验收合格工程的实际竣工日期，以提交竣工验收申请报告的日期为准，并在工程接收证书中写明。

（2）合同无约定，双方对此有争议的，按《施工合同司法解释》第十四条第一项认定：建设工程经竣工验收合格的，以竣工验收合格之日为竣工日期。

2. 发包人拖延验收的，竣工日期的认定

有约定的，从约定。《施工合同示范文本》第 13. 2. 3 款约定：因发包人原因，未在监理人收到承包人提交的竣工验收申请报告 42 天内完成竣工验收，或完成竣工验收不予签发工程接收证书的，以提交竣工验收申请报告的日期为实际竣工日期；《标准招标文件》通用条款第 18. 3. 6 款约定：发包人在收到承包人竣工验收申请报告 56 天后未进行验收的，视为验收合格，实际竣工日期以提交竣工验收申请报告的日期为准，但发包人由于不可抗力不能进行验收的除外。

《FIDIC 合同条件》第 10. 1 款规定，工程师在收到承包人申请接收证书的通知后 28 天内，应决定是否出具接收证书；若在 28 天内工程师既未颁发接收证书也未驳回承包商的申请，而当工程基本符合合同要求时，应视为在上述期限内的最后一天已经颁发了接收证书。第 10. 3 款规定，如果由于业主负责的原因妨碍承包商进行竣工检验已达 14 天以上，则应认为业主已在本应完成竣工检验之日接收了工程。

相比较，《FIDIC 合同条件》中的“视同颁发了接收证书”条款是有条件限制的，即“当工程基本符合合同要求”。

3. 工程未经竣工验收，发包人擅自使用的，竣工日期的认定

《FIDIC 合同条件》第 10. 2 款约定，如果在接收证书颁发前雇主确实使用了工程的任何部分，该被使用的部分自被使用之日，应视为已被雇主接收；当承包商要求时，工程师应为此部分颁发接收证书。

《施工合同示范文本》的约定是：工程未经竣工验收，发包人擅自使用的，以转移占有工程之日为实际竣工日期。

根据《施工合同司法解释》第十四条第三项的规定，建设工程未经竣工验收，发包人擅自使用的，以转移占有建设工程之日为竣工日期。

比较分析可知在工程未经竣工验收，发包人擅自使用情况认定上，2013 版《施工合同范本》借鉴了《施工合同司法解释》规定的的精神。

（四）工期顺延

工期是合同在订立时，双方约定的完成单位工程所需要的时间，当承包人在施工工程中，非因承包人的责任而导致无法正常施工而延误工期，而是由于发包人或第三人，或因不可抗力的原因引起的，其法律责任由发包人承担，承包人可以申请工期顺延而免除承担合同违约的责任。

《合同法》第二百八十三条规定："发包人未按照约定的时间和要求提供原材料、设备、场地、资金、技术资料的，承包人可以顺延工程日期，并有权要求赔偿停工、窝工等损失。"

1. 由于发包人的原因导致工期顺延的情形

《施工合同示范文本》第7.5.1款规定了发包人原因导致工期延误的七种情形：因发包人原因导致工期延误在合同履行过程中，因下列情况导致工期延误和（或）费用增加的，由发包人承担由此延误的工期和（或）增加的费用，且发包人应支付承包人合理的利润：（1）发包人未能按合同约定提供图纸或所提供图纸不符合合同约定的；（2）发包人未能按合同约定提供施工现场、施工条件、基础资料、许可、批准等开工条件的；（3）发包人提供的测量基准点、基准线和水准点及其书面资料存在错误或疏漏的；（4）发包人未能在计划开工日期之日起7天内同意下达开工通知的；（5）发包人未能按合同约定日期支付工程预付款、进度款或竣工结算款的；（6）监理人未按合同约定发出指示、批准等文件的；（7）专用合同条款中约定的其他情形。

因发包人原因未按计划开工日期开工的，发包人应按实际开工日期顺延竣工日期，确保实际工期不低于合同约定的工期总日历天数。因发包人原因导致工期延误需要修订施工进度计划的，按照第7.2.2项〔施工进度计划的修订〕执行。

《标准招标文件》通用条款第11.3款对发包人的工期延误的约定是：在履行合同过程中，由于发包人的下列原因造成工期延误的，承包人有权要求发包人延长工期和（或）增加费用，并支付合理利润。需要修订合同进度计划的，按照第10.2款的约定办理。（1）增加合同工作内容；（2）改变合同中任何一项工作的质量要求或其他特性；（3）发包人迟延提供材料、工程设备或变更交货地点的；（4）因发包人原因导致的暂停施工；（5）提供图纸延误；（6）未按合同约定及时支付预付款、进度款；（7）发包人造成工期延误的其他原因。

以上两个合同文本对承包人工期顺延的条件，虽然都是七项，但在具体条件上还是存在差异。

根据《FIDIC合同条件》第1.9款的约定，工程师迟延提供图纸和指示的，承包商应通知工程师并给出一个宽限期，如果工程师在宽限期内仍不提供的，承包商应向工程师再次发出通知，索赔工期或费用、利润。

《FIDIC合同条件》第16.1款约定，雇主未能按约定付款，承包商可至少提前21

天通知雇主，暂停工作（或减缓工作速度）。如果承包商根据本款规定暂停工作或减缓工作速度而造成拖期或导致发生费用，则承包商应通知工程师，索赔工期或费用、利润。

《FIDIC 合同条件》第 1.9 款还约定了工程师迟延提供指示的索赔程序。关于迟延批准，《FIDIC 合同条件》第 1.3 款约定，不得无理扣压或拖延批准证书、同意及决定。但对于一方拖延或扣押，另一方是否可以索赔，合同并未明确规定。

《FIDIC 合同条件》第 8.4 款 a 项约定，变更（除非已根据变更程序的规定同意对竣工时间作出调整）或合同中某项工程量的显著变化，致使达到第 10.1 款［工程和区段的接收］要求的竣工遭到或将要遭到延误，承包商可依据索赔的规定要求延长竣工时间。

从 FIDIC 的规定看，对由于发包人的原因导致工期顺延的情形的约定则较为分散，内容与我国的合同文本也不尽一致。

值得注意的是，《合同法》第二百七十八条和第二百八十三条也规定了承包人工期顺延的情况："隐蔽工程在隐蔽以前，承包人应当通知发包人检查。发包人没有及时检查的，承包人可以顺延工程日期，并有权要求赔偿停工、窝工等损失。""发包人未按照约定的时间和要求提供原材料、设备、场地、资金、技术资料的，承包人可以顺延工程日期，并有权要求赔偿停工、窝工等损失。"

2. 异常恶劣气候的条件或不可抗力导致工期顺延

《施工合同示范文本》第 11.4 款约定了在异常恶劣的气候条件下顺延工期的情况：由于出现专用合同条款规定的异常恶劣气候的条件导致工期延误的，承包人有权要求发包人延长工期。

《标准招标文件》通用条款第 11.4 款约定，由于出现专用合同条款规定的异常恶劣气候的条件导致工期延误的，承包人有权要求发包人延长工期。

《施工合同示范文本》在第 21.3.1 "不可抗力造成损害的责任" 中第（5）中约定：不能按期竣工的，应合理延长工期，承包人不需支付逾期竣工违约金。发包人要求赶工的，承包人应采取赶工措施，赶工费用由发包人承担。

《标准招标文件》通用条款第 21.3.1 款第五项约定，不可抗力导致工期延误等后果，不能按期竣工的，应合理延长工期，承包人不需支付逾期竣工违约金。

《FIDIC 合同条件》第 19.4 款约定，如果由于不可抗力，承包商无法依据合同履行他的任何义务，而且已经发出了相应的通知，由于承包商无法履行此类义务而使其遭受工期的延误和（或）费用的增加，承包商有权索赔工期等。

3. 不利物质条件导致工期顺延

《标准招标文件》通用条款第 4.11 款约定，不利物质条件，除另有约定外，是指承包人在施工场地遇到的不可预见的自然物质条件、非自然的物质障碍和污染物，包括地下和水文条件，但不包括气候条件。承包人遇到不利物质条件时，应采取适应不利物质条件的合理措施继续施工，并及时通知监理人。监理人应当及时发出指示，指示构成变更的，按约定办理。监理人没有发出指示的，承包人因采取合理措施而增加的费用和（或）工期延误，由发包人承担。

《FIDIC 合同条件》第 4. 12 款约定，如果承包商遇到了他认为是无法预见的不利物质条件时，应尽快通知工程师。此通知应描述该物质条件以便工程师审查，并说明为什么承包商认为是不可预见的理由。承包商应采取与物质条件相适应的合理措施继续施工，并且应该遵守工程师给予的任何指示。如果此指示构成了变更，则适用第 13 条（变更和调整）的规定。如果承包商遇到了不可预见的物质条件，发出了通知，且因此遭到了延误和（或）导致了费用，承包商应有权依据第 20. 1 款（承包商的索赔）要求工期延长和支付计入合同价格的有关费用。

《施工合同示范文本》在第 7. 6“不利物质条件”中约定：不利物质条件是指有经验的承包人在施工现场遇到的不可预见的自然物质条件、非自然的物质障碍和污染物，包括地表以下物质条件和水文条件以及专用合同条款约定的其他情形，但不包括气候条件。

承包人遇到不利物质条件时，应采取克服不利物质条件的合理措施继续施工，并及时通知发包人和监理人。通知应载明不利物质条件的内容以及承包人认为不可预见的理由。监理人经发包人同意后应当及时发出指示，指示构成变更的，按第 10 条“变更”约定执行。承包人因采取合理措施而增加的费用和（或）延误的工期由发包人承担。

4. 根据合同约定的其他条款，承包人有权获得工期延长的情形

《施工合同示范文本》《标准招标文件》通用条款以及《FIDIC 合同条件》均规定了承包人有权提出工期延长的其他合同条款。比如：施工合同示范文本第 13. 3. 2“试车中的责任”约定：因设计原因导致试车达不到验收要求，发包人应要求设计人修改设计，承包人按修改后的设计重新安装。发包人承担修改设计、拆除及重新安装的全部费用，工期相应顺延。因承包人原因导致试车达不到验收要求，承包人按监理人要求重新安装和试车，并承担重新安装和试车的费用，工期不予顺延。

《标准招标文件》通用条款第 5. 4. 3 款约定：发包人提供的材料或工程设备不符合合同要求的，承包人有权拒绝，并可要求发包人更换，由此增加的费用和（或）工期延误由发包人承担。

《FIDIC 合同条件》第 2. 1 款约定，当业主没有及时给予承包商及时的进入和占有的权利，承包商可以索赔工期和成本及利润。第 4. 7 款约定，如果承包商由于基准中的某项错误导致延误和费用增加，承包商有权索赔工期和成本及利润。第 4. 24 款约定，在工程现场发现所有化石、硬币、有价值的物品或文物、建筑结构以及其他具有

地质或考古价值的遗迹或物品，承包商应立即通知工程师，工程师可发出关于处理上述物品的指示。如果承包商由于遵守该指示而引起延误和招致了费用，则应进一步通知工程师并有权索赔工期和费用；第 13.7 款约定，因法律改变的调整，可以索赔工期和成本。

需要注意的是，以上三个合同版本对于顺延工期的约定。其区别在于，我国的两个文本采用集中加分散的约定；而 FIDIC 的约定则全部分散在合同条文中，约定的更为细致。

最高法院《施工合同司法解释》第十五条对质量争议期间的处理进行了规定，其中也涉及到了工期顺延的问题："建设工程竣工前，当事人对工程质量发生争议，工程质量经鉴定合格的，鉴定期间为顺延工期期间。"

因为在建设工程竣工前，当事人对工程质量发生争议，这时可能会暂时停工进行工程质量鉴定，而一般鉴定都需要经过一段时间，如果工程质量经鉴定合格的，鉴定期间应作为顺延工期期间。

六、质量条款

建设工程的质量问题是影响建筑物外观及使用功能的主要因素，一旦建筑工程的质量发生问题，轻微的可能会影响建筑物结构的使用安全，影响工程寿命和使用功能，增加工程维护量，浪费财力、物力和人力，严重的可能危害社会公众不特定人群的人身和财产安全。

工程施工质量是形成工程项目实体的过程，也是决定最终产品质量的关键阶段，要提高工程项目的质量，就必须狠抓施工阶段的质量控制。工程项目施工涉及面广，是一个极其复杂的过程，影响质量的因素很多，如设计、材料、机械、地形、地质、水文、气象、施工工艺、操作方法、技术措施、管理制度等，均直接影响着工程项目的施工质量。

因此建设工程活动中必须采取事前、事中、事后控制的原则，加强建筑施工阶段各工序的质量控制，才能够保证工程项目的整体质量目标。

《建筑法》第五十八条明确规定："建筑施工企业对工程的施工质量负责。"《合同法》第二百八十一条规定："因施工人的原因致使建设工程质量不符合约定的，发包人有权要求施工人在合理期限内无偿修理或者返工、改建。经过修理或者返工、改建后，造成逾期交付的，施工人应当承担违约责任。"2000 年 1 月 10 日，国务院还专门颁布了《建设工程质量管理条例》，以加强对建设工程质量的管理，保证建设工程质量，保护人民生命和财产安全。

最高法院《施工合同司法解释》第十一条对承包人拒绝修复的处理原则作出了明确规定：因承包人的过错造成建设工程质量不符合约定，承包人拒绝修理、返工或者改建，发包人请求减少支付工程价款的，应予支持。

相关合同文本无一例外的对建设合同质量条款作出了非常细致的约定，主要在以下几个方面：

（一）标准、规范和图纸

建设工程合同应当约定工程质量适用的国家标准、规范的名称；没有国家标准、规范但有行业标准、规范的，约定适用行业标准、规范的名称；没有国家和行业标准、规范的，约定适用工程所在地地方标准、规范的名称。发包人应按专用条款约定的时间向承包人提供约定的标准、规范。

建筑工程施工应当按照图纸进行。在施工合同管理中的图纸是指由发包人提供或者由承包人提供经工程师批准，满足承包人施工需要的所有图纸（包括配套说明和有关资料）。按时、按质、按量提供施工所需图纸，也是保证工程施工质量的重要方面。

1. 承包人按设计图纸及技术标准施工

根据《建筑法》第五十八条第二款的规定，对承包人施工标准、规范和图纸的具体要求是："建筑施工企业必须按照工程设计图纸和施工技术标准施工，不得偷工减料。工程设计的修改由原设计单位负责，建筑施工企业不得擅自修改工程设计。"

《施工合同示范文本》在第一部分合同协议书"三、质量标准"中要求对施工标准作具体约定；在第5.1.1约定：工程质量标准必须符合现行国家有关工程施工质量验收规范和标准的要求。有关工程质量的特殊标准或要求由合同当事人在专用合同条款中约定。第1.6.3"图纸的修改和补充"中约定：图纸需要修改和补充的，应经图纸原设计人及审批部门同意，并由监理人在工程或工程相应部位施工前将修改后的图纸或补充图纸提交给承包人，承包人应按修改或补充后的图纸施工。

《FIDIC合同条件》第4.1款约定，承包商应按照合同（包括图纸、规范）的规定以及工程师的指示，对工程进行设计、实施和完成工程，并修补其任何缺陷。承包商应对所有现场作业和施工方法的完备性、稳定性和安全性负责。承包商应根据工程师的要求，提交为实施工程拟采用的方法以及所作安排的详细说明。在事先未通知工程师的情况下，不得对此类安排和方法进行重大修改。

《标准招标文件》通用条款第1.6.3款约定：图纸需要修改和补充的，应由监理人取得发包人同意后，在该工程或工程相应部位施工前的合理期限内签发图纸修改图给承包人，具体签发期限在专用合同条款中约定。承包人应按修改后的图纸施工；第1.6.4款约定，承包人发现发包人提供的图纸存在明显错误或疏忽，应及时通知监理人。

《FIDIC合同条件》第1.8款约定：如果一方在用于施工的文件中发现了技术性错误或缺陷，应立即向另一方通知此类错误或缺陷。

2. 发包人应提供符合工程质量要求的设计文件

《施工合同示范文本》在通用条款第 1. 6. 1“图纸的提供和交底”中约定：发包人应按照专用合同条款约定的期限、数量和内容向承包人免费提供图纸，并组织承包人、监理人和设计人进行图纸会审和设计交底。发包人至迟不得晚于第 7. 3. 2 项〔开工通知〕载明的开工日期前 14 天向承包人提供图纸。

因发包人未按合同约定提供图纸导致承包人费用增加和（或）工期延误的，按照第 7. 5. 1 项〔因发包人原因导致工期延误〕约定办理。

《标准招标文件》通用条款第 1. 6. 1 款中“图纸的提供”约定：除专用合同条款另有约定外，图纸应在合理的期限内按照合同约定的数量提供给承包人。由于发包人未按时提供图纸造成工期延误的，按第 11. 3 款的约定办理。第 1. 6. 4 款约定，承包人发现发包人提供的图纸存在明显错误或疏忽，应及时通知监理人。

《FIDIC 合同条件》第 1. 8 款约定，如果一方在用于施工的文件中发现了技术性错误或缺陷，应立即向另一方通知此类错误或缺陷。

（二）材料设备供应的质量

我国对工程项目材料设备供应有非常严格的要求。《建设工程质量管理条例》第十四条规定：“按照合同约定，由建设单位采购建筑材料、建筑构配件和设备的，建设单位应当保证建筑材料、建筑构配件和设备符合设计文件和合同要求。建设单位不得明示或者暗示施工单位使用不合格的建筑材料、建筑构配件和设备。”第二十九条规定：“施工单位必须按照工程设计要求、施工技术标准和合同约定，对建筑材料、建筑构配件、设备和商品混凝土进行检验，检验应当有书面记录和专人签字；未经检验或者检验不合格的，不得使用。”

我国相关合同文本中也都有关于提供或指定购买的材料、设备应符合质量标准的要求。

《标准招标文件》通用条款第 5. 4. 3 款约定：发包人提供的材料或工程设备不符合合同要求的，承包人有权拒绝，并可要求发包人更换，由此增加的费用和（或）工期延误由发包人承担。此外，在 5. 1“承包人提供的材料和工程设备”和 5. 2“发包人提供的材料和工程设备”中提出了非常详细的要求，其内容与下述“施工合同示范文本”中的要求大致相同。

《施工合同示范文本》第 8. 1“发包人供应材料与工程设备”在中约定：发包人自行供应材料、工程设备的，应在签订合同时在专用合同条款的附件《发包人供应材料设备一览表》中明确材料、工程设备的品种、规格、型号、数量、单价、质量等级和送达地点。第 8. 2“承包人采购材料与工程设备”中约定：承包人负责采购材料、工程设备的，应按照设计和有关标准要求采购，并提供产品合格证明及出厂证明，对材料、工程设备质量负责。合同约定由承包人采购的材料、工程设备，发包人不得指定生产厂家或供应商，发包人违反本款约定指定生产厂家或供应商的，承包人有权拒绝，并由发包人承担相应责任。此外，还在第 8.3 款中对“材料与工程设备的接收与拒收”的情况进行了约定；第 8.5 款中约定了禁止“使用不合格的材料和工程设备”等。

《FIDIC 合同条件》第 4.20 款约定，雇主应按照规范中规定的细节，免费提供“免费提供的材料”。雇主应自担风险和费用按照合同中规定的时间和地点提供这些材料。随后，承包商应对材料进行目测检查，并应将这些材料的任何短缺、缺陷或损坏通知工程师。除非双方另有协议，雇主应立即补齐任何短缺、修复任何缺陷或损坏。在目测检查后，此类免费提供的材料将归承包商照管、监护和控制。承包商检查、照管、监护和控制的义务，不应解除雇主对目测检查时难以发现的短缺、缺陷或损坏所负有的责任。

最高法院《施工合同司法解释》第十二条对质量缺陷的处理原则进行了规定：“发包人具有下列情形之一，造成建设工程质量缺陷，应当承担过错责任：（一）提供的设计有缺陷；（二）提供或者指定购买的建筑材料、建筑构配件、设备不符合强制性标准；（三）直接指定分包人分包专业工程。承包人有过错的，也应当承担相应的过错责任。”

（三）工程验收的质量

竣工验收是保证工程质量的最后一道工序，因此这道工序显得十分重要。竣工交付使用的工程必须符合下列基本要求：

①完成工程设计和合同中规定的各项内容，达到国家规定的竣工条件；

②工程质量应符合国家现行有关法律、法规、技术标准、设计文件及合同规定的要求，并经质量监督机构和定位合格；

③工程所用的设备和主要建筑材料、构件应具有产品质量出场检验合格证明和技术标准规定必要的进场实验报告；

④具有完整的工程技术档案和竣工图，已办理工程竣工交付使用的有关手续；

⑤已签署工程保修证书。

《合同法》第二百八十条对勘察、设计质量有具体规定：“勘察、设计的质量不符合要求或者未按照期限提交勘察、设计文件拖延工期，造成发包人损失的，勘察人、设计人应当继续完善勘察、设计，减收或者免收勘察、设计费并赔偿损失。”

《建筑法》对建筑工程验收的质量要求进行了原则规定，第六十条：“建筑物在合理使用寿命内，必须确保地基基础工程和主体结构的质量。建筑工程竣工时，屋顶、墙面不得留有渗漏、开裂等质量缺陷；对已发现的质量缺陷，建筑施工企业应当修复。第六十一条：交付竣工验收的建筑工程，必须符合规定的建筑工程质量标准，有完整的工程技术经济资料和经签署的工程保修书，并具备国家规定的其他竣工条件。建筑工程竣工经验收合格后，方可交付使用；未经验收或者验收不合格的，不得交付使用。”

最高法院《施工合同司法解释》第十三条对未经验收擅自使用的后果进行了规定：建设工程未经竣工验收，发包人擅自使用后，又以使用部分质量不符合约定为由主张权利的，不予支持；但是承包人应当在建设工程的合理使用寿命内对地基基础工程和主体结构质量承担民事责任。

《施工合同示范文本》第13.2.2项“竣工验收程序”中（4）约定：竣工验收不合格的，监理人应按照验收意见发出指示，要求承包人对不合格工程返工、修复或采取其他补救措施，由此增加的费用和（或）延误的工期由承包人承担。承包人在完成不合格工程的返工、修复或采取其他补救措施后，应重新提交竣工验收申请报告，并按本项约定的程序重新进行验收。第13.2.4项“拒绝接收全部或部分工程”中约定：对于竣工验收不合格的工程，承包人完成整改后，应当重新进行竣工验收，经重新组织验收仍不合格的且无法采取措施补救的，则发包人可以拒绝接收不合格工程，因不合格工程导致其他工程不能正常使用的，承包人应采取措施确保相关工程的正常使用，由此增加的费用和（或）延误的工期由承包人承担。

《标准招标文件》通用条款第18.3.4款约定：发包人验收后不同意接收工程的，监理人应按照发包人的验收意见发出指示，要求承包人对不合格工程认真返工重作或进行补救处理，并承担由此产生的费用。承包人在完成不合格工程的返工重作或补救工作后，应重新提交竣工验收申请报告，按第18.3.1项、第18.3.2项和第18.3.3项的约定进行。

《FIDIC土木工程施工合同条件》（旧红皮书）第48.1约定：在整个工程已实质上竣工，并已合格地通过合同规定的任何竣工检验时，承包人可就此向工程师发出通知并抄报业主，同时应附上一份在缺陷责任期间内以规定的速度完成任何未完工作的书面保证。此项通知和保证应视为承包人要求工程师发给本工程接收证书的申请。工程师应于该通知收到之日起的21天内，或给承包人发出一份接收证书，其中写明工程师认为工程已按合同规定实质上完工的日期，同时给业主一份副本；或者给承包人书面指示，说明工程师认为在发给接收证书前，承包人尚需完成的所有工作。工程师还应将发出该书面指示之后及证书颁发之前可能出现的，影响该工程实质上完工的任何工程缺陷通知承包人。承包人在完成上述的各项工作及修复好所指出的工程缺陷，并使工程师满意后有权在21天内得到工程接收证书。

此外，我国的合同文本还对施工过程中的检查和返工，隐蔽工程和中间验收，重新验收，试车等关乎工程质量的问题进行了详细的约定。

（四）保修

《建筑法》第六十二条和《建设工程质量管理条例》第三十九条都规定：“建设工程实行质量保修制度。”

《建设工程质量管理条例》还规定："建设工程承包单位在向建设单位提交工程竣工验收报告时，应当向建设单位出具质量保修书。质量保修书中应当明确建设工程的保修范围、保修期限和保修责任等。"

1. 保修范围

《建筑法》规定，建筑工程的保修范围应当包括地基基础工程、主体结构工程、屋面防水工程和其他土建工程，以及电气管线、上下水管线的安装工程，供热、供冷系统工程等项目；保修的期限应当按照保证建筑物合理寿命年限内正常使用，维护使用者合法权益的原则确定。具体的保修范围和最低保修期限由国务院规定。

2. 保修期限

《建设工程质量管理条例》第四十条规定："在正常使用条件下，建设工程的最低保修期限为：（一）基础设施工程、房屋建筑的地基基础工程和主体结构工程，为设计文件规定的该工程的合理使用年限；（二）屋面防水工程、有防水要求的卫生间、房间和外墙面的防渗漏，为5年；（三）供热与供冷系统，为2个采暖期、供冷期；（四）电气管线、给排水管道、设备安装和装修工程，为2年。其他项目的保修期限由发包方与承包方约定。建设工程的保修期，自竣工验收合格之日起计算。"

该条例第四十一条还规定："建设工程在保修范围和保修期限内发生质量问题的，施工单位应当履行保修义务，并对造成的损失承担赔偿责任。如果当事人在合同中约定的保修期低于上述法定期限，该约定无效。"

3. 缺陷责任期

缺陷责任期是根据合同约定，承包人对其完成的存在质量缺陷的工程项目，按照约定承担责任的期限。

《建设工程质量保证金管理暂行办法》第二条规定："本办法所称建设工程质量保证金（保修金）（以下简称保证金）是指发包人与承包人在建设工程承包合同中约定，从应付的工程款中预留，用以保证承包人在缺陷责任期内对建设工程出现的缺陷进行维修的资金。

缺陷是指建设工程质量不符合工程建设强制性标准、设计文件，以及承包合同的约定。缺陷责任期一般为六个月、十二个月或二十四个月，具体可由发、承包双方在合同中约定。"

质量保修期与缺陷责任期都是从工程竣工验收之日起计算。并且在质量保修期和缺陷责任期内，承包人对工程质量缺陷都有修复的义务。但是，质量保修期是《建设工程质量管理条例》的强制规定，当事人约定应符合其要求；而缺陷责任期由当事人自主约定，法律无强制性规定并且可以约定期限的延长。

如《标准招标文件》通用条款第19.3款约定：由于承包人原因造成某项缺陷或损坏使某项工程或工程设备不能按原定目标使用而需要再次检查、检验和修复的，发包人有权要求承包人相应延长缺陷责任期，但缺陷责任期最长不超过2年。

《FIDIC合同条件》中的缺陷通知期一般为365日。FIDIC第11.3款约定，如果由于某项缺陷或损害达到使工程、区段或主要永久设备（视情况而定，并且在接收以后）不能按照预定的目的进行使用，则雇主有权依据合同要求延长工程或区段的缺陷通知期。但缺陷通知期的延长不得超过2年。

此外，由于用户使用不当或第三方造成的质量缺陷，或不可抗力造成的质量缺陷的，不属保修范围。而缺陷责任不限于上述缺陷的维修，只要是质量缺陷，都属于承包商的责任范围，其有修复的义务；质量保修期期满，保修义务消灭；但缺陷通知期满，质量保证义务不必然消灭。缺陷责任期届满以后，仍应依据法律规定履行法定保修期未满部分的保修义务。

《标准招标文件》通用条款第19.2.2款约定：发包人在使用过程中，发现已接收的工程存在新的缺陷或已修复的缺陷部位或部件又遭损坏的，承包人应负责修复，直至检验合格为止。

《FIDIC合同条件》第11.1款同样明确规定，承包商应按照雇主（或其代表）的通知，在缺陷通知期期满之前实施补救缺陷或损害所需的所有工作。

建设工程合同除以上建设工期条款和质量条款外，构成三大条款之一的工程款支付条款将在后面专章论述。

第四节　案例分析

【案例一】因出借资质引起惨死19人的武汉市东湖生态旅游风景区还建楼升降机高空坠落事故①

2012年9月13日，正在施工的武汉市东湖生态旅游风景区东湖景园还建楼C区7－1号楼建筑工地，发生一起施工升降机突然坠落的重大建筑施工安全事故。事故发生时，故障升降机左侧吊笼承载了19人和约245公斤物件，大大超过备案额定承载人数（12人），上升到第66节标准节上部（33楼顶部）将要接近平台位置时，产生的倾翻力矩大于对重体、导轨架等固有的平衡力矩，造成事故施工升降机左侧吊笼顷刻倾翻，并连同第67～70节标准节坠落地面，最后19人全部死亡，这是我国建筑机械失灵造成死亡人数最多的一起事故。

经事故原因分析认定，造成本次重大安全事故的主要原因，正是因为施工总承包单位湖北祥和建设集团有限公司存在出借施工总承包一级资质的行为，使得工程施工现场管理十分混乱，安全生产管理无法落实而导致的。据调查，负责现场管理的祥和

① 朱树英. 建筑时报电子版，2014－10－23，第01版。

公司东湖景园项目部系其股东易少启以祥和公司的名义成立的，该项目部现场负责人和主要管理人员均非祥和公司人员，且基本都不具备岗位执业资格。项目部在东湖景园无《建设工程规划许可证》《建筑工程施工许可证》《中标通知书》和《开工通知书》的情况下违规开工。2012 年 3 月 1 日，项目部就事故设备 SCD200/200TK 型施工升降机，与武汉中汇机械设备有限公司签订设备租赁合同，但并未按照《武汉市建筑起重机械备案登记与监督管理实施办法》对事故升降机加节进行申报和验收，就开始擅自使用；更有甚者，其还自行联系购买并使用伪造的施工升降机“建筑施工特种作业操作资格证”。由于项目部对于施工人员私自操作施工升降机的行为制止管控不力，对施工所用升降机安装使用的安全生产检查和隐患排查流于形式，未能及时发现和整改事故施工升降机存在的重大安全隐患，导致本次事故发生。在事故发生后，有 11 名直接负责人被司法机关采取强制措施或建议移送司法机关，有 17 名主要负责人被建议予以党纪、政纪处分。

【案例二】[①] 因系统内外层层转包造成死亡 21 人的杭州地铁一号线湘湖站塌陷、被称为“中国地铁建设史上最严重的事故”。

发生于 2008 年 11 月 15 日，造成 21 名工人活埋致死的杭州地铁一号线湘湖站塌陷事故，被称为“中国地铁建设史上最严重的事故”。经国务院调查认定，杭州地铁湘湖站北 2 基坑“11·15”坍塌重大事故是一起责任事故，中铁系统内外层层转包工程是主要原因。中标工程的中国铁路工程总公司（下称中铁工）首先把中标工程整体转包给下属的独立法人中铁四局，中铁四局又转包给下属的六公司，六公司在施工现场又分包给不同的分包商，导致事故发生后施工单位对死亡人员姓啥名谁的身份情况也不知情。

转包后的施工单位中铁四局以及六公司并未按中标的中铁工的企业资质要求进行施工管理，实际施工的湘湖站项目部管理严重失职。施工过程中违规施工、冒险作业，基坑严重超挖；支撑体系存在严重缺陷，且钢管支撑架设不及时，垫层未及时浇筑，加之基坑检测失效，未采取有效补救措施，引起局部范围地下连续墙产生过大侧向位移，造成支撑轴力过大及严重偏心；部分支护体系立柱未加斜撑，钢管支撑失稳，基坑支撑体系整体破坏，引起基坑周边地面塌陷。湘湖站项目建立以后，中铁四局对项目经理、项目总工程师随意变动，变动后的项目经理无建造师资格，项目总工没有工程师职称，不具备任职条件；现场施工员未经资质培训，无施工员资格证；劳务组织管理和现场施工管理混乱，员工安全教育不落实。项目部不重视安全生产、违章指挥冒险施工，对监理单位提出的北 2 基坑底部和基坑端头井部位地连墙有侧移现象，以及现场监测单位不负责任，监测数据失真等重大安全隐患，

① 朱树英．建筑时报电子版，2014－10－23，第 01 版。

都未引起重视和采取相应措施。特别是在发现地表沉降及墙体侧向位移均超过设计报警值，以及发现临近施工现场的市政道路风情大道下陷、开裂等严重安全隐患后，仍没有及时采取停工整改等防范事故的措施。在深基坑地铁车站的高度危险工程项目施工中，这些根本不符合中铁工的企业资质管理要求的一系列失误，成为造成事故的重要原因。

【案例三】因转包和违法分包引发死亡58人、烧伤73人的上海市静安区胶州路教师公寓特别重大的“11·15”城市大火事故[①]

2010年11月15日，上海市静安区胶州路728号的存量房屋、共28层的教师公寓发生重大火灾。当日下午14时15分左右，正在进行大楼更换钢窗和外墙增加保温层施工时，10层脚手架上电焊工坠落几个零星的火星引燃外墙保温材料引起大火并迅速蔓延。当日18时30分，大火才基本被扑灭。11月19日，经对遇难者遗骸的DNA检测，“11·15”火灾事故遇难人数为58人，其中男性22人，女性36人，另有73人在本次大火中受伤。

针对这起新中国成立以来我国造成死伤人数最多、损失最严重的城市大火事故，2011年6月9日，国务院批复对该事故的处理报告指明：建设单位、投标企业、招标代理机构相互串通、虚假招标和转包、违法分包和工程项目施工组织管理混乱是最主要的原因。涉案工程项目经招标投标，上海静安建设总公司中标。第二天，中标人便把全部工程以收取2.5%管理费的得利，转包给没有相应资质的上海佳艺装饰公司施工。佳艺公司派驻现场的项目经理沈大同没有经验，在有156户440个居民居住的存量房屋外墙改建施工中，应当知道保温材料系易燃材料的前提下未考虑居民楼施工的防火要求，提出并实施边拆外墙钢窗、边做喷涂外墙保温材料的立体交叉施工方案，最终酿成特别重大的火灾事故。依据有关规定，上海市的主管部门和人民法院对54名事故责任人做出严肃处理，其中26名主要责任人和直接责任人被移送司法机关依法追究刑事责任，静安区建交委主任高伟忠等7名建设系统干部被判刑，其中高伟忠被判最高刑期16年，5名有责任的单位负责人被判重刑；28名相关责任人受到党纪、政纪处分。受到党纪、政纪处分的责任人中，包括企业人员7名,国家工作人员21名，其中省（部）级干部1人，厅（局）级干部6人，处以下干部8人，给予上海市市委委员、静安区区委副书记、区长张仁良行政撤职、撤销党内职务处分；给予上海市市委委员、静安区委书记龚德庆党内严重警告处分；给予主管的上海市副市长沈骏行政记大过处分。

【案例评析】

工程质量关系到社会公共利益和安全问题，我国历来十分重视工程建设的质量问

① 朱树英．建筑时报电子版．2014－10－23，第01版。

题，这也是为何我国法律法规和行政规章强调对建设工程合同的干预，从合同主体资格、合同签订与履行及合同效力等方面，进行行政监督管理。上述案例一、二、三都是由于工程的转包、出借资质等原因造成了重大质量责任事故和人员伤亡的案例。类似案例不少，给国家、集体或个人的利益带来极大损害。正因如此，我们国家从工程质量角度出发，强调责任人的责任承担以及强化工程管理。《施工合同司法解释》也对借用资质、非法分包转包的合同的效力进行了规定，规定其合同无效，其最终出发点就是为了保障工程建设的质量。

第四章　建设工程合同的效力

第一节　合同效力的基本理论

一、合同效力的基本含义

《合同法》是《民法》的重要组成部分，合同是民法债的产生最重要的原因，因此，合同的效力是债的效力的组成部分。但是，合同之债与其他债存在重要区别，因而在其效力方面也存在差异。因此，学者对合同之债的效力与其他债的效力作了明确的区分。如台湾著名学者史尚宽就债的效力分为一般效力和特殊效力。其中，特殊效力指的就是合同特别具有的效力。合同效力除了具备一般效力外，还具有其他债所不具有的效力。各类合同还具有更为特殊的效力。根据其观点[①]，一般效力指的是：①给付；② 不给付及其后果。包括请求强制执行、损害赔偿、代位权和撤销权的行使。合同的特殊效力表现在：没收定金或加倍返还、支付违约金、解除合同、行使同时履行抗辩权等。其实，合同的特殊性远非如此，各国合同法对合同的效力的规定都存在差异，所以对合同效力问题的探讨，其视角会有所不同。

在回答什么是合同效力之前，首先，我们必须要明确合同效力产生的时间问题。毋庸置疑，合同效力发生在合同成立之后。合同在成立之前，也发生一定的效力，如在成立合同时，要约人不得擅自撤回或撤销邀约。但这时的效力不是指合同的效力，因为这时合同尚未成立，合同未成立，不发生合同效力问题。其次，我们还应分析一下我国合同法对合同效力的有关规定。《合同法》在第三章“合同的效力”一章中（从第四十四条至第五十九条，共十六条）是对合同的生效、生效的时间、当事人对合同效力发生以条件、时间的限制、合同的效力待定、合同的无效、合同的变更和撤销、无效或被撤销的法律后果等具体的规定。从合同法第三章的规定看，我们不难发现，合同的效力与合同的生效有关，合同的效力是在合同生效后发生的，合同生效后发生完全的合同效力。而合同不生效（无效）则完全不生合同效力。除此之外，还有些合同是否生效还待进一步确定（可撤销或变更合同和效力待定合同），即是否发生合同效

---

① 史尚宽．债法总论［M］．中国政法大学出版社，2000，1.

力还需进一步确定，但从终极的角度讲，合同要么生效，要么不生效，不可能永远处于悬而未决的状态。所以，合同的效力是指合同成立并已生效的合同之效力。

《合同法》第八条规定："依法成立的合同，对当事人具有法律约束力。当事人应当按照约定履行自己的义务，不得擅自变更或者解除合同。依法成立的合同，受法律保护。"这是我国合同法对当事人之间合同效力的基本规定。要对此作正确、全面理解，还须与《合同法》第四十四条结合起来。本条所说的"依法成立的合同"，应理解为生效的合同（或有效的合同）。因为对大多数合同来说，"依法成立的合同，自成立时生效"（《合同法》第四十四条）。生效的合同，才对当事人具有法律约束力。无效的合同不具有法律约束力；可撤销、可变更的合同由于只对无撤销权的一方有一定的法律拘束力，属于具有不完全的法律拘束力；而效力待定的合同其是否具有法律拘束力，尚处悬而未决的状态。

值得注意的是，《合同法》在第八条中使用的是"法律拘束力"，而没有使用"法律效力"来表述，无疑从用语上讲是十分精确的。因为合同毕竟不是法律，只有法律法规才具有相应的法律效力。但是在"依法成立的合同"中，由于当事人的意志符合国家的意志，所以合同中当事人约定的权利义务与法律直接规定的权利义务在效力上相同，因此国家赋予当事人的意志以法律的拘束力。从该种意义上讲，合同的法律拘束力又与法律效力相当，合同法律拘束力就是合同的法律效力，就像法院依法作出的判决具有法律效力一样。正如《法国民法典》第1134条所规定的那样："依法成立的契约，在缔结契约的当事人间有相当于法律的效力"。当然前提是合同必须依法，不依法的合同不具有法律拘束力。

我们始终不能离开合同法的规定来谈合同的效力问题，否则便没有了法律依据。《合同法》第八条的规定，我们可以看作是合同法对合同效力的基本规定。因为合同对当事人的效力是合同效力最重要的方面。从该条文所处的位置看，该条放置在《合同法》第一章"一般规定"中，是作为合同法的基本原则来规定的。该原则可以概括为"合同的法律拘束力原则"，可见合同效力问题的重要意义。但是，该条在文字表述上是否准确和符合逻辑，则值得斟酌。"依法成立的合同，对当事人具有法律约束力。当事人应当按照约定履行自己的义务，不得擅自变更或者解除合同。依法成立的合同，受法律保护。"其立法旨意结合第四十四条应解释为：合同成立并生效的合同，对当事人具有法律约束力，该合同受法律保护。而该条从语法修饰上看，只能将"依法"理解为"成立"的限定语，即指成立的依法，并由此推断出合同成立的要件之一是依法，导致有人认为合同成立（但未生效）时，就对当事人具有了法律拘束力。这样不但没有解决过去合同法因没有解决合同成立与合同生效问题带来的麻烦，反而使这一问题愈演愈烈。究其原因，我们从过去合同法及民法通则的有关规定不难看出，立法这时尽力在保持法律的延续性和一致性，《民法通则》第八十五条 及《经济合同法》第六条与现行《合同法》几乎是一脉相承。

其实，法律对合同关系的调整，无非是通过两种手段进行的。第一，赋予合同（依法成立）以法律拘束力或称法律效力。通过当事人全面履行合同约定的义务，使债权人的利益得以实现；当债务人不履行或者不当履行合同义务，乃至合同权利受到侵害时，债权人享有请求司法机关或仲裁机关予以保护的权利。总之，法律通过赋予债权人请求履行权、请求保护权等权利，规定债务人履行债务的义务，来实现当事人订立合同的目的。第二，通过以国家强制力的手段，保障当事人合同目的的实现。这种强制力体现为法院通过诉讼程序中的强制措施，来强制债务人履行债务，使合同目的得以实现。这正是我国《合同法》规定的“依法成立的合同，受法律保护”的原因所在。

《合同法》第八条后半段的规定：“当事人应当按照约定履行自己的义务，不得擅自变更或者解除合同。依法成立的合同，受法律保护。”因此，合同对当事人之间效力的基本涵义应为：

1. 当事人应当按照约定履行自己的义务

这就是指合同的履行效力。由于合同依法成立后，在当事人之间产生了具体的民事权利义务关系，当事人除可以享受合同上的权利外，还应履行所产生的合同义务。当事人在履行合同所约定的义务时，要遵守全面履行的原则，所谓全面履行就是要按照合同所约定的标的、数量、质量、履行的地点、履行期限和方式履行。当事人除了应当履行合同约定的义务外，还应当履行随合同产生的附随义务，如通知、协助及保密等义务。

合同生效后，产生了合同权利、合同义务及附随义务。这正是合同效力的首要表现。

（1）合同权利，是指债权人依据法律或者合同约定而享有的请求债务人为一定给付的权利。合同权利主要有如下几项权能：第一、请求履行的权利。债权人有权请求债务人依据法律和合同约定为一定行为或不为一定行为。第二，接受履行的权利。当债务人根据法律规定或当事人约定履行债务时，债权人有权接受并永久保持因履行所得的利益。第三，请求保护债权的权利。当债务人不履行或不适当履行债务时，债权人有权请求国家机关予以保护，强制债务人履行债务或承担违约责任，第四，处分权能。是指债权人享有处分债权的权利。如债权人有权将债权转让给他人。

（2）合同义务，是指合同关系所必须具备的、决定合同类型的基本义务。合同义务主要由合同当事人约定，但法律对某些类型的合同（在合同分则中规定的合同和某些特别法规定的合同），明确规定了债务人应当承担的义务，即便当事人在合同中没有约定，法律规定的这些义务（法定义务），也构成该类合同的义务，当事人不得排除。如《合同法》在分则第十六章“建设工程合同”中第二百七十二条规定：“发包人可以与总承包人订立建设工程合同，也可以分别与勘察人、设计人、施工人订立勘察、设计、施工承包合同。发包人不得将应当由一个承包人完成的建设工程肢解成若干部分发包给几个承包人。总承包人或者勘察、设计、施工承包人经发包人同意，可以将自己承包的部分工作交由第三人完成。第三人就其完成的工作成果与总承包人或者勘察、设计、施工承包人向发包人承担连带责任。承包人不得将其承包的全部建设工程转包给第三人或者将其承包的全部建设工程肢解以后以分包的名义分别转包给第三人，禁止承包人将工程分包给不具备相应资质条件的单位，禁止分包单位将其承包的工程再分包。建设工程主体结构的施工必须由承包人自行完成。”《合同法》第二百七十二条的规定，就属于法定义务，构成合同义务的一部分。

（3）附随义务，是指在合同生效后，随着合同关系的发展，特别是当事人在合同履行时依合同的性质、目的和交易习惯产生的义务。①及时通知义务。如瑕疵的告知义务；使用方法的告知义务；重要情事的告知义务，如合同当事人在行使不安抗辩权而中止履行时，应当及时通知对方；债务人在履行债务过程中如因不可抗力不能履行自己的债务，也应及时通知对方。②协助义务。指当事人双方相互协作、积极配合，完成合同约定的义务。当事人一方在履行过程中遇到困难时，另一方应当在法律规定的范围内给予帮助，以保证合同能够得到顺利履行。③提供必要条件的义务。如合同的履行期限没有约定或约定不明确，债务人可以随时履行，债权人也可以随时请求履行，但是，必须给对方与必要的准备时间。如果没有一定的准备时间，对方来不及准备必要的设施和工具，将给履行带来困难；再如在建设工程施工合同中，承包方交付竣工图纸应当属于建设施工合同中附随义务，由施工单位负责并交付，否则工程将无法验收，而且对发包方日后的使用及维修都不利。④防止损失扩大的义务。在发生不可抗力或其他原因致使合同不能履行或者不能按预定条件履行时，债务人应及时通知债权人，以免使对方遭受的损失进一步扩大。如果当事人未尽此义务，不能就损失扩大的部分要求对方赔偿损失。⑤保密的义务。合同双方当事人通过签订合同，对对方的个人身份、财产状况及商业秘密都有所了解，在履行合同时，对于这些情况当事人都有相互保密的义务，未经许可，不得擅自使用、利用或向外披露这些情况。即便有些合同的标的本身就是当事人的商业秘密，在这种情况下，当事人也只能在合同规定的范围内使用或利用，而不能超越范围。如《建设工程设计合同示范文本（专业建设工程）》（GF—2015—0210）在第 1.8 款就对保密事项作出了如下约定：除法律规定或合同另有约定外，未经发包人同意，设计人不得将发包人提供的图纸、文件以及声明需要保密的资料信息等商业秘密泄露给第三方。除法律规定或合同另有约定外，未经设计人同意，发包人不得将设计人提供的技术文件、技术成果、技术秘密及声明需要保密的资料信息等商业秘密泄露给第三方。保密期限由发包人与设计人在专用合同条款中约定。

附随义务的产生，表明合同效力在对内效力方面也有所扩张。

对于合同当事人违反合同义务，在合同效力上体现为法律要求违约方承担违约责任；而对于当事人违反合同附随义务，则当事人不必承担违约责任，但必须赔偿由于违反附随义务给对方造成的损失。

2. 不得擅自变更或解除合同

合同生效后至履行完毕前，由于客观情势的变化或法律规定的其他事由，需要对合同内容做相应变更或解除合同的，必须按照法律规定的程序、期限进行，也就是说变更或解除要依法进行。在变更或解除合同时，也应承担相应的附随义务，如通知、防止损失扩大等义务。

3. 违反合同应当承担相应的违约责任

这是法律强制力的体现。除法律规定的情形外，当事人不履行合同或则履行合同不符合合同的约定，就应当承担违约责任。如当事人不承担违约责任时，法院将采取强制措施保障债权人的合同利益实现。这是当事人按照约定履行自己的义务的强有力保证。

以上是对当事人之间合同效力的具体分析。生效的合同不仅在当事人之间产生法律约束力，而且对当事人以外的第三人也会产生相应的约束力，这就是合同的对外效力。对外效力就是指合同对当事人以外的第三人产生的法律拘束力。

我国合同法对对外效力的规定比较分散。《合同法》第四条规定：“当事人依法享有自愿订立合同的权利，任何单位和个人不得非法干预。”这就是合同对外效力的体现。此外，合同法在合同履行一章中，对第三人可以行使代位权和撤销权的规定。

当然合同效力除了以上所述的对人的效力外，还应包括合同在时间上的效力和在空间上的效力。在时间上，合同效力始于生效，而合同效力的终止时间则较复杂，在正常情况下，合同效力终止于合同义务全部履行完毕之时；在某些情况下，如因合同被解除、提存、债务免除、混同等而终止时，当事人如应承担相应的民事责任，合同效力则在在承担了相应的民事责任后终止。在空间上，合同效力及于合同的签订地、履行地、当事人住所地、对合同案件有管辖权的法院、仲裁机构所在地等等。

综上所述，合同效力应当是指生效的合同对当事人及相关第三人的法律约束力。

二、合同效力相对性原则

合同相对性是指合同的关系及效力只能发生在合同当事人之间。从这种意义上讲，合同效力的相对性是合同的相对性重要体现。

合同的相对性原则是合同法重要原则，无论对于合同法理论还是司法实践，该原则占据了十分重要的地位。尽管各国合同法在合同效力方面，对该原则做出了许多例外规定，甚至说对该原则提出了挑战，但仍旧未动摇其坚实的基础。从我国的合同法立法表明，我国合同法也坚持合同相对性原则。

合同的相对性原则，从罗马法始就已得到确认。罗马法确立了“债的相对性”，用以区别于“物的绝对性”。罗马法确立的债的相对性对现代大陆法系的债法产生了重大影响。《法国民法典》第1134条规定：“依法成立的契约，在缔结契约当事人间有相当于法律的效力”；《德国民法典》第241条规定：“债权人基于债的关系，有权向债务人要求给付”。这些规定都是债的相对性的体现。英美普通法上也确立了合同相对性原则（Doctrine of Privity of Contract），与大陆法系基本相似，所不同的是，英美普通法可以为第三人设定权利，但权利的实现还必须依赖于合同当事人。第三人不能为了自己的权利起诉当事人，要求强制实施合同，而只能由赋予第三人权利的当事人一方人来起诉，达到为第三人利益的目的。这主要因为第三人获得合同利益缺乏对价，法院不能强制实施没有对价的合同。

合同相对性体现在合同主体的相对性、合同内容的相对性及合同责任的相对性上。[①]（1）主体的相对性。指合同关系只能发生在特定的主体之间，只有合同当事人一方能够向合同的另一当事人基于合同提出请求或提起诉讼。第三人不能依据合同向合同当事人提出请求或提起诉讼；合同当事人也不能够向第三人提出合同上的请求及诉讼。② 内容的相对性。合同规定的权利只能由当事人享有，第三人不得享有；合同当事人不得为第三人设定义务；合同权利义务主要对当事人产生法律拘束力。③ 责任相对性。违约责任只能在有合同关系的当事人之间发生，第三人不承担违约责任，合同当事人也不对第三人违约承担责任。

我国合同法对合同相对性的规定主要有以下几个方面：

第一，依法成立的合同，对当事人具有法律约束力（《合同法》第八条）。除法律有特别规定外，合同对第三人没有法律拘束力。

第二，当事人约定由债务人向第三人履行债务的，债务人未向第三人履行债务或履行债务不符合约定，应当向债权人承担违约责任（《合同法》第六十四条）。

第三，但当事人约定由第三人向债权人履行债务的，第三人不履行债务或者履行债务不符合约定，债务人应当向债权人承担违约责任（《合同法》第六十五条）。

第四，当事人一方因第三人的原因造成违约的，应当向对方承担违约责任。当事人一方和第三人之间的纠纷，依照法律规定或者按照约定解决（《合同法》第一百二十一条）。

当然，在坚持合同相对性原则的同时，也不排除对此原则有例外的规定。我国建设工程合同就存在这种例外情况。比如《施工合同司法解释》第二十六条规定：“实际施工人以转包人、违法分包人为被告起诉的，人民法院应当依法受理。实际施工人以

① 王利明，崔建远．合同法新论总则［M］．中国政法大学出版社，1997：32－34.

发包人为被告主张权利的，人民法院可以追加转包人或者违法分包人为本案当事人。发包人只在欠付工程价款范围内对实际施工人承担责任。”

承包人与发包人订立建设工程施工合同后，往往又将建设工程转包或者违法分包给第三人，第三人就是实际施工人。按照合同的相对性来讲，实际施工人应当向与其有合同关系的承包人主张权利，而不应当向发包人主张权利。但是从实际情况看，有的承包人将工程转包收取一定的管理费用后，没有进行工程结算或者对工程结算不主张权利，由于实际施工人与发包人没有合同关系，这样导致实际施工人没有办法取得工程款，而实际施工人不能得到工程款则直接影响到农民工工资的发放。因此，如果不允许实际施工人向发包人主张权利，不利于对农民工利益的保护。[①] 正是居于这些原因最高法院才有了上述条文的规定。

三、合同关系中的第三人

各国合同法在坚守合同对内效力的同时，都无一例外规定了特定条件下的合同对外效力，并且合同对外效力在现代合同法上有进一步扩张的趋势。

在大陆法系国家，除德国等少数国家外，大都在民法典中对代位权、撤销权进行了规定。债权人行使代位权和撤销权的法律效果，不但对债务人的财产权产生效力，而且对债务人以外的第三人也直接产生效力。代位权和撤销权作为债的保全制度，对保护债权人的利益起到重要的作用，因此我国合同法也规定了这一制度。

随着为第三人利益合同的发展，以及保护消费者利益的法律日益完善，产品责任制度的加强，合同法对第三人利益的保护日益得到强化。

早在近代大陆法系国家在确定合同相对性原则的同时，就对第三人享有利益的合同予以肯定。如《法国民法典》在第 1165 条中规定合同相对性原则的同时，还规定："双方的契约不得使第三人遭受损害，且只在第 1121 条规定的情形下，始得使第三人享受利益。"第 1121 条规定的情形是："一人为自己与他人订立契约时，或对他人赠与财产时，亦得订定为第三人利益的约款，作为该契约或赠与的条件。如第三人声明有意享受此约款的利益时，为第三人订立契约的人即不得予以取消。"除上述为第三人利订立的合同外，法国在司法实践中，还对其他涉及第三人利益的合同及合同对第三人的对抗力予以承认。如法国最高法院第三民事法庭在 1972 年 12 月 15 日的一判决中，对因汽车质量瑕疵造成交通事故，该庭判决汽车制造商除应当向汽车购买者承当合同责任外，还应当向交通事故受害者（第三人）承担侵权责任。合同对第三人的对抗力，

① 最高人民法院民事审判第一庭．最高人民法院建设工程施工合同司法解释的理解和适用［M］．北京：人民法院出版社，2004，11：158－159.

在法国也有判例可循。如法国学者佛如尔和沃倍尔在论述此观点时所举案例:① 1970年巴黎法院判决：一雇员在其雇佣合同尚未解除得情况下，又与一新雇主订立雇佣合同，该新雇主被认定为这一违法行为的共同行为人；法国最高法院第一民事法庭在1965年12月15日的一判决，对一房屋所有人在承诺将房屋出卖给他人时，又将同一房屋出卖给第三人，该第三人的行为被认定为前述违法行为的共同行为人；法国最高法院商事法庭1971年10月11日的一判决，一零售商与一批发商订立了一“专营协议”，依协议，该零售商只能从该批发商除订货，但后来改零售商又从他人处进货，从而违反了其义务。上述第二批发商被认定为共同违法行为人。

《德国民法典》的第328条规定了“有利于第三人的合同”。该条规定：“（1）当事人可以合同约定向第三人履行给付，并具有使第三人直接要求给付的权利的效力。（2）关于第三人是否取得权利，或者第三人的利益是否立即或仅在一定条件下产生，以及订约的双方当事人是否保留权限，得不经第三人的同意而撤销或变更其权利，如无特别约定，应根据情况推定职，特别是应依契约的目的推定之。”

日本对第三利益的合同规定得更为直接。《日本民法典》在第537条中规定：“（1）依契约的规定，当事人的一方应对第三人实行给付时，该第三人有直接对债务人请求给付的权利。（2）于前款情形，第三人的权利，于其对债务人表示享受契约利益的意思时发生。”第538条接着规定：“第三人的权利依前条规定发生后，当事人不得变更或消灭该权利。”

传统的为第三人利益订立的合同，基本上可以分为两种：一种是赠与受益人，另一种是债权受益人，特别是在英美法系，早期的第三人利益合同就是指这两种。大陆法在法律上并没有这样区分，但在理论上却作了区分。在大陆法系特别是在德国，把合同分为物权合同和债权合同，所以为第三人利益的合同就有了两种不同涵义。如法国的学者把第三人分为特定财产承受人和普通债权人。例如，朴蒂埃在预备起草《法国民法典》第1121条时就将其分为两个部分，第一部分是P答应S向T为一定给付的情况，在这种情况下，T一般不能直接请求P履行合同，但如果合同中订有罚则的话，即证明T在合同中享有利益，T便可以直接就P与S之间的合同提起诉讼。这一部分显然指的是为债权受益人的合同；第二部分是S向P为赠与的合同中的情况，S在合同中明确规定P接受此种赠与后必须向T支付一笔费用或给T其他一些好处，在这种情况下，T可以直接要求P履行合同中的这项约定。这一部分则无疑是属于为赠与受益人的合同。②

在现代英美合同法上，传统的第三人利益合同两分法被逐渐淡化，特别是美国，

① 尹田．法国现代合同法［M］．北京：法律出版社，1997.

② 傅静坤．二十世纪契约法［M］．北京：法律出版社，1997.

《第二次合同法重述》中增加了“意向中的受益人（Intended Beneficiary）”和“意外受益人（Incidental Beneficiaries）”的概念，使得受益第三人的范围逐步扩大：只要合同中包含了使第三人受益，第三人就可以直接请求允诺人履行其允诺。因此，在英美法上，受益第三人除可以存在于合同的转让、代理及信托、保险等合同中外，还可以存在于其他合同当中。尤其是信托，许多合同的第三人受益，都被认为存在信托关系而受到保护，因而促进了相关行业的发展。英美判例法上，很早就对于意向中的受益人，规定可以直接对允诺人起诉。而对于“意外受益人”的保护，在特定条件下赋予该种受益人诉权，则是近些年来才有的重大发展。随着社会的发展，合同关系变得越来越复杂，涉及第三人利益的合同也越来越多。特别是意外受益人主张合同权益的案件也逐渐能多。特别是在消费合同领域，涉及的“意外”第三人利益尤为明显。所以各国合同法都加强了对这类第三人利益的保护。此外大量的系列合同及上下游合同的出现，也使得这一问题日益显现出来。如工程承包合同，发包方将勘察、设计、安装等工程分别与不同相对人签订合同，而各个阶段承包人的不当履行都会影响其他合同当事人的利益（在某一合同中，其他合同当事人都可能是该合同的利益第三人）；同样，上下游合同的情况也是如此，上游合同一方当事人在签订合同后，又与第三人订立了合同，上游合同的不履行或不当履行也会损害第三人的利益。所以在一定条件下，赋予这类第三人诉权，意义重大。

四、第三人履行

我国《合同法》第六十五条规定：“当事人约定由第三人向债权人履行债务的，第三人不履行债务或履行债务不符合约定，债务人应当向债权人承担违约责任。”

一般来说，合同债务人应当亲自向债权人履行债务。但是，实践中，债务人经常通过第三人或者由第三人代其向债务人履行合同，这种情形就是我国《合同法》第六十五条所说的第三人履行。第三人履行制度，在大陆法系国加又称作“第三人代为清偿”制度。早在罗马法中就得以确认。在近代，无论是大陆法系还是英美法系，都普遍肯定了该制度。如《法国民法典》第1236条规定：“债务的清偿得由有利害关系的任何人为之，例如共同债务人或保证人。债务亦得由无利害关系的第三人清偿。”我国《台湾民法典》第310、311、312条分别对“向第三人为清偿”“第三人之清偿”，“利害关系人之清偿”作了明确得规定。美国《统一商法典》第2－210条也规定：“当事人可以委托他人代为履约，除非另有协议，或除非为保证另一方的根本利益，需要原始许诺人亲自履行或控制合同规定的行为”。第三人履行之所以能够被各国合同法或民法承认，在于其结果无论对当事人还是对于第三人都无不利。对于债权人而言，第三人履行使得自己的合同利益得到全部或部分的实现；而对于债务人来说，除法律规定或合同性质决定必须由自己亲自履行的外，如第三人已代为履行，则等同于自己亲自履行的效果，所以对债务人而言，也无不利；对于代为清偿的第三人，当他与债的履行无利害关系时，一方面他的代为清偿本系出自一定的利益比较而为之，另一方面他正可能依约定而取得代位权，在清偿后于其可得求偿的范围内享有债权人对于债务人的权利，即使无代位权，也可依其与债务人间的委托关系，或依无因管理、不当得利制度的适用而使自己的损失得以补偿。当他与债的履行有利害关系时，第三人可于其可得求偿的范围内取得法定代位权，所以对第三人也无不利可言。这是第三人履行制度得以生存发展的利益基础和根本动力所在。①

第三人履行必须符合一定条件。(1) 需债务人的同意。需债务人同意，可以是债务人的单方意思，也可以是由债务人与第三人的合意生成。(2) 依债务的性质，或法律规定可以由第三人履行。如依债务性质不得有第三人代为履行的，不能由第三人履行。这主要指该债务是居于当事人之间的特别信任关系而设定的，如委托关系，或基于债务人特定的技能、设备的债务，如技术合同中的债务；或是不作为债务；法律规定不能由第三人履行的有如工程建设、承揽关系等。《合同法》第二百七十二条规定：承包人不得将其承包的全部建设工程转包给第三人或者将其承包的全部建设工程肢解以后以分包的名义分别转包给第三人，禁止承包人将工程分包给不具备相应资质条件的单位，禁止分包单位将其承包的工程再分包。建设工程主体结构的施工必须由承包人自行完成。再如《合同法》第二百五十三条规定："承揽人应当以自己的设备、技术和劳力，完成主要工作，但当事人另有约定的除外。承揽人将其承揽的主要工作交由第三人完成的，应当就该第三人完成的工作成果向定作人负责；未经定作人同意的，定作人也可以解除合同。"第四百条规定："受托人应当亲自处理委托事务。经委托人同意，受托人可以转委托。转委托经同意的，委托人可以就委托事务直接指示转委托的第三人，受托人仅就第三人的选任及其对第三人的指示承担责任。转委托未经同意的，受托人应当对转委托的第三人的行为承担责任，但在紧急情况下受托人为维护委托人的利益需要转委托的除外。"(3) 债权人于债务人之间没有相反的约定。即便根据债务性质可又第三人履行，如债权人于债务人特别约定该债务不得有第三人履行的，也不能有第三任代为履行。(4) 要有第三人代为履行的意思。由于合同当事人不得为第三人设定义务，所以只有第三人自愿作出代为履行的意思表示，才产生第三人履行的效果。(5) 第三人代为履行的行为要合法。

第三人代为履行后，将产生一定的法律效果。表现为：(1) 在债权人与债务人之间，第三人的履行，视为债务人自己的履行，债权人不得再请求债务人作同样的履行。如果第三人没有履行或履行不符合约定，将由债务人承担违约责任，而第三人不承担相应的责任。第三人履行的情况下，由债务人承担责任，这是由于第三人在此合同中

---

① 王轶．代为清偿制度论纲［J］．法学评论，1995（1）．

不是合同当事人。然而在某些特殊合同中，也存在第三人承担相应责任的情况，如建设工程合同。《合同法》第二百七十二条规定："总承包人或者勘察、设计、施工承包人经发包人同意，可以将自己承包的部分工作交由第三人完成。第三人就其完成的工作成果与总承包人或者勘察、设计、施工承包人向发包人承担连带责任。"在此，第三人没有与发包人签订任何合同，而是与总承包人签订的合同，在总承包人与发包人的合同中，第三人不是合同当事人。合同法规定非合同当事人的第三人承担责任，在我国具有非常重要的意义。在我国，工程建设中存在的问题比较突出，大量的"豆腐渣"工程与"烂尾"工程的存在，大都是由与工程被层层转包给第三人引起的，在法律上不对第三人加以约束，就不能很好地解决这一问题。所以我国《合同法》规定第三人与总承包人对发包人承担连带责任，就能够有效的解决这一难题。其实在国外，也有类是的规定，如法国巴黎1970年7月7日的一判例，某一雇员在雇佣合同尚未解除的情况下，又与以新的雇主订立雇佣合同，法院判决有该新雇主与该雇员共同承担连带责任。（2）在债务人与第三人之间，由于第三人代为履行，是基于法律的规定或债务人的意思，如基于法律的规定，其法律效力取决于法律的规定；如基于债务人的指令，其效力依债务人与第三人的约定处理。所以我国合同法规定，当事人一方（债务人）和第三人之间的纠纷，依照法律规定或者约定解决。（3）在第三人和债权人之间，第三人履行后，第三人并不因此对债权人享有债权；债权人在第三人不履行或不当履行时，是否有请求履行的权利，则要根据第三人的情况而定，如第三人是债权人与债务人约定的履行辅助人，则债权人有请求第三人履行的权利；所谓履行辅助人，指根据债务人的意思辅助债务人履行债务的人。辅助人有两类，一是债务人的代理人，二是代理人以外的根据债务人的意思事实上从事债务履行的人；如果该第三人不属于当事人约定的履行辅助人，则在此情况下，债权人没有请求履行的权利。但债权人无论如何都没有要求第三人承担违约责任的权利，因为第三人毕竟不是合同当事人。

从第三人履行的法律效果看，我们不难发现，第三人履行只有在该第三人与合同履行有利害关系的情况下，才对第三人产生一定的法律拘束力。在第三人对履行没有利害关系时，则只对当事人产生约束力，这时正是合同效力相对性在起作用。

五、第三人受益合同之建设工程合同

建设工程合同较其他类型的合同更为复杂，涉及面广。主要涉及勘察、设计、材料供应、施工、安装等。工程建设各个阶段相互之间的影响重大，如勘察或设计的微小失误，都会严重影响施工质量。也就是说，一份合同的履行好坏，直接影响到另外一份合同履行的质量。因此建设工程合同的纠纷很普遍。如何维护建设工程合同当事人及相关人的利益，都成为各国合同法较为重视的问题。近些年来，英美判例法在建设工程合同中保护第三人利益方面，无疑向前迈进了一步。业主与总承包商订立了总承包合同，总承包商与材料供应商订立了材料供应合同，总承包商又与土建施工方订立了施工合同。如果材料供应商迟延供货，导致施工方施工进度延迟，造成对总承包方的违约，不但总承包商可以起诉材料供应商，要求赔偿损失，业主作为第三人也可起诉材料供应商要求赔偿损失，甚至施工方也可以作为第三人起诉要求赔偿。在英国“尤尼奥尔书局”案（Junior Books）中，原告（业主）与承建商成立合同，兴建工厂。被告是分建商，负责地板工作。落成后两年，地板严重破裂。原告并没有声称破裂情况会危害人身或财物。原告要求赔偿，弥补更换地板费用、工程间的搬迁、储藏费用、浪费的工资及固定的成本、失去的盈利。法院法官以四对一的多数票裁定，原告有诉讼原因。被告在民事侵权法的义务范围不限于避免可预见的对人身或财物的损毁，还包括避免因承担的工作的缺陷而产生的纯经济损失，在那宗案件里，原告和被告的关系是在没有合同关系的情况下，可成立的最密切的关系。

在建设工程合同中，对业主与承包商订有合同，承包商又与分包商定有合同的情形，从业主角度讲，承包商与分包商的合同，属于第三人履行。合同法特别赋予业主对分包商的起诉权，已无需采用英美法在此问题上用为第三人利益合同来解决业主对分包商的请求权问题。存在的问题是，当出现上述施工方因材料供应商的违约，导致自己的损失，施工方除以侵权为由外，能否根据总承包商与材料供应商的合同，以第三人名义直接起诉材料供应商。我们首先必须分析施工方从总承包商与材料供应商的合同是否获得权利。第一，在总承包商与材料供应商的合同中，如果出现“为保证施工方能正常施工，材料供应商应及时供应工程所需材料”，可以认为施工方是该合同的受益第三人；第二，施工方是否表示接受该项权利。笔者认为，只要施工方没有明确表示拒绝，应推定为默示接受。第三，该项权利属于何种性质。“正常施工”在总承包商与施工方的合同中是施工方的义务，而在总承包商与材料供应商的合同中，“保证正常施工”应该可以理解为一种权利，应该没有问题，但说它是一种债权，有些牵强。所以笔者认为，施工方在上述情形中的地位是属于英美法上的任意受益人，更为贴切。

当然，在我国目前状况下，对于任意受益人起诉权，法院唯一的做法是驳回起诉。因为我国目前并不承认任意受益人的地位。但是笔者同时认为，由于我国建设工程合同纠纷中存在大量非法分包、转包及挂靠施工的情况，法院在处理这些案件、认定合同效力时，目前虽然有了《施工合同司法解释》的规定，但并没有解决实践中出现的所有问题。所以笔者认为，为了解决非法分包、转包及挂靠施工等合同纠纷，《合同法》应当考虑引入任意受益人制度，赋予相对第三人以诉权，使其利益得到保护，这对建设工程市场的稳定发展大有益处。

六、合同的生效

（一）合同的生效理论

合同的生效指合同具备一定要件后对合同当事人产生法律拘束力，即从此合同受法律的保护，并能产生当事人预期的法律效果。在合同法理论与实践中，合同的生效问题一直是个热点问题：合同的生效要件有哪些；合同生效与合同成立的关系如何等，对这些问题一直存在争议。而这些问题不仅在理论上有研究的必要，在实践中其价值作用更非同一般。

1. 合同成立与合同生效的关系

合同成立与合同生效是两个性质截然不同的法律概念。除法国法外，大多数国家都将合同的成立与合同的生效加与区别。但它们之间的关系又很密切，一般说来，当事人成立合同的目的，在于追求合同所能产生的权利或利益，要达到这一目的，就要使得合同生效；当然合同成立是合同生效的前提，合同没有成立，也就不存在合同生效的问题；大部分合同的成立与生效在时间上又都是在同一时段上，“依法成立的合同，自成立时生效”，在这种情形下，似乎合同成立与生效没有区别不明显，也没有区别的必要。在合同不成立与合同无效的法律后果上，两者有相同之处，都要承担缔约过失责任。正是基于此种原因，在司法实践中，对于合同案件属合同不成立还是属合同无效，许多法官们没有给以重视或加以区分。但是，在某些合同中，如附条件或附期限的合同，必须办理登记手续或批准手续才能生效的合同，合同成立与生效的区别就显现出来了，而且这种区分是必需的，否则会给这类合同的处理带来极大困难。

2. 合同的成立要件

合同成立指合同当事人对合同的内容的意思表示达成一致（合意），一方当事人的要约最终得到另外一方当事人的承诺。对于合同成立的要件，学者有不同的观点。有学者把成立要件分为一般要件和特殊要件。[①] 一般要件包括：① 须由双方当事人；② 须以订立合同为目的；③ 须意思表示一致。合同特殊要件是各种具体合同所特有的成立要件。如要式合同须依一定方式才能成立；要物合同（实践合同）则以物的交付为成立要件之一。有学者把成立要件分为须由双方或多方当事人；对合同主要条款达成一致；具备要约与承诺阶段。[②] 对于上述第一种观点，把合同成立要件分为一般要件和特殊要件的做法值得商榷。首先，“须以一定方式才能成立”的合同，无非是当事人约定或法律规定合同应当以书面形式或办理其他相关手续（如登记、批准等），根据《合同法》第三十六条规定：“法律、行政法规规定或当事人约定采用书面形式订立合同，

---

① 王家福．民法债权［M］．法律出版社，1998.

② 王利明，崔建远．合同法新论·总则［M］．中国政法大学出版社，1997，3.

当事人未采用书面形式但一方已经履行主要义务，对方接受的，该合同成立。”很显然，采用书面形式不能成为合同成立的要件。对于办理相关手续，根据我国有关的司法解释，如最高法院《关于适用〈涉外经济合同法〉若干问题的解答》，应当经过批准而未经批准的合同无效，可见在实践中，都把批准等手续当作合同生效要件来对待，而没有认定为合同成立要件。还有一些合同，如不动产转让和特殊的动产转让（飞机、轮船等），是基于登记的公信力，是作为合同标的物所有权转移的标志，未登记的并不影响合同效力。[①] 登记是所有权转移的条件，既不是成立要件，也不是生效要件。动产或不动产抵押登记，根据我国《担保法》的规定（第四十一条、七十八条、七十九条），明确为生效要件，所以不可能是成立要件。其次，实践合同中交付标的物是成立要件的观点也值得探讨。实践合同在我国法律中主要有以下几种：① 自然人之间的借款合同；② 保管合同；③ 质押合同；④ 定金合同。该四种合同除保管合同外，《合同法》、《担保法》均规定为生效要件，[②] 只有保管合同，《合同法》规定：“保管合同自保管物交付时成立，但当事人另有约定的除外”。笔者认为，实践合同在性质上是相同的，在成立要件和生效要件上，不应有区别。既然《合同法》把自然人之间的借款合同中交付标的物作为生效要件，就不应当把保管合同交付标的物规定为成立要件，这是《合同法》自相矛盾的地方。

笔者认为，确定合同成立要件，应当以合同自由原则为基础，充分尊重当事人的意愿，以事实判断为基础。至于合同成立后的效力问题，则是合同生效所要解决的问题。合同成立要件，事实上只需一个，即合同双方当事人就合同内容达成一致（合意）。规定必须由双方或多方当事人，有画蛇添足之嫌，而以订立合同为目的或要经过要约、承诺两个阶段，都可以被“合同内容达成一致”所涵盖。

3. 合同成立与合同生效的区别

（1）适用的规则不同。合同成立适用合同自由原则。根据合同自由原则，合同当事人有自由订立合同的自由、有选择合同向对人的自由、有选择合同内容和形式的自由等，只要双方当事人就合同内容达成一致，合同就成立；而对于合同生效，绝不是仅仅当事人之间的事情，合同生效适用的是国家干预原则，这种干预最重要的表现是在对于不合法的合同的主动干预，否定其效力。此外，对于合同是否成立，可以使用合同解释的方法使合同得以成立，而对于合同生效，不存在合同解释问题。

（2）性质不同。合同成立在性质上属于事实问题，用事实判断的方法就能解决合同是否成立的问题。事实判断着重合同是否存在这一基本事实上，其判断的结果只能是合同成立与不成立；而合同生效在性质上属于法律对于该合同的评价，法律评价的

---

① 最高法院关于适用《中华人民共和国合同法》若干问题的解释（一）第九条。

② 《合同法》第二百一十条、三百六十七条，《担保法》六十四条、九十条。

重点在于合同的合法性，包括主体合法、内容合法、形式和法等。法律评价的结果却有：合同生效、合同无效、效力待定、可变更或可撤销等多种情形。

（3）要件不同。合同成立与合同生效虽然都以当事人的意思表示为基础，但合同成立要求的是当事人意思表示一致，要约的内容与承诺的内容是否一致，即是否有合意存在；而合同生效条件中则进一步要求当事人的意思表示的真实性、自主性。对于当事人的意思表示真实性或自主性的缺乏，将导致合同效力结果上的差异。此外，合同生效要件除对当事人意思表示方面有要求外，还有其他重要条件。

（4）合同不成立与合同不生效的法律后果不同。合同不成立产生合同不成立的后果，如合同不成立给另外乙方当事人造成损失的，应当承担缔约过失责任，赔偿对方的损失；合同不生效产生的是合同无效等后果，如合同无效后，有过错得以方不仅应当承担缔约过失责任，有时可能还要承担行政责任或刑事责任；对其取得的财产，还应根据情况，收归国有或返还给集体、第三人。

（二）合同的生效要件

合同生效要件是指成立的合同发生完全的法律效力所应当具备的法律条件。合同的生效要件可以分为一般生效要件和特殊生效要件。一般生效要件是指合同作为民事法律行为所必须具备的要件，根据我国《民法通则》第五十五条的规定："民事法律行为应当具备下列要件：（一）行为人具有相应的民事行为能力；（二）意思表示真实；（三）不违反法律或者社会公共利益。"而有些合同，除了具备以上一般要件外，根据法律规定或当事人约定，对其生效有特殊要求，如必须经过批准；办理登记手续；附条件或期限的合同等。这些特殊要求构成该合同生效的特殊要件。

1. 当事人具有相应的民事行为能力

合同当事人要求具有相应的民事行为能力，也即要求当事人合格。我国合同法把当事人分为三类：自然人、法人、其他组织。在合同生效要件方面，对该三类合同主体资格有各自的要求，现分别论述。

（1）自然人。我国对自然人的民事行为能力是根据自然人的智力和精神状况来确定的，分为完全民事行为能力、限制民事行为能力和无民事行为能力三种。18 岁以上的成年人，只要不属于不能辨认自己行为的精神病人，法律规定为完全民事行为能力人，具有订立合同的主体资格。年满 16 岁未满 18 岁精神正常、以自己的劳动收入为主要生活来源的，法律视之为具有完全民事行为能力的人。年满 10 岁以上和不能完全辨认自己行为的精神病人，是限制民事行为能力人，他们作为合同主体的资格受到严格限制，只允许他们与他人订立与自己年龄、智力相适应的合同；10 岁以下的自然人为无民事行为能力人，一般说来他们不具有订立合同的资格，只能由其法定代理人代为订立合同。但是，根据最高法院的司法解释，对于无民事行为能力人和限制民事行为能力人，在接受奖励、赠与、报酬时，他们可以成为这些类型合同的当事人。因为这些合同，对于他们来说是纯受益性质的，不会因为他们的识别能力、判断能力的缺乏而受损害。

并不是所有合同自然人都可作为合同的当事人。在建设工程合同中，自然人订立合同受到限制。如建设工程承包合同，承包人不能是自然人，而必须是具有相应资质等级的承包单位，实践中存在的转包合同中许多受转包人是自然人，这属于违法转包，合同无效。

（2）法人。法人从法人成立时起，就具有一般民事行为能力。但是在我国过去，法律规定法人要作为某个特定合同的合格主体，还需具备与订立该合同相适应的民事行为能力，法人民事行为能力取决于两个方面：A. 法人的生产经营和业务范围。《民法通则》第四十二条规定“企业法人应当在核准登记的经营范围内从事经营”。B. 取得特别的民事权利。特别是对于一些须取得特许经营权的合同及法律限制经营的合同，在没有取得特需经营权之前，不具有订立该类合同的资格。特许经营权就是要求合同当事人首先取得相关的特别许可证书后，才可以进行相应的经营活动。

在我国，法人的民事行为能力的范围体现在营业执照上，在营业执照中记载着该法人的营业范围，而不是仅仅记载于如公司章程等相关文件中。这种做法在我国市场经济发展的初期，确实起到过一些作用。但随着经营的飞速发展，这种做法其弊病也日益显现出来，最主要的是，它束缚了法人企业的生产经营活动。特别是我国在加入世界贸易组织后，国外企业法人在其民事行为能力限制较少的情况下，我国对企业法人的过多限制，成为影响我国企业法人市场竞争力的罪魁祸首。值得庆幸的是，我国最高法院在合同法的司法解释中，对此问题作了较好的解决。合同法司法解释（一）第十条规定：“当事人超越经营范围订立合同，人民法院不因此认定合同无效。但违法国家限制经营、特许经营以及法律、行政法规禁止规定的除外”。司法解释突破了我国过去对法人民事行为能力的严格限制，对于保护交易安全，促进经济的发展会起到积极作用。同时也表明我国在此方面已经与国际接轨。

（3）其他组织。其他组织指依法成立，有一定的组织机构和财产，但不具备独立法人资格的组织。一般有两种，一是依法登记并领取营业执照的非法人组织。如独资企业、合伙企业、中外合作经营企业及外商独资企业、法人的分支机构等。还有一种是没有登记获取的营业执照的其他组织。没有登记获取的营业执照的其他组织，在我国没有订立合同的主体资格，如在建设工程合同实施过程中，施工方的施工项目部，如没有经过登记，获取营业执照，则项目部不是独立的合同缔约主体，而只能在施工方的授权范围内，作为代理人订立合同；依法登记并领取营业执照的其他组织，在其营业范围内，具有相应的订立合同的资格。

2. 意思表示真实

意思表示真实是合同生效的另一重要条件。意思表示真实要求当事人设立、变更、终止民事权利和义务的表示行为应真实地反映其内心的效果意思。在此，意思表示包含两个方面因素，即效果意思和表示行为。效果意思指当事人内心所欲发生特定效果的意思；表示行为指当事人将其效果意思表达于外部的行为。合同具备效果意思和表示行为就告成立，而只有表示行为真实反映其内心效果意思合同才能生效。表示行为没有真实反映其内心效果意思，法律上称之为“意思表示不真实”，或称为“意思表示瑕疵”。

意思表示真实作为合同生效的要件，与其他生效要件在法律效力方面有少许区别，合同违反意思表示真实性原则，合同并不当然无效，有时属于可撤销，即存在合同有效的可能性。有时合同违反意思表示真实性，其效力还需与其他合同要件综合考虑，特别是与合同的合法性相结合考虑，才能做出判断。如通谋虚伪意思表示，隐藏行为，如存在恶意串通，损害国家、集体、第三人利益的，合同法规定为无效合同。

3. 合同不违反法律和社会公共利益

合同不违反法律和社会公共利益，是合同生效的又一重要条件，或称合同的适法性。各国合同法都把适法性作为合同生效的必备要件，但是由于各国的法律制度各有差异，公共利益的含义也不尽相同，所以在合同的适法性方面也有区别。在我国，违反法律指的是违反法律和行政法规中的强制性规定。合同合法应从三个方面来理解，即合同目的合法；合同内容合法；合同形式合法。如合同中当事人以合法形式掩盖非法目的，我国合同法明确规定为无效合同；合同内容合法指合同中规定权利义务违反法律的强制性规定，合同内容违法合同当然无效；合同形式合法指法律规定某些合同必须采用特定形式，如办理批准、登记等手续，否则无效的，则当事人不得违反此规定，否则合同不生效力。

社会公共利益也是合同适法性的另一个方面。法律不可能把所有的社会现象都纳入法律的规定当中，所以把不违反社会公共利益作为合同生效要件，可以弥补法律的不足。国外有如德国等称之为“善良风俗”。违法社会公共利益的合同在我国也应当认为无效。

关于合同的生效要件，有学者认为，除以上三个要件外，还把“合同必须具备法律所要求的形式”单独作为合同生效要件之一。[①] 我认为，这样做完全没有必要，因为在上述“合同不违反法律和社会公共利益”要件中，已经包含此意，即合同形式合法，实无必要单独列出。

合同形式要件主要对合同有书面、批准、登记或公证等要求。从合同效力方面看，世界各国的合同法对此问题规定不尽一致。学术上争议就更大。对于合同形式是否构成合同生效要件，有必要对各国在此问题上的规定作一阐述。

---

① 王利明，崔建远．合同法新论·总则［M］．中国政法大学出版社，1997，3：196.

从合同法的历史发展看，合同从形式上，也经历了从重形式到重合意的发展过程。早期商品经济欠发达，当事人及各国法律也都非常重视交易的安全和保障，但是随着商品经济的日益发达，作为商品交换的重要手段的合同，无论是合同的样式还是合同的数量上，都日益增多，如果无论订立什么样的合同都要采用一套复杂的法律形式，就会给社会的经济活动造成人为的障碍。因此，现代各国在合同的形式问题上，一般都采取“不要式原则”，但是，现代合同采用不要式原则，并不意味着排斥依法定形式订立合同的要式合同的存在，而且相反，对于某些重要的合同，各国法律要求采用法定形式来订立。如《合同法》第二百七十条规定：“建设工程合同应当采用书面形式”。

各国对于某些合同法律要求必须按法定的形式来订立，其合同效力上各有不同，但无非有三种情况：一是认为法定形式的真实含意，指合同如未以法定形式订立，则合同被视为无效。也就是说，合同的法定形式是合同有效成立的要件。法学上称为“要件主义”。德国法就侧重作为合同有效成立的要件。二是认为合同的法定形式是合同成立的证据。如未按照法定形式订立，合同并非无效，而只是由于缺乏证据，法院将不能强制执行。这是“证据主义”的主张。法国法就偏重于作为证据要求。三是认为合同的法定形式既是合同有效成立的要件，又是作为证据的要求。这要根据合同的不同类型而定。英美法可以说就是这种要件主义和证据主义的结合。

法国法对要式合同有详细规定。首先，要式合同作为合同生效条件的情况。虽然法国法偏重于把要式合同作为证据要求，但自从20世纪中叶以来，越来越多的合同被要求“必须”或“应当”采用书面形式。例如，赠与合同、夫妻财产合同、债务人与第三人约定代位清偿债务合同、设定协议抵押权的合同、有关出售不动产的单方面许诺、有关出售尚在建筑中的住宅或营业性房屋的合同、有关不动产所有权的租赁—转让合同等。均须公证，否则原则上无效。集体订立的劳动合同、海上劳动合同、营业资产买卖合同、房屋推销合同、发明专利的许可或转让合同、私人住宅建筑合同等，不具书面形式的无效。如《法国民法典》第2127条规定：“以合同设定的抵押权应在公证人二人或公证人一人及证人二人面前按照公证书方式作成，否则就不能产生法律上的法律效力。（2）要式合同作为证据证明合同存在及合同内容的情况。”《法国民法典》第1341条规定：“一切物件的金额或价额超过50新法郎者，均须于公证人前作成证书，或双方签名作成私证书。私证书作成后，当事人不得再主张与证书内容不同或超出证书所载以外的事项而以证人证明之—。”这条也就是说，价额在一定数额以上的合同没有采用公证人证书或私证书的形式，合同并不是无效，而只是不能以证人作为证据，由于缺乏证据，法院将不予强制执行。但如果债务人承认，合同仍属有效。

《德国民法典》在总则中明确规定，不依法律规定方式的法律行为无效。德国法强调当事人的意思表示必须严肃认真，并以是否遵守法定形式作为意思表示是否严肃认真的标志，如合同没有按照法定形式办理，就说明当事人缺乏严肃认真的订约意思，合同即归于无效，而不管当事人能否提出证据证明合同的存在，这是德国法与法国法的不同之处。德国民法典在总则中对形式要求作了原则性的规定外，还在民法典的其余部分对不同类型合同所应采取的形式分别作出具体的规定，如，有的合同要采取书面形式，有的要有公证人证明，有的还要登记等。例如，《德国民法典》第 518 条规定："以赠与名义约定给付的合同，应依公证上的认证才能有效。"第 766 条规定："为使保证合同生效，应以书面表示保证的意思。对于转让土地所有权的合同，还要求在土地登记簿上登记才能有效。"

英国于 1677 年通过了《欺诈行为法》。《欺诈行为法》第四条规定：对该条列举的五种合同，"当事人不能提起诉讼……除非该协议……或该协议的某些备忘录或有关的记录，以书面写成并经在诉讼中被追究责任的当事人签字，或者由他依法任命的某其他人签字。"这五种合同包括"有关遗嘱执行和遗产管理的合同、担保合同、就婚姻的对价订立的合同、不动产合同和不在一年内履行的合同。"《欺诈行为法》在美国的影响是：几乎所有的州都以制定法的形式采纳了《欺诈行为法》第四条的规定。时至今日，《欺诈行为法》在英国仅保留了担保条款和地产合同条款，而美国各州在采纳该法规的基础上通过的欺诈行为法，仍继续施行着。①

《联合国国际货物买卖合同公约》关于国际货物买卖合同的形式，原则上不加任何的限制。无论当事人采用口头方式还是书面方式，都不影响合同的有效性，也不影响证据力。这一规定是为了适应当代国际贸易的特点和需要。因为许多国际货物买卖合同是以现代的通讯手段订立的，如电视购物、网上购物等，不一定都是书面合同。但《公约》为了照顾到某些国家国内立法规定，对买卖合同必须以书面形式订立的情况，允许缔约国对第十条规定提出声明，予以保留。

从上述各国规定可以看出，合同形式要件对合同效力产生不同程度的影响。

我国《合同法》在第四十四条中，也明确规定："法律、行政法规规定，应当办理登记等手续生效的，依照其规定。"合同法司法解释（一）第九条则进一步规定："依照合同法第四十四条第二款的规定，法律、行政法规规定合同应当办理批准手续，或者办理批准、登记等手续才生效，在一审法庭辩论终结前当事人仍未办理批准手续的，或者仍未办理批准、登记等手续的，人民法院应当认定该合同未生效：法律、行政法规规定合同应当办理登记手续，但未规定登记后生效的，当事人未办理登记手续不影响合同的效力，合同标的物所有权及其他物权不能转移。《合同法》第七十七条第二款、第八十七条、第九十六条第二款所列合同变更、转让、解除等情形，依照前款规定处理。"可见，合同形式是否构成合同生效要件，关键在于法律是否有明确的规定。如果明确规定必须具备这些形式，否则不能生效，则为该合同的生效要件。

① 何宝玉．英国合同法［M］. 北京：中国政法大学出版社，1999.

如我国《招标投标法》第三条的规定："在中华人民共和国境内进行下列工程建设项目包括项目的勘察、设计、施工、监理以及与工程建设有关的重要设备、材料等的采购，必须进行招标：（一）大型基础设施、公用事业等关系社会公共利益、公众安全的项目；（二）全部或者部分使用国有资金投资或者国家融资的项目；（三）使用国际组织或者外国政府贷款、援助资金的项目。前款所列项目的具体范围和规模标准，由国务院发展计划部门会同国务院有关部门制定，报国务院批准。法律或者国务院对必须进行招标的其他项目的范围有规定的，依照其规定。"

最高人民法院《施工合同司法解释》第一条规定："建设工程施工合同具有下列情形之一的，应当根据合同法第五十二条第（五）项的规定，认定无效：（三）建设工程必须进行招标而未招标或者中标无效的。"

可见，属于上述情形的工程建设项目，必须经过招投标程序订立建设工程合同，否则未经招投标订立的合同无效。在此，招投标形式就成为上述合同生效的要件。

合同形式中的书面形式，不是合同的生效要件。这从合同法第 36 条的规定可以推定。否则如果合同的书面形式也作为合同生效要件，该条就无法自圆其说。

七、违反合同生效要件的法律后果

违反生效要件的合同，不能产生当事人预期的法律效果。其后果可能是合同无效、合同可撤销或变更、合同效力待定等三种情形。而违反生效要件，其后果究竟属于三种情形中的哪一种，各国合同法上规定迥然不同。我国民事法律对此问题，经历了一个重大变化过程。

《法国民法典》没有对合同成立与合同生效加与区分，而把通常违反成立要件的合同同归于合同无效当中，造成合同无效的原因更加复杂化。学者对合同无效的分类意见也不尽一致。法国绝大多数学者将合同无效分为两类：绝对无效、相对无效。[①] 把合同不成立归于合同绝对无效当中。绝对无效的情形包括标的不可能、不确定或违法；原因、内容违法或违背道德、公序良俗。合同相对无效包括：狭义相对无效（行为人精神错乱；误解、欺诈、胁迫；无行为能力）；可撤销（合同损害）。可见在法国合同相对无效实际也是指我们所说的可撤销可变更合同，及效力待定合同，其法律含义与我国现行合同法并无多大差异。

《荷兰民法典》卷 3 第 2 章第 40 条第 1 款规定："内容违反良好道德和公共秩序的行为无效"；该法典第 2 款规定："违反法律禁止性规定行为无效"。

《德国民法典》把合同无效与合同可撤销区别开来，在法律行为篇中对无效的法律行为与可撤销的法律行为作了区分。其中第 134 条规定："法律行为违反法律上的禁止

---

① 尹田．法国现代合同法［M］．北京：法律出版社，1997：197.

者，无效；但法律另有规定者，不在此限”。

英美合同法存在有效合同与无效合同的分类，把违反法律的合同归入无效合同中。英美普通法上对于违反公共秩序的合同也视为无效合同。公共秩序是一个相当笼统的法律概念，其内容极富弹性。如美国在1971年的一个判例中指出：“公共秩序可由宪法、立法机关或法院在任何时候宣告，并且不论先后有无明确规定，当法院认为某一合同有违于公民的最大利益时，它们都能够拒绝执行该合同。”在英美国家，下列几种合同是违背公共秩序的：①对第三者进行犯罪、侵权或诈欺的合同；②破坏或阻碍法院审判的合同；③对政府施加不正当影响的合同；④欺骗国家税收部门的合同；⑤危害国家安全的合同；⑥破坏对外友好关系的合同；⑦破坏社会道德、伤风败俗的合同。英美法的成文法也规定了违法的无效合同，如①违反刑法和民事法律；②违反无执照不得营业的法令。在英美国家，营业执照是政府当局允许某人从事某项营业的证明。一般分为两类：一类是根据申请人的资格与能力决定发给还是不发给的。如律师、医师、会计师和经纪人的执照，其目的是防止滥竽充数，以维护社会利益；另一类则单纯是为了增加税收，而不管申请人有无营业能力的。一般说来，法律对后者较宽，因为对于这类无照营业者，只要补税，所订立的合同一般是允许履行的。但对于前者，法律则十分严格。③违犯托拉斯法和限制性贸易惯例法。如限制贸易、限制竞争、限制价格的合同，都是违反托拉斯法的，不仅合同无效，而且有关当事人要负赔偿高额经济损失的责任，情节严重的还要追究刑事责任。④违法赌博法。英美两国均有所谓的赌博法。按照英国1845年的赌博法，一切有关赌博的合同都是非法的，输方如不按合同付给赢方所输的款项，赢方不得起诉。5违犯高利贷法。

在我国的民事立法中，如《民法通则》《经济合同法》《涉外经济合同法》及《技术合同法》，对无效合同作了详细规定。

《民法通则》第五十八条第一款列举了七种无效民事行为：（1）无民事行为能力人实施的；（2）限制民事行为能力人依法不能独立实施的；（3）一方以欺诈、胁迫的手段或者乘人之危，使对方在违背真实意思的情况下实施的；（4）恶意串通，损害国家、集体或者第三人利益的；（5）违反法律或者社会公共利益的；（6）经济合同违反国家指令性计划的；（7）以合法形式掩盖非法的目的的。《经济合同法》第七条第一款规定了合同无效的情形是：（1）违反法律和国家政策、计划的合同；（2）采取欺诈、胁迫等手段签订的合同；（3）代理人超越代理权限签订的合同或以被代理人的名义同自己或者同自己所代理的其他人签订的合同。（4）违反国家利益或社会公共利益的合同。该规定于1993年将第一项“违反法律和国家政策、计划的合同”修改为“违反法律和行政法规的合同”。《技术合同法》第二十一条规定：“下列技术合同无效：①违反法律、法规或者损害国家利益、社会公共利益的；②非法垄断技术、妨碍技术进步的；③侵害他人合法权益的；④采取欺诈或者胁迫手段订立的”。《技术合同法实施细则》

第二十五条对无效合同的认定作了下列解释："《技术合同法》第二十一条有关技术合同无效的各项含义是：（1）违反法律、法规，是指订立合同或者依据技术合同所进行的活动是法律、法规明文禁止的行为。损害国家利益和社会公共利益，是指订立合同的目的或者履行合同的后果严重污染环境、破坏生态平衡以及危害国家安全和社会公共利益的。（2）非法垄断技术，妨碍技术进步，是指通过合同条款限制另一方在合同标的的基础上进行新的研究开发，限制另一方从其他渠道吸收新技术，或者阻碍另一方根据市场的需求，按照合理的方式充分实施专利和使用非专利技术。（3）侵害他人合法权益的，是指侵害另一方或者第三方的专利权、专利申请权、专利实施权、非专利技术使用权和转让权或者发明权、发现权以及其他科技成果权的行为"。《涉外合同法》第九条规定："违反中华人民共和国法律或者社会公共利益的合同无效"。第十条规定："采取欺诈或者胁迫手段订立的合同无效"。

从以前的民事立法看，我国过去对无效的合同规定得很详细、具体，但是把有些属于可撤销或效力待定的合同都规定为无效合同，使得无效合同的情形过度膨胀。当然这是由于历史原因造成的。立法者的本意是希望由此加强国家对经济活动的管理。但事实上造成了大量司法实践中本可以撤销或效力待定的合同都成了无效合同的情况，使无效合同的数量达到全部合同数量的10%以上。这种情况与我国的民事立法目的是相违背的。值得庆幸的是，《合同法》在解决此问题上，迈出了可喜的一步，严格界定了无效合同与可撤销合同及效力待定合同，这必将对我国经济的发展起到积极的作用。

从上述国外及我国相关法律规定我们可以看出，对于违反法律，违背社会公共利益或社会公序良俗的合同，都规定为无效；而对于违反其他合同生效要件的，如当事人的主体资格，意思表示的真实性等，则各国规定存在较大差异，反映了各国立法的不同价值取向。

八、效力性强制性规定与管理性强制性规定对合同效力的影响

《最高人民法院关于〈适用中华人民共和国合同法〉若干问题的解释（二）》第十四条将《合同法》第五十二条第五项规定的强制性规定限定为"效力性强制性规定"。如何正确理解效力性强制性规定，无论对合同法理论，还是司法实践都具有十分重要的意义。

在公法上，法律规范可分为效力性强制性规定和管理性强制性规定，违反效力性强制性规定的合同无效；而在民事法律当中，并不存在所谓的单纯的管理性强制性规范。但是，在商事法律中，许多法律是由私法与公法结合的法律规范，虽以私法为主，但在对于市场主体的调整时，往往采用带有公法性质的规范，如主体的市场准入、主体资格要求等，这些都属于管理性的强制规范。强制性规范反映的是公序良俗，公序良俗对应的是国家利益和社会公共利益，违反公序良俗将导致合同无效。在我国司法

实践中，民商事法律强制性规范也是适用《合同法》第五十二条第五款规定的。比如说，在《最高人民法院关于审理涉及农村土地承包纠纷案件适用法律问题的解释》第五条规定："承包合同中有关受贿、调整承包地的约定违反农村土地承包法第二十六条、第二十七条、第三十条、第三十五条规定的，应当认定该约定无效"。该司法解释表明违法民事性质的《农村土地承包法》的强制性规范的合同为无效合同。而该强制性规范，应是效力性强制性规范。

最高法院在《关于当前形势下审理民商事合同纠纷案件若干问题的指导意见》第十五条中强调，要注意区分效力性强制性规定和管理性强制性规定。违反效力性强制性规定，法院认定合同无效。违反管理性强制性规定的，法院应当根据具体情形认定其效力；在第十六条规定："如果强制性规范规制的是合同行为本身即只要该合同行为发生即绝对地损害国家利益或社会公共利益的，人民法院应当认定合同无效"。

第二节　法律规定应当招标而直接发包的合同效力

一、招标投标法律规定及其分析

建设项目招投标的目的是降低建设成本，以保护投资主体的利益；但在我国，投资主体较为特殊，大型基本建设的投资主体大多都是国家，这样的投资主体，降低造价的本能冲动，并不像市场其他投资主体那样迫切。所以招标从来就不是一种自主性行为，而是一种政府强制性行为，《招标投标法》的许多规范，就体现出我国工程招投标的这一特性。《招标投标法》也就成为国家作为投资主体规范其具体代理人（招标单位）行为的法律规定。也就是说，本质上体现的是国家作为投资主体的自我约束。这是《招标投标法》特殊性质的实质所在。

政府对招投标的强制性具体化为政府颁布的许多法律、法规和部门规章当中，除《招标投标法》外，还有以下法规和部门规章：

第一，2012 年 2 月 1 日起施行的《中华人民共和国招标投标法实施条例》。其中第六十四条规定："招标人有下列情形之一的，由有关行政监督部门责令改正，可以处 10 万元以下的罚款：（一）依法应当公开招标而采用邀请招标；（二）招标文件、资格预审文件的发售、澄清、修改的时限，或者确定的提交资格预审申请文件、投标文件的时限不符合招标投标法和本条例规定；（三）接受未通过资格预审的单位或者个人参加投标；（四）接受应当拒收的投标文件。招标人有前款第一项、第三项、第四项所列行为之一的，对单位直接负责的主管人员和其他直接责任人员依法给予处分。"

第二，2003 年 8 月 1 日起施行的《工程建设项目勘察设计招标投标办法》。第三条规定：工程建设项目符合《工程建设项目招标范围和规模标准规定》（国家计委令第 3

号）规定的范围和标准的，必须依据本办法进行招标。任何单位和个人不得将依法必须进行招标的项目化整为零或者以其他任何方式规避招标。第五十一条规定：招标人有下列情形之一的，由有关行政监督部门责令改正，可以处 10 万元以下的罚款：（一）依法应当公开招标而采用邀请招标；（二）招标文件、资格预审文件的发售、澄清、修改的时限，或者确定的提交资格预审申请文件、投标文件的时限不符合招标投标法和招标投标法实施条例规定；（三）接受未通过资格预审的单位或者个人参加投标；（四）接受应当拒收的投标文件。招标人有前款第一项、第三项、第四项所列行为之一的，对单位直接负责的主管人员和其他直接责任人员依法给予处分。

第三，2003 年 5 月 1 日起施行的《工程建设项目施工招标投标办法》第三条规定：工程建设项目符合《工程建设项目招标范围和规模标准规定》（国家计委令第 3 号）规定的范围和标准的，必须通过招标选择施工单位。任何单位和个人不得将依法必须进行招标的项目化整为零或者以其他任何方式规避招标。第六十八条规定："依法必须进行招标的项目而不招标的，将必须进行招标的项目化整为零或者以其他任何方式规避招标的，有关行政监督部门责令限期改正，可以处项目合同金额千分之五以上千分之十以下的罚款；对全部或者部分使用国有资金的项目，项目审批部门可以暂停项目执行或者暂停资金拨付；对单位直接负责的主管人员和其他直接责任人员依法给予处分。"

以上法律、法规和部门规章的规定，一个突出的特点就是，强制推行招投标制度，对于违反规定应招标而不招标的单位和直接责任人员，给予行政处分和罚款。而对于违反者行为的效力并没有明确的规定，即招标单位未经招标直接与承包人签订的建设工程合同的效力并未涉及。所以只能根据《合同法》的规定来认定。但是《招标投标法》是在《合同法》颁布实施后出台的，所以我国合同法没有也不可能对应招标而不招标行为的效力规定，依该行为订立的建设工程合同效力只能依《合同法》第五十二条的一般规定来处理。这就导致实践中，大量应招标签订的合同而未经过招标程序直接签订。笔者曾作为律师审查过一重大工程项目的合同签订情况，结果表明，在所审查的 200 多个合同中，依规定有 150 个左右应当公开招标，而实际情况是，绝大多数没有招标，或采用拆分的办法，化整为零，规避招标。对于勘查设计项目更是无一例外。这种无视招投标法存在的现象还是相当普遍。究其原因，与我国对规避招标而签订的建设工程合同效力缺乏明确规定有直接关系。

正如全国人大法工委某位领导曾经讲到，"应当进行招投标的项目，只有 5% 进行了招投标"；"执行比较差的责任主要是在建筑管理部门，人民法院也有责任，因为有些应当招标案件，应该认定无效，而法院认定有效。"

为解决实践中立法空白带来的不良社会影响，最高人民法院在 2004 年出台了相关的司法解释。即最高人民法院《施工合同司法解释》。其中明确了这类合同的效力：

"建设工程施工合同具有下列情形之一的，应当根据《合同法》第五十二条第（五）项的规定，认定无效：（一）承包人未取得建筑施工企业资质或者超越资质等级的；（二）没有资质的实际施工人借用有资质的建筑施工企业名义的；（三）建设工程必须进行招标而未招标或者中标无效的。"

由此，对应当招标而未招标的建设工程合同效力有了明确规定，一律认定为无效合同。

根据《施工合同司法解释》的上述规定，应当招标而未招标的建设工程合同还可能因其他原因无效，如中标无效导致建设工程合同无效，这些情形，按《招标投标法》的规定共有六种：

第一，招标代理机构违反《招标投标法》第五十条规定，泄露应当保密的与招标投标活动有关的情况和资料的，或者与招标人、投标人串通损害国家利益、社会公共利益或者他人合法权益的，影响中标结果的。

第二，根据《招标投标法》第五十二条规定，依法必须进行招标的项目的招标人向他人透露已获取招标文件的潜在投标人的名称、数量或者可能影响公平竞争的有关招标投标的其他情况，或者泄露标底的，影响中标结果的。

第三，根据《招标投标法》第五十三条规定，投标人相互串通投标或者与招标人串通投标的，投标人以向招标人或者评标委员会成员行贿的手段谋取中标的。

第四，根据《招标投标法》第五十四条规定，投标人以他人名义投标或者以其他方式弄虚作假，骗取中标的。

第五，依法必须进行招标的项目，招标人违反《招标投标法》第五十五条规定，与投标人就投标价格、投标方案等实质性内容进行谈判，影响中标结果的。

第六，根据《招标投标法》第五十七条规定，招标人在评标委员会依法推荐的中标候选人以外确定中标人的，依法必须进行招标的项目在所有投标被评标委员会否决后自行确定中标人的。

以上六种情形均会导致中标无效，并根据司法解释的规定进而导致建设工程施工合同无效。根据《招标投标法》的规定，依法必须进行招标的项目因发生上述情形的导致中标无效的，应当依法从其余投标人中重新确定中标人或者依照该法重新进行招标。

现实中还存在一类合同，即必须公开招标的工程先开工后补办招标及中标手续，这类合同是否有效？

许多建设工程项目已经开工，甚至已经建设完成，发包人才办理规划许可、招标投标、施工许可等前期手续。补办招标及中标手续后，承发包双方再次订立建设工程施工合同并履行备案手续，由此形成前后两份施工合同，这两份合同的效力如何？

如某房地产开发有限公司起诉某建设集团有限公司，要求支付工期逾期竣工违约金及相关损失。本案所涉的工程包括的商品住宅工程系依法必须招标工程，但双方早在2006年12月就已对合同实质性内容进行谈判、签订补充协议、各自支付了保证金及预付款。该工程在2007年1月18日举行了奠基仪式，施工单位随后进场实际施工。此后，开发单位在开工后的3个月，即2007年4月12日发布《招标文件》，通过虚假邀请招标（实际被邀请单位均由施工单位联系落实，投标文件由施工单位制作），于2007年4月18日与施工单位再次签订一份《建设工程施工合同》。本案例中双方经过虚假招标、中标后，尽管签订了《建设工程施工合同》，但双方实际仍依《补充协议》履行。根据《招标投标法》及《施工合同司法解释》第一条，上述协议及合同依法均应确认为无效。①

在最高人民法院《施工合同司法解释》出台之前，也有学者专家曾持不同意见。认为："对应实行公开招标的建设工程，发包人直接发包所签订的合同应认定无效，但如果该合同已实际履行，承包人具备相应资质且已完工程质量合格的，不宜以建筑工程未实行公开招标为由，认定所签订的建筑工程建设工程合同无效，但应建议有关主管部门对此进行行政处罚。"②

其实这种观点出现在上述司法解释出台前，其主要担心的是，虽未招标，但最终已经完工，并且质量合格，认定无效，会给施工方的工程款结算带来直接的不利后果，即可能无法拿到工程款项，也同时会涉及农民工利益的问题。但司法解释出台后，对于合同无效，但工程完工并质量合格的项目工程款结算问题作出了明确规定，这种担心也就不必要了。

即便在司法解释出台后的今天，也有观点认为，建设工程项目进行招标投标属于行政管理规定，《合同法司法解释二》生效后，不应再适用《施工合同司法解释》第一条第（三）项规定认定施工合同无效。

笔者认为，依法必须招标的建设工程采取"应招标而未招标""明招暗定"等方式签订的施工合同属于无效合同，这一认定标准符合《招标投标法》的明确规定，且为司法实践所普遍支持，在就具体案件进行法律适用时也应采取相同标准。认为建设工程项目招投标属行政管理规定，不属于法律效力性强制规定，不属于无效范畴的观点，显然站不住脚，因为招标投标法规定的招投标范围，是从维护我国公共利益出发的，它关系到建设工程质量的"百年大计"问题；关系到社会公共安全的问题，所以招投标是我国社会公共利益的要求，违反之，属于违反《合同法》第五十四条第四款的规定，属于违反法律的效力性强直规定，所以在我国应认定应招标而未招标订立的合同为无效合同。

---

① 朱树英．违法招投标导致建设工程施工合同无效与"黑白合同"的区别以及在实践中应注意的法律问题[J]．建筑市场与招标投标经验汇编（第一辑），2013.

② 朱树英．建筑经济，2003（8）：42.

所以依法必须招标的建设工程采取“应招标而未招标”“明招暗定”方式签订的施工合同应属于无效合同，不仅是国家利益保护的需要，同时也符合《招标投标法》的明确规定，并且为司法实践所普遍支持，在就具体案件进行法律适用时也应采取相同标准，坚定不移地执行。

二、案例分析

【案例一】[①] **合同价款低于鉴定的成本价格的中标为有效中标，该建设工程施工合同有效**

【基本案情】

申请再审人（一审原告、二审被上诉人）：湖北某建筑公司

被申请人（一审被告、二审上诉人）：武汉某大学

2004 年 11 月武汉某大学为建设新校区学生公寓对外进行招标，湖北某建筑公司参加了其中 C 栋楼（二标段）的招标。武汉某大学为招标事宜制定了评标办法，其中规定招标人委托有资质的造价咨询中介机构编制本招标项目工程的拦标价，若投标人的投标报价高于拦标价，则投标报价视为招标人不可接受的报价，即为废标，该投标人的投标文件不纳入评标范围。随后武汉某大学委托武汉同济园建设工程造价咨询有限公司编制了拦标价的报告书，确定 C 栋学生公寓的单方造价为每平方米 803. 68 元。同日，武汉某大学公布的该工程的拦标价（即单方造价）为每平方米 632. 4 元。湖北某建筑公司后按照武汉某大学的拦标价进行投标并于同年 11 月 26 日确定中标，中标价为每平方米 606. 67 元。同年 12 月 12 日，湖北某建筑公司与武汉某大学签订了建设工程施工合同，合同约定由湖北某建筑公司承建武汉某大学的学生公寓二标段 C 栋的土建和安装工程，该工程建筑面积16000 平方米，层数为 6 层，合同价款为 9 706 720 元，合同采用固定价格结算，同时约定如有其他调整因素按补充协议条款处理。2005 年 8 月该工程竣工经验收合格后交付使用。之后，湖北某建筑公司以计算的工程实际造价为 17 987 300 元为由要求武汉某大学据实结算，双方因此发生争议。在一审过程中，经湖北某建筑公司申请，一审法院委托中国建设银行股份有限公司湖北省分行造价咨询中心对武汉某大学学生公寓二标段 C 栋工程造价进行了鉴定，结论为成本价 13 897 340 元，单方造价为每平方米 829 元。

【原审审理及判决】

2008 年 3 月 31 日，武汉市洪山区人民法院作出的［2007］洪民商初字第 223 号民事判决认为本案的焦点问题是：①拦标价是否低于成本价？②如果低于成本价，合同是否有效？关于第一个焦点问题，已有司法鉴定报告证明，即涉案的工程单方造价为

① 作者：ebaitiancms 来源：http：//www. whxlawyer. com/访问于 2013 - 07 - 22 17：15：57.

每平方米829元，高于武汉某大学制定并公布的拦标价每平方米632.4元，武汉某大学认为此次鉴定不符合法律规定。但湖北某建筑公司要求鉴定的事项是拦标价是否低于成本价这一案件事实，而这一案件事实如果不经过鉴定是无法查清的，并未涉及工程造价的问题，不违反最高人民法院《施工合同司法解释》第二十二条规定，且该解释第二十三条亦规定了“当事人对部分案件事实有争议的，可对有争议的事实进行鉴定，但争议的事实范围不能确定，或当事人请求对全部事实鉴定的除外”。故法院委托鉴定不违反法律规定，该证据应予采信，涉案工程中武汉某大学公布的拦标价低于成本价。关于第二个问题，《招标投标法》第三十三条明确规定：“投标人不得以低于成本的报价竞标，也不得以他人名义或者其他方式弄虚作假，骗取中标。”湖北某建筑公司是以低于拦标价更低于成本价的报价竞标，违反了该条的规定，符合《中华人民共和国合同法》（以下简称《合同法》）第五十二条中关于合同无效的五种情形之一，即“违反了法律、行政法规的强制性规定”。武汉某大学辩称《招标投标法》第三十三条的规定仅约束投标人的恶意竞标行为，其理解较为狭义，因为从该法条分析并未排除投标人恶意投标以外的其他以低于成本报价的情形，故投标人无论因何种自身或外在的原因以低于成本的报价竞标的行为均应受到该条款的约束，故对于武汉某大学该辩称观点不予采信。武汉市洪山区人民法院依照《合同法》第五十二条、《招标投标法》第三十三条的规定，判决湖北某建筑公司与武汉某大学签订的关于武汉某大学学生公寓C栋楼的《建设工程施工合同》无效

武汉某大学不服武汉市洪山区人民法院的上述民事判决，向湖北省武汉市中级人民法院提起上诉。2008年9月27日，武汉市中级人民法院作出［2008］武民终字第540号民事判决，认为：本案双方当事人争议的焦点问题为：①原一审委托司法鉴定是否违反法定程序；②合同是否有效。对于第一个问题，湖北某建筑公司是以双方行为违反了《招标投标法》第三十三条“投标人不得以低于成本的报价竞标”的规定，而诉请法院判决合同无效的，因此湖北某建筑公司投标报价是否低于成本价是本案必须查明的事实。本案所涉工程的建筑成本价为多少，是需要由专业人员进行计算和确定的专门性问题。根据《民事诉讼法》第七十二条“人民法院对专门性问题认为需要鉴定的，应当交由法定鉴定部门鉴定”的规定，一审法院为查清本案事实，经湖北某建筑公司申请委托司法鉴定，未违反法定程序。对于第二个问题，本案鉴定单位作出的司法鉴定结论，系根据建筑行业主管部门颁布的工程定额标准和价格信息进行编制的，而定额和价格信息反映的是建筑市场建筑成本的平均值，故该鉴定结论可以证明武汉某大学在招标过程中设置的标底（拦标价）和湖北某建筑公司的投标价是低于招标工程的社会平均成本的。但每个企业存在自身的个别成本，企业个别成本与企业规模、管理水平相关，管理水平越高的企业其个别成本越低，故鉴定结论并不能证明湖北某建筑公司投标价低于其企业个别成本。同时，本案没有证据证明武汉某大学强迫湖北

某建筑公司及其他竞标企业投标，因此，不能认定武汉某大学的行为违反了国务院《建设工程质量管理条例》第十条“建筑工程发包单位不得迫使承包方以低于成本的价格竞标”的规定。《招标投标法》第三十三条“投标人不得以低于成本的报价竞标”的规定规范的是投标人的行为，如果湖北某建筑公司认为武汉某大学标底低于其企业个别成本，可以不参加投标。本案也没有证据证明湖北某建筑公司系非自愿投标及签订合同，在工程已经施工完毕后，湖北某建筑公司以其自身行为违反了法律规定为由主张合同无效，违背了诚实信用原则。综上，该院判决撤销一审判决，驳回湖北某建筑公司的诉讼请求。

【再审审理及判决】

2009年3月27日，湖北省高级人民法院作出［2008］鄂民申字第00887号民事裁定书，由湖北高级人民法院对本案提起再审。

湖北省高级人民法院于2009年10月20日作出［2009］民监一再终字第00026号民事判决，再审判决认为，本案争议的焦点是湖北某建筑公司与武汉某大学订立的《建设工程施工合同》是否有效。对此，需要审查《招标投标法》第三十三条及国务院《建设工程质量管理条例》第十条是否属于效力性强制条款，以及武汉某大学的行为是否违反了上述条款的规定。

本案所涉的“以低于成本价竞标”的两个条款中，虽然都有“不得”这一强制性用语，但对法律、行政法规中的强制性条款应区分管理性强制条款和效力性强制条款，只有后者才影响合同的效力。

对于《招标投标法》第三十三条，其前半部分规定“投标人不得以低于成本的报价竞标”，后半部分规定投标人“不得以他人名义或者其他方式弄虚作假，骗取中标”。对这两部分内容，《招标投标法》并未规定任何法律责任；但对于后一部分，该法却在第五十四条中明确规定“投标人以他人名义投标或者以其他方式弄虚作假，骗取中标的，中标无效”。因“中标”即表明当事人双方的要约、承诺达成一致，是合同成立的表征，故如果法律明确指出“中标无效”即可认定是对合同效力的否定性评价。这一差异表明《招标投标法》对该条的两种情形的法律评价是不同的，否则不会对同一条文在法律责任上进行刻意区分。而是否明确规定违反某类规定将导致合同无效的后果是区分管理性规范和效力性规范的标准之一，故依此标准来判断，投标人不得以低于成本的报价竞标的条款不属于效力性条款。

同时，《招标投标法》禁止投标人以低于成本的价格竞标，其目的是保证投标市场的正常秩序，维护公平竞争，而湖北某建筑公司的投标价是以武汉某大学的拦标价为基础，其主观上并无以低于成本价投标排挤其他竞争对手的故意，且其他投标人及武汉某大学亦未提出湖北某建筑公司有违背公平竞争、扰乱招投标市场秩序的行为，故湖北某建筑公司这一行为并未损害社会公益。即使湖北某建筑公司存在这一恶意竞标的故意，其也不能因自己的恶意行为而以主张合同无效的方式获利，这与民法的诚信原则相悖，亦不应获得支持。因此，湖北某建筑公司以此条款为由主张合同无效的理由不能成立。

对于《建设工程质量管理条例》第十条规定的“建设工程发包单位不得迫使承包方以低于成本的价格竞标，不得任意压缩合理工期”，该院认为，本案适用该条需认定发包方是否存在“迫使”行为。本案中的“迫使”，应指武汉某大学以直接言词或行为的方式使他方在别无选择的情况下不得不以低于成本的价格投标，但本案中并无证据证明武汉某大学存在迫使行为。湖北某建筑公司作为一独立的民事主体，能够理性的评判自己的民事行为及其后果，如其认为武汉某大学设置的拦标价过低无法盈利，可以选择不参与竞标，其并没有处于一种无可选择的境地。现湖北某建筑公司称，武汉某大学在其投标时承诺如湖北某建筑公司中标价过低，可在工程施工中通过签订补充合同的方式予以弥补，但对此，湖北某建筑公司未能提供证据证实。其提供的两份旁证，即武汉某大学与其签订的《建设工程施工合同》第三部分专用条款部分中存在补充条款的事实以及四川省某县建筑安装工程总公司与武汉某大学在就主体结构、变更及附属工程达成了补充协议的事实，亦不能推出武汉某大学曾向其作出类似承诺。故湖北某建筑公司认为武汉某大学迫使其以低于成本的价格参与投标的理由不能成立。

综上，该院认为《招标投标法》第三十三条“投标人不得以低于成本的报价竞标”的规定不属于效力性条款，且湖北某建筑公司并无证据证明武汉某大学存在违反《建设工程质量管理条例》第十条的行为，本案中亦无其他影响合同效力的事由，故湖北某建筑公司主张建设工程施工合同无效的理由不能成立。据此，判决维持了武汉市中级人民法院（2008）武民终字第540号民事判决。

【案例分析】

工程项目的招投标，目的是为选定与条件最优的投标人订立合同，其中很重大的一点就是看其报价。报价应当包括成本与适当利润。如果报价低于成本价，该合同是否有效？一审法院根据《招标投标法》第三十三条“投标人不得以低于成本的报价竞标”的规定判决合同无效，笔者认为是一种对法律规范的表面理解，并未理解其本意。首先，该条是投标人行为的要求，希望投标人正确对待投标风险，而不是采取“低报价，高索赔”的方式。其次，对于投标人以低于成本的报价的后果《招标投标法》没有明确规定，而按《招标投标法》的规定，招投标无效的情形只有以下六种：

第一，招标代理机构违反《招标投标法》第五十条规定，泄露应当保密的与招标投标活动有关的情况和资料的，或者与招标人、投标人串通损害国家利益、社会公共利益或者他人合法权益的，影响中标结果的。

第二，根据《招标投标法》第五十二条规定，依法必须进行招标的项目的招标人向他人透露已获取招标文件的潜在投标人的名称、数量或者可能影响公平竞争的有关招标投标的其他情况，或者泄露标底的，影响中标结果的。

第三，根据《招标投标法》第五十三条规定，投标人相互串通投标或者与招标人串通投标的，投标人以向招标人或者评标委员会成员行贿的手段谋取中标的。

第四，根据《招标投标法》第五十四条规定，投标人以他人名义投标或者以其他方式弄虚作假，骗取中标的。

第五，依法必须进行招标的项目，招标人违反《招标投标法》第五十五条规定，与投标人就投标价格、投标方案等实质性内容进行谈判，影响中标结果的。

第六，根据《招标投标法》第五十七条规定，招标人在评标委员会依法推荐的中标候选人以外确定中标人的，依法必须进行招标的项目在所有投标被评标委员会否决后自行确定中标人的。

上述规定并没有涉及低于成本价投标效力的问题。而且，效力性强制性规范有管理性强制性规范与效力性强制性规范之分，只有违反了效力性强制性规范的才导致合同无效。效力性强制性规范应当在相应的法律责任中明确规定，而本案所涉的低于成本价效力招投标法并未做出明确规定。表明本法对这种情形下的合同效力未作出否定性评价。因此本案中湖北省高级人民法院的维持中级法院的再审判决是令人信服的。

【案例二】① 依照招标投标法的规定，应当招投标订立合同而未进行招投标直接发包的建设工程合同无效

【基本案情】

上诉人（原审原告）：河南某建设集团有限公司

上诉人（原审被告）：洛阳某医院管理有限公司

上诉人河南某建设集团有限公司（以下简称某建设公司）与上诉人洛阳某医院管理有限公司（以下简称某医院）建设工程合同纠纷一案，某建设公司于2013年12月24日向河南省洛阳市中级人民法院（以下简称原审法院）提起诉讼，请求依法判决：一、某医院退还某建设公司交纳的工程履约保证金175 000元；二、某医院按双倍退还某建设公司交纳的工程履约保证金200万元；三、某医院赔偿某建设公司损失共计2 019 313元；四、诉讼费由某医院承担。原审法院于2015年4月15日作出（2014）洛民二初字第002号民事判决。某建设公司和某医院均不服，向本院提起上诉。本院受理后依法组成合议庭公开开庭审理了本案。本案现已审理终结。

【一审法院审理与判决】

原审法院查明：某医院与某建设公司于2012年11月2日签订《建设工程施工合同》一份，约定：工程名称：洛阳某医院；工程地点：洛阳市老城区道北路；工程内容：土建、水电安装；同时约定了承包范围、合同工期、质量标准、合同价款（一亿

① 河南省高级人民法院民事判决书，（2015）豫法民一终字第314号。

二千万元），在合同的第二部分“通用条款”的第四十七条补充条款约定：①某建设公司向某医院交纳工程履约保证金200万元，在一个月内交清。在接到某医院开工报告后三日内再交纳合同保证金200万元，如某建设公司不能按时交纳保证金，必须向某医院交纳违约金50万元；②某医院收到履约保证金后，若某医院不能按合同规定日期开工，3个月内退还某建设公司工程履约保证金，并且工程合同继续履行，若某医院不能履行合同，应双倍退还某建设公司工程履约保证金。该合同签订后，某医院于2012年11月7日出具收据，载明“今收到河南某建设集团有限公司刘某某工程履约保证金一百万元”，又于2012年11月22日出具收据，载明“今收到河南某建设集团有限公司转账收入工程履约保证金一百万元”。之后，某建设公司即开始为进场施工作准备，组建了项目部，租赁机器设备、对外借用资金，并与相关公司签订了《消防工程施工合同》《建筑防水工程承包合同》《建筑设备租赁合同》等相关施工合同，但洛阳某医院项目迟迟未开工，某医院于2013年5月30日向某建设公司退还履约保证金182.5万元，余款17.5万元未予退还。双方协商未果，产生纠纷。

原审法院认为，《中华人民共和国招标投标法》第三条规定：“在中华人民共和国境内进行下列工程建设项目包括项目的勘查、设计、施工、监理以及与工程建设有关的重要设备、材料等的采购，必须进行招标：（一）大型基础设施、公共事业等关系公共社会利益、公告安全的项目。”最高人民法院《关于审理建设工程施工合同纠纷案件适用法律问题的解释》第一条规定：“建设工程合同具有下列情形之一的，应当根据《合同法》第五十二条第（五）项的规定，认定无效：……（三）建设工程必须进行招标而未招标或者中标无效的”。而本案所涉及的工程项目是属于关系社会公共利益的公共事业，因此，根据《中华人民共和国招标投标法》的规定，必须进行招、投标，而本案中，某医院为筹建该项目，与某建设公司于2012年11月2日签订《建设工程施工合同》，虽然经过双方协商并订立了合同，但是违反了《中华人民共和国招标投标法》的规定，工程未经过招、投标，即进行发包，故某医院与某建设公司签订《建设工程施工合同》因违反了法律的强制性规定，属于无效合同。对该无效合同的造成，某医院与某建设公司双方均有过错。因该合同未得到实际履行，且某医院在答辩状中认可“双方解除了本案合同”，某医院已部分退回了已所收取的履约保证金，故双方已以实际行为终止了《建设工程施工合同》的履行。根据《中华人民共和国合同法》第五十八条规定：“合同无效或者被撤销后，因合同取得的财产，应当予以返还；不能返还或者没有必要返还的，应当折价补偿。有过错的一方应当赔偿对方因此所受到的损失，双方都有过错的，应当各自承担相应的责任。”某建设公司有权依照法律规定，向某医院请求赔偿损失。关于某建设公司交纳的保证金200万元，某医院已退还182.5万元，余款17.5万元，系因合同取得的财产，应予退还；某医院辩称该17.5万元未予交纳，但未提交相关证据证明其主张，与庭审查明事实不符，与其实际出具的收据不符，对该辩称不予采信。对某建设公司因本合同造成的损失，因双方均有过错，应分别承担相应的责任。某医院作为发包方，在筹建工程时，未向国家建设行政管理部门登记备案，直接与某建设公司签订合同，应承担主要过错责任，并赔偿某建设公司的相应损失。关于河南某建设公司诉求的双倍退还工程履约保证金200万元事项，因双方签订的《建设工程施工合同》属于无效合同，故某建设公司依据该合同请求适用定金罚则，没有合同与法律依据，不予支持；所称要求赔偿损失共计2 019 313元，因某建设公司所出示的相关证据均系单方制作，不能证明已实际遭受损失、已支出款项及款项数额，不予支持；但某建设公司为准备履行合同，必然产生一定的费用，因双方签订的合同并未实际履行，虽然某建设公司提交的损失证据不足，在审理期间，经调解，某医院出具书面调解意见，自愿支付赔偿款50万元，对该调解意见可以作为赔偿对方损失的依据。综上，原审法院依照《中华人民共和国招标投标法》第三条、《中华人民共和国合同法》第五十二条第五项、第五十八条、《最高人民法院关于审理建设工程施工合同纠纷案件适用法律问题的解释》第一条规定，判决：一、某医院于判决生效后十日内赔偿某建设公司损失500 000元；二、某医院于判决生效后十日内退还某建设公司履约保证金175 000元；三、驳回某建设公司的其他诉讼请求。如未按判决指定的期间履行给付金钱义务，应当依照《中华人民共和国民事诉讼法》第二百五十三条的规定，加倍支付迟延履行期间的债务利息。一审案件受理费40 354元，由某建设公司负担30 000元，由某医院负担10 354元。

某建设公司上诉称：一、双方签订的《建设工程施工合同》应为有效，双方应当依照合同约定履行义务。二、双方合同签订后，某建设公司为履行合同成立项目部，组织施工人员，租赁施工设备等，支付了相关费用。某医院单方面解除合同给某建设公司造成了很大损失，应当予以赔偿。关于各项损失某建设公司提交有日常消费发票、工资表，合同及相关票据予以证明，而原审法院未予以采信错误。综上，请求依法改判原审判决第一项为：某医院赔偿某建设公司损失2 019 313元。

某医院答辩称：一、双方签订的《建设工程施工合同》违反了《建筑法》《招标投标法》的强制性规定，应为无效合同。二、某建设公司提交的损失证据不符合项目部组建、工程分包及借贷关系的常规，原审法院未予认定是正确的。某建设公司的上诉主张不能成立，请求予以驳回。

某医院上诉称：一、某医院共收到某建设公司履约保证金182. 5万元，且已全部退还某建设公司，原审法院判决某医院另行退还某建设公司17. 5万元没有事实根据。二、原审法院依据某医院的调解意见判决其赔偿某建设公司损失50万元，于法无据。综上，请求依法撤销原审判决第一项；改判原审判决第二项为：某医院赔偿某建设公司损失32. 5万元。

某建设公司答辩称：一、某建设公司已将17. 5万元的履约保证金以现金的方式支付给了某医院，原审法院判决某医院退还某建设公司 17.5 万元正确。二、某医院应当赔偿某建设公司损失 2 019 313 元。

根据双方当事人上诉、答辩意见，并经双方同意，高院归纳本案二审争议焦点为：一、双方签订的《建设工程施工合同》的效力问题；二、原审法院判决某医院退还某建设公司履约保证金 17.5 万元，并赔偿某建设公司损失 50 万元是否正确。

【高院二审审理及判决】

高院经审理查明：一、双方签订的《建设工程施工合同》未经过招标、投标程序。签订合同时，案涉项目没有施工许可证、规划许可证及图纸等施工手续。二、2012 年 11 月 7 日，某建设公司通过杨某银行账户向某医院转款 100 万元；2012 年 11 月 30 日，某建设公司分别通过刘某某、刘骐某银行账户向某医院转款 30 万元、52.5 万元。关于剩余17.5 万元的履约保证金，某建设公司陈述其按照某医院项目负责人祁某某的要求向某医院交付的现金。某医院认可祁某某是其案涉项目的负责人，但不认可收到了 17.5 万元的现金。某医院其后未向某建设公司催要过该款，双方均称目前联系不到祁某某本人。

其他事实与原审查明一致。

高级法院认为：一、关于双方签订的《建设工程施工合同》的效力问题。《招标投标法》第三条第一款规定："在中华人民共和国境内进行下列工程建设项目包括项目的勘察、设计、施工、监理以及与工程建设有关的重要设备、材料等的采购，必须进行招标：（一）大型基础设施、公用事业等关系社会公共利益、公共安全的项目；……"根据上述规定，本案合同所涉工程项目是一所医院，属于涉及社会公共利益的公用事业项目，必须进行招标程序，而本案双方当事人却未履行法律规定的招标投标程序，违反了法律的强制性规定。《最高人民法院关于审理建设工程施工合同纠纷案件适用法律问题的解释》第一条规定，建设工程必须进行招标而未招标或者中标无效的，应当根据《合同法》第五十二条第（五）项的规定，认定建设工程施工合同无效。根据前述法律和司法解释的规定，原审法院认定某建设公司和某医院于 2012 年 12 月 26 日签订的《建设工程施工合同》无效并无不当，本院予以维持。某建设公司关于案涉合同有效的上诉主张依法不能成立，本院不予支持。

二、关于原审法院判决某医院退还某建设公司履约保证金17.5 万元，并赔偿某建设公司损失 50 万元是否正确的问题。

首先，关于某医院是否应当退还某建设公司履约保证金 17.5 万元的问题。某建设公司主张 17.5 万元的履约保证金已经通过现金方式支付给某医院，并提交了某医院出具的收据予以证明。某医院陈述在其向某建设公司出具 100 万元收据，而某建设公司仅缴纳 82.5 万元的情况下，其未向某建设公司催要过余下的款项，与常理不符。综合以上事实，本院认定某建设公司已向某医院支付了 17.5 万元的履约保证金，某医院依法应当予以退还。某医院上诉称关于17.5万元履约保证金某建设公司未交付，不应当退还的主张证据不足，依法不能成立，本院不予支持。

其次，关于原审法院判决某医院赔偿某建设公司损失50万元是否正确的问题。双方签订的《建设工程施工合同》因违反法律的强制性规定无效，某医院作为工程的发包方在明知案涉工程项目没有规划许可证、施工许可证及图纸等施工资料的情况下，未经过招标、投标程序与某建设公司签订《建设工程施工合同》，其对于合同的无效负有主要的过错责任。由于合同无效给某建设公司造成的损失，某医院应当予以赔偿。某建设公司为证明自己的损失提交了日常消费发票、工资表及分包合同等，而上述证据中，部分证据内容无法显示与本案所涉工程的关联性，部分证据中的款项某建设公司不能证明其实际发生，某医院对此亦不予认可，因此上述证据不足以证明某建设公司遭受的实际损失数额。但考虑到某建设公司确为履行合同客观上会做必要的准备工作，并投入了一定的资金和人力，产生一定的费用，结合本案的实际情况，原审法院认定某医院赔偿某建设公司损失50万元并无不当，本院予以维持。

综上，原审法院认定事实清楚，适用法律正确，实体处理适当。依照《中华人民共和国民事诉讼法》第一百七十条第一款第（一）项之规定，判决驳回上诉，维持原判。

【案例评析】

本案是一个典型的违反《招标投标法》规定，应当招标而未招标的案例。根据《招标投标法》第三条规定："在中华人民共和国境内进行下列工程建设项目包括项目的勘查、设计、施工、监理以及与工程建设有关的重要设备、材料等的采购，必须进行招标：（一）大型基础设施、公共事业等关系公共社会利益、公共安全的项目。"以及最高人民法院《施工合同司法解释》第一条规定："建设工程合同具有下列情形之一的，应当根据《合同法》第五十二条第（五）项的规定，认定无效：……（三）建设工程必须进行招标而未招标或者中标无效的"。

本案所涉及的工程项目是属于关系社会公共利益的公共事业，因此，根据《招标投标法》的规定，必须进行招、投标，而本案中，某医院为筹建该项目，与某建设公司签订《建设工程施工合同》，虽然经过双方协商并订立了合同，但是违反了《招标投标法》的规定，工程未经过招、投标，即进行发包，故某医院与某建设公司签订《建设工程施工合同》因违反了法律的强制性规定，属于无效合同。所以笔者认为，原审法院与高院的判决是有法律依据的。

【案例三】无需招标的建设工程合同未经招标程序的不影响其法律效力①

【基本案情】

上诉人（原审原告、反诉被告）：房地产公司

① 内蒙古自治区高级人民法院民事判决书（2014）内民一终字第00255号。

上诉人（原审被告、反诉原告）：某建设公司

上诉人房地产公司与上诉人建设公司建设工程合同纠纷一案，均不服内蒙古自治区阿拉善盟中级人民法院（2012）阿民一初字第46号民事判决，向自治区高级人民法院提出上诉。高级法院受理后，依法组成合议庭，公开开庭进行了审理。

【一审审理及判决】

原审法院经审理查明，2009年3月26日、2010年5月31日，房地产公司与建设公司分别签订《建设工程施工合同》及《协议书》，房地产公司将其位于内蒙古阿拉善经济开发区工业园区乌兰布和街、创业路和星火路之间的某商贸建材市场H－1. H－2. J－1. J－2商铺工程的土建、给排水、采暖、电照、消防等项目承包给建设公司。合同确定开工日期为2009年4月12日，竣工日期为2009年8月12日；合同价款按实际竣工面积计算。在合同价款及调整项目内约定每平方米880元一次性包死，任何因素都不能调整平方米造价。付款时甲方应扣除甲方所供材料款。H－1. H－2. J－1. J－2以合同价款和房地产开发公司签字认可的设计变更通知书为依据确定价格。承包人每月25日前提交当月完成量进度报表，并分别报甲方和监理。次月5日前按实际形象进度的70%支付进度款，其余除去5%的质保金外，25%待竣工验收决算后付清。《协议书》约定上述工程在2010年6月底前完工，提前一天奖5 000元，延误一天罚5 000元。某商贸建材市场H－1. H－2. J－1. J－2工程于2010年12月29日完工，现未通过竣工验收。房地产公司于2011年5月21日在阿拉善左旗公证处公证员监督下，对某商贸建材市场H－1. H－2. J－1. J－2共计67个房间开锁并对财产进行清点。

原审法院认为，本案争议焦点：（一）合同是否有效；（二）工程范围和工程价款如何确定；（三）是否构成违约；（四）建设公司反诉的经济损失是否成立。

（一）关于合同是否有效的问题。房地产公司与建设公司分别签订两份《建设工程施工合同》，是双方当事人的真实意思表示，其内容不违反法律法规的规定，应认定合法有效。上述合同对双方当事人均具有约束力。最高人民法院《关于审理建设工程施工合同纠纷案件适用法律问题的解释》第一条第（三）项规定，建设工程必须进行招标而未招标或者中标无效的，认定无效。根据《招标投标法》第三条规定，在中华人民共和国境内进行下列工程建设项目包括项目的勘察、设计、施工、监理以及与工程建设有关的重要设备、材料等的采购，必须进行招标：（一）大型基础设施、公用事业等关系社会公共利益、公众安全的项目；（二）全部或者部分使用国有资金投资或者国家融资的项目；（三）使用国际组织或者外国政府贷款、援助资金的项目。前款所列项目的具体范围和规模标准，由国务院发展计划部门会同国务院有关部门制订，报国务院批准。上列的公用事业，是指为适应生产和生活需要而提供的具有公共用途的服务，如供水、供电、供热、供气、科技、教育、文化、体育、卫生、社会福利等。为了明确上述必须进行招标项目的范围，国家发展计划委员会发布了《工程建设项目招

标范围和规模标准规定》，对必须进行招标的工程建设项目的具体范围和规模标准做了具体的规定。本案涉及的工程并不属于关系社会公共利益、公众安全的公用事业项目范围。故对建设公司提出合同无效的主张不予支持。

……

据此，依照《合同法》第六十条、第一百零七条、第一百一十四条，最高人民法院《关于适用 < 中华人民共和国合同法 > 若干问题的解释（二）》第二十九条，最高人民法院《关于审理建设工程施工合同纠纷案件适用法律问题的解释》第一条第（三）项、第十六条、第二十二条，《招标投标法》第三条之规定，判决：一、由房地产公司支付建设公司工程款 534 761. 85 元；二、由建设公司支付房地产公司延期交工违约金 455 000 元。上述两项折抵后，房地产公司应支付建设公司工程款 79 761. 85 元，于判决生效之日起三十日内付清；三、驳回房地产公司的其他诉讼请求；四、驳回建设公司的其他反诉请求。如果未按本判决指定的期间履行给付金钱义务，应当依照《中华人民共和国民事诉讼法》第二百五十三条的规定，加倍支付迟延履行期间的债务利息。本诉案件受理费 20 333 元，由房地产公司负担 15 046 元，由建设公司负担 5 287 元；保全费 5 000 元，由房地产公司负担。反诉案件受理费 24 358 元减半收取，由房地产公司负担 3 167 元；由建设公司负担 9 012 元，退还建设公司 12 179 元。

【二审审理及判决】

房地产公司向高院上诉称，（一）建设公司严重违约，给房地产公司造成重大经济损失，理应按双方补充协议约定认定下判。一审判决对违约事实认定清楚，最后只让建设公司承担 91 万元的 50%，明显违背合同约定。同时，在违约金减少上适用法律不当。（二）关于工程质量保修期已满，判决房地产公司将 5% 质保金全部退还与合同约定不符。请求：①改判由建设公司支付全额违约金 165 万元；②改判质保期计算日为 2014 年 7 月 1 日起。本案一、二审案件受理费、保全费等依法由建设公司承担。

建设公司答辩称，（一）双方签订的合同无效，不存在违约金的问题。即使合同有效，房地产公司关于逾期交工违约金的主张也没有事实根据。（二）建设公司负责施工的质量保修期均已届满，房地产公司应将 5% 质保金全部退还。（三）其他同上诉状和代理意见。

建设公司向高级法院上诉称，（一）一审判决对合同是否有效的认定是错误的，本案双方签订的《建设工程施工合同》应认定为无效合同。（二）房地产公司应向建设公司支付工程款 1 832 480. 64 元，一审判决认定支付工程款 534 761. 85 元是错误的。（三）一审判决认定建设公司支付房地产公司延期交工违约金 455 000 元，没有事实根据和法律依据。请求二审法院在查明事实的基础上撤销一审判决第一项、第二项，并改判房地产公司支付建设公司工程款 1 832 480. 64 元，驳回房地产公司要求建设公司支付违约金的诉讼请求并由房地产公司承担诉讼费用。

房地产公司答辩称，（一）双方所签合同意思表示真实且不违反法律规定，应为有效合同，一审判决认定正确。（二）建设公司要求支付工程款 1 832 480. 64 元没有依据。（三）一审判决在违约金的减少上适用法律不当，本案不具备减少违约金的要件。

高级法院二审查明，庭审中上诉人建设公司提供江苏省某市工商行政管理局企业登记资料，该资料显示该企业于 2012 年 5 月 7 日经核准将江苏某某建设有限公司变更名称为某建设有限公司。

另查明，2010 年 7 月 27 日，关于江苏建设公司某项目部工程进度会议纪要，会议纪要第五条载明：如 9 月 6 日江苏建设公司承建的全部工程达不到竣工验收条件时，每推迟一天罚江苏建设公司人民币 2 000 元整，以此类推。

其他事实与原审查明的一致，本院予以确认。

高级法院认为，双方当事人均向本院提出上诉，针对各方上诉请求并征询双方意见，本案争议焦点为：（一）合同效力问题；（二）房地产公司主张建设公司给付违约金165 万元的依据以及质保金应否返还的相关问题；（三）建设公司主张欠付工程款为 1 832 480. 64 元的事实及法律依据问题；（四）关于建设公司不支付延期交工违约金的上诉主张应否支持的问题。

关于合同效力问题。上诉人建设公司主张双方所签《建设工程施工合同》无效，理由是房地产公司在未依法组织招投标的情况下向建设公司出具虚假《中标通知书》，对于该主张，建设公司未提供证据予以证实。经过审理，本案所涉建设工程项目的规模以及资金来源均不属于《招标投标法》第三条规定的必须进行的招标项目。故一审判决认定双方所签合同系当事人的真实意思表示，其内容不违反法律法规的规定为有效合同并无不当，上诉人建设公司的该上诉主张依法不成立。

……

综上，高级法院认为一审判决认定事实清楚，适用法律正确，应予维持。上诉人建设公司、房地产公司的上诉请求均依法不能成立，本院不予支持。依据《中华人民共和国民事诉讼法》第一百七十条第一款第（一）项之规定，判决驳回上诉，维持原判。

【案例评析】

本案的焦点之一，就是合同效力的问题。本案合同是未经招标程序直接订立的，合同是否有效，关键是看本案合同项目是否属于法律规定必须通过招投标程序订立的情况。对此《招标投标法》第三条有明确规定：“在中华人民共和国境内进行下列工程建设项目包括项目的勘察、设计、施工、监理以及与工程建设有关的重要设备、材料等的采购，必须进行招标：（一）大型基础设施、公用事业等关系社会公共利益、公众安全的项目；（二）全部或者部分使用国有资金投资或者国家融资的项目；（三）使用国际组织或者外国政府贷款、援助资金的项目。前款所列项目的具体范围和规模标准，由国务院发展计划部门会同国务院有关部门制定，报国务院批准。法律或者国务院对必须进行招标的其他项目的范围有规定的，依照其规定。”根据上述规定，本案所涉建设工程项目的规模以及资金来源均不属于《招标投标法》第三条规定的必须进行的招标项目，不属于关系社会公共利益、公众安全的公用事业项目范围。所以本案不受招投标法的约束，因而本案合同有效。本案一审、二审法院判决符合法律规定。

第三节 “四证”对建设工程合同效力的影响

对于发包人而言，其行为能力不仅以被核准的营业范围或章程为准，而且必须以取得一定的民事权利为前提。如取得建设项目中的“四证”，即建设工程规划许可证、建设用地规划许可证、建设工程施工许可证，国有土地使用权证，方能进行相应工程项目的建设。

一、关于建设用地规划许可和建设工程规划许可的法律规定

1. 建设用地规划许可的规定

根据《中华人民共和国城乡规划法》第三十七条的规定：“在城市、镇规划区内以划拨方式提供国有土地使用权的建设项目，经有关部门批准、核准、备案后，建设单位应当向城市、县人民政府城乡规划主管部门提出建设用地规划许可申请，由城市、县人民政府城乡规划主管部门依据控制性详细规划核定建设用地的位置、面积、允许建设的范围，核发建设用地规划许可证。建设单位在取得建设用地规划许可证后，方可向县级以上地方人民政府土地主管部门申请用地，经县级以上人民政府审批后，由土地主管部门划拨土地。”第三十八条规定：“以出让方式取得国有土地使用权的建设项目，在签订国有土地使用权出让合同后，建设单位应当持建设项目的批准、核准、备案文件和国有土地使用权出让合同，向城市、县人民政府城乡规划主管部门领取建设用地规划许可证。”

2. 建设工程规划许可的规定

根据《中华人民共和国城乡规划法》第四十条的规定：“在城市、镇规划区内进行建筑物、构筑物、道路、管线和其他工程建设的，建设单位或者个人应当向城市、县人民政府城乡规划主管部门或者省、自治区、直辖市人民政府确定的镇人民政府申请办理建设工程规划许可证。”

第六十四条规定：“未取得建设工程规划许可证或者未按照建设工程规划许可证的规定进行建设的，由县级以上地方人民政府城乡规划主管部门责令停止建设；尚可采取改正措施消除对规划实施的影响的，限期改正，处建设工程造价百分之五以上百分之十以下的罚款；无法采取改正措施消除影响的，限期拆除，不能拆除的，没收实物

或者违法收入，可以并处建设工程造价百分之十以下的罚款。”

用地规划许可是工程规划许可的前提。没有获得用地规划许可的建设项目，不可能取得建设工程规划许可；但是，工程规划许可也不能突破用地规划许可的内容。

二、未取得建设用地规划许可证、建设工程规划许可证签订的建设工程施工合同效力

对于未取得建设用地规划许可证、建设工程规划许可证而订立的建设工程施工合同效力，目前存在不同观点。

第一种观点认为，从我国《城乡规划法》的上述规定来看，这些规定应该属于行政管理性规定，没有取得用地和规划许可手续的，建设单位应当承担相应的行政责任，并非导致施工合同无效。另外，《最高人民法院关于审理建设工程合同纠纷案件适用法律若干问题的解释（征求意见稿）》中曾规定，至起诉前发包方未办理建设用地审批手续、建设工程规划审批手续的，应当认定合同无效。但最终正式公布的司法解释列举的五种无效施工合同类型中却删去了这样的条文，可见最高人民法院对此也极为慎重。

第二种观点认为，这种情形下所签订的施工合同无效。理由在于：首先，由于未取得建设用地规划许可证、建设工程规划许可证的建筑工程属于违法建筑，由于合同内容违法，合同当然也是违法的、无效的。其次，建设单位在没有经过规划许可和取得土地使用权的土地上进行工程建设，这种行为无疑损害了社会公共利益，依照我国《合同法》第五十二条，也应将此类合同归入无效合同之列。

笔者同意第二种观点，但笔者认为，应当分清情况分别处理，如果当事人能够补办建设用地规划许可证、建设工程规划许可证等的，在其补办后应确认合同的效力，这样给当事人一个治愈合同的机会；如果当事人无法补办或当事人拒绝补办，则应否认当事人之间的合同效力，由责任方向对方承当无效后的缔约过失责任；尽管《城乡规划法》没有明确规定未取得建设用地规划许可证、建设工程规划许可证而进行工程施工的行为效力，其双方当事人签订的建设工程施工合同效力的判断应当依合同法的规定，笔者认为，对不可治愈情况，应视该行为属于违反社会公共利益的行为，所以双方当事人签订的建设工程施工合同应属无效。

三、未办理建设工程开工许可证签订的建设工程施工合同效力

关于该问题，笔者认为最高法院法官的观点，作出了很好的解释：“建设工程开工许可证是建设行政主管部门对房地产开发商或者是发包人可以进行工程建设的一种审查，主要目的是审查建设单位是否符合法律规定的建设条件，包括建设用地的合法性等方面。这是行政主管部门对建设单位进行工程建设资格的一种审查，目的是经过审查保证所建工程的合法性。就其性质来讲，属于一种行政管理，如果违背此项管理，

行政机关可以对其作出相关的行政处理。按照我们上述关于管理性规范的分析，开工许可证的办理，应当属于管理性规范，违反管理性规范，对民事合同效力不产生影响，故本条没有对签订合同时未取得开工许可证的情形作出无效的认定。”①

四、未取得土地使用权证，签订的建设工程施工合同的效力

土地使用权证是建设单位拥有建设用地使用权权属的凭证。我国《物权法》第一百三十九条规定：“设立建设用地使用权的，应当向登记机构申请建设用地使用权登记。建设用地使用权自登记时设立。登记机构应当向建设用地使用权人发放建设用地使用权证书。”《土地管理法实施条例》第五条规定：“单位和个人依法使用的国有土地，由土地使用者向土地所在地的县级以上人民政府土地行政主管部门提出土地登记申请，由县级以上人民政府登记造册，核发国有土地使用权证书，确认使用权。”从以上法律法规的规定可以看出，显然，建设单位在通过土地招拍挂或其他形式取得建设用地使用权后，其土地使用权证的取得，只是是一种对建设单位土地使用权权利的“登记”和“确认”行为，即使不实施上述行为，也不能否定该建设单位以合法形式已经取得的使用权，只是会影响到其对使用权的处分，所以不会影响签订的《建设工程施工合同》的效力。此外，最高人民法院《关于审理建设工程合同纠纷案件的暂行意见》第 11 条规定：“发包人经审查被批准用地，并已取得建设用地规划许可证，只是用地手续尚未办理而未能取得土地使用权证的，不宜将因发包人的用地手续在形式上存在欠缺而认定所签订的建设施工合同无效。”广东省高级法院《关于审理建设工程合同纠纷案件的暂行意见》中：“11. 发包人经审查被批准用地，并已取得建设用地规划许可证，只是用地手续尚未办理而未能取得土地使用权证的，不宜将因发包人的用地手续在形式上存在欠缺而认定所签订的建设施工合同无效。”这些规定也足以说明土地使用权证的取得与否不当然影响《建设工程施工合同》的效力。不过，如果没有办理并取得土地使用权证，将会给建设单位接下来办理其他有关施工的文件带来麻烦。

五、各地法院的审判观点及评析

实践中对于“四证”不全的建设工程项目，其建设工程施工合同效力往往持有各自不同的意见。

1. 最高法院的观点

最高人民法院 2002 年 8 月 5 日《关于审理建设工程合同纠纷案件的暂行意见》，其中的相应规定有：“10. 发包人与承包人签订无取得土地使用权证、无取得建筑工程

① 最高人民法院民事审判第一庭．最高人民法院建设工程施工合同司法解释的理解和适用［M］．北京：人民法院出版社，2004，11：18.

规划许可证、无办理报建手续的‘三无’工程建设施工合同，应确认无效；但在审理期间已补办手续的，应确认合同有效。11. 发包人经审查被批准用地，并已取得建设用地规划许可证，只是用地手续尚未办理而未能取得土地使用权证的，不宜将因发包人的用地手续在形式上存在欠缺而认定所签订的建设施工合同无效。12. 违反《建设工程规划许可证》的规定，超规模建设所签订的建设工程合同经批准可补办手续，且无违反其他法律规定的，应确认合同有效。”

2. 各地方法院的观点

（1）北京高级法院《关于审理建设工程施工合同纠纷案件若干疑难问题的解答》。2012 年 8 月 6 日，京高法发［2012］245 号的有关规定是：“一、建设工程施工合同效力的认定。1. 未取得建设审批手续的施工合同的效力如何认定？发包人就尚未取得建设用地规划许可证、建设工程规划许可证等行政审批手续的工程，与承包人签订的建设工程施工合同无效。但在一审法庭辩论终结前发包人取得相应审批手续或者经主管部门批准建设的，应当认定合同有效。发包人未取得建筑工程施工许可证的，不影响施工合同的效力。”

（2）浙江省高级法院《关于审理建设工程施工合同纠纷案件若干疑难问题的解答》。2012 年 2 月 23 日，浙法民一［2012］3 号有关规定：其中，“二、如何认定未取得‘四证’而签订的建设工程施工合同的效力？发包人未取得建设用地规划许可证或建设工程规划许可证，与承包人签订建设工程施工合同的，应认定合同无效；但在一审庭审辩论终结前取得建设用地规划许可证和建设工程规划许可证或者经主管部门予以竣工核实的，可认定有效。发包人未取得建设用地使用权证或建筑工程施工许可证的，不影响建设工程施工合同的效力。”

（3）2010 年江苏省高级法院《建设工程施工合同案件审理指南》，其中：“二、建设工程施工合同的效力。（一）建设工程施工合同效力的审查。无论当事人是否对建设工程施工合同的效力提出主张或抗辩，人民法院都应当主动审查建设工程施工合同的效力并在判决书中明确载明。建设工程施工合同的效力是审理建设工程施工合同纠纷案件首要审查的内容。即使当事人对建设工程施工合同的性质与效力未产生争议，人民法院也应当就合同的性质与效力进行强制审查，不受当事人请求的影响；（三）建设工程施工合同的无效情形。4. 发包人在一审庭审结束前未取得土地使用权证、建设工程规划许可证的。”

（4）安徽省高院审判委员会在 2009 年 5 月 4 日第 16 次会议通过的安徽省高级法院《关于审理建设工程施工合同纠纷案件适用法律问题的指导意见（一）》，其中：“7. 建设工程施工合同效力的认定。发包人未取得建设工程规划许可证，与承包人签订建设工程施工合同的，应认定合同无效，但起诉前取得规划许可证的，应认定合同有效。违反建设工程规划许可证规定超规模建设的，所签订的建设工程施工合同无效，但起诉前补办手续的，应认定合同有效。”

（5）广东省高级法院《关于审理建设工程合同纠纷案件的暂行规定》。2000 年 7 月 28 日，粤高法［2000］31 号颁布实施的中“10. 发包人与承包人签订无取得土地使用权证、无取得建设工程规划许可证、无办理报建手续的‘三无’工程建设施工合同，应确认无效；但在审理期间已补办手续的，应确认合同有效。11. 发包人经审查被批准用地，并已取得《建设用地规划许可证》，只是用地手续尚未办理而未能取得土地使用权证的，不宜将因发包人的用地手续在形式上存在欠缺而认定所签订的建设施工合同无效。12. 违反《建设工程规划许可证》的规定，超规模建设所签订的建设工程合同经批准可补办手续，且无违反其他法律规定的，应确认合同有效。14. 承包人跨省区或跨市承揽建设工程，但未办理外来施工企业承包工程许可手续而订立的建设工程施工合同，应责令承包人补办有关手续，并由有关行政部门按规定处理，而不应据此认定合同无效。”以及广东省高级法院《全省民事审判工作会议纪要》，粤高法［2012］240 号中“二、关于建设工程施工合同纠纷案件。（二）关于合同效力问题。18. 建设工程没有取得建设工程规划许可证，属于违法建筑，就该违法建筑所签订的施工合同无效。但在一审法庭辩论终结前取得建设工程规划许可证或者经主管部门批准建设的，应当认定该施工合同有效。”

（6）山东省高级法院《关于印发全省民事审判工作会议纪要的通知》。2011 年 11 月 30 日，鲁高法〔2011〕297 号中“（一）关于施工许可证对合同效力的影响问题。会议认为，在建设工程正式施工前发放施工许可证应是建设行政主管部门对建设工程项目加强监管的一种行政手段，主要目的是审查建设单位或者承包单位是否具备法律规定的建设或者施工条件，具有行政管理的性质，如果建设单位或者施工单位违反该管理规定，应当受到相应的行政处理。因此，施工许可证应属于管理性规范，非影响合同效力性的规范，而且领取施工许可证时，施工合同已经签订，因此，施工许可证不是建设工程施工合同的有效要件，是否取得施工许可证不影响合同的效力。”

从以上法院的相关规定，我们可以得出以下结论①：

首先，对未取得施工许可证和未取得土地使用权证的建设工程施工合同，采取较为宽容和理性的对待；对施工许可证的要求，认为相关规范属于管理性规范，不是效力性规范，是否取得施工许可证不影响合同的效力。

其次，未取得建设用地规划许可证、建设工程规划许可证等“三证”的建设工程施工合同，如果审理时（各地细节稍有区别，具体有以下几种说法：起诉前、一审开庭前、一审辩论终结前、一审庭审结束前、审理期间）能够取得上述证照，不影响合

① 李燚．各地高院：“未办证”建设工程合同是否有效？［J/OL］．中银（南京）律师事务所，载于：http：//china. findlaw. cn/hetongfa/hetongjiedu/jsgcht/jsgchtjd/1251927. html，于 2016 年 2 月 7 日访问。

同的效力。

再次，对超规模建设项目所签订的建设工程施工合同，经批准补办手续，且无违反其他法律规定的，应确认合同有效。

最后，对跨地区承揽工程但未办理相关许可手续而订立的建设工程施工合同，责令承包人补办有关手续，由有关行政部门按规定处理，不应据此认定合同无效。

六、案例分析

【案例一】[①] 建设单位未取得施工许可证，建筑施工合同不应被判无效

【基本案情】

2001 年 5 月 9 日烟台市 A 有限公司与山东 B 建工集团有限公司签订了建筑安装工程承包合同，合同约定由 B 公司负责承建 A 公司的 2 号车间、3 号车间、车库等五个单位工程以及水、电、暖的安装工程，建筑面积为4629 平方米，承包工程总造价 2 336 249 元，施工期为 2001 年 5 月 10 日—10 月 30 日竣工。B 公司在施工期间，A 公司陆续付给 B 公司工程款，截止到 2002 年 2 月 5 日，A 公司共付给 B 公司工程款共计 1 951 090. 00 元，余下工程款至今未付，为此 B 公司向山东省蓬莱市人民法院起诉，要求判定 A 公司立即付清拖欠的工程款 615 916. 52 元。

据法院查明，A 公司在对外发包工程时以及工程施工后，未办理施工许可证。法院认为：《中华人民共和国建筑法》规定，签订合同时发包方必须具有施工许可证或开工报告，承包方必须具备法人资格和资质证书，B 公司虽然具备法人资格和资质证书，但 A 公司至发包时至今未办理施工许可证，故 A 公司和 B 公司双方签订建筑安装工程承包合同属无效合同，因此判决 B 公司败诉。

【案例分析】

本案涉及的问题主要是未取得施工许可证是否合同有效。目前对于施工许可证的法律条文规定主要有：

第一，《建筑法》第七条，该条规定：“建筑工程开工前，建设单位应当按照国家有关规定向工程所在地县级以上人民政府建设行政主管部门申请领取施工许可证；但是，国务院建设行政主管部门确定的限额以下的小型工程除外。按照国务院规定的权限和程序批准开工报告的建筑工程，不再领取施工许可证。”

第二，《建筑法》第六十四条规定：“违反本法规定，未取得施工许可证或者开工报告未经批准擅自施工的，责令改正，对不符合开工条件的责令停止施工，可以处罚款。”

第三，《建设工程质量管理条例》第五十七条规定：“违反本条例规定，建设单位

① http：//www. congzong. com/news. asp？ id = 1048451，2016 年 11 月 17 日 10:40 访问。

未取得施工许可证或者开工报告未经批准，擅自施工，责令停止施工，限期改正，处工程合同价款百分之一以上百分之二以下的罚款。”

第四，根据最高人民法院《施工合同司法解释》第一条规定，该解释并未涉及施工许可证的效力问题。

根据上述法条规定可知，并没有相关的法律法规规定建筑施工合同必须办理施工许可证方可生效，同时法律规定的建筑施工合同无效的情形并没有包括未取得施工许可证。法律只规定未取得施工许可证的，其法律责任只是责令停止施工，严重的加以罚款，这些规定都属于行政管理方面的措施，属管理性规范，并未涉及合同的效力问题。因此，未取得施工许可证并不影响建筑施工合同的效力。所以本案法院判决是缺乏法律依据的。

【案例二】①直至法庭辩论结束前均未出示《规划许可证》，在庭审中也承认未办理《规划许可证》，合同无效

【基本案情】

原告：深圳某工程有限公司

被告：重庆某物业公司

被告：重庆某物业发展公司

原告深圳某工程有限公司（以下简称深圳公司）因与被告重庆某物业公司（以下简称某某集团）、重庆某物业发展公司（以下简称某某物业）建设工程合同（工程款）纠纷，向重庆铁路运输法院提起诉讼。

原告深圳公司诉称，2001 年 4 月 11 日，原告与被告某某集团签订了《建筑安装工程施工协议》，约定被告某某集团将“人民日报重庆某大厦某信息园区工程”发包给原告施工，原告于 2001 年 3 月 16 日进场施工。共完成 236.5 万元工程，但因被告某某集团未取得该工程的《施工许可证》等合法报建手续，且未提供施工图，也未支付工程款，致使工程停工，造成原告停工及窝工损失。故诉请判令双方订立的工程承包合同关系无效，由被告支付原告工程款 236.5 万元，赔偿停工、窝工损失 135.9 万元，并承担本案诉讼费用及司法鉴定费用。鉴于被告某某集团与被告某某物业系两块牌子，一套人马，财产混同，应共同承担以上民事责任。原告在庭审中将工程款的诉讼请求更正为 191.450 67 万元，停工、窝工损失更正为 230.929 06 万元。

被告某某集团辩称：该工程施工合同经双方签字、盖章即生效，合同有效，但因对方的诉讼行为，同意解除该施工合同；原告所提工程款及索赔损失系单方报价，无效，应以司法鉴定结论确定的工程款、损失为准。

---

① http：//www.pkulaw.cn/case_ es/pfnl_ 1970324837022572.html？match = Exact，2016 年 11 月 17 日 10：00 访问

被告某某物业的答辩意见与某某集团相同。

重庆铁路运输法院经审理查明：

2001年4月11日，原告与被告某某集团签订《建筑安装工程施工协议》，约定被告某某集团将“人民日报重庆某大厦某信息园区”工程发包给原告施工。合同约定了开工日期、工程质量标准、合同价款、质量验收、工程款支付等内容。原告于2001年3月16日接到某某集团通知书后进场施工。先后完成了土石方、临时设施的工程施工。

庭审中，鉴于原告与被告某某集团之间对已完工工程量及工程款未经对账及达成一致，且双方均提出需进行工程造价的司法鉴定，双方对鉴定人的选择未能协商一致，由重庆铁路运输法院依法委托具备工程造价咨询司法鉴定资质的重庆某会计师事务所（有限公司）对原告已完工的工程部分的工程造价及停工、窝工损失进行了司法鉴定，鉴定结论为：工程造价为1 724 115元，停工、窝工损失为140 811元。原、被告在庭审中对该鉴定结论均无异议。

被告某某集团对“人民日报重庆某大厦某信息园区”工程出示了立项的部分手续，但直至法庭辩论结束前均未出示《规划许可证》和《施工许可证》，其在庭审中也承认未办理《施工许可证》。

被告某某集团及某某物业的法定代表人张某某在接受法院调查时承认，某某集团与某某物业的资产、董事会、股东均为同一，实际上系两块牌子，一套人马。

以上事实，有以下证据可以证明：

第一，双方签订的《建筑安装工程施工协议》可以证实双方之间就“人民日报重庆某大厦某信息园区”工程存在的工程承包工程关系。

第二，重庆某会计师事务所（有限公司）的《工程造价司法鉴定报告书》可以证实原告所施工的工程造价及停工、窝工损失的数额。

第三，被告重庆某某集团未在举证期限内提供该两项工程的《施工许可证》和《规划许可证》及其在庭审中承认未办理《施工许可证》的陈述，可以证实被告某某集团未取得该两项工程《施工许可证》和《规划许可证》的情形。

第四，法院调查笔录中被调查人张某丹（被告某某集团及某某物业的法定代表人）关于该两家企业法人资产、股东、董事会等均为同一的陈述，可以证明该二被告法人资格混同的事实。

以上证据经过开庭举证、质证，重庆铁路运输法院予以认证。

重庆铁路运输法院认为：

原告与被告某某集团签订的《建筑安装工程施工协议》，虽系双方的真实意思表示，但根据我国《建筑法》第七条的规定：“建筑工程开工前，建设单位应当按照国家有关规定向工程所在地县级以上人民政府建设行政主管部门申请领取施工许可证……”，建设工程施工批准手续是建筑工程施工的法定前提条件，而本案被告某某集团直至法庭辩论结束前，仍未能向本院举证其就本案所涉工程已经领取规划许可证、施工许可证的事实，其应承担对不能证明其已经办理建设工程规划审批手续的事实不利的法律后果。根据我国《合同法》第五十二条的规定：“有下列情形之一的，合同无效：……（五）违反法律、行政法规的强制性规定。”因此，原告与被告某某集团签订的建筑工程施工合同因违背建筑法的强行性规定，该施工合同应认定为无效。合同无效的法律后果，按照我国《合同法》第五十八条的规定“合同无效或者被撤销后，因该合同取得的财产，应当予以返还；不能返还或者没有必要返还的，应当折价补偿。有过错的一方应当赔偿对方因此所受到的损失，双方都有过错的，应当各自承担相应的责任。”原告作为施工方，具备承担工程的资质条件，而本案合同的无效系由于建设方，即本案被告某某集团所发包的工程不具备建设条件所致，合同无效的主要责任应由被告某某集团承担。同时，原告就该工程所发生的工程款等，已经投入到工程建设中去了，已经物化为该工程的一部分，应适用折价返还的方式，同时，从公平的角度考虑，原告作为有承揽工程资质的施工单位，其应当得到与订立合同时所预期的工程价款，同时，按照《合同法》第二百八十四条的规定：“因发包人的原因致使工程中途停建、缓建的，发包人应当采取措施弥补或者减少损失，赔偿承包人因此造成的停工、窝工、倒运、机械设备调迁、材料和构件积压等损失和实际费用。”被告某某集团应赔偿原告的停工、窝工损失。由于原告已完工的工程造价、停工、窝工损失未经结算，双方亦未达成一致，应以通过法定程序作出的司法鉴定结论为准。因此，对原告请求宣告合同无效的诉讼请求，予以支持；鉴于双方对原告已完工的工程款及停工、窝工损失未达成一致，经法院依法委托司法鉴定机构对工程造价及停工、窝工损失进行了司法鉴定，对该鉴定结论及鉴定程序、鉴定资质，原、被告双方均未提出异议，因此，本案所涉工程款及停工、窝工损失的数额，应以司法鉴定结论为准，对原告关于被告支付工程款、赔偿停工、窝工损失的诉讼请求在司法鉴定结论范围内的部分，法院予以支持，对超出司法鉴定结论的部分，法院不予支持。某某集团与某某物业的法定代表人张某某关于某某物业与被告某某集团存在财产混同、人格混同的陈述，应当视为民事诉讼中的自认，因此，某某物业理应对被告某某集团的债务承担连带责任，因此，对原告要求被告某某物业承担连带责任的诉讼请求，予以支持。本案诉讼费用及鉴定费用，按照谁败诉谁负担的原则，应主要由被告某某集团、被告某某物业负担，原告因其部分诉讼请求未得到支持，也应负担部分。

据此，重庆铁路运输法院依照《中华人民共和国合同法》第五十二条、第五十八条、第二百八十四条的规定，于2003年12月3日判决：

一、原告深圳某工程有限公司与被告重庆某物业公司签订的《建筑安装工程施工协议》无效。二、被告重庆某物业公司应于本判决生效之日起十日内给付原告工程款1 724 115元，并赔偿原告因停工、窝工的经济损失140 811元。三、被告重庆某物业发展公司对被告重庆某物业公司的上述债务承担连带责任。四、驳回原告其他诉讼请求。

案件受理费28 630元、诉讼保全费19 140元，鉴定费38 000元，共计85 770元，由原告负担17 154元，被告重庆某物业公司、重庆某物业发展公司负担68 616元。

一审宣判后，双方当事人均未提出上诉。

【案例评析】

我国现有的相关法律法规及最高法院《施工合同的司法解释》没有对未具备“四证”的施工合同的效力进行规定，从本节第一部分各地法院的审判观点来看，对于类似本案的情况，直至法庭辩论结束前均未办理《规划许可证》和《施工许可证》等，是区别对待，未办理《规划许可证》的，后又没有补办的，施工合同无效；而对于只是没有办理《施工许可证》，一般不认定为施工合同无效。本案两证均不具备，法院判决合同无效是有法律依据的。但是，笔者认为，本案法院在认定合同效力时，沿引《建筑法》第七条的规定作为判决依据是值得商榷的，《建筑法》第七条并没有对违法规定的行为效力作出明确的规定，因此未取得《施工许可证》不会导致建设工程施工合同无效，本案无效的真正原因是未取得《规划许可证》。另外，法院在审理案件时，为了尽量维护合同的效力，应给当事人一个补证的机会，让当事人在一定期间内补办《规划许可证》等相关证书，若当事人拒绝或根本无法办妥《规划许可证》等证书，再否定施工合同效力，以维护社会公共利益。所以本案法院的审理存在问题。

第四节 承包人的资质与建设工程合同的效力

资质是指人员素质、管理水平、资金数量、技术装备和建设工程业绩等。

所谓资质等级是指按照人员素质、管理水平、资金数量、技术装备和建筑工程业绩等情形划分从事建设工程活动的级别。目前我国通过对建设行业实施严格的市场准入机制来间接保证建设工程的质量和安全。建设工程企业被划分为不同的资质等级，便于国家对建设活动的监督管理，进而维护整个建设工程市场的秩序，促进整个行业的良性发展。①

一、承包人资质的相关规定

我国相关的法律法规针对建设工程合同承包人资质问题，很早就进行了规定。《建筑法》就规定了施工单位在取得了相应等级的资质证书后方可在资质许可的范围内从事建筑活动；禁止施工企业超越其资质等级或借用其他施工企业名义（或允许其他企

① 周吉高. 建设工程专项法律实务［M］. 北京：法律出版社，2009：9.

业使用其资质证书）承揽工程。随后，2000 年 1 月 10 日发布实施的《建设工程质量管理条例》及《建筑业企业资质管理规定》相继对施工企业资质要求做了更加详细的规定。《建设工程质量管理条例》第七条："建设单位应当将工程发包给具有相应资质等级的单位。建设单位不得将建设工程肢解发包。"

2015 年 3 月 1 日起施行的《建筑业企业资质管理规定》第三条规定："企业应当按照其拥有的资产、主要人员、已完成的工程业绩和技术装备等条件申请建筑业企业资质，经审查合格，取得建筑业企业资质证书后，方可在资质许可的范围内从事建筑施工活动。"第五条规定："建筑业企业资质分为施工总承包资质、专业承包资质、施工劳务资质三个序列。施工总承包资质、专业承包资质按照工程性质和技术特点分别划分为若干资质类别，各资质类别按照规定的条件划分为若干资质等级。施工劳务资质不分类别与等级。"第六条规定："建筑业企业资质标准和取得相应资质的企业可以承担工程的具体范围，由国务院住房城乡建设主管部门会同国务院有关部门制定。"

《合同法》第二百七十二条第三款也规定："禁止承包人将工程分包给不具备相应资质条件的单位。禁止分包单位将其承包的工程再分包。建设工程主体结构的施工必须由承包人自行完成。"该第三款的前提是这些承包人自己首先需要具备相应的资质条件，才能承包到建设工程项目，才有资格进行工程分包。

未取得资质主要包括以下几种情形：①由个人、包工头或其他组织来承揽建筑工程；②虽获得国家认可，取得从事建筑施工行业的营业执照，但是没有获得进行建筑施工的资质证书；③虽然取得资质证书，但与工程项目的特点与承包方式不相符，而承揽建筑工程。

我国现行法律对企业或机构的资质的要求可谓多如牛毛，特别是在工程建设领域，从事相关工作的企业，如建设施工企业、勘察设计单位、工程监理单位、价格评估机构、地质勘探机构、城市规划编制单位等，都必须取得相应资质后才能从事相关建设工程活动。

对于无资质或超越资质所为的法律行为效力，目前主流观点是无效，如最高人民法院《施工合同司法解释》第一条的规定。而 1995 年 12 月 27 日最高法院《关于审理房地产管理法施行前房地产开发经营案件若干问题的解答》中第二条规定："不具备房地产开发经营资格的企业与他人签订的以房地产开发经营为内容的合同，一般应当认定无效，但在一审诉讼期间依法取得房地产开发经营资格的，可认定合同有效。"则表明原则上无效，但可以嗣后取得相应资质得以补正。

也有人认为应根据工程质量是否合格来认定合同效力，如工程已竣工质量合格则认定有效，反之无效。笔者认为，这种仅以工程质量是否合格为标准来判断合同的效力的观点是不可取的，因为如果以这样的标准来判断合同效力，其结果就是对我国法定承包人资质等级制度的彻底否定，并且客观上造成了鼓励建筑业市场中不规范经营行为的发生，这与我国相关立法目的和社会公共利益是相违背的。

承包人的资质问题又分为主体未取得相关资质，主体超越已有资质和主体没有资质但借用资质三个类别。

二、合同主体未取得相关资质的效力问题

主体未取得相关资质的建设工程合同最常见的是发生在自然人承包建筑工程的情形。

在2004年最高人民法院《施工合同司法解释》出台前，对主体未取得相关资质的建设工程合同，司法实践还是存在争议的，认定无效的居多，但也有认定为有效的。如：大连锦绣大厦有限公司与佳定工程有限公司拖欠工程款纠纷上诉案①，该案中佳定公司从事施工和设计的行为，没有依照有关部门规定取得资质以及办理登记，但最高院判定其没有违反法律和行政法规中关于合同无效的强制性规定合同有效。最高院否定了主体资质相关规定为《合同法》第五十二条第五款的效力性强制性规定。

当然，《施工合同司法解释》实施后，根据第一条的规定，没有资质的实际施工人借用有资质的建筑施工企业名义的建设工程合同无效。

三、承包人超越资质签订的建设工程合同的效力分析

根据前文对我国《建筑法》《合同法》《建设工程质量管理条例》《建设工程勘察设计管理条例》等法律和行政法规以及最高法院《施工合同司法解释》的阐述，对于承包人超越资质签订的建设工程合同的效力认定，与承包人无资质承包无异。

但超越资质等级签订的合同与无资质签订的合同还是存在不同情况的，这是由于我国主体资质制度的规定决定的。我国的主体资质是动态的，取得相应较为低级的资质承包人，由于业务的发展和规模的扩大及经验的丰富条件的改善，具备了申请较为高级别的资质条件，由于申请和核准的时间差，签订的理应具备更高级别资质采可签订的建设工程合同，若一概与无资质等同并论，而不给与补救的任何机会，这显然是不符合实际情况要求的做法。

实践中存在两种观点：一种观点认为，超越资质签订的合同无效。如果承认建设工程合同的效力，将使承包人资质等级制度形同虚设；另一种观点则认为，应根据情况分别对待。如果至合同履行完毕还未取得相应资质，则合同无效；若合同签订后，履行完毕前取得了相应的资质，合同应为有效。理由是这样我国对建筑企业资质实行动态管理，某一企业在竣工前取得相应的资质等级其实表明具备了承揽工程已经具备相应的建设能力。此时承认合同的效力能够促进当时积极履行合同、保证交易安全及

① 参见最高人民法院（2000）民终字第101号判决书。

促进经济发展。

值得庆幸的是，最高院的相关司法解释作出了符合实际且灵活的规定。最高人民法院《施工合同司法解释》第五条规定："承包人超越资质等级许可的业务范围签订建设工程施工合同，在建设工程竣工前取得相应资质等级，当事人请求按照无效合同处理的，不予支持。"司法实践有了这样的规定，确实解决了实践中的一些难题。如在"江苏华电工程设计院有限公司诉泰州开泰房地产开发有限公司建设工程设计合同纠纷案"，江苏省无锡市中级人民法院和江苏省高级人民法院均认为，华电公司于2006年3月取得了工程设计甲级资质证书，在全部主要工作成果交付前，华电公司即已达到法律规定的相应资质等级。开泰公司再以华电公司超越资质等级为由主张本案按无效合同处理，不应予以支持。①

四、对我国资质管理制度的评价

目前我国资质管理主要存在问题有：①资质管理在专业划分上不尽合理，专业划分带有按行政部门划分的色彩，而且过细的专业划分限制了企业的活动空间，降低了市场选择的灵活性，制约了企业的发展动力；②同一资质管理规定下各地建筑市场门槛不一，由于地方保护主义弊端，各地建筑市场的政策却不统一，这种地方自我保护的行为严重制约了建筑企业的发展空间和活力；③管理模式单一、政府越位严重，目前我国建筑企业资质管理实行政府为主导的管理模式，但政府主导建筑资质管理容易导致已获得高资质的企业丧失前进动力并且限制了部分具备实力的小规模企业的发展空间，长此以往不利于建筑行业的健康发展。

其实政府相关主管部门也早就了解到了上述存在问题，也急于解决这些问题带来的负面影响。如2014年《住房和城乡建设部关于推进建筑业发展和改革的若干意见》给出了改革大致路径：

第一，逐步将现今的建筑施工企业资质管理模式转化为个人执业资格发展的改革方向，摒弃主要依靠行政手段管理的方式，发挥利用企业信用、保险等市场机制的作用，通过市场的竞争来展现企业的实力与价值。

第二，合并资质类别，减少内部障碍。这就需要对现行的企业资质标准和管理规定重新梳理、优化。现行的建筑业施工总承包、专业承包及劳务分包共85个资质类别因为划分过细，严重阻碍了相近专业施工企业的发展，企业间竞争机会不平等，竞争能力因为行政干预的限制而被削弱。适当合并重组来减少内部阻碍有利于确保建筑企业自由地参与市场竞争以促进建筑行业健康发展。

第三，需要结合我国特定国情及实际情况对企业资质标准条件合理设置，尤其注

---

① 江苏省无锡市中级人民法院（2010）锡商再终字第0003号。

重对企业信用状况、质量安全等指标的考核。资质标准条件要充分体现市场经济的性质并应打破行业之间相互封锁，实现平等竞争。

笔者期待对于资质管理存在的问题能够尽快得到解决，希望将来对建设工程资质管理制度更加的“接地气”，更加公平有效。

五、案例分析

【案例】被告从事“建设工程设计”或“工程方案设计”业务，未依法取得法定的工程设计资质证书，因此所签订的工程设计合同无效

【基本案情】

原告（反诉被告）常德市某建筑设计院

被告（反诉原告）上海某设计有限公司

原告（反诉被告）常德市某建筑设计院（以下简称原告或常德某设计院）与被告（反诉原告）上海某城市设计有限公司（以下简称被告或上海某公司）建设工程设计合同纠纷一案，该区法院于2014年2月27日立案受理后，依法组成合议庭，于2014年8月8日公开开庭，对此案进行了审理。本案现已审理终结。

【法院审理】

根据采信的证据及双方当事人对无争议事实的陈述，该法院确认以下案件事实：

2009年7月31日，原告与被告签订《建设工程设计合同》，约定了原告委托被告“承担某区域环境综合治理工程（北区）工程方案设计”，合同签订依据包括《中华人民共和国建筑法》《建设工程勘察设计市场管理规定》以及国家及地方有关建设工程勘察设计管理法规和规章等，设计项目名称为“方案设计”，设计阶段为“方案”，估算设计费为80万元，设计费支付进度分别为：合同签订后五日内付费16万元（占20%）、设计文件完成后五日内付费48万元（占60%）、设计文件审查通过后五日内付费16万元（占20%），被告责任包括“进行工程设计，按合同规定的进度要求提交质量合格的设计资料”等，被告应无偿对原告的下一步施工图设计作好指导和服务工作，如原告逾期支付约定设计费则应按每逾期支付一天承担应付金额千分之二的逾期违约金，如被告导致设计文件迟延交付则应按每延误一天减收应收设计费的千分之二，双方因该合同发生争议时由上海仲裁委员会仲裁等合同内容。

2009年8月14日，原告取得招标人常德市某建设项目管理有限公司发出的《中标通知书》，并于8月18日由招标监督部门常德市建设局签章“同意中标结果”的意见。该中标通知书所确定的工程设计项目即为双方签订的前述合同所指工程。

2009年8月17日，原告与被告又就上述工程项目的方案设计签订《建设工程设计合同》，除封面的签订日期不同外，其余内容与2009年7月31日所签合同相同。

2009年8月21日、9月15日、11月5日，原告分别由其股东常德市某建筑勘测设计院以“汇兑—网银支付”方式支付设计费14.788万元、1.212万元、20万元（合计金额36万元）；被告分别于2009年9月4日、11月2日分别向原告股东常德市某建筑勘测设计院开具金额为16万元、20万元的发票（合计金额36万元）。

2009年9月8日，被告与常德市规划局签订项目名称为“江北城市新区（某区域）城市”的《上海市城市规划设计合同》。

2009年12月，被告向原告提交《常德市某文化公园规划设计》（成果稿）。2010年3月15日，常德市人民政府办公室对常德市规划局印发《常德市人民政府关于〈常德市某文化公园规划设计〉的批复》（常政函［2010］25号），并由常德市规划局于23日在其网站[①]内发布《〈常德市某文化公园规划设计〉批后公告》。

2010年4月，被告向常德市规划局提交《常德市江北城西片区中心区城市设计》，并由常德市人民政府办公室于2011年4月14日向常德市规划局印发《常德市人民政府关于〈常德市江北城西片区中心区城市设计〉的批复》（常政函［2011］35号）。

2012年3月26日，被告委托律师向原告寄发《律师函》，提出原告“不仅未主动付款（至今结欠设计报酬44万元），还提出令人费解的扣减设计费的《函》……收悉此函后，及时主动付清余款。否则我们将根据授权，依法诉诸法律”等主张。

2012年7月17日，被告根据双方所签订的上述两份合同约定的仲裁条款，作为申请人向上海仲裁委员会提交仲裁申请书；原告于2012年8月2日提出仲裁反请求；上海仲裁委员会于2013年6月6日作出［2012］沪仲案字第0657号裁决书；被告就该裁决书向常德市中级人民法院申请执行后，原告提出不予执行申请，常德市中级人民法院于2013年12月30日作出［2013］常执不字第6号执行裁定书，裁定对该裁决不予执行。原告遂于2014年2月27日向本院提起本诉，被告于2014年6月23日提起反诉，各自提出前述诉讼请求。

该院认为，本案的争议焦点为：一、涉案《建设工程设计合同》的性质是属于工程设计合同，还是属于规划设计合同或旅游设计合同？二、涉案《建设工程设计合同》有无违反法律、行政法规的强制性规定的情形，也即是有效合同还是无效合同？三、在认定涉案《建设工程设计合同》效力后，对双方提出的诉讼请求如何处理？

关于争议焦点一，涉案合同的性质应从原告中标建设单位涉案工程承担施工图设计任务，以及双方就同一工程的施工图设计第一阶段的方案设计任务签订涉案合同的基本案件事实为基础进行判断。因双方所签两份合同除签订日期外其余内容均相同，故可视为同一份合同。根据《建设工程勘察设计管理条例》第二十六条第二款规定：“编制方案设计文件，应当满足编制初步设计文件和控制概算的需要”、第三款规定：“编制初步设计文件，应当满足编制施工招标文件、主要设备材料订货和编制施工图设

① 来源：http：//www.cdsghj.gov.cn。

计文件的需要”，《湖南省建设工程勘察设计管理条例》第二十九条第一款规定：“设计一般应有初步设计和施工图设计，大中型和重要的民用建筑工程，在初步设计之前还应当进行方案设计”，以及《建筑工程设计文件编制深度规定》(建设部建质［2008］216号）第1.0.4条规定：“民用建筑工程一般应分为方案设计、初步设计和施工图设计三个阶段”，我国对如本案涉及的某文化公园之类的大中型和重要的民用建筑工程设计，区分为由前至后的三个设计阶段：方案设计—初步设计—施工图设计，前一阶段分别作为后一阶段设计文件编制的前提和基础，故涉案合同约定的“方案设计”任务，即为原告在承担涉案工程施工图设计任务后，将其第一阶段的设计任务即方案设计任务分包给被告承担是双方真实意思表示结果，故本院认为原告与被告签订的两份涉案合同的性质均系工程设计合同，而非规划设计合同或旅游设计合同。

关于争议焦点二，该院认为，建筑活动不但专业性强，而且涉及公共安全、公共秩序等公共利益，故从事建设工程设计活动，必须遵守法律、法规。根据《中华人民共和国建筑法》第十三条规定：“从事建筑活动的设计单位须取得相应等级的资质证书后方可在其资质等级许可的范围内从事建筑活动”，《建设工程勘察设计管理条例》第二条第三款规定的“建设工程设计”定义，以及《中华人民共和国城乡规划法》第二十四条规定的从事城乡规划编制工作应当在取得相应等级的资质证书后方可在资质等级许可的范围内从事城乡规划编制工作，以及《旅游规划设计单位资质等级认定管理办法》（国家旅游局令第24号）第二条第二款规定的“从事旅游规划设计业务”定义，可见我国对工程设计（含方案设计)、城乡规划编制和旅游规划设计单位的特定资质条件及其允许从事的业务范围分别作出了不同的规定，其中包括法律、行政法规的有关强制性规定，分别规制这几种不同种类型的合同行为及其行为本身，只要有与之相左的合同行为发生即将会损害社会公共利益，三者分属不同的行政管理体系和业务规制范围，故规划设计或旅游设计显然不属于建设工程设计的范围，被告如需合法从事涉案合同约定的“建设工程设计”或“工程方案设计”业务，必须依法取得法定的工程设计资质证书方为合法有效。

在双方签订两份涉案合同时，以及合同履行期间，被告虽然分别于2007年6月1日、6月4日取得了《城市规划设计资质证书》《旅游规划设计资质证书》，却至今未取得法定的工程设计资质证书，因工程设计资质证书的取得属于《中华人民共和国行政许可法》第十二条第（三）项规定的行政许可范围，如未经行政许可擅自从事应当取得行政许可的活动的，应当根据《中华人民共和国行政许可法》第八十一条规定采取措施予以制止，并给以相应处罚。另外，还应根据《中华人民共和国建筑法》第六十五条第三款的规定，因被告未取得资质证书承揽工程，还应依法予以取缔，并处罚款。

同时，因双方签订的涉案合同约定业务系属原告将其承包的工程设计业务的方案设计部分分包给被告承担，故双方该行为也违反了《中华人民共和国建筑法》第二十九条第三款和《中华人民共和国合同法》第二百七十二条第三款关于禁止承包人将工程分包给不具备相应资质条件的单位的规定，故双方签订的两份涉案合同均违反了上述法律、行政法规的有关强制性规定，应当根据《中华人民共和国合同法》第五十二条第（五）项的规定，认定双方签订的两份涉案合同无效。

……

据此，法院依照《中华人民共和国合同法》第五十二条第（五）项、第五十六条、第五十八条、第二百七十二条第三款，《中华人民共和国建筑法》第十三条、第二十六条、第二十九条第三款、第六十五条第三款，《建设工程勘察设计管理条例》第七条、第二十一条、第二十六条，《湖南省建设工程勘察设计管理条例》第二条、第八条、第三十条第二款和《中华人民共和国民事诉讼法》第六十四条、第二百三十七条第五款的规定，判决如下：

一、原告常德市某建筑设计院与被告上海某城市设计有限公司于 2009 年 7 月 31 日、8 月 17 日签订的《建设工程设计合同》均无效。

……

【案例分析】

本案争议的焦点之一，是原被告之间签订的合同是否有效的问题。经法院查证，涉案的合同性质是建设工程设计合同。被告虽然分别于 2007 年 6 月 1 日和 4 日取得了《城市规划设计资质证书》《旅游规划设计资质证书》，但规划设计或旅游设计显然不属于建设工程设计的范围，被告却在至今未取得法定的工程设计资质证书的情况下，签订的《建设工程设计合同》，是属于不具备相应资质而从事的工程建设活动。依据《建设工程勘察设计管理条例》第八条的规定：“建设工程勘察、设计单位应当在其资质等级许可的范围内承揽建设工程勘察、设计业务。禁止建设工程勘察、设计单位超越其资质等级许可的范围或者以其他建设工程勘察、设计单位的名义承揽建设工程勘察、设计业务。禁止建设工程勘察、设计单位允许其他单位或者个人以本单位的名义承揽建设工程勘察、设计业务。”

所以本案被告在未取得工程设计相应资质的情况下签订的《建设工程设计合同》，法院判决认定其无效，是有法律依据的。

第五节　挂靠与内部承包合同的效力

一、挂靠的概念及类型

所谓挂靠是指单位或个人在未取得相应资质的前提下，借用符合资质的施工企业的名义承揽施工任务并向具有该资质施工企业缴纳“管理费”的行为。“挂靠”是一个极具中国特色的术语，肇始于20世纪80年代我国计划经济体制向市场经济体制转型时期，当时部分个体及私企与某些国企签订挂靠协议以便凭借该国企名义进入某些特定行业领域从事经营活动。[①] 在民营企业当中，由于民营企业起步时规模较小、资金不足，建设能力较弱，故而无法取得法定的建设工程资质等级，故借用具有法定资质条件的建筑施工企业名义对外承揽工程是一种普遍现象。[②]

而最高人民法院《施工合同司法解释》则没有使用“挂靠”术语，而是表述为“没有资质的实际施工人借用有资质的建筑施工企业名义与他人签订建设工程施工合同的行为”。可见，挂靠与借用资质为同一概念。

借用资质在实践中主要表现的形式是无资质的实际承包人以挂靠、联营、内部承包等多种形式，借用其他承包人的资质等级承揽工程。

在工程建设实践中，借用资质的存在以下几种具体情形：

第一种，无资质的承包人借用资质。一般是无资质的承包人在与发包人洽谈好相关的工程后，与有资质的承包人协商借用资质的事宜，双方先签订缴纳管理费或者利润分成的协议，然后无资质的承包人取得有资质主体的相关手续，进而以有资质承包人的名义与发包人签订合同。

第二种，个人借用有资质的承包人的名义承揽工程。实践中这种情况较为普遍，是造成工程建设市场混乱的成因之一。很多个人参与其中，私下与有资质的承包人签订“投资合作协议”“联营协议”“内部承包管理协议”等等，虽然形式多样，但实质都是个人与有资质企业的利润划分协议，从而个人可以借用有资质承包人的名义承揽工程。实践中由这种情形而产生的纠纷很多。

第三种，低资质的企业借用资质。有些施工企业虽然与发包方签订了总承包合同。但是由于合同要到相关行政主管部门进行备案审查，一旦被查出资质等级不达标，备案便不能通过，因此采用借用高资质的办法满足备案要求；还有些企业借用高等级资质是为了给发包方留下一个好印象，以便承揽工程取得总承包权；另有些企业是为了在投标以及最后验收环节上取得高分而中标或为企业塑造良好形象等。

第四种，同资质的企业借用资质。在实践中相同资质的企业，虽然资质相同，但是由于企业自身发展的原因，其信誉度、施工水平、管理水平、资金实力存在巨大差异，综合实力有很大的差别，所以实力弱的企业借用相同资质但实力强的企业资质，能够确保承揽到标的工程。

---

① 林文学．建设工程合同纠纷司法实务研究［M］．北京：法律出版社，2014.

② 最高人民法院民事审判第一庭．最高人民法院建设工程施工合同司法解释的理解和适用［M］．北京：人民法院出版社，2004，11.

二、挂靠与内部承包

借用资质与内部承包一直是建设工程实践中广为关注的问题，区分两者不仅涉及相关合同效力问题，同时还关系到建设市场是否稳定的问题。如属真正的内部承包合同，是合法有效的，也是目前施工单位在施工主体方面采取的主要施工方式。所以区分借用资质和内部承包，具有重大意义。

“挂靠经营”和“内部承包”的区别主要在两个方面：一方面，项目承包人是否与施工企业间是否有劳动合同关系或股东关系；另一方面，项目工程自谈判到技术、设备提供、资金筹措等是否由承包人还是施工企业提供。

我国法律法规以及最高院《施工合同司法解释》都没有针对“挂靠经营”和“内部承包”规定认定的标准，但各地法院对此问题作出了进一步完善、补充和细化，这有助于相关案件的审理，对审判实践中性质的认定具有较大指导意义。

2012 年 2 月，浙江省高级人民法院民事审判一庭颁布的《关于审理建设工程施工合同纠纷案件若干疑难问题的解答》；2007 年 11 月，福建省高级人民法院颁布的《关于审理建设工程施工合同纠纷案件疑难问题的解答》，这两个高院解答均明确“内部承包”的法律效力，当事人一方以“内部承包”无资质或挂靠向法院主张无效的，人民法院不予支持。

《浙江高院解答》中明确了内部承包合同的承包人必须是其下属分支机构或在职职工，同时在资金、技术、设备、人力等方面给予支持的。

《深圳市制止建设工程转包、违法分包及挂靠规定》，挂靠行为的认定应综合考虑以下因素：①实际施工人与施工合同签订主体是否一致、有无资质证书借用情形；②实际施工人与合同签约主体之间是否具有内部承包关系、是否属于企业集团内部的隶属关系；③施工合同签订主体与实际施工人之间有无产权关系及统一的财务管理；④合同签约主体是否参与项目的施工管理，如派驻项目经理、质量、安全、现场、财务管理人员参与项目管理；⑤现场主要工程管理人员与施工合同签订主体之间有无合法的人事调动、任免、聘用以及社会保险关系；⑥现场施工工人与施工合同签订主体之间有无合法的建筑劳动用工、社会保险关系以及工资支付关系等。

笔者认为，以上各地特别是深圳的规定详细、周全，对属挂靠还是内部承包的性质认定，具有参照意义。

三、挂靠合同法律后果的责任承担

各地高院还对由于借用资质产生的商事行为的法律后果由谁承担，即由谁来承担相应的法律责任等问题也作出了规定。

2007 年 5 月，北京市高级人民法院《关于审理民商事案件若干问题的解答之五（试行）的说明》，明确解释了挂靠者与挂靠协议以外的第三者发生买卖、租赁、定作和借贷合同等纠纷时，应该考虑区别对待的原则，要考虑合同相对人行为时对挂靠情况是否明知。

当合同相对人对挂靠事实明知时，则说明其行为时实际的交易对象为挂靠者，名义的交易对象则为被挂靠者，其对此存在一定的过错。同时考虑到被挂靠者责任承担能力通常强于挂靠者，在这种情况下，挂靠者应首先承担责任，在挂靠者履行不能时由被挂靠者承担补充的民事责任。基于挂靠经营纠纷的处理结果，即被挂靠者向挂靠者返还管理费，由挂靠者对挂靠协议涉及的债权债务享有权利承担义务，被挂靠者有权将自己先行承担的民事责任，向挂靠者行使追偿权。即被挂靠人承担补充责任，享有追偿权利。《北京高院说明》虽区分合同相对人是否明知，但在法律后果承担方面没有实质性区别，被挂靠人最终都需承担责任。

2008 年 12 月，江苏省高级人民法院《关于审理建设工程施工合同纠纷案件若干问题的意见》明确规定，挂靠人以被挂靠人名义订立建设工程施工合同，因履行该合同产生的民事责任，挂靠人与被挂靠人应当承担连带责任。

《山东高院意见》规定，具有挂靠经营关系的建筑施工企业以自己的名义或以被挂靠单位的名义对外签订建筑工程承包合同，产生纠纷后一般应以挂靠经营者和被挂靠单位为共同诉讼人起诉或应诉。建筑施工企业转包、出借资质证书或以其他方式允许他人以本企业名义承揽工程，因此导致合同无效而造成的损失，应由转包人、接受转包人、出借人和借用人承担连带赔偿责任。

2007 年 11 月，福建省高级人民《关于审理建设工程施工合同纠纷案件疑难问题的解答》考虑了两个因素，一是合同相对性，二是合同相对人是否明知挂靠。挂靠人以自己的名义将工程转包或者与材料设备供应商签订购销合同，实际施工人或者材料设备供应商起诉要求被挂靠单位承担合同责任的，不予支持；挂靠人以被挂靠单位的名义将工程转包或者与材料设备供应商签订购销合同的，一般应由被挂靠单位承担合同责任，但实际施工人或者材料设备供应商签订合同时明知挂靠的事实，并起诉要求挂靠人承担合同责任的，由挂靠人承担责任。

2000 年 7 月，广东省高级人民法院《关于审理建设工程合同纠纷案件的暂行规定》区分了两种情况。一种是施工人和被挂靠建筑施工企业作为共同的诉讼被告，另一种是涉及工程不符合质量标准造成发包人损失的，被挂靠建筑施工企业和施工人应承担连带责任。①

---

① 潘定春，罗慰沁，孙贤程．“挂靠”“内部承包”界定及其责任承担——各地法院审理建设工程施工合同纠纷案件指导意见浅析（一）［J］．建筑时报，2012－6－14（004）．

以上各地高级法院对挂靠合同法律后果的责任承担的规定存在差异，福建高级法院区分具体情况进行了规定；而其他省高级法院都明确挂靠人与被挂靠人应当承担连带责任。

四、案例分析

【案例一】名为内部承包实际为借用资质承包的合同，该建设工程施工合同无效①

申请再审人（一审原告、二审上诉人）：周某

被申请人（一审被告、二审上诉人）：江苏某建工集团有限公司

申请再审人周某与被申请人建筑公司建设工程施工合同纠纷一案，山西省高级人民法院（以下简称山西高院）于2011年5月10日作出（2011）晋民终字第10号民事判决。建筑公司不服该判决，向最高法院申请再审，最高法院于2011年9月30日作出（2011）民申字第1031号民事裁定，指令山西高院再审本案。山西高院于2012年5月23日作出（2011）晋民再字第74号民事判决。建筑公司不服该判决，向最高法院申请再审，最高法院于2012年10月25日作出（2012）民再申字第174号民事裁定，驳回其再审申请。周某不服该判决，向最高法院申请再审。最高法院于2013年7月29日作出（2013）民再申字第14号民事裁定，提审本案，并依法组成合议庭，于2013年9月23日对本案双方当事人进行了询问。周某，建筑公司的委托代理人到庭参加诉讼。本案现已审理终结。

山西省临汾市中级人民法院（以下简称临汾中院）一审经审理查明：2003年4月20日，建筑公司与山西某钢铁有限公司（以下简称某钢铁公司）签订《XX工程施工合同》（以下简称施工合同），该合同约定，某钢铁公司超市综合楼工程由建筑公司垫资施工，工程总价款为2 268万元。2003年4月29日，建筑公司与周某签订《盐城市建筑安装工程总公司内部工程施工责任制合同》（以下简称内部施工合同），合同主要内容：周某垫资承建某钢铁公司的超市综合楼工程，工程总价款为2 268万元。建筑公司负责同某钢铁公司结算工程款，并按工程进度付给周某。周某不得与某钢铁公司洽谈本工程技术外的业务，否则，按周某违约处理。如建筑公司不能及时将工程进度款汇入周某账户，损失由建筑公司负担。如因建筑公司原因使工程无法开工，建筑公司应补偿周某图纸设计费和相关费用。

【一审审理及判决】

一审法院认为，周某与建筑公司签订的内部施工合同是双方当事人的真实意思表示，内容合法有效，且该合同履行过程中的工程款问题已经人民法院的生效法律文书所确认，故该合同应认定为有效合同，双方均应按照合同的约定履行自己的义务。周

① 中华人民共和国最高人民法院民事判决书（2013）民提字第153号。

某按照合同的约定于2003年6月26日前已完成了施工的一切准备工作，但建筑公司并未能按时提供施工的正常条件，施工过程中又因地质资料不真实、停电、拖欠工程费等问题造成了停工、窝工等损失，因此，建筑公司应承担违约责任，赔偿周某因此造成的损失。但在因“三通一平”的原因所造成的停工、窝工损失中，根据周某当时出具的报告，此时并不是在场所有的工人都处于停工状态，而只是大部分工人无事可干，因此，对该损失应酌情予以核减，该损失136 512元由周某承担30%，即40 953.6元，其余95 558.4元由建筑公司承担。在因地质报告造成的停工、窝工损失中，周某作为施工方负责人，从专业知识的角度应当知道停工的后果，并应积极采取措施减少损失的发生，因此其对损失的扩大也负有相应的责任，对该损失应当由其与建筑公司共同承担，即双方各半承担280 845元。周某交纳的履约保证金建筑公司也应予以返还。对于周某所主张的利息问题，由于损失数额是本案才能解决的问题，对该损失主张利息没有法律依据，故周某的该项请求不予支持。

一审法院依照《合同法》第九十九条第一款、第一百一十三条之规定，判决：1. 建筑公司于判决生效之日起三十日内赔偿周某经济损失3 619 845.5元（该工程损失额3 941 644.1元减去周某自己承担的损失额321 798.6元）。2. 建筑公司于判决生效之日起三十日内返还周某履约保证金120 000元。案件受理费30 010元，鉴定费230 000元，共计260 010元，由周某承担100 000元，建筑公司承担160 010元。

【二审审理与判决】

周某不服一审判决，向山西高院提起上诉称，停工窝工损失应纳入工程价款的范围，由建筑公司支付利息。故请求建筑公司支付（2004）临民初字第356号民事调解书确定建筑公司支付的315万元工程款，从2003年3月10日计至该调解书生效之日共九个月的利息150 540元，及本案一审判决确定建筑公司给付的3 619 845.5元从2005年5月周某起诉之日起的利息。

山西高院二审查明的事实与临汾中院一审查明的事实相同。

山西高院二审认为，周某与建筑公司的诉讼源于双方在履行建设工程施工合同过程中的纠纷，本案的案由应为建设工程施工合同纠纷，一审判决将案由确定为财产损害赔偿纠纷不妥，应予纠正。

关于是否应追加某钢铁公司为当事人问题，周某与建筑公司的合同中明确约定了周某不得与某钢铁公司洽谈本工程技术外的业务，且建筑公司给某钢铁公司送达了工作联系函等书面通知，明确告知了上述事项，因此关于施工中的损失问题，周某并不能依据合同向某钢铁公司主张，其只能向建筑公司提出赔偿的请求。因此对建筑公司请求某钢铁公司参加诉讼的上诉请求不予支持。

关于鉴定结论是否能够作为依据的问题，一审法院对鉴定结论进行了分析，将设计费1 038 000元计入了周某的损失；将服务费175 714元、等待进场人员生活补助费

107 000 元从确定的损失数额中予以核减；确定因“三通一平”的原因所造成的停工、窝工损失 136 512 元由周某承担 30%，即 40 953.6 元；因地质报告造成的停工、窝工损失双方各承担 280 845 元。该处理方法是妥当的，应予维持。

关于周某主张的损失利息，在山西高院将此案发回重审后，周某增加了利息请求。原调解协议已确定的 315 万元的工程款，已经实际支付，该项纠纷已经解决，周某不应再主张利息。但是周某主张本案确定的工程施工损失数额从 2005 年 5 月其起诉时起应由建筑公司支付利息，符合法律规定，应予支持。

依照《中华人民共和国民事诉讼法》的有关规定，山西高院判决：（一）维持一审判决第二项，即建筑公司于判决生效之日起三十日内返还周某履约保证金 120 000 元；（二）变更一审判决第一项，即建筑公司于判决生效之日起三十日内赔偿周某经济损失3 619 845.5 元，并从 2005 年 5 月 23 日起按银行同期贷款利率支付利息至付清之日止。一审案件受理费30 010 元，鉴定费 230 000 元，共计 260 010 元，由周某负担 100 000 元，建筑公司负担 160 010 元。二审案件受理费 30 010 元，由建筑公司负担。

【高院再审】

建筑公司不服山西高院二审判决，向本院申请再审，请求撤销山西高院（2011）晋民终字第 10 号民事判决，驳回周某的诉讼请求。其主要理由是：双方签订的内部承包合同名为承包实为转包，是无效合同；周某在工程完成后所有结算的单据中均没有提过相关的损失存在，在调解书中也没有主张相应的损失；原判不予追加某钢铁公司为本案当事人存在错误；鉴定报告计算进场工人的人数无工资表，计算天数无进场施工记录，计算台班损失无合同、无进场记录；设计费既无合同也无票据，周某也承认尚未支付设计费；已完成工程才 500 万元，工程停工后立即起诉，没有 500 万元损失。

周某答辩称，内部承包合同是有效合同；不应追加某钢铁公司为本案当事人；鉴定是一审法院为了尽快结案动员我鉴定的，开庭的时候不知道什么原因鉴定人员没有参加质证，此后鉴定单位对建筑公司提出的异议做了答复，我也提出了异议意见。

再审期间，双方当事人针对周某主张的各项损失，围绕鉴定意见进行了质证。

山西高院再审认为，（一）关于双方签订的内部施工合同的效力问题。从双方签订的内部工程施工责任制合同内容看，实际是建筑公司将其承包的某钢铁公司超市综合楼工程全部转包给周某；从本案的法律关系看，某钢铁公司是发包人，建筑公司是工程承包人，周某是实际施工人。周某没有建筑施工企业资质，建筑公司将工程转包给根本没有建筑施工企业资质的个人施工，根据最高人民法院《施工合同司法解释》第一条第（二）款、第四条的规定，属非法转包，该转包合同无效。

（二）关于周某的各项损失的具体数额如何确定问题。

……

综上，经山西高院审判委员会民事专业委员会讨论决定，依照《中华人民共和国民事诉讼法》有关规定，判决：一、撤销山西高院（2011）晋民终字第10号民事判决和临汾中院（2009）临民初字第81号民事判决第一项；二、维持临汾中院（2009）临民初字第81号民事判决第二项，即建筑公司……于判决生效之日起30日内返还周某履约保证金120 000元；三、建筑公司于判决生效之日起30日内赔偿周某经济损失1 359 640元；四、驳回周某的其他诉讼请求。一审案件受理费30 010元，鉴定费230 000元，二审案件受理费30 010元，共计290 020元，由周某负担200 000元，建筑公司负担90 020元。

【最高院再审】

周某不服山西高院再审判决，向最高院申请再审。

最高院再审查明的事实与山西高院再审查明的事实相同。

最高院认为，本案的焦点问题是：1. 建筑公司与周某确定的内部工程施工责任制合同是否有效？2. 周某关于赔偿损失的诉讼请求能否支持？

（一）关于建筑公司与周某确定的内部工程施工责任制合同是否有效的问题。

最高法院认为，从建筑公司与周某2003年4月29日签订的《盐城市建筑安装工程总公司内部工程施工责任制合同》的内容来看，建筑公司是将其承包的涉案工程转包给周某进行施工。根据最高人民法院《施工合同司法解释》第一条第一款第（二）项“没有资质的实际施工人借用有资质的建筑施工企业名义的”“应当根据合同法第五十二条第（五）项的规定，认定无效”的规定，涉案内部工程施工合同应当认定无效。山西高院再审判决认定合同无效正确，本院予以维持。

（二）周某关于赔偿损失的诉讼请求能否支持的问题。

……

综上，最高院根据《中华人民共和国民事诉讼法》第二百零七条第一款、第一百七十条第一款第（一）项之规定，判决如下：

维持山西省高级人民法院（2011）晋民再字第74号民事判决。

【案例评析】

本案涉及两个问题，一是关于建筑公司与周某确定的内部工程施工责任制合同是否有效的问题；另一是周某赔偿损失的诉讼请求能否得到法院支持的问题。本案件评析重点关注第一个问题，即内部工程施工责任制合同效力问题，从建筑公司与周某2003年4月29日签订的《盐城市建筑安装工程总公司内部工程施工责任制合同》的内容来看，最高法院认定建筑公司是将其承包的涉案工程转包给周某进行施工，该合同不符合内部承包的特征，所以不是当事人主张的内部承包合同。根据最高人民法院《施工合同司法解释》第一条第一款第（二）项“没有资质的实际施工人借用有资质的建筑施工企业名义的”“应当根据合同法第五十二条第（五）项的规定，认定无效”

的规定，涉案内部工程施工合同应当认定无效。最高院的判决是符合法律规定的。

【案例二】无任何资质的施工队挂靠承包方进行施工，合同无效，工程经验收不合格的，无权要求支付工程款

【基本案情】

2003年3月6日，某实业有限责任公司（以下简称某实业公司）慕名与当地名牌建筑企业某某建筑公司（以下简称某建筑公司）签订了建设工程施工合同。合同约定，某建筑公司承建多功能酒楼，包工包料，合同总价款2 980万元，开工前7日内，某实业公司预付工程款100万元，工期13个月，2003年3月15日开工，2004年4月14日竣工，工程质量优良，力争创优，工程如能评为优，则某实业公司在工程款之外奖励某建筑公司100万元。为确保工程质量优良，某实业公司与某某监理公司（以下简称某监理公司）签订了建设工程监理合同。

合同签订后，某建筑公司如期开工。但开工仅几天，某监理公司监理人员就发现施工现场管理混乱，遂当即要求某建筑公司改正。一个多月后，某监理公司监理人员和某实业公司派驻工地代表又发现工程质量存在严重问题。某监理公司监理人员当即要求某建筑公司停工。

令某实业公司不解的是，某建筑公司明明是当地名牌建筑企业，所承建的工程多数质量优良，却为何在这项施工中出现上述问题？经过认真、细致地调查，某实业公司和某监理公司终于弄清了事实真相。原来，某实业公司虽然是与某建筑公司签订的建设工程合同，但实际施工人是当地的一支没有资质的农民施工队（以下简称施工队）。施工队为了承揽建筑工程，千方百计地打通各种关节，挂靠于有资质的尤其是名牌建筑施工企业。为了规避相关法律、法规关于禁止挂靠的规定，该施工队与某建筑公司签订了所谓的联营协议。协议约定，施工队可以借用某建筑公司的营业执照和公章，以某建筑公司的名义对外签订建设工程合同；合同签订后，由施工队负责施工，某建筑公司对工程不进行任何管理，不承担任何责任，只提取工程价款5%的管理费。某实业公司签施工合同时，见对方（实际是施工队的负责人）持有某建筑公司的营业执照和公章，便深信不疑，因而导致了上述结果。某实业公司认为某建筑公司的行为严重违反了诚实信用原则和相关法律规定，双方所签订的建设工程合同应为无效，要求终止履行合同。但某建筑公司则认为虽然是施工队实际施工，但合同是某实业公司与某建筑公司签订的，是双方真实意思的表示，合法有效，双方均应继续履行合同；而且，继续由施工队施工，本公司加强对施工队的管理。对此，某实业公司坚持认为某建筑公司的行为已导致合同无效，而且本公司已失去了对其的信任，所以坚决要求终止合同的履行。双方未能达成一致意见，某实业公司遂诉至法院。

【判决结果】

在法庭上，原告某实业公司诉称，被告某建筑公司与某农民施工队假联营真挂靠，并出借营业执照、公章给施工队的行为违反了相关法律规定，请求法院认定原告与被告所签合同无效，终止履行合同，判令被告返还原告预付的工程款 100 万元，并赔偿原告因签订和履行合同而支出的费用 20 万元。

被告辩称，原告某实业公司与被告某建筑公司签订的合同是双方真实意思的表示，合法有效，双方均应继续履行合同；并称，如果法院认定合同无效，被告亦不应返还原告预付的工程款，因为被告已完成工程的基础部分，所支出的费用为 130 万元，原告还应向被告支付 30 万元。

对此，原告请求法院指定建设工程鉴定部门对被告已完成的工程进行鉴定，如果合格，原告可以再向被告支付 30 万元，如果不合格亦不能修复，则被告应返还原告预付的工程款 100 万元，并拆除该工程，所需费用由被告自负。

法院指定建设工程鉴定部门对被告已完成的工程进行了鉴定，结果为不合格亦不能修复。被告申请法院重新鉴定，重新鉴定的结论同前。

法院经审理查明后认为，被告某建筑公司与没有资质的某农民施工队假联营真挂靠，并出借营业执照、公章给施工队与原告签订合同的行为违反了我国建筑法、合同法等相关法律规定，原告某实业公司与被告某建筑公司签订的建设工程合同应当认定无效。被告已完成的工程经建设工程鉴定部门鉴定为不合格亦不能修复。所以，原告关于认定双方所签合同无效，被告返还原告预付工程款并赔偿原告损失的请求理由成立，符合法律规定，本院予以支持。被告关于其与原告签订的合同是双方真实意思的表示、合法有效的答辩与事实不符，本院不予采信；被告已完成的工程经建设工程鉴定部门鉴定为不合格亦不能修复，故被告关于不应返还原告预付的工程款及原告还应向其支付 30 万元的理由不能成立，本院不予支持。根据《建筑法》第二十六条、《合同法》第二十五条第（五）项、最高人民法院《关于审理建设工程施工合同纠纷案件适用法律问题的解释》第一条第（二）项之规定，判决原告与被告所签建设工程施工合同无效；被告返还原告预付的工程款 100 万元，并赔偿原告损失 186 754 元，被告承担本案的全部诉讼费用 16 510 元。

被告不服一审判决上诉，被二审法院依法驳回。

【案件评析】

本案是一个典型的挂靠施工的案例。挂靠的原因多种多样。其中之一就是有如本案被告将工程施工工作交给无任何资质的某农民施工队施工。这是我国法律明确禁止的。我国《建筑法》第二十六条规定：“承包建筑工程的单位应当持有依法取得的资质证书，并在其资质等级许可的业务范围内承揽工程。禁止建筑施工企业超越本企业资质等级许可的业务范围或者以任何形式用其他建筑施工企业的名义承揽工程。禁止建筑施工企业以任何形式允许其他单位或者个人使用本企业的资质证书、营业执照，以本企业的名义承揽工程。”我国最高人民法院《施工合同司法解释》第一条第（二）项规定，没有资质的实际施工人借用有资质的建筑施工企业名义签订的合同无效。

本案被告的行为违反了上述法律的强制性规定。

另外，根据《施工合同司法解释》第三条中第（二）项的规定：修复后的建设工程经竣工验收不合格，承包人请求支付工程价款的，不予支持。

所以本案中，原告与被告所签建设工程施工合同无效，被告已完成的工程经建设工程鉴定部门鉴定为不合格亦不能修复。因此，被告应依上述法律规定返还原告预付的工程款100万元，并赔偿原告损失186 754元。笔者认为法院对本案的判决法律依据充分。

【案例三】承包人将工程交由项目部施工，收取管理费，但承包人对其进行了相应的管理工作属于内部承包合同①

【基本案情】

申请再审人（一审原告、二审被上诉人）：哈尔滨市某建筑公司

被申请人（一审被告、二审上诉人）：杨某

申请再审人哈尔滨市某建筑公司（以下简称某建筑公司）因与被申请人杨某建设工程施工合同纠纷一案，不服哈尔滨市中级人民法院（2011）哈民二终字第862号民事判决，向黑龙江省高院申请再审。黑龙江省高院院于2013年12月26日作出（2013）黑高民申二字第117号民事裁定，提审本案。

【一审审理与判决】

哈尔滨市道里区人民法院一审认为，某建筑公司和杨某签订的《工程内部承包合同》以及杨某等人以某建筑公司经办人名义与某开发公司签订的《施工协议》系双方当事人真实意思表示，符合法律规定，依法应受法律保护。

一审法院判决如下：一、杨某于本判决生效后十日内返还某建筑公司工程款7 556 085.36元；二、驳回某建筑公司的其他诉讼请求。

判后，杨某不服，向哈尔滨市中级人民法院提起上诉。

【二审审理与判决】

哈尔滨市中级人民法院二审认为，关于杨某与某建筑公司签订的《工程内部承包合同》的效力问题。该合同名为内部承包合同，但杨某并未与某建筑公司存在用工关系，杨某项目部亦未办理工商登记，某建筑公司从某开发公司承包案涉工程后，不履行合同约定，直接将工程再转包给杨某个人，并按工程造价的10%（含营业税3.4%）收取管理费，属于建筑法中规定的非法转包。根据最高人民法院《施工合同司法解释》第四条规定："承包人非法转包、违法分包建设工程或者没有资质的实际施工人借用有资质的建筑施工企业名义与他人签订建设工程施工合同的行为无效"，故该合同应认定

① 黑龙江省高级人民法院民事判决书（2014）黑监民再字第58号。

为无效合同。

二审法院判决如下：撤销哈尔滨市道里区人民法院（2008）里民三初字第 1849 号民事判决；驳回某建筑公司的诉讼请求。一、二审案件受理费 135 292.60 元，由某建筑公司负担。

【再审审理】

高院再审查明事实与一审查明的事实一致。

高院再审认为，某建筑公司与某开发公司签订《建设工程施工合同》后，某建筑公司与其项目部经理杨某签订《工程内部承包合同》，将本案争议工程发包给杨某施工，除收取管理费外，还要对杨某工程技术、质量、安全文明施工等方面进行检查、监督、指导。在工程停工后具备了复工条件时，在杨某没有复工的情况下，由某建筑公司继续来完成其与某开发公司《建设工程施工合同》约定的义务。故某建筑公司与杨某之间为企业内部承包关系，而非二审判决认定的转包关系。《工程内部承包合同》系双方当事人真实意思表示，且不违反法律、法规强制性和禁止性规定，合法有效。二审判决认定该合同无效不当，应予纠正。

对此，再审判决如下：撤销哈尔滨市中级人民法院（2011）哈民二终字第 862 号民事判决；维持哈尔滨市道里区人民法院（2008）里民三初字第 1849 号民事判决。一、二审案件受理费 135 292.60 元，由杨某负担 129 385.20 元，哈尔滨市某建筑公司负担 5 907.40 元。

【案例评析】

本案涉及两个问题，一是杨某的施工是属于内部承包，还是属于挂靠；另一问题涉及工程款争议。在此我们重点探讨是否属于内部承包的问题。本案中，高院认定，某建筑公司与其项目部经理杨某除签订有《工程内部承包合同》，将本案争议工程发包给杨某施工，收取管理费外，但并不是收取了管理费就放任不管，而是还对杨某工程进行了相应的技术、质量、安全文明施工等方面进行检查、监督、指导工作。在工程停工后具备了复工条件时，在杨某没有复工的情况下，由某建筑公司继续来完成其与某开发公司《建设工程施工合同》约定的义务。这些证据表明，某建筑公司与杨某之间为企业内部承包关系，而非二审判决认定的转包关系。所以再审高院的判决认定本案所涉合同属内部承包合同。

笔者认为，本案高级法院再审判决结果存在问题：本案中级法院二审认定杨某与某建筑公司不存在用工关系，如该事实属实，中级法院认定也是有道理的，内部承包的承包人必须是企业内部经营职能部门或在册职工，否则不构成内部承包。

第六节　“黑白合同”及其效力

“黑白合同”在我国不是一个法律概念，法律没有涉及“黑白合同”的定义、内容与形式，目前更多的存在于房屋买卖合同和建设工程合同里。“黑白合同”一词最早见于2003年10月27日，当时的全国人大常委会副委员长李铁映向十届全国人大常委会第五次会议所作的《全国人大常委会执法检查组关于检查〈中华人民共和国建筑法〉实施情况的报告》，该报告反映“黑白合同”情况如下：各地反映，建设单位与投标单位或招标代理机构串通，搞虚假招标，明招暗定，签订“黑白合同”的问题相当突出。

一般来说，所谓的“黑白合同”是指在具体交易过程中，合同双方基于某种利益考虑，常见的是为了规避政府部门的监管，达到交易目的，对同一合同标的物签订了价款存在明显差额或者履行方式存在差异的两份合同，及两份合同内容存在实质性的不一致；其中一份作了登记、备案等公示，并通过承诺函等形式明确该登记、备案的合同仅作为登记、备案之用，而不作实际履行。另一份仅由双方当事人持有，并作为实际履行的依据。我们把其中登记、备案但不实际履行的合同称为“白合同”，由双方当事人持有的，并实际履行的合同称为“黑合同”。

一、“黑白合同”形成的原因

“黑白合同”形成的主要原因有如下几种：

第一，工程建设市场供求关系的不平衡。施工企业供大于求，竞争激烈。许多建设方利用自身所处的优势地位，对施工方提出苛刻的要求，施工企业急于承揽工程项目，只好被迫接受业主的提出的不平等合同条款，愿意在以一种“合理低价”之下承揽招标建设工程项目。当然实践中也存在某些施工方在以低价位和优厚条件中标后再签订补充协议，变更“白合同”使自己处于有利地位，以保证自己的合同履行利益。

有专家认为，“黑白合同”之所以在建设工程施工合同领域大行其道，在一定程度上还因为实践中对这种利用合同制度逃避政府监管的现象“难以查处”，如“黑白合同”往往与合同变更交织在一起，导致判断“黑白合同”成为司法实践中的疑难问题。[①] 合同法也没有对“黑白合同”的法律适用作出规定，如何适用法律存在较大争议。有人认为，“黑白合同”属于《合同法》第五十二条中的“恶意串通，损害国家、集体或者第三人利益的行为，黑白两份合同均属无效”；也有人认为应适用“以合法形式掩盖非法目的”的情形，两份合同都无效；另外一种观点则认为，“黑白合同”属于民法上的虚伪表示，“白合同”因不是当事人的真实意思表示，所以无效，而黑合同则是当事人的真实意思，其效力应得到承认。所以正确认定“黑白合同”的法律性质显得尤为重要。

第二，合同当事人（主要是发包人）出于自身利益考量，逃避政府部门监管。建设工程施工合同与一般民事合同不同，其成立不仅需要当事人形成合意，还必须符合

① 刘贵祥．合同效力研究［M］．北京：人民法院出版社，2012.

政府部门的监管要求。依法进行招标的项目，招标人在一定期限内向有关行政监督部门提交招标投标情况的书面报告，由该部门审查核准后，予以备案，这就是法律规定的对招标投标进行的备案制度。我国对建设工程施工合同实行严格的备案制，体现了政府对此类民事活动的干预和监管，旨在规范建筑市场行为，保证合同严格履行，保护双方当事人的合法权益。目前，招投标合同文件实行备案制的依据是建设部第 89 号令:《房屋建筑和市政基础设施工程施工招标投标管理办法》第四十七条规定："订立书面合同后七日内，中标人应当将合同送县级以上工程所在地建设行政主管部门备案。"发包方想在招投标合同文件工程价款的基础上再压低价格，只有再另行订立一份合同，作为双方履行的依据，而备案的合同，成了应付管理部门监管的工具。

二、"黑白合同"的现状

由于上述原因所致，一些建设单位采用虚假招标，除公开签订的招投标文件中的合同外，另外与中标施工单位再签订一份合同，主要目的在于强迫施工单位压低工程款。施工单位在工程款能否如实收到、能收回多少均是个未知数的情况下，就仓促开工。而建设单位则往往由于其优势地位逼迫施工单位乖乖就范。

在许多地方，签订"黑白合同"似乎成了工程建设行业的"行规"。建设工程的招投标的初衷是各个施工单位的实力和优势的基础上的公平竞争，而"黑白合同"则破坏整个建设工程行业的市场生态，意味着谁垫资高、预算价低，工程就给谁。于是大家随意降价，无序竞争，工程质量根本没有保证。压价与工期缩短是黑合同存在的主要初衷。

所以在实践中，白合同虽然经过招投标程序，按照招投标文件订立，并经过主管部门备案，但并不实际履行；而有些"黑合同"可能是双方当事人的真实意思表示，并且是当事人实际履行的合同文本，但违反了招投标法等法律法规的规定。在《施工合同司法解释》出台前，审判实践也很不一致。有认定以实际履行黑合同有效的；也有认定备案的白合同有效的。

三、"黑白合同"的表现形式

"黑合同"签订在中标合同之前。即在招投标之前，双方已就承包合同内容私下达成一致并签订了合同。具体表现为：（1）在招投标之前与潜在的投标人进行实质性内容谈判，双方签订书面约定或要求出具承诺书，要求投标人承诺在中标后按招投标文件签订的合同不作实际履行，而是按招投标之前约定的条件签订合同并实际履行；当设定投标条件或固定中标人后，招标人再按照政府部门监管要求举行招投标，签订用于备案的合同。在这种情形下，招投标活动通常采用的是邀请招投标模式，参与投标的单位虽然都是由招标单位邀请的，但被邀请的投标单位一般都是相互串通并与招标单位串通的，目的是为了保证某个施工单位中标，而不是竞争工程承包权。甚至有的在进行招投标之前施工单位就已进场施工。

招标单位与施工单位直接签订建设工程合同后。由施工单位串通一些关系单位与招标单位配合进行徒具形式的招投标并签订双方明确不实际履行的合同；或者干脆连招投标形式都不要而直接编造招投标文件和与招投标文件相吻合的合同用以备案登记而不实际履行。这就使得招标人在招标之前与施工单位签订的协议书或施工单位出具的承诺书与中标后签订备案的合同必然存在有实质差异，于是就形成了一“黑”一“白”两份合同。这一行为实质是规避建设工程招投标的相关法律法规和政府的监管，属于虚假招投标的情形。

“黑白合同”同时签订。即双方就招标、投标文件签订一份合同用于备案，而又私下签订一份与备案合同的实质内容有差异的合同用作实际履行，这两份实质内容不同的合同在同一天签订并且很难确定先后顺序。

“黑合同”签订在中标合同之后。即双方在经招投标程序签订正式合同后，又私下协商签订一份与原合同不一致的合同。一般是对备案的中标合同进行实质内容的更改，签订实际履行的补充协议。现实中大部分情况是建设单位利用自身的优势地位迫使施工企业接受不合理要求，订立与招投标文件、中标结果实质性内容相背离的协议。这在实践中表现为所谓的“让利承诺书”。实际上，“让利承诺书”尽管也是双方形成的合意，但是它对“中标的合同”的工程价款、工程质量、工程期限或违约责任的任意变更，构成了与“中标合同”实际的不一致，所以明显属于“黑合同”；另外，允许让利承诺书的存在，违反了招投标法公开、公平、公正和诚实信用的基本原则；承诺的原因较为复杂，可能涉及侵害社会公共利益的问题，给工程质量带来严重隐患。

四、建设工程合同实质性内容的范围界定

作为工程建设的特别法，《招标投标法》没有对建设工程合同的“实质性内容的范围”作出规定，在此情况下，只能以一般法即合同法的规定来确定。根据《合同法》第三十条：有关合同标的、数量、质量、价款或者报酬、履行期限、履行地点和方式、违约责任和解决争议方法等的变更，是对要约内容的实质性变更。所以，建设工程合同实质性内容的范围是：工程项目、工程量、工程质量、工程安全要求、工程价款、工程款计价方式和支付方式、工期、违约责任和争议的解决办法等。

有专家认为工程价款、工程质量和工程期限属于合同实质性内容条款①，他们认

① 最高人民法院民事审判第一庭．最高人民法院建设工程施工合同司法解释的理解和适用［M］．北京：人民法院出版社，2004，11.

为：之所以将合同性内容列为影响合同性质的范围，是因为工程价款、工程质量和工程期限等三个方面内容对当事人之间的利益影响甚大。当事人经过协商在上述三个方面以外对合同内容进行修改、变更的行为，都不会涉及利益的重大调整，不对合同的性质产生影响。也就是说，不会涉及“黑白合同”或者“阴阳合同”问题的认定与处理。

五、“黑白合同”的效力

最高人民法院《施工合同司法解释》第二十一条明确规定：“当事人就同一建设工程另行订立的建设工程施工合同与经过备案的中标合同实质性内容不一致的，应当以备案的中标合同作为结算工程价款的根据”。该《解释》虽明确规定，在存在“黑白合同”的情形下，以登记备案的中标合同作为结算工程价款的依据，虽没有明确“黑白合同”的各自效力，但隐含肯定了备案的中标合同的效力。

在此，对“备案的中标合同”的理解就显得十分重要。我认为关键有两点：

第一，备案的合同必须是中标合同，且中标有效。“备案的中标合同”必须是真正的中标合同，必须是通过真实的招投标活动，并根据招投标结果由招标人与投标人签订并备案的合同，具体而言，中标合同特指经过招投标程序确定的招标人与投标人签订的，满足招标文件的实质性要求，并且与招标文件中的投标价格和投标方案等实质性内容相一致的书面合同。如果属虚假招标并明确约定不作实际履行的“中标合同”，不属于该《解释》所指的“备案的中标合同”，不能以之作为结算工程款的依据。在实践中，存在这样的建设工程施工合同，即该合同不属于我国招投标法规定的强制招投标的合同，但发包方仍然采取了招投标的方式订立合同，该合同备案后，双方当事人另行订立了改变合同实质性内容的合同，该合同是否有效？是否可以作为工程建款的结算依据？对于这样的问题实践中存在很大争议。有人认为，《施工合同的司法解释》所指的“备案的中标合同”是特指依法必须招投标的合同，若不属于依法必须招投标的施工合同则不受该解释约束，因此后来签订的改变合同实质性内容的合同也不是黑合同，而属于正常合同变更；但也有人认为，我国的招投标法律适用于任何采取招投标方式签订的合同，尽管不属于强制招标项目，但一旦采用招投标程序签订施工合同，就应当受到招投标法的约束。我同意后一种意见，虽然不属于强制招标的项目，但当事人一旦决定采用招投标的方式订立合同，就应遵守招投标法的规定，应为我国招投标法不仅适用于强制招投标项目，同时也适用于当事人自愿采取招投标方式签订的合同。如若允许这些合同备案后任意改变合同的内容，那采取招投标签订合同也就失去的意义，同时也是对招投标法的违反。

然而，实践中还存在一种合同，既不属于强制招投标，也没有采用招投标程序订立合同，而只是为了取得相应的施工许可证等进行了备案，而后又签订了改变了实质性内容的合同，这种情形并没有违反相关法律的规定，所以应属有效，应当尊重当事人的意识自治，尊重他们的真实意思表示。

第二，合同经过备案。“备案的中标合同”与“另行订立的合同”在“实质性内容”方面存在不一致。即“黑合同”必须存在对“白合同”的工程价款结算等实质性内容加以变更。

至于“黑白合同”的效力问题，有学者认为，对当事人明确约定不以“白合同”作为实际履行合同的情况下，不应将“白合同”作为结算工程款的依据，至于是否以“黑合同”为结算工程款的依据，则需要看该合同是否为当事人的真实意思表示，以及从合同效力上是否符合法律规定来判定。如果当事人的意思表示是明确的，且体现当事人真实意思的合同不存在效力上的法律否定，就但应当以该合同作为确定当事人双方权利义务的依据，据以结算工程款，无论该合同是“黑合同”还是“白合同”。

有学者甚至认为，合同作为当事人私权自治的工具，在法律未规定以备案登记为生效要件的情况下，备案登记的合同效力与未登记备案的合同效力并无高低之分，因而也无何者优先适用之理。法律、行政法规并未规定建设工程合同需经过备案登记才生效，未备案并不因未备案而无效，备案合同也不因备案而有效，故以备案的中标合同作为结算工程款的依据，而拒斥非备案合同，没有法律依据。

以上观点我认为值得商榷，首先，最高法院《施工合同司法解释》中：“以备案的中标合同作为结算工程价款的根据”其实已经否定了“黑合同”中工程价款结算条款的效力，因此，即便“黑合同”条款（特别是工程价款结算条款）有“证据”证明属于合同双方当事人的“真实意思表示”，由于改变了“白合同”的实质性条款，与其工程价款不一致而无效。也就是说，只有备案的中标合同的工程价格条款才是有效条款，因为它是通过招投标程序形成的条款，特别是其中的实质性条款，应推定是双方当事人的真实意思表示。黑白两份合同不可能都是双方当事人的真实意思表示。其次，确认备案的中标合同的工程价格条款的效力，否认黑合同工程价格条款的效力，对维护我国招投标法的严肃性，保护其他投标人的利益，规范建设工程合同，维护建设工程市场竞争秩序，将起到积极作用。

应当注意的是，不属于招投标范围并且也没有采用招投标形式签订的合同，如果合同备案后，当事人又订立了与备案合同实质内容不一致合同的，不能当然认为后订立的合同无效，而应以当事人的真实意思表示为判断标准，如后订的合同属于当事人的真实意思表示，应认定该行为属于合同变更。

六、“黑白合同”与合同变更

建设工程合同的履行是一个非常复杂的过程，在履行过程中，合同双方当事人就出现的新的问题，进行相应的补充约定在所难免。也就是说，对合同进行变更，是一种正常现象。但是，众所周知，为了保证工程质量，在我国建设工程行业合同订立的自由受到极大限制，这主要体现在我国《招标投标法》的具体规定。

“黑白合同”与合同变更，两者具有本质的不同：合同变更是指合同当事人在签订合同后，在合同履行过程中，协商一致对之前签订的合同的某些条款进行变更，或者约定增加或减少某些条款，双方权利义务虽然也通过两份合同呈现出来，但当事人一般都会约定后合同只是前合同的补充。而“黑白合同”，则不是通过一个合同变更另一个合同，双方签订“白合同”的目的并不是以之确定双方的权利义务关系，双方在签订“白合同”时就已明确不将其作为实际履行合同，而仅作登记、备案之用。

七、“黑白合同”效力认定存在的问题及完善建议

尽管《招标投标法》和《施工合同司法解释》对建设工程“黑白合同”及效力认定作出了相应的规定，同时为司法实践中相应问题的处理提供了法律依据；但根据司法实践反映的情况，上述立法规定也存在如下立法缺陷[①]：①现有立法没有明确规定建设工程合同实质性内容的范围，造成法院和仲裁机构对此的任意裁量；②现有立法没有具体规定建设工程合同结算工程价款的内容，导致司法实务中对此的法律适用标准不一；③司法解释第二十一条规定的适用范围太窄，造成司法实践中对建设工程“黑白”合同效力认定的混乱；④现有立法没有规定建设工程合同实质性内容合法变更的情形和变更协议备案的程序。

为此，有些专家提出了具体的建议：

1. 须明确规定建设工程合同实质性内容的范围

建设工程合同实质性内容范围的界定是“黑白合同”效力认定和法律适用的关键，建设工程合同实质性内容的范围不明确会造成法官或者仲裁员对实质性内容范围的任意裁量，最终导致在司法实践中引起法律适用混乱，从而不能依法公正处理案件。因此，必须用立法明确规定建设工程合同实质性内容的范围，以防止法官或者仲裁员对此裁量权的滥用和法律适用混乱。

建设工程合同实质性内容的范围应为：工程项目、工程量（范围）、工程的质量要求、工程的安全生产要求、工程价款、工程款计价方式及支付方式、工期、违约责任和解决争议的方式。

2. 须明确规定建设工程合同结算工程价款的具体内容

结算工程价款内容的确定是准确适用《施工合同司法解释》第二十一条的关键。《施工合同司法解释》第二十一条规定：“当事人就同一建设工程另行订立的建设工程

① 吴庆宝．合同裁判精要卷［C］．最高人民法院专家法官阐释民商裁判疑难问题．北京：中国法制出版社，2013，4.

施工合同与经过备案的中标合同实质性内容不一致的，应当以备案的中标合同作为结算工程价款的根据。”

实践中，大量建设工程施工合同纠纷都涉及到结算工程价款内容范围的认定，所以明确结算工程价款的内容很重要。对于结算工程价款的内容包括工程的计价方式和工程的总造价一般没有争议，但是否包括其他内容争议较大。因此，应用立法形式明确规定结算工程价款内容的具体范围，以弥补《施工合同司法解释》中的不足之处。

有专家认为结算工程价款的内容应包括:[①]（1）工程的计价方式和总造价。（2）工期的奖罚。（3）工程质量奖的奖罚。（4）工程款的利息或者逾期支付工程款的违约金。（5）工程的安全措施、文明施工、环境保护措施中的奖罚。（6）工程价款的支付时间、支付方式。

3. 修改司法解释第二十一条

《施工合同司法解释》第二十一条规定：“当事人就同一建设工程另行订立的建设工程施工合同与经过备案的中标合同实质性内容不一致的应以备案的中标合同作为结算价款的根据。”有专家建议修改为“当事人就同一建设工程另行订立的建设工程施工合同或者以协议、补充协议、会议纪要等形式签订的合同与经过备案的中标合同实质性内容不一致的 应当以备案的中标合同作为结算工程款及确定双方权利、义务的根据。”

第二十一条对“黑合同”的表述为另行订立的建设工程施工合同，很容易引起误解，即另行订立的“黑合同”必须是一份具备全部施工合同内容的完备的建设施工合同，这与实践情况不一致，在实践中大部分“黑合同”都是在中标之后签订的。“黑合同”一般都以协议、补充协议、会议纪要、备忘录的形式表现出来。而有审判中有些法官就以这些协议、补充协议、会议纪要、备忘录不是建设施工合同为理由而认为不适用该条司法解释。此外，《施工合同司法解释》第二十一条仅表述造成司法实践中适用范围太窄。有些法官理解为该条只适用于结算工程价款的纠纷，而对于建设工程合同纠纷中的其他争议则不适用了，这不符合《招标投标法》第四十六条规定的立法精神。

4. 应立法规定建设工程合同实质性内容的合法变更及变更协议备案的程序

现有立法没有对建设工程合同实质性内容合法变更的情形及变更协议备案程序作出规定。《招标投标法》第四十六条规定：“招标人和中标人应当自中标通知书发出之日起三十日内，按照招标文件和中标人的投标文件订立书面合同。招标人和中标人不得再行订立背离合同实质性内容的其他协议。”虽然如此，但并没有禁止在招投标时形

① 吴庆宝．合同裁判精要卷［C］．最高人民法院专家法官阐释民商裁判疑难问题．北京：中国法制出版社，2013，4.

成的建设工程合同做实质性内容的变更。

有专家认为变更的实质性条件应是：（1）合同订立后的客观情况发生根本性变化导致合同不能履行或者履行将明显不公平。（2）当事人协商一致。变更的程序性要求应是须在变更协议签订15日内将变更情况的报告及变更协议送原备案机关备案。建议用立法对上述内容作出规定，从而完善立法。

笔者认为，以上建议有其合理之处，但也存在问题，如立法规定建设工程合同实质性内容的合法变更问题。“黑白合同”是在通过招投标订立合同的情况下产生的，如果允许招标后双方协商，另订与招投标合同实质性内容不一致的合同，招投标就失去了意义，所以不能协商另订合同。如遇情势变更，要么重新招标；要么在合同履行过程中，沿引情势变更原则，对合同进行变更；或者通过合同索赔来维护自身利益。

八、案例分析

【案例一】原被告双方对工程价款在招标文件中有过约定并且已备案，但后来又签订了一份建筑工程承包合同补充协议，另行约定工程价款并约定以补充协议价格作为工程结算依据。属于招投标法所禁止的背离合同实质性内容的情况，应以备案的中标合同作为结算价款的根据

【基本案情】

1998年12月3日，咸宁某建筑公司通过工程招投标，和枣阳市某信用社签订承建综合楼工程施工合同一份，合同价款为95.2万余元；还约定，该工程验收合格后，如达到襄樊优良等级工程，按工程总价款的1.5%奖给咸宁某建筑公司。否则，按工程总价款的1.5%惩罚该公司。该合同签订后，经枣阳市招标投标办公室审查后备案。后双方另行订立了一份补充协议，协议内容为工程价款由招标中标的定价下浮16%。

1998年12月19日，咸宁某建筑公司向某信用社，枣阳市某监理公司和枣阳市造价管理站提出异议，要求终止履行该补充协议，按中标备案的合同履行，某信用社未予答复。1999年1月15日，某信用社综合楼开工建设。期间，某信用社支付工程款71万元。1999年12月30日，该工程全部竣工后交付使用，同时，该工程经验收评定为襄樊优良等级工程。2000年7月，双方在工程最后决算时，对依据已备案合同确定的工程价款进行决算，还是采用双方签订的施工合同补充协议确定的工程价款进行结算产生争议，致工程款迟迟未能决算。2005年4月30日，咸宁某建筑公司向枣阳法院提起诉讼。

咸宁某建筑公司认为，已备案的合同是经公开招投标，中标后又在规定时间内签订的，且依法备案，这份合同才是合法有效的，也是双方决算的唯一根据。

某信用社则辩称，补充协议是双方真实意思表示，应为有效。本单位已按补充协议的约定付清了工程款，付款时原告已接受，当时并未提及利息问题，如算利息只能计算未付工程款利息。另外，原告承建的工程未达到襄樊市优良工程奖条件，不应支付优良工程奖。关于劳动保险费，在招标标底和合同中均未约定，也不应支付。

【法院审理及判决】

枣阳市法院认为，根据《招标投标法》的有关规定，招标人和中标人应在中标通知书发出之日起30日内订立书面合同，招标人和中标人不得再行订立背离合同实质性内容的其他协议。

而双方后来又签订的补充协议中，对原已备案的合同内容进行了变更，并将备案合同约定的工程价款进行了较大的变动，该协议与已备案的合同相比，已作了实质性变更。该行为违反了有关法律法规的规定，故补充协议应属无效。

2005年12月27日，枣阳法院一审判决某信用社支付咸宁某建筑公司下余工程款11.3万余元、劳动保险费2.4万余元、优良工程奖1.2万余元、前期投入费用6 722.38元、逾期付款利息6.5万余元，合计22.3万余元。

某信用社不服一审判决，向襄樊中级人民法院提起上诉。

湖北省襄樊市中级人民法院终审判决认定，某信用社与咸宁某建筑公司经招标投标程序的合同为有效合同。另行订立的工程价款由招标中标的定价下浮16%的承诺和补充协议中的该项约定，背离了1998年12月3日按中标价签订的建设工程承包合同的实质性内容。依照《招标投标法》第四十六条和《最高人民法院〈关于审理建设工程施工合同纠纷案件适用法律问题的解释〉》第二十一条的规定，工程价款由招标中标的定价下浮16%的承诺和补充协议中的该项约定无效。

【案例评析】

本案项目属于法律规定必须招标的工程项目，所以合同订立须遵守法律的规定。《招标投标法》第四十六条规定："招标人和中标人应当自中标通知书发出之日起三十日内，按照招标文件和中标人的投标文件订立书面合同。招标人和中标人不得再行订立背离合同实质性内容的其他协议。"本案中原被告双方对工程价款在招标文件中有过约定并且已备案，但后来又签订了一份建筑工程承包合同补充协议，约定工程价款由招标中标的定价下浮16%，并约定以补充协议价格作为工程结算依据。这明显属于上述招投标法所禁止的背离合同实质性内容的情况。所以合同价款不能按补充协议执行，而是应照《施工合同司法解释》第二十一条的规定执行："当事人就同一建设工程另行订立的建设工程施工合同与经过备案的中标合同实质性内容不一致的应以备案的中标合同作为结算价款的根据。"所以本案一审、二审判决是正确的。

【案例二】根据法律无须招投标订立的合同，直接发包的，虽有备案合同，但双方实际履行的是另一合同，应当根据当事人的意思表示来确定合同效力

【基本案情】

上海一个针织厂，通过直接发包方式，将一新建厂房工程发包给上海一个施工企业，备案合同约定合同价 960 万元，施工范围包括土建和水电安装，并约定最终结算按 93 定额据实结算。后双方私下签订一份施工合同，约定施工范围为土建（不包括水电安装），合同价 580 万元，采固定总价方式结算，并约定付款方式。

土建工程完工后，施工企业要求与针织厂结算，并付清工程余款。但针织厂没有积极回应。

施工企业诉至法院，要求针织厂按备案合同的约定进行结算和支付工程款。

针织厂应诉称双方实际是按未备案的施工合同进行履行的，并提供付款凭证，证明实际付款时间和金额基本与未备案的施工合同约定的付款方式一致。

诉讼中，法院委托审计部门进行司法审计。审计部门根据两份合同的约定，做出两份司法审计报告。其中，按备案合同约定，已完成工程的造价为 670 万元，按未备案合同约定，已完成工程的造价为 590 万元。

【法院审理】

法院认为，本案所涉项目不属于我国招投标法规定必须招投标订立的合同，本案所涉合同是直接发包签订的；根据针织厂提供的付款凭证，可以认定双方实际是按未备案合同履行，故以 590 万元为工程总造价扣除已付款后要求针织厂支付。

【案例分析】

我国《招标投标法》第四十六条规定："招标人和中标人应当自中标通知书发出之日起三十日内，按照招标文件和中标人的投标文件订立书面合同。招标人和中标人不得再行订立背离合同实质性内容的其他协议。"该条规定目的是为了保证招投标程序的严肃性。对于另行订立背离合同实质性内容的其他协议的效力，该法没有进一步规定。为了解决这一实践难题，最高院《施工合同司法解释》第二十一条对此作了明确规定："当事人就同一建设工程另行订立的建设工程施工合同与经过备案的中标合同实质性内容不一致的，应当以备案的中标合同作为结算工程价款的根据。"但是，该条规定仅适用法律规定应当招投标订立的合同或法律虽不强制招投标但当事人自愿采取招投标形式订立合同的情况。不适用于不属于招投标范围并且也没有采用招投标形式签订的合同。这些合同许多地方也要求合同备案。如果合同备案后，当事人又订立了与备案合同实质内容不一致合同的，不能当然认为后订立的合同无效，而应以当事人的真实意思表示为判断标准，如后订的合同属于当事人的真实意思表示，应认定该合同的履行效力。本案中，由于针织厂提供付款依据表明双方实际履行的是未备案的合同，而且实际施工范围也基本与未备案合同一致，不包括备案合同中约定的水电安装，故法院认为双方实际履行的是未备案合同，价款结算应以此为依据，这种认定符合法律的规定。

第七节　垫资承包合同的效力

一、垫资承包的概念

所谓建设工程垫资承包施工（又称带资承包施工），是指在工程建设过程中，承包人先用自有资金为发包人进行工程项目建设，工程施工到约定条件或工程全部施工完毕，再由发包人按照约定支付工程价款的施工承包方式。换句话说，就是施工单位自己先掏钱给建设单位进行工程建设，等工程建好后，建设单位再付款的一种合同方式。垫资施工的方式一般包括：带资施工、低比例形象进度付款、形象节点付款和工程竣工后付款等。[①]

实践中垫资承包形式多种多样，按照垫资占工程总造价的比例，垫资可分为部分垫资和全部垫资；垫资还可分为硬垫和软垫。硬垫是指施工单位通过企业间资金借贷的方式直接把资金借给建设单位，这其实是一种企业间的资金借贷行为。软垫主要方式包括：建筑合同的保证金、建筑工程施工招投标的保证金等。

二、垫资承包合同的效力分析

在《施工合同司法解释》发布之前，对于垫资行为的效力认定，经历了重大变化。早期法院认定垫资无效，对垫资全部予以收缴，即认为垫资是非法的，以国家强制力的方式禁止实践中的垫资行为；后来有所松动，不再一律收缴垫资。但司法实践则没有统一判决依据，有的法院判决垫资合同无效；有的法院则判决有效；有的支持垫资方利息请求，有的不予支持，很长一段时间处于乱象之中。

直到2004年最高院出台了相关司法解释，在该《施工合同司法解释》第六条中对垫资行为作出了直接规定："当事人对垫资及其利息有约定，承包人请求按照约定返还垫资及其利息的，应予支持，但是约定的利息计算标准高于中国人民银行发布的同期同类贷款利率的部分除外。当事人对垫资没有约定的，按照工程款处理。当事人对利息没有约定，承包人请求支付利息的，不予支持。"反映了审判实践对垫资行为性质认定的变化，肯定了垫资行为的效力给出了垫资行为争议的解决方法。

实际上在国际建筑市场上是允许垫资的，为业主提供融资服务是国际承包商综合实力的重要体现，工程垫资是一种国际惯例。

我国之所以承认垫资行为的效力，是工程建设市场发展的需要。特别是BOT工程

① 《司法解释适用指南》编写组．建设工程施工合同司法解释适用指南［M］．北京：中国法制出版社，2006，4.

建设的需要。BOT（英文 Build－Operate－Transfer 的缩写）即意为“建设—经营—转让”。BOT 实质上是基础设施投资、建设和经营的一种方式，以政府和私人机构之间达成协议为前提，由政府向私人机构颁布特许，允许其在一定时期内筹集资金建设某一基础设施并管理和经营该设施及其相应的产品与服务。BOT 就是以垫资为前提、在国际上普遍采用的一种工程承包方式。

工程垫资日益成为承揽工程的有效手段。对于实力雄厚的承包商而言，工程垫资是展示实力、承揽工程、在合同洽谈中加重自身砝码的有力武器。中小建筑企业为了生存，亦不惜以贷款垫资为代价参与竞争。正如最高法院负责人在《施工合同司法解释》答记者问时讲到：[①]“在司法解释起草过程中，我们考虑到，一是建筑市场垫资比较普遍，发包人要求承包人垫资，如果承包人不带资、垫资也难以承揽到工程，如果不承认垫资有效，不利于保护承包人的合法权益。二是我国已经加入 WTO，建筑市场是开放的，建筑市场的主体可能是本国的企业，也可能是外国的企业，而国际建筑市场是允许垫资的，如果我们认定垫资一律无效，违反国际惯例，与国际建筑市场的发展潮流相悖。三是根据《合同法》第五十二条规定，必须是违反法律、行政法规的强制性规定，才能认定合同无效。但是从法律规定的层次看，《关于严格禁止在工程建设中带资承包的通知》[②] 不属于法律、行政法规，至多归为部颁规章，不能成为人民法院认定合同条款无效的法律依据。”

最高院《施工合同司法解释》为司法实践对垫资的认定作了指导性的规定，主要标准有：

第一，有约定按约定。直接依据合同认定垫资行为。严格遵循合同法的意思自治原则，尊重当事人的自由意志，以合同约定为认定依据。

第二，无约定，所有垫资视为工程欠款。这样认定具有其合理性。因为垫资方式有现金、实物等，这些垫资都物化在工程项目之中，体现为现实的施工成果，认定为工程欠款，便于核算。

第三，对垫资利息的认定。垫资利息的认定也有三种办法。首先，有约定遵从约定。但是，约定的利息高于中国人民银行发布的同期同类贷款利率的部分，不能得到支持；其次，对垫资有约定而对垫资的利息没有明确约定的，视为没有约定垫资的利息，不能得到支持；在垫资时未约定利息，而在诉讼纠纷中主张利息的，不应当得到法院的支持；对垫资没有约定的，将垫资视为工程欠款，其利息计算按工程欠款的利息计算。

---

① 最高人民法院民事审判第一庭．最高人民法院建设工程施工合同司法解释的理解和适用［M］．北京：人民法院出版社，2004，11.

② 财政部、建设部、国家发展和改革委员会：《关于严格禁止在工程建设中带资承包的通知》，（建［1996］第 347 号）。

三、案例分析

【案例】名为工程保证金，实为工程垫资，应当按照工程欠款处理

【基本案情】

1999年4月13日，庆龙公司与金坛公司签订《建设工程施工合同》。该合同第一条约定：庆龙公司将大庆商城超市（其中包括28层商住楼、20层商业银行楼、4层裙房超市）工程发包给金坛公司施工，建筑面积145000平方米；承包范围为土建、水电、采暖、通风及附属工程；承包方式为包工包料；开工时间为1999年4月20日，竣工时间为2001年12月30日；工程质量为优良。该合同第六条约定：合同价款按黑龙江省大庆市现行定额及其有关取费规定执行，合同价款按实际发生的工程量增减进行调整，取费标准按一类工程取费，临时设施由庆龙公司提供；合同签订后，庆龙公司付给金坛公司400万元，主体完成至一层付30%，主体完成后付25%，交付后付40%（扣除400万元预付款），余款5%作为质量保修金，一年内付清。如资金不到位而影响工期，由庆龙公司负责。该合同第七条约定：庆龙公司提供材料必须保质保量送至现场，经金坛公司验收签证为结算依据。该合同第十一条约定：主体材料凡庆龙公司有能力提供的按定额价提供至施工现场，并按金坛公司要求时间按时提供，由于材料供应不及时，影响工期由庆龙公司负责；该工程由庆龙公司负责办理全部施工审批手续，边设计边施工；由于庆龙公司把该工程的商城超市售给哈尔滨华侨经贸集团公司，因此，该工程只能分期交付，交付四层（商场裙房部分）的时间为1999年10月30日，为保证交付时间，该工程1999年4月15日必须开工，如1999年4月15日不能开工，则工期顺延；金坛公司垫资的1 000万元保证金，庆龙公司在1999年10月30日还给金坛公司。庆龙公司代收代缴一切政策性上缴的费用。工程造价高层下浮9%，裙房下浮8%（扣除计划利润、管理费、税金）。

1999年6月8日，双方签订《修改建设工程施工合同协议条款》（以下简称《补充协议》）约定：金坛公司将每月实际完成的工作量，按大庆市预算定额作出预算，每月25日报监理部、工程指挥部，审批后扣除庆龙公司所供的材料价款及机械费、台班费，每月30日拨给金坛公司工程款的80%，留5%作为工程保证金，余款在竣工后付给金坛公司；金坛公司不计取临时设施费；所有材料均由庆龙公司提供，按大庆市预算定额价结算；工程所需塔吊、混凝土泵由庆龙公司提供，金坛公司不再计取机械费及机械台班费；庆龙公司代收代缴一切政策性上缴的费用，在工程决算中扣回。

之后双方因支付工程款的数额、工程质量、工程保证金的返还等协商不成，金坛公司向黑龙江省高级人民法院提出诉讼，请求判令庆龙公司支付尚欠工程进度款、逾期付款违约金、返还工程保证金等。

【一审审理及判决节选】

一审法院经审理认为，（一）关于庆龙公司主张金坛公司应交付工程保证金 3 000 万元，而其仅履行 1 000 万元及垫资 1 000 万元工程保证金是否应返还金坛公司的问题。金坛公司垫资 1 000 万元工程保证金后，庆龙公司为其出具收据“并注明还款日期 1999 年11 月25 日”。双方对约定由金坛公司垫资 1 000 万元工程保证金均无异议，应认定该垫资1 000 万元工程保证金实为借款。该借款未附任何条件，故庆龙公司应予返还。……

故黑龙江省高级人民法院审理后，于2004 年6 月 25 日作出判决，认为《建设工程施工合同》及《补充协议》系双方真实意思表示，不违反法律规定，应认定有效。判决生效后 30 日内，庆龙房公司给付金坛公司工程款及各种费用 2 369 245. 29 元。

金坛公司和庆龙公司均不服一审判决及裁定，向最高院提起上诉。

【最高院审判节选】

最高院经审理认为，双方签订的《建设工程施工合同》及《补充协议》，意思表示真实，合法有效。因合同已经无法继续履行，一审法院依法判决解除合同是正确的。鉴于金坛公司向一审法院起诉主张 1999 年应得的工程进度款，庆龙公司反诉主张 2000 年已经多支付工程款及金坛公司 1999 年、2000 年所完成的工程均有质量不合格需返修的项目，并主张金坛公司赔偿因其违约给庆龙公司造成的损失等情况，一审法院将双方 1999 年、2000 年两年工程一并处理，并无不当。

双方争议的焦点，主要集中于金坛公司垫付的 1 000 万元工程保证金应否返还、如何确定金坛公司应得工程进度款的数额、庆龙公司可以抵扣工程款的数额、金坛公司与庆龙公司哪一方存在违约行为及应否赔偿损失等几个方面。

（一）关于金坛公司垫付 1 000 万元工程保证金应否返还的问题。

庆龙公司主张，该 1 000 万元为工程保证金，现工程出现问题，理应从该款项中扣除，一审判决将其认定为借款判令庆龙公司予以返还不正确。一审法院已经查明，双方虽然约定该 1 000 万元为保证金，但根据庆龙公司为金坛公司出具的书面收条所载内容，该 1 000 万元实为庆龙公司向金坛公司所借，庆龙公司未附任何条件对还款期限作出明确承诺，现还款期限已过，金坛公司主张返还的请求理应支持，故一审法院将其认定为借款并判决由庆龙公司予以返还并无不当。……

最高院最后作出判决如下：

一、维持黑龙江省高级人民法院（2000）黑民初字第 12 号民事判决第一项、第二项、第四项和第五项。

二、撤销黑龙江省高级人民法院（2000）黑民初字第 12 号民事判决第六项。

三、变更黑龙江省高级人民法院（2000）黑民初字第 12 号民事判决第三项为：本判决生效后 30 日内，大庆市庆龙房地产开发有限公司给付金坛市建筑安装工程公司工程进度款45 279 011. 74 元；大庆市庆龙房地产开发有限公司给付金坛市建筑安装工程公司电缆工程费用854 248. 74 元；大庆市庆龙房地产开发有限公司给付金坛市建筑安装工程公司前述款项时，扣除已付工程款13 352 000 元、材料退价款29 833 949. 45 元共计43 185 949. 45 元。

四、驳回大庆市庆龙房地产开发有限公司、金坛市建筑安装工程公司其他上诉请求。

……

【案例分析】

本案是在最高法院《施工合同司法解释》颁布实施后审理的案件。最高法院《施工合同司法解释》第六条对工程垫资承包的处理作出了明确规定，也从此结束了垫资承包不合法的尴尬境地。该条规定："当事人对垫资和垫资利息有约定，承包人请求按照约定返还垫资及其利息的，应予支持，但是约定的利息计算标准高于中国人民银行发布的同期同类贷款利率的部分除外。当事人对垫资没有约定的，按照工程欠款处理。当事人对垫资利息没有约定，承包人请求支付利息的，不予支持。"

本案中有一个关键问题，就是金坛公司向庆龙公司垫付的1 000 万元的性质问题。该1 000万元是保证金，还是借款？或者是垫资？如果认定1 000 万元是保证金，那么如果工程存在工程质量问题时，就可能无法得到返还。如果认定为垫资，根据上述最高院《施工合同司法解释》有关垫资的规定，理应全额返还；当然如果双方没有对该笔垫资作出利息的约定，应当认定为金坛公司放弃利息的主张权利。如果认定为借款，庆龙公司应当返还，并根据借款之规则给付利息。在本案中，一审法院和最高法院都认为属于借款，这是值得商榷的。因为从本案事实分析看知，这笔资金是金坛公司垫付给庆龙公司的工程启动资金，是典型的"承包人向发包人支付保证金，作为工程项目启动资金"这一类型的垫资。所以一审法院和最高法院对1 000 万元认定为借款是不正确的，尽管认定为借款最终的法律效果对金坛公司有利，因为其利息诉求会得到法院支持，但事实是属于典型的工程款垫付。

笔者认为，金坛公司向庆龙公司垫资1 000 万元，但由于当事人对垫资利息没有约定，按上述司法解释之意，应当按照工程欠款处理。当事人对垫资利息没有约定，承包人请求支付利息的，法院应不予支持。本案对我们的启示是，今后垫资方应当对垫资的利息作出明确约定，以避免遭受经济损失。

第八节　建设工程合同转包的法律效力

一、建设工程合同转包的现状分析

《建设工程质量管理条例》第七十八条对非法转包作出了定义，即承包方承揽工程后未依约履行义务而将工程全部转让给第三方实施或将其承揽的工程全部肢解后又以分包名义转让给其他方实施的行为。转包人与转承包人必须是无隶属关系的两个独立法人或其他组织或个人。

在实践中，可以说建设工程合同转包是引起建设工程质量问题的重要原因之一。因为转承包方与发包方之间并没有直接的合同关系，转承包方不受发包方的约束和指令，导致发包方对转承包方的管理缺乏相应的法律依据。转包会导致一些不具备承包资质的企业或个人通过从承包人手中转包工程来达到承包工程的目的，这种现象在实践中较为普遍。此外，转包人往往会从转承包人处获得利益，由于利益的驱使，层层转包的情形屡见不鲜，这种“层层扒皮”导致的结果是实际施工人压缩施工成本，偷工减料，严重影响工期和工程质量。

如有这样一个案例，1995 年 12 月 26 日，上海奉贤县竣工没多久的贝港桥整体倒塌，断成几节。后经查明：建设单位奉贤县市政管理所将造价 191 万元、理应招标的建桥工程发包给了不具备资质的古华公司越级承包，古华公司在施工中又将部分工程转包给浙江萧山市政公司，而实际组织施工的则是挂靠在萧山市政公司下的一个个体包工头。在“层层转包”、层层牟利过程中，实际施工的个体包工头将层层盘剥中的损失，通过采取偷工减料、克扣施工成本的方法予以弥补。经过检测，设计要求钻孔和混凝土灌注深度为地下 26 米，而实际施工质量最差的一根桩仅打入地下 8 米。[①] 实践中类似上述案例的转包情形较为普遍。

二、建设工程合同转包的类型

根据是否整体转包及转包经营外在形态的不同，可以将转包分为以下四种类型：[②]

第一种，整体转包，转承包人明确地以自己的名义进行施工和经营。在实践中，有些转包行为得到了发包人的同意，在这种情况下，虽然施工许可证上确定的施工企业是承包人，但转承包人在施工工地上标注自己单位的名称，明确地以自己的名义进行施工和经营。

第二种，整体转包，转承包人以挂靠承包人的名义进行施工和经营。在转包行为中，有相当一部分属于承包人擅自转包，为了逃避建设行政管理部门和建设单位（发包人）的监督管理，承包人往往要求转承包人以承包人下属的项目经理部、施工工区或施工队的名义施工和经营。

第三种，整体转包，转承包人既不明确以自己的名义进行施工和经营，也不明确

① 朱树英．建设工程法律实务［M］．北京：法律出版社，2001，5.

② 张来安．建设工程转包和分包的界定［J］．建设工程合同法律适用与探索．北京：中国人民公安大学出版社

以被挂靠单位的名义进行施工和经营。这在实践中往往表现为施工工地上只注明工程项目名称，而不注明施工单位，也不悬挂施工许可证，在与第三人进行交易时，一般是以“某某工地”等模糊不清的身份出现。

第四种，肢解转包，名为分包，实为转包。这在实践中往往表现为承包人将其承包的全部建设工程项目以分包的名义肢解以后分别转包给他人，实质上也是一种变相转包行为。

三、建设工程合同转包的特征

转包具有以下四个特征①：

（一）违法性

尽管合同法规定可以将合同的权利义务全部转让给第三方，但由于建设工程的特殊性，为遏制层层转包、层层盘剥的现象，保障建设工程的质量安全，维护公共利益，因此，《建筑法》等法律法规明确规定无论发包人是否同意承包人进行转包，均予以禁止。

（二）非法营利性

承包人将其承包的全部建设工程转让给第三方，应具有营利的目的，而且这种营利不具有合法性。建设工程承包人通过转让所承包的全部工程而获取的利益属于非法利益。在实务中承包人往往与受转让方约定计取管理费等费用，在转包的基础上承包人获取的诸如管理费之类的利益均不受法律保护。

（三）转让的完全性

建筑法规定，转包是承包人将其承包的全部建设工程整体转让或将全部工程肢解后以“分包”的名义转包。承包人将全部工程肢解后以“分包”的名义转包的，应注意与合法分包的区别。以分包的名义转包是承包人将承包的工程分割后“全部”转让给其他方，承包人不自行完成所承包工程的任何部分；而合法分包是经发包人认可只分包除主体结构外的“部分”工程，承包人仍应自行完成主体结构部分的施工。

（四）管理的放任性

承包人对于转包的工程不进行管理和控制。承包人在施工现场不派遣施工技术、质量、安全、财务等人员，也不提供其自有的机械设备或采购、提供建筑材料，放任该工程的技术、质量、安全、进度、资金使用等主要方面，该工程实际上完全由受转让方自行管理。

---

① 张来安．建设工程转包和分包的界定［J］．建设工程合同法律适用与探索．北京：中国人民公安大学出版社出版．

如前所述，建设工程合同脱胎于承揽合同，从承揽合同的特点我们也可以看出建设工程是不允许转包的。承揽合同中承揽人的主要义务之一就是亲自完成约定的工作。“未经定做人同意，承揽人不得将合同转让给第三人；如果承揽方擅自转让合同，可能会导致定作方信任落空、利益受损，故承揽人须亲自履约”。[①]

四、建设工程合同转包的效力分析

对于转包的建设工程合同效力，相关的法律法规的规定还是相当明确的。

《建筑法》第二十八条规定：“禁止承包单位将其承包的全部建筑工程转包给他人，禁止承包单位将其承包的全部建筑工程肢解以后以分包的名义分别转包给他人。”

《合同法》第二百七十二条也有相应规定：“承包人不得将其承包的全部建设工程转包给第三人或者将其承包的全部建设工程肢解以后以分包的名义分别转包给第三人。”

《建设工程质量管理条例》第六十二条规定了承包单位将承包的工程转包或者违法分包的，或承担责令改正，没收违法所得，责令停业整顿，降低资质等级，吊销资质证书等行政责任。该条例第七十八条第三款规定将全部建设工程肢解以分包的名义转给其他单位承包的行为也是转包行为。在行政规章层面，建设部《房屋建筑和市政基础设施工程施工分包管理办法》也对转包的内涵进行了充实，该办法第十三条第二款将分包工程发包人将工程分包后，未在施工现场设立项目管理机构和派驻相应人员，并未对该工程的施工活动进行组织管理的情形，视同为转包行为。

但以上法律法规对承包人转包建设工程的合同是否无效，没有明确的法律规定，人民法院对如何适用法律认定此类合同效力理解不同，导致对此类合同效力认定上的不同。人民法院对合同性质认定的不一致，使案件审判达不到良好的社会效果，同时不利于制裁民事违法行为，进而达到规范建筑业市场的目的。[②]

直到2004年最高法院《施工合同司法解释》出台，对转包合同效力才有了明确规定。根据最高人民法院《施工合同司法解释》第四条规定：“承包人非法转包、违法分包建设工程或者没有资质的实际施工人借用有资质的建筑施工企业名义与他人签订建设工程施工合同的行为无效。人民法院可以根据民法通则第一百三十四条规定，收缴当事人已经取得的非法所得。”

建设工程合同转包不仅导致合同无效，转包工程的转包人还可能受到行政处罚。我国《建筑法》第六十七条第一款规定：“承包单位将承包的工程转包的，或者违反本

---

① 江平．民法学［M］．中国政法大学出版社，2007，9.

② 最高人民法院民事审判第一庭．最高人民法院建设工程施工合同司法解释的理解和适用［M］．北京：人民法院出版社，2004，11.

法规定进行分包的，责令改正，没收违法所得，并处罚款，可以责令停业整顿，降低资质等级；情节严重的，吊销资质证书。”国务院颁布施行的《建设工程质量管理条例》第六十二条规定：“违反本条例规定，承包单位将承包的工程转包或者违法分包的，责令改正，没收违法所得，对勘察、设计单位处合同约定的勘察费、设计费百分之二十五以上百分之五十以下的罚款；对施工单位处工程合同价款百分之零点五以上百分之一以下的罚款；可以责令停业整顿，降低资质等级；情节严重的，吊销资质证书。工程监理单位转让工程监理业务的，责令改正，没收违法所得，处合同约定的监理酬金百分之二十五以上百分之五十以下的罚款；可以责令停业整顿，降低资质等级；情节严重的，吊销资质证书。”可见，我国法律法规的对转包行为不仅严令禁止，而且规定了比较严厉的行政处罚措施。

五、案例分析

【案例】[①] **承包人非法转包建设工程的行为无效，合同无效，但涉案建筑工程经竣工验收合格，实际施工人要求建设公司支付工程价款，符合相关法律规定**

【基本案情】

再审申请人（一审被告、二审上诉人）：某建设公司

被申请人（一审原告、二审上诉人）：刘某

一审被告：王某

再审申请人建设公司因与被申请人刘某、一审被告王某建设工程施工合同纠纷一案，不服宁夏回族自治区银川市中级人民法院（2013）银民终字第457号民事判决，向宁夏回族自治区高院申请再审，高院于2015年5月28日作出（2015）宁民申字第72号民事裁定，提审本案。高院依法组成合议庭，公开开庭审理了本案。

2012年4月20日，一审原告刘某起诉至宁夏回族自治区银川市金凤区人民法院称，2006年9月，刘某与建设公司约定，建设公司将其承建的某小区16号楼交由刘某进行施工，采取包工包料的方式，主材由建设公司（甲方）供给（水泥和钢筋），费用从刘某工程款中扣除，建设公司按直接费的8%收取管理费，价格按国家定额和合同约定决算，工程款按进度支付。后刘某组织人员进行施工。2007年5月，双方签订了合同，同年7月15日工程完工，11月15日进行决算，决算值为5 208 875.10元。建设公司陆续支付刘某工程款4 448 910.10元。另外，加上钢筋冷加工费20 529.80元、冬季施工费246 425元、临时设施费33 840元，及建设公司多扣刘某的104 377.60元钢材款、某某铝厂转入的10 000元，建设公司还应支付刘某891 901.50元。现诉至法院，请求判令建设公司、王某支付工程款891 901.50元，并承担本案诉讼费。

---

① 宁夏回族自治区高级人民法院民事判决书，（2015）宁民提字第25号。

【一审审理及判决】

宁夏回族自治区银川市金凤区人民法院一审审理认为，建设公司将由宁夏某房地产开发有限公司发包的、由其承建的某小区一期16号多层住宅楼工程转包给刘某具体负责施工，并与刘某签订《建设工程承包协议》。根据相关法律规定，建设工程不能转包，且刘某不具有从事建筑的资质，故双方所签订的上述合同无效。考虑到刘某已实际完成了施工，根据最高人民法院《施工合同司法解释》第二条："建设工程施工合同无效，但建设工程经竣工验收合格，承包人请求参照合同约定支付工程价款的，应予支持。"双方在合同中约定以双方共同审定确认并以业主方及发包方最终结算时实际发生量执行结算。而经建设公司与宁夏某房地产开发公司在2008年1月30日结算，工程总造价为4 552 776.34元。另外，加上刘某增加冬季施工费为246 425元和临时设施费33 840元，以上共计4 833 041.34元，减去建设公司已付4 448 910.10元，下余384 131.24元，扣除刘某应承担的3.43%税金即13 175.70元后，应由建设公司支付刘某370 955.54元。双方约定质保期为5年，该工程于2007年8月验收合格，目前质保期限已届满，故不应再扣除质保金。刘某因未提供充分证据证明建设公司多扣其钢材款104 377.60元及未减去某某铝厂转入的10 000元，故其该两项主张，不予支持。因刘某与建设公司之间所签订的合同无效，故合同约定的8%管理费，刘某无需支付。王某系建设公司负责该工程的项目部经理，其行为系职务行为，因该行为产生的法律后果应由建设公司承担相应的责任。王某辩解理由成立，予以采纳。建设公司部分辩解理由成立，予以部分采纳。依照合同法第二百六十九条第一款，最高人民法院《施工合同司法解释》第二条、第四条之规定，宁夏回族自治区银川市金凤区人民法院于2013年1月9日作出（2012）金民初字第732号民事判决：一、建设公司于判决生效后十日内支付刘某工程款370 955.54元；二、驳回刘某其他诉讼请求。案件受理费12 719元，由刘某负担5 855元，建设公司负担6 864元。

刘某及建设公司均不服一审判决，向宁夏回族自治区银川市中级人民法院提起上诉。

【二审审理及判决】

宁夏回族自治区银川市中级人民法院二审审理查明的事实与一审查明的事实一致。

宁夏回族自治区银川市中级人民法院二审审理认为，本案刘某、建设公司约定"竣工结算时以甲（建设公司）、乙（刘某）双方共同审定确认并以业主方最终结算时实际发生量执行结算。"而经建设公司与业主方宁夏某房地产开发公司结算，涉案工程总造价为4 552 776.34元，故应以建设公司认可的4 552 776.34元确认涉案工程造价。刘某提交的相关证据证实冬季施工费为246 425元，建设公司对此虽不认可，但其提交的证据不足以否认对方证据的真实性，故冬季施工费应确认为246 425元。因双方约定税金和劳保基金由甲方代扣代缴，而已付款中已包含刘某应承担的税金，故原审对税金的处理并无不当，建设公司没有提交其已向劳保基金管理部门缴纳劳保基金的相关证据，故原审对劳保基金的处理亦并无不当。由于建设公司将涉案工程分包给没有资质的刘某导致《建设工程承包协议》无效，因此合同中管理费的约定对双方当事人无约束力，一审法院认定管理费刘某无需支付，处理妥当。刘某对已付款明细单中的部分付款项目不认可，但没有有效的证据证实建设公司多扣其钢材款、钢筋冷加工费及重复扣除10 000元，故一审法院对已付款金额的认定正确。综上，刘某与建设公司的上诉理由均不能成立，其上诉请求均不予支持。一审判决认定事实清楚，适用法律正确，程序合法，处理适当。依照《最高人民法院关于民事诉讼证据的若干规定》第二条，《中华人民共和国民事诉讼法》第一百七十条第一款第（一）项、第一百七十五条之规定，宁夏回族自治区银川市中级人民法院于2014年12月15日作出（2013）银民终字第457号民事判决：驳回上诉，维持原判。二审案件受理费12 719元，由刘某负担5 855元，由建设公司负担6 864元。

【再审审理及判决】

法院再审查明，刘某与建设公司签订的《建设工程承包协议》第二条2.1.1计价原则中约定："双方同意按乙方（刘某）完成的工程量的直接费（以甲方与业主方的最终结算值为主）的92%结算工程款，工程税金由乙方承担"，建设公司在一审答辩及二审上诉书中均自认另外8%为管理费。

再审查明的其他事实与一、二审查明的事实一致。

高院再审认为，依据最高人民法院《施工合同司法解释》第四条的规定："承包人非法转包、违法分包建设工程或者没有资质的实际施工人借用有资质的建筑施工企业名义与他人签订建设工程施工合同的行为无效……"，本案建设公司将工程违法转包给没有资质的刘某，故双方签订的《建设工程承包协议》无效。合同无效，但涉案建筑工程经竣工验收合格，刘某要求建设公司支付工程价款，符合相关法律规定，本院予以支持。原审按照双方约定的"竣工结算时以甲（建设公司）、乙（刘某）双方共同审定确认并以业主方最终结算时实际发生量执行结算"予以计算建设公司应付刘某的工程款并无不妥。经建设公司与业主方宁夏某房地产开发公司结算，建设公司认可涉案工程造价为4 552 776.34元；关于建设公司主张的管理费是否应当支持的问题。虽然双方签订的合同中并无建设公司收取8%管理费的明确约定，但建设公司在一审答辩及二审上诉书中，均明确自认其收取的8%就是管理费。本案建设公司将工程违法转包给没有建筑资质的刘某，导致双方签订的合同无效，故合同中关于管理费的约定对双方当事人均无约束力，原审法院对此处理并无不当；关于建设公司主张的冬季施工费的问题。刘某提交的冬季施工费汇总表证明，涉案工程的冬季施工费为246 425元，建设公司项目部盖章对此予以确认，现建设公司对该证据虽不认可，但其一审提交的关于冬季施工费为32 020.44元的证据系复印件，也没有其他证据对其主张予以佐证。故原审认定冬季施工费为246 425元正确，本院予以确认；再审中刘某抗辩对其与建设公司达成的已付款对账明细单中的部分付款项目不予认可，但其提交的证据不足以证实建设公司多扣其钢材款104 377. 60元、钢筋冷加工费20 529. 80元及重复扣除10 000元，建设公司及王某对刘某的主张亦不认可，故原审对已付款金额的认定并无不当，本院予以确认。

综上，按照合同约定，原审认定建设公司应付刘某的工程款为：工程造价4 552 776. 34元加冬季施工费246 425元和临时设施费33 840元，即4 833 041. 34元，减去建设公司已付4 448 910. 10元，即384 131. 24元，再扣除刘某应承担的3. 43%税金，即13 175. 70元（384131. 24×3. 43%）后，应当支付刘某370 955. 54元，符合法律规定，本院予以确认。综上，原审判决认定事实清楚，适用法律正确，处理结果适当。本案经本院审判委员会讨论决定，依照《中华人民共和国民事诉讼法》第一百七十条第一款第（一）项、第二百零七条之规定，判决如下：

维持宁夏回族自治区银川市中级人民法院（2013）银民终字第457号民事判决。

【案例评析】

本案建设公司将工程违法转包给没有资质的刘某，根据合同法及最高院《施工合同司法解释》的规定，双方签订的《建设工程承包协议》无效。但是本案建筑工程经竣工验收合格，刘某要求建设公司支付工程价款，符合《施工合同司法解释》的规定。对于工程款的支付，合同有约定的，应按原来的约定支付。所以原审法院按照双方约定的“竣工结算时以甲（建设公司）、乙（刘某）双方共同审定确认并以业主方最终结算时实际发生量执行结算”，也即刘某与建设公司签订的《建设工程承包协议》第二条2. 1. 1计价原则中约定：“双方同意按乙方（刘某）完成的工程量的直接费（以甲方与业主方的最终结算值为主）的92%结算工程款，工程税金由乙方承担”的约定予以计算建设公司应付刘某的工程款是合适的。至于转让方收取的8%管理费，由于本案建设公司将工程违法转包给没有建筑资质的刘某，导致双方签订的合同无效，所以合同中关于管理费的约定对双方当事人均无约束力，法院不支持建设公司管理费请求是对的。

第九节　建设工程合同分包的法律效力

建设工程承包合同按照承包人的承包范围可以划分为工程总承包、专业分包和劳务分包等类型。符合相关法律法规的专业分包是合法分包。

一、合法分包与违法分包

专业分包必须符合相关法律法规的要求。具体如下：

（1）分包必须在总包合同中有约定或者取得业主的同意或认可。

（2）分包工程是总工程的一部分非主体结构工程、次要部位或附属部分的勘察设计施工业务。施工总承包项目中建设工程主体结构的施工必须由总承包人自行完成。

（3）分包人必须拥有相应的资质条件；禁止个人承揽分包工程业务。

（4）分包只能发生一次，禁止分包单位将其承包的建设工程再分包。

（5）分包人以其自己的劳动力、设备、原材料、管理等独立完成分包工程。工程分包计取的是直接费、间接费、工程税金和利润，结算的是工程价款，包括预付款、进度款、签证款、结算款、保修金以及各种费用不同的利息起算日期。

（6）工程分包的本质是总分包人之间的管理关系和合同关系，总包人对分包工程必须进行管理。分包人就其完成的工作成果按照分包合同的约定，与总包向建设单位/业主承担连带责任。①

但是，如果建设工程施工分包不符合法律法规的要求，则构成违法分包，其合同效力将受到影响。

《合同法》第二百七十二条规定："发包人可以与总承包人订立建设工程合同，也可以分别与勘察人、设计人、施工人订立勘察、设计、施工承包合同。发包人不得将应当由一个承包人完成的建设工程肢解成若干部分发包给几个承包人。总承包人或者勘察、设计、施工承包人经发包人同意，可以将自己承包的部分工作交由第三人完成。第三人就其完成的工作与总承包人或者勘察、设计、施工承包人向发包人承担连带责任。承包人不得将其承包的全部建设工程转包给第三人或者将其承包的全部建设工程肢解以后以分包的名义分别转包给第三人。禁止承包人将工程分包给不具备相应资质条件的单位。禁止分包单位将其承包的工程再分包。建设工程主体结构的施工必须由承包人自行完成。"

《建筑法》第二十八条规定："禁止承包单位将其承包的全部建筑工程转包给他人，禁止承包单位将其承包的全部建筑工程肢解以后以分包的名义分别转包给他人。"第二十九条规定："建筑工程总承包单位可以将承包工程中的部分工程发包给具有相应资质条件的分包单位；但是，除总承包合同中约定的分包外，必须经建设单位认可。施工总承包的，建筑工程主体结构的施工必须由总承包单位自行完成。建筑工程总承包单位按照总承包合同的约定对建设单位负责；分包单位按照分包合同的约定对总承包单位负责。总承包单位和分包单位就分包工程对建设单位承担连带责任。禁止总承包单位将工程分包给不具备相应资质条件的单位。禁止分包单位将其承包的工程再分包。"

违法分包除合同无效外，与违法转包的情形一样，还将导致行政责任的产生。我国《建筑法》第六十七条第一款及国务院颁布施行的《建设工程质量管理条例》第六

---

① 熊致伟．工程总承包、分包法律属性及责任探讨［J］．发展，2011（07/249）：110.

十二条作出了明确规定。

另外，《建设工程质量管理条例》第七十八条对违法分包也作了明确界定。以下四种行为：（1）总承包合同中未约定，也未经建设单位认可而分包；（2）工程分包给不具有相应资质条件的单位；（3）施工总承包单位将建筑工程主体结构分包给其他单位；（4）分包单位将其承包的工程再分包。

《房屋建筑和市政基础设施工程施工分包管理办法》第十四条规定："禁止将承包的工程进行违法分包。下列行为，属于违法分包：（一）分包工程发包人将专业工程或者劳务作业分包给不具备相应资质条件的分包工程承包人的；（二）施工总承包合同中未有约定，又未经建设单位认可，分包工程发包人将承包工程中的部分专业工程分包给他人的。"

总之，要使分包合同合法有效必须满足的条件是：总承包人按照合同约定，或者经建设单位同意，将主体结构之外的工程分包给具有相应资质条件的分包人。

这种合法分包在工程实践中是很常见的。在国内和国际相关施工合同文本中得到体现。

标准招标文件通用条款第4.3款规定：承包人不得将工程主体、关键性工作分包给第三人。除专用合同条款另有约定外，未经发包人同意，承包人不得将工程的其他部分或工作分包给第三人。

我国施工合同示范文本第38.1款规定：承包人按专用条款的约定分包所承包的部分工程，并与分包单位签订分包合同。未经发包人同意，承包人不得将承包工程的任何部分分包。

FIDIC施工合同条件第4.4款规定：承包商在选择材料供应商或向合同中已注明的分包商进行分包时，无需征得同意；其他拟雇用的分包商须得到工程师的事先同意。

二、指定分包

指定分包是指业主将整个工程发包给总包商承包，对于其中部分专业工程由总包商再分包给业主指定的专业承包商或分包商。我国目前法律对指定分包持否定态度。

实践中常见的指定分包模式主要有以下几种：①

第一，常规意义上的指定分包模式。在这种模式下，指定分包人与总承包人签订合同，发包人先将指定分包人的工程款支付给总承包人，再由总承包人付至指定分包人账户中。这在一定程度上有利于总承包人对指定分包人的监管，这也是目前对总承包人来说相对比较有利的指定分包模式。

第二，发包人不与指定分包人签订合同，却将工程款直接支付给指定分包人的模

① 高印立．建设工程施工合同法律实务与解析［M］．北京：中国建筑工业出版社，2012，3.

式。在这种模式下，又分为两种情形：

一是指定分包工程价款在总包价款内。此时一般先由总承包人向发包人开具付款委托，然后发包人将工程款径直支付给指定分包人。

二是指定分包工程价款不在总包价款内。指定分包价款经总承包人审核后，发包人将工程款径直支付给指定分包人。

不管是这种模式的哪种情形，总承包人承担的风险都为最大，一旦发包人不及时付款，指定分包人自然会依据合同向总承包人追索。

第三，发包人与指定分包人直接签订合同并直接付款的模式。即发包人通过招标直接与分包人签订指定分包合同，该分包人直接对发包人负责，工程款的支付由发包人直接支付给该分包人。这种模式下，名为指定分包，实属于发包人另行发包。

原建设部《房屋建筑和市政基础设施工程施工分包管理办法》第七条规定，建设单位不得直接指定分包工程承包人。但由于该办法归属于部门规章，所以实务中不能据此来认定指定分包合同无效。尽管如此，法律目前仍然认定指定分包属于违法行为，发生合同纠纷时，应当承担过错责任。

如《施工合同司法解释》第十二条第三项规定，发包人直接指定分包人分包专业工程，造成建设工程质量缺陷的，应当承担过错责任。

其实在国际土木工程市场中，指定分包很常见。如FIDIC合同条件第5.1款：在合同中，“指定分包商”是指一个分包商：（a）合同中指明作为指定分包商的，或（b）工程师依据第13款的约定指示承包商将其作为一名分包商雇用的人员。

笔者认为，我国《建筑法》《合同法》对建筑工程分包问题的规定是为了约束总承包人，限制总承包人利用分包损害建设单位的利益而作出的规定。建设部《房屋建筑和市政基础设施工程施工分包管理办法》第七条规定虽然禁止指定分包，但由于该办法属于部门规章，不能据此来认定指定分包合同无效。指定分包有时是必要的，特别是涉及某些高端技术的项目，应允许指定分包，以保证项目的先进性。当然，由发包方指定分包的，发包方对该分包的工程而出现质量瑕疵，发包人根据施工合同司法解释的规定，承担建设工程质量瑕疵责任。

三、分包合同的责任承担

关于总承包人、分包人对发包人应承担的合同责任，《建筑法》第二十九条规定，建筑工程总承包单位按照总承包合同的约定对建设单位负责；分包单位按照分包合同的约定对总承包单位负责。总承包单位和分包单位就分包工程对建设单位承担连带责任。该法第四十五条规定，施工现场安全由建筑施工企业负责。实行施工总承包的，由总承包单位负责。分包单位向总承包单位负责，服从总承包单位对施工现场的安全生产管理。

《建设工程安全生产管理条例》第二十四条规定，建设工程实行施工总承包的，由总承包单位对施工现场的安全生产负总责。总承包单位依法将建设工程分包给其他单位的，分包合同中应当明确各自的安全生产方面的权利、义务。总承包单位和分包单位对分包工程的安全生产承担连带责任。

《施工合同司法解释》第二十五条规定，因建设工程质量发生争议的，发包人可以以总承包人、分包人和实际施工人为共同被告提起诉讼。

标准招标文件通用条款第 4. 3. 5 款约定：承包人应与分包人就分包工程向发包人承担连带责任。

施工合同示范文本第 3. 5. 2 款约定：按照合同约定进行分包的，承包人应确保分包人具有相应的资质和能力。工程分包不减轻或免除承包人的责任和义务，承包人和分包人就分包工程向发包人承担连带责任。

在 FIDIC 中，分包商的行为包括违约都视为承包商自己的行为，由承包商向雇主负责，分包商不承担连带责任。FIDIC 合同条件第 4. 4 款约定："承包商应将分包商、分包商的代理人或雇员的行为或违约视为承包商自己的行为或违约，并为之负全部责任。"

四、案例分析

【案例一】[①] **经发包人同意，承包人可以将承包的工程部分分包给他人施工，但不能分包给不具有相应资质等级的施工者，否则会导致合同无效**

【基本案情】

某施工企业（系被告）将其负责承建的某省高速公路Ⅱ标的两个盖板涵洞工程分包给无资质的"包工头"王某（系原告）组织施工。在施工过程中，原告由于人员不足和设备短缺等多种原因致使中途退出，而被告没有按工程进度进行计价，仅由项目经理签字，分两次预付工程款给原告 37 万余元。后双方签署了工程计价单，载明原告所施工工程的结算价为 33 万余元。原告认为结算价不合理，要求被告再一次性支付给原告 2 万元了结纠纷。被告在谈判无果的情况下，支付原告 2 万元私了。随后原告向被告出具了一份《承诺书》，承诺被告再支付 2 万元后，除变更款（业主变更款批复后，应全额付给原告）外，保证以后不再就经济问题纠缠被告。一年半之后，原告以被告拖欠其所施工的工程中新增项目的变更款 3 万元为由，向法院进行了起诉。法院第一次开庭审理此案，在庭审过程中，原告变更诉讼请求，一是撤销结算清单和承诺书；二是判令被告方支付工程欠款 26 万元。

① http：//www. lawbang. com/index. php/topics－list－baikeview－id－6146. shtml，于 2016 年 11 月 17 日 17:00 访问

【法院审理与判决】

法院经审理认为：因被告将建设工程分包给不具备相应资质条件的个人进行施工，违反了法律的强制性规定，应属无效。同时，双方又无书面合同的约定。在此情形下，对工程造价进行鉴定成为必然。但原告提交申请后，未预交鉴定费用，并且明示放弃了鉴定。致使对案件争议的事实无法通过鉴定结论予以认定。因此，原告应当对其主张的事实承担举证不能的法律后果。法院驳回了原告的诉讼请求，被告胜诉。

【案例分析】

根据规定，合法分包合同需经发包人同意并且分包人必须拥有相应的资质条件；禁止个人承揽分包工程业务。本案中某施工企业将其负责承建的某省高速公路Ⅱ标的两个盖板涵洞工程分包给无资质的“包工头”王某组织施工这很显然合同是无效的。

最高院《施工合同司法解释》第二条规定：建设工程施工合同无效，但建设工程经竣工验收合格，承包人请求参照合同约定支付工程价款的，应予支持。因此本案的原告要求工程款结算是合理的。关键是在案件审理中，查明双方又无书面合同的约定，因此，对工程造价进行鉴定成为必然。但原告提交申请后，未预交鉴定费用，并且明示放弃了鉴定。致使对案件争议的事实无法通过鉴定结论予以认定，所以法院无法支持原告的工程款支付的请求。

【案例二】[①] 非法分包的合同无效，人民法院可以根据民法通则第一百三十四条规定，收缴当事人已经取得的非法所得。非法所得，应是指已经实际取得的财产，对于当事人约定取得但没有取得的财产，不宜认定为非法所得予以收缴

【基本案情】

四川省高级人民法院在审理眉山分公司与李明建设工程施工合同纠纷一案时查明，李明个人不具有建筑施工资质条件，却于1998年8月23日与眉山分公司签订了“分包协议”，以个人名义承揽建设工程，违反了《建筑法》的禁止性规定，李明和眉山分公司所签“分包协议”无效，其工程付款结算应按李明实际施工部分造价进行，双方不得以上述违法民事行为而牟取利益。故依照《民法通则》第一百三十四条第三款、《建筑法》第六十五条第三款的规定，于2003年4月7日作出（2001）川经终字第203－1号和（2001）川经终字第203－2号民事制裁决定书，决定对眉山分公司因履行本案协议在扣除实际施工部分造价及李明多收款额后尚差约定应付款额287 653.08元，作为约定取得予以收缴。李明已收取款额扣除其实际施工部分造价后，多收款额406 782.92元予以收缴。眉山分公司与李明对四川省高级人民法院的上述制裁决定书均不服，向最高法院申请复议。眉山分公司认为，李明实际施工部分造价为5 613 217.08

① 最高人民法院民事审判第一庭．最高人民法院建设工程施工合同司法解释的理解和适用［M］．北京：人民法院出版社，2004，11.

元，而眉山分公司已多付 406 782.92 元，因此，眉山分公司在本案中并未牟取利益。民事制裁决定书认定“对眉山分公司因履行本案协议在扣除实际施工部分造价及李明多收款额后尚差约定应付款额 287 653.08 元予以收缴”显属不当。因协议确认为无效，也就不存在按协议约定付款的问题。四川省高级人民法院（2001）川经终字第 2031 号民事制裁决定书在认定事实和适用法律上均有错误，请求撤销该民事制裁决定书。

【最高院审理及判决】

最高人民法院经审查认为，根据《民法通则》第一百三十四条第三款规定，人民法院审理民事案件，可以予以收缴进行非法活动的财物和非法所得。但案件事实表明，“分包协议”无效后，经司法鉴定，李明实际施工部分造价为 5 613 217.08 元，而眉山分公司支付给李明的工程款是 602 万元，已超出实际施工部分造价 406 782.92 元。因此，眉山分公司没有非法所得。四川省高级人民法院“对眉山分公司因履行本案协议在扣除实际施工部分造价及李明多收款额后尚差约定应付款额 287 653.08 元”，作为约定取得予以收缴没有法律依据。眉山分公司尽管违反了《建筑法》第六十七条第一款的规定，但其应承担的是行政处罚性的法律责任。根据《建筑法》第七十六条第一款规定：“本法规定的责令停业整顿、降低资质等级和吊销资质证书的行政处罚，由颁发资质证书的机关决定；其他行政处罚，由建设行政主管部门或者有关部门依照法律和国务院规定的职权范围决定”。因此，人民法院审理民事案件，不得以此为依据对当事人予以民事制裁。故而撤销了四川省高级人民法院对眉山分公司的处罚决定。

对于李明的复议申请，最高人民法院经审查认为，根据四川省高级人民法院（2001）川经终字第 203 号民事判决和《中华人民共和国建筑法》第二十九条第三款、第六十五条第三款、《中华人民共和国合同法》第五十八条之规定，《分包协议》无效后，李明只能按照其实际施工部分的造价 5 613 217.08 元收取工程款；对其多收的超出其实际施工部分造价的 406 782.92 元工程款，应认定为非法所得。依据《中华人民共和国民法通则》第一百三十四条第三款之规定，对李明的非法所得应予以收缴。故维持了四川省高级人民法院对李明的处罚决定。

【案例分析】

《施工合同司法解释》第四条规定，承包人非法转包、违法分包建设工程或者没有资质的实际施工人借用有资质的建筑施工企业名义与他人签订建设工程施工合同的行为无效。人民法院可以根据民法通则第一百三十四条规定，收缴当事人已经取得的非法所得。

上述规定的非法所得，应指依据无效合同的履行实际已经取得的财产，本案中经最高法院审理查明，李明实际施工部分造价为 5 613 217.08 元，而眉山分公司支付给李明的工程款是 602 万元，已超出实际施工部分造价 406 782.92 元。因此，认定眉山分公司没有非法所得。而李明超出的实际施工部分造价的部分，即 406 782.92 元，为非法所得，应以收缴。最高院的判决是合理的。

第五章　建设工程合同的履行若干法律问题

第一节　建设工程施工项目部的法律地位

建设工程合同的履行就是合同双方当事人（发包方和承包方）按照合同规定的条件，完成合同规定的各自工作，取得合同预期效果的行为。《合同法》第六十条就明确规定："当事人应当按照约定履行自己的义务。"

由于我国的工程建设的特殊性质决定，我国工程建设单位和施工单位在工程建设项目实施过程（建设工程合同的履行）中，并没有采用项目公司这种主体形式运营，而是采用工程项目部的特殊形式来经营，工程项目部不仅是工程项目的实施机构，有时还成为了工程的控制机构，使得承包人脱离了对工程的管理。工程项目部的运营模式，使得建设工程合同在履行过程中，必然出现各种各样的法律问题，比如超越职权从事相应的商事活动，实践中由工程项目部和项目经理越权引发的建设工程合同纠纷不断发生。这些纠纷如处理不好，将严重影响到合同当事人和第三人的利益，不利于工程建设行业的发展。

何谓项目部？根据住房城乡建设部《建设项目工程总承包管理规范》（GB/T50358—2005）第2.0.7条的规定，工程总承包企业项目部的定义是："在工程总承包企业法定代表人授权、支持下，由项目经理组建并领导的项目管理组织。"可见，项目部是施工企业为特定工程设立的，管理项目工程及具体履行相关工程合同的临时性内部机构。

一、工程项目部的法律地位

对于施工方而言，我国工商登记采属地主义，施工企业住所地及主要经营、办公场所基本都固定在某个地方，而建设工程项目分布较广，由于承包工程不采用项目公司的形式，所以不可能经常变动并随建设项目的不同而迁移。因此，它们往往在中标或者承接到工程以后，成立项目部来负责具体施工事务。项目部成立应履行什么手续，与建设单位、施工企业的关系如何处理，各地、各企业做法均不一致，缺乏统一的规定，由此带来诸多法律问题，引发了建设单位、施工企业较大的经营风险。

项目部作为工程施工单位为完成某一具体项目的施工而特别成立的一种管理部门，对施工单位而言，其仅仅是个临时职能部门，随工程的接收而成立，随工程的完工而被解散或者撤销。项目部在没有施工单位明确授权的情况下，不能以自己的名义从事材料采购、签订合同等活动。工程项目部的具体法律地位可以概括如下：

第一，工程项目部根据承包方内部管理制度而设立并运行。承包单位与项目部之间的关系是委托代理关系，项目部必须在委托授权的范围内对项目进行管理。

第二，工程项目部不属于承包单位的分支机构，不具有独立的民事主体资格。项目部的性质决定了其不能具有类似其他组织的法律地位。《最高人民法院关于适用〈中华人民共和国民事诉讼法〉若干问题的意见》第四十条规定，《民事诉讼法》第四十九条规定的其他组织是指合法成立、有一定的组织机构和财产，但又不具备法人资格的组织，其中包括第（5）项的法人依法设立并领取营业执照的分支机构。很显然根据以上规定的精神，项目部要成为法律意义上的其他组织，除了应由具备法人资格的施工单位下文批复合法成立、安排一定的人员、拨付一定的财产外，最主要的还要到项目部所在地的工商行政管理部门办理登记手续并领取营业执照。这样，才具备了民事诉讼当事人的主体资格，方可作为原、被告参与诉讼。

第三，工程项目部内部实行项目经理负责制。作为项目部的核心人员，项目经理的综合能力和管理水平，在很大程度上影响到项目能否得到顺利实施的问题。

第四，项目部的其他人员，如安全员、材料员的工作人员的活动，在职权范围内开展，也不得超越承包单位对项目部的授权范围。

二、项目经理的职权

（1）关于项目经理的不同定义。项目经理责任制是我国施工管理体制上一个重大的改革，对加强工程项目管理、提高工程质量起到很好的作用。

建设部在《建筑施工企业项目经理资质管理办法》中，将建设施工企业项目经理定义为受企业法定代表人委托、对工程项目施工过程全面负责的项目管理者和建筑施工企业法定代表人在工程项目上的代表人。该第八条还规定：“项目经理在承担工程项目施工的管理过程中，应当按照建筑施工企业与建设单位签订的工程承包合同，与本企业法定代表人签订项目承包合同，并在企业法定代表人授权范围内，行使以下管理权力：……”

2006 年 12 月，发布的国家标准《建设工程项目管理规范》（GB/T50326—2006）中规定，项目经理应由法定代表人任命，并根据法定代表人授权的范围、期限和内容，履行管理职责，并对项目实施全过程、全面管理。

在施工合同示范文本的通用条款第 1.1.2.8 款对项目经理定义为：由承包人任命并派驻施工现场，在承包人授权范围内负责合同履行，且按照法律规定具有相应资格的项目负责人。

比较而知，建设部《建筑施工企业项目经理资质管理办法》明确规定项目经理属法定代表人在工程项目上的代表人，尽管该办法第八条也明确项目经理也需在企业法定代表人授权范围内行事，但还是容易被误解为目经理享有“代表权”。众所周知，“代表人”不同于“代理人”，“代理人”需要明确授权，“代表人”无需授权即可被视为享有全权代表法定代表人在项目上负责一切事务的权力。

笔者认为，在施工合同示范文本的通用条款对项目经理的定义较为合理，即项目经理定义为承包人在工程项目上的委托代理人。项目经理应当在企业的授权范围内进行活动，未经企业授权的项目经理行为属于效力待定的法律行为。

（2）经理的职责。项目经理的职责归结为以下几个方面：

目标责任。即项目经理必须确保项目目标按业主和项目目标责任书规定的要求实现，这是对项目经理最基本、最主要的职责要求。

规划与控制。即要求项目经理按项目总目标的要求，制定项目阶段性目标及编制项目管理实施规划，将项目目标分解成具体的工作内容和施工步骤，以利于实施、管理。

管理与决策。即通过选任的项目管理班子和建立各种专业管理体系，对项目实施、进度安排、人事任免、技术措施、设备采购、资源调配等方面进行全面的动态管理和及时决策，以保证项目的进展。

履行与监督。即项目经理不仅应认真履行施工合同规定的义务，也应当以合同为标准监督项目各方，严格合同变更、签证等各项制度，为工程实施、结算及索赔准备依据，将项目各方的利益和义务统一到合同条款的约束之下。

《建筑施工企业项目经理资质管理办法》第八条规定了项目经理的权力，即应当按照建筑施工企业与建设单位签订的工程承包合同，与本企业法定代表人签订项目承包合同，并在企业法定代表人授权范围内行使以下管理权力：组织项目管理班子；以企业法定代表人的代表身份处理与所承担的工程项目有关的外部关系，受委托签署有关合同；指挥工程项目建设的生产经营活动，调配并管理进入工程项目的人力、资金、物资、机械设备等生产要素；选择施工作业队伍；进行合理的经济分配；企业法定代表人授予的其他管理权力。

《建设工程项目管理规范》（GB/T 50326—2006）第6.4.2条也规定了项目经理的权限，包括：1. 参与项目招标、投标和合同签订；2. 参与组建项目经理部；3. 主持项目经理部工作；4. 决定授权范围内的项目资金的投人和使用；5. 制定内部计酬办法；6. 参与选择并使用具有相应资质的分包人；7. 参与选择物资供应单位；8. 在授权范围内协调与项目有关的内外部关系；9. 法定代表人授予的其他权力。

第二节　工程项目经理的表见代理问题

一、工程项目经理授权性质

根据委托代理理论，委托代理人的代理权来源于委托人的明确授权，而代表人的权力来源于其作为代表人的身份。由于代表一般是基于法律的直接规定，而且，其代表行为直接视为本人的行为，因此，将项目经理认定为施工企业或其法定代表人的代表对施工企业而言，风险太大，也不符合法律规定。因此，正确认识和处理施工企业和项目经理的法律关系，是控制项目风险的前提。

工程项目经理职权仅来源于企业的委托授权。只能由企业法定代表人以授权委托书或内部承包合同条款的方式明确表明。

但也有人认为，《建筑施工企业项目经理资质管理办法》规定的项目经理的职责，可以被认为是一种职务授权。一般来说如属职务授权，即项目经理作为施工企业的职务代理人，其在职权范围内的行为，其法律后果归属于施工企业，无需施工企业的特别授权。笔者认为这种观点值得商榷，因为《建筑施工企业项目经理资质管理办法》第八条第二款明确规定："项目经理签订合同，需取得企业的授权。所以这种授权完全属于委托代理的范畴。"

二、代理的类型

代理从不同的角度可以分成不同的类型，其中最重要的分类方法是根据代理权产生的原因的不同，将代理分为委托代理、法定代理和指定代理。

委托代理是指基于被代理人的委托授权而发生代理权的代理，由于它是依据本人意思而产生代理权的代理，本人意思表示是发生委托代理的前提条件，故又称为意定代理。委托授权行为是被代理人以委托的意思表示将代理权授予代理人的行为。它是委托代理产生的根据。我国《民法通则》有关委托代理的规定，明确使用了"授权委托书""委托书授权"等术语，可见，我国《民法通则》也把授权行为作为委托代理发生的根据。

委托代理根据其法律效果，可分为有权代理和无权代理。

有权代理是指代理人在授权的范围内以被代理人的名义行使代理权，其行为后果由被代理人承担。

有权代理必须具备下列要件：（1）代理人有代理权；（2）代理人须作出或者接受法律行为上的意思表示；代理人的意思表示不仅包括双方意思表示，还包括单方意思表示。例如，代理人可以通过自己一方的行为使自己与他人的法律关系发生、变更或终止。(3) 代理人为代理行为须以被代理人的名义。(4) 代理人应当遵守法律规定的或当事人约定的代理义务；(5) 代理应当在法律规定的范围内适用。

无权代理是指在没有代理权的情况下以他人名义实施的民事行为，无权代理包括：行为人没有他人授权，或者超越了授权范围，或者授权终止后仍然以之前被代理人的名义实施行为。无权代理人签订的合同效力待定。如果被代理人不追认，则合同不发生效力，其结果由无权代理人承担。

《民法通则》第六十六条第一款规定：没有代理权、超越代理权或者代理权终止后的行为，只有经过被代理人的追认，被代理人才承担民事责任。这是我们通常所说的狭义的无权代理。

《合同法》第四十八条规定："行为人没有代理权、超越代理权或者代理权终止后以被代理人名义订立的合同，未经被代理人追认，对被代理人不发生效力，由行为人承担责任。相对人可以催告被代理人在一个月内予以追认。被代理人未作表示的，视为拒绝追认。合同被追认之前，善意相对人有撤销的权利。撤销应当以通知的方式作出。"

可见，狭义的无权代理可以分为以下三类：

一是未授权之无权代理。指既没有经委托授权，又没有法律上的根据，也没有人民法院或者主管机关的指定，而以他人名义实施民事法律行为之代理。

二是越权之无权代理。指代理人超越代理权限范围而进行代理行为。

三是代理权消灭后之无权代理。指代理人因代理期限届满或者约定的代理事务完成甚至被解除代理权后，仍以被代理人的名义进行的代理活动。

狭义无权代理产生以下法律后果：

(1) 本人有追认权和拒绝权。追认是本人接受无权代理之行为效果的意思表示。《民法通则》第六十六条规定了本人的追认权和拒绝权；拒绝权须以明示方式表示，默示则视为追认。无权代理经追认溯及行为开始对本人生效，本人拒绝承认的，无权代理效果由行为人自己承受。追认权与拒绝权只需本人一方意思表示即生效，故属于形成权。而《合同法》第四十八条第二款的规定与《民法通则》的规定有很大不同：相对人可以催告被代理人在1个月内予以追认。被代理人未作表示的，视为拒绝追认。合同被追认之前，善意相对人有撤销的权利。撤销应当以通知的方式作出。《合同法》的规定有其明显的特点，首先规定了追认权或拒绝权行使的期间，其次是本人未作表示的，视为拒绝，这一点与民法通则规定的"不作否认表示的，视为同意"正好相反。在法律适用方面，在狭义无权代理为订立合同的，应根据新法优于旧法的原则，适用《合同法》的规定。

(2) 相对人有催告权和撤销权。催告是相对人请求本人于确定的期限内作出追认或拒绝的意思表示；撤销是相对人确认无权代理为无效的意思表示。催告权和撤销权只需相对人一方意思表示即生效，故属于形成权。《合同法》规定：“合同被追认之前，善意相对人有撤销的权利。撤销应当以通知的方式作出。”

行为人之无权代理行为如确是为“本人之利益计算”，且符合无因管理法律要件时，在本人与行为人之间可构成无因管理之债；反之，如造成本人损害的，在本人与行为人之间发生损害赔偿之债。

广义的无权代理，除以上狭义的三种情形外，还包括表见代理。

《合同法》第四十九条关于“行为人没有代理权、超越代理权或者代理权终止后以被代理人名义订立合同，相对人有理由相信行为人有代理权的，该代理行为有效”的规定，建立了我国的表见代理制度。

三、项目经理的行为与表见代理

表见代理属于广义范畴上的无权代理，具体是指在无权代理的情况下，代理人以被代理人的名义与相对人实施民事行为，由于代理人和被代理人之间的某种密切关系，在客观上足以使相对人确信代理人有代理权，因此法律上为保护善意无过失的相对人而要求被代理人对代理人的行为承担责任的一种法律制度。

关于表见代理的构成要件，法学界一直存有单一要件说和双重要件说的争议。

单一要件说认为，只要具备使相对人相信代理权存在的表象和理由这一要件，不问本人是否有过错，均构成表见代理。单一要件说的特点是便于操作，只要审查相对人的表象和理由是否充分就可以认定是否构成表见代理。目前我国合同法采用的是单一要件说。

而双重要件说主张，除了具备表象和理由这一要件外，还必须具备本人有过错而相对人无过错这一要件。

最高人民法院《关于当前形势下审理民商事合同纠纷案件若干问题的指导意见》第十三条规定：合同法第四十九条规定的表见代理制度不仅要求代理人的无权代理行为在客观上形成具有代理权的表象，而且要求相对人在主观上善意且无过失地相信行为人有代理权。合同相对人主张构成表见代理的，应当承担举证责任，不仅应当举证证明代理行为存在诸如合同书、公章、印鉴等有权代理的客观表象形式要素，而且应当证明其善意且无过失地相信行为人具有代理权。第十四条规定：人民法院在判断合同相对人主观上是否属于善意且无过失时，应当结合合同缔结与履行过程中的各种因素综合判断合同相对人是否尽到合理注意义务，此外还要考虑合同的缔结时间、以谁的名义签字、是否盖有相关印章及印章真伪、标的物的交付方式与地点、购买的材料、租赁的器材、所借款项的用途、建筑单位是否知道项目经理的行为、是否参与合同履行等各种因素，作出综合分析判断。

从最高院上述指导意见可以看出，该意见采纳了“单一要件”说，要求以客观上形成的具有代理权的表象以及相对人对善意且无过失来认定表见代理行为，而对本人是否有过错则没有要求。

代理权的表象是指相对人有理由相信行为人有代理权的外观依据。因此可以说代理权的表象在认定是否构成表见代理时起到关键作用。

在工程建设项目中对项目经理行为，是否构成代理权表象，应作具体分析。

（一）项目经理的职务是否属于有权代理的表象

根据前述可知，有人认为，建设部《建筑施工企业项目经理资质管理办法》及中国建筑业协会公布的《建设工程项目经理岗位职业资质管理导则》中均对项目经理在具体项目施工中的职责作出了细致的罗列规定，这些罗列的项目经理的职责，可以被认为是项目经理的职务代表行为的佐证，因而在这些职责行为范围内构成了有权代理。

目前在工程建设实践中，就存在这样一种情况，许多人把项目经理认为是施工企业的法定代表人在工地上的合法代表人，因此他们认为项目经理具有处理工地上一切合法事务的权力，一旦项目经理超越权限订立合同，项目经理的职务就被赋予了具有代理权的表象。其表象的表现形式有如经理的任命文件、授权委托书、施工合同条款等。

但结合上述办法第八条的规定，笔者认为，对外签订合同不是项目经理的职务授权范围而需经企业委托授权，因此，项目经理的职务本身不是有权签订合同的表象。至于项目经理是否取得授权，或者其他因素使相对人相信其有权签订合同，则是委托授权的表象问题。

对于挂靠的项目经理以自己名义与材料供应商签订合同形成的债务，应由谁承担偿付责任，实践中存在两种观点：一种观点认为，由工程的承包人承担付款责任。理由是挂靠经营行为实质是承包承租经营行为，若挂靠人以被挂靠人名义对外经营，由被挂靠人承担相关的法律责任。即使是以个人名义，只要材料供应商的材料是为承包人承包的工程提供的，承包人取得工程承包权后有无转包或分包属于承包人内部经营的问题，与材料供应商无关。另一种观点认为，由挂靠的项目经理直接承担付款责任。理由是基于合同相对性原则，与材料供应商直接发生合同关系的是实际施工人，故供应商应向实际施工人追索款项。笔者赞成第二种观点，因为在此不存在代理问题，合同与被挂靠人无关。

（二）加盖的印章是否属于有权代理的表象

在商事交易中，加盖的单位印章更加容易成为有代理权的表象，从而得到相对人的信赖。在建设工程项目实施过程中，项目部通过加盖相应的印章来签订合同，是否能成为具有代理权的表象，要作具体分析：

第一，加盖于空白授权委托书、空白介绍信和空白合同书的单位印章或合同章。这类情况关键在于，这些合同书、介绍信或授权书是否存在单位对项目部权限限制的情况，实践中，施工单位为了避免经营风险，会对工程项目部和项目经理的经营活动进行限制，但出于工程施工的实际需要，还是会存在交给项目经理空白合同书、介绍信或授权委托书的情况，但在这些文件中常常注明文件的特定用途，比如，用于谈判，或用于特定合同的签署。但也有施工单位管理不严，并没有对经理的权利进行限制，在这种未限制的情况下，这些文件就成了表见代理的表象。

第二，施工企业的项目部等印章，是否能代表企业对外签订合同，则是需要研究的另一问题。

项目部印章是施工单位为项目的顺利实施而刻制的，一般应具有代理权的表象。此外，印章的使用权一般掌控在项目经理手里，因此，项目部的印章对外使用所代表的权限不应超过项目经理的权限，项目部的印章同样不具有对外签订合同的效力，这为常理。但受传统习惯的影响，合同相对人对印章所代表权限的判断会高于项目经理的签字，因此，将项目部印章认定为表见代理的表象也有其合理性。

但是如施工单位对项目部印章上表明“不得用于签订合同”等字样，则无法构成表见代理的表象。

四、相对人无过失且善意之要件的分析

所谓善意、无过失，是指行为人在事实上并无代理权，但相对人对此并未知晓。合同法对于相对人善意且无过失的要件除规定“相对人有理由相信”外并没有明确的表述，但在《最高人民法院关于当前形势下审理民商事合同纠纷案件若干问题的指导意见》（法发〔2009〕40 号）中已经予以明确：“14. 人民法院在判断合同相对人主观上是否属于善意且无过失时，应当结合合同缔结与履行过程中的各种因素综合判断合同相对人是否尽到合理注意义务，此外还要考虑合同的缔结时间、以谁的名义签字、是否盖有相关印章及印章真伪、标的物的交付方式与地点、购买的材料、租赁的器材、所借款项的用途、建筑单位是否知道项目经理的行为、是否参与合同履行等各种因素，作出综合分析判断。”

从最高院尚书指导意见可以看出，要求合同相对人善意且无过失，判断标准主要有：

1. 是否尽到了应当对行为人有无代理权的注意义务

相对人应尽的合理注意义务，是指作为一个理智的、熟悉建筑工程交易习惯的市场主体应尽的谨慎审查义务。以下情形可认为相对人未尽合理的注意义务：项目经理的行为与其身份明显不符、不符合行业交易习惯；项目经理的行为明显超越授权事项；建筑企业已尽了合理的明示义务；项目经理的代理证明文件存在重大瑕疵。

2. 加盖公章的真伪

从一般理性出发，相对人对加盖印章的合同、文件的信赖程度要高于仅有签字的合同、文件。只要行为人加盖印章的行为不具有显而易见的缺陷，则只会强化相对人的信赖。

对于私刻的单位公章、合同章或项目部印章，由于相对人一般很难从外观上进行甄别，实践中也根本没有具有公信力的第三方机构备案的“真实”印章，而且印章的所谓“私刻”也只是针对企业内部而言，印章是否系私刻、伪造是无法鉴定的。因此，笔者认为，私刻的单位公章、合同章和项目部印章均在客观上形成了具有代理权的表象。

一般来说，相对人如果能证明表象具有其充分性，则无需再证明自身善意及无过失，然而在代理权表象不充分情形下，则相对人则有必要单独对自身善意无过失加以证明，从而补足在证明权利外观上的缺陷。在建设工程领域，出现以下情况时，一般可以否定相对人为善意无过失：

（1）合同的订立和履行明显损害建筑单位利益的；

（2）权利人交付的合同标的物明显非该工程建设所需要的，或材料供应量明显超出该工程建设需要量的；

（3）缔约时间在工程竣工结算之后的；

（4）项目经理所为的行为与权利外观不具有牵连性；

（5）相对人知道或应当知道存在非法转包、违法分包、挂靠事实，仍同意行为人以建筑企业名义与之发生交易的。

五、地方法院对表见代理认定的意见

江苏省高院《建设工程施工合同案件审理指南 2010》对如何认定表见代理作了如下阐述：根据《合同法解释一》第十四条的规定，认定构成表见代理的，应当以被代理人的行为与权利外观的形成具有一定的牵连性即被代理人具有一定的过错为前提，以“相对人有理由相信行为人有代理权”即相对人善意无过失为条件。第十五条规定，在衡量相对人是否构成善意无过失时，应结合代理原理和经验法则以及案件的具体情况等因素综合作出判断，下列情形下不应当认定为属于《合同法》第四十九条所称的“相对人有理由相信行为人有代理权”：（1）被代理人授权明确，行为人越权代理的；（2）行为人与相对人订立的合同内容明显损害被代理人利益的；（3）基于经验法则，行为人的代理行为足以引起相对人合理怀疑的。通常，实际承包人在赊购物资或者融资时加盖项目经理部的印章，凭此一般可以认定相对人有理由相信实际承包人的行为系职务行为，要求相对人举证证明实际承包人与其发生交易时持有施工企业的授权委托书不符合实际，过于苛刻。但是不能一概而论，根据实务中的一些具体情况，以下情形中不应认定实际承包人的行为构成表见代理：（1）授权委托书载明的授权明确，相对人与实际承包人发生的交易属无权代理权；（2）相对人应对涉及工程项目上的“项目经理”身份进行必要的审查，如其未尽合理的审查义务而与实际没有“项目经理”身份的人、没有“项目经理”授权的人或者在工程项目终止后无权代表施工企业的“项目经理”发生交易；（3）相对人将实际承包人采购的物资、租赁的设备根据实际承包人的指示，运送至施工企业“承包”工程项目以外的工地的，或者相对人将实际承包人所借款项汇至与施工企业或工程项目无关的银行账户的，也即无证据证明交易与施工企业“承包”的工程项目有关；（4）相对人与实际承包人订立的合同明显损害施工企业的合法利益，可按照当事人恶意串通损害他人利益的原则处理；（5）实际承包人人以自己作为交易主体与相对人订立、履行合同，但未经施工企业授权而以施工企业名义出具债务凭证；（6）实际承包人加盖私刻（或伪造）的印章与相对人发生交易或者向相对人出具债务凭证，相对人又没有证据证明该印章曾在施工企业“承包”的工程项目中使用过或者施工企业知道或应当知道实际承包人利用该印章从事相关行为，又不能证明相关资金、物质、设备用于施工企业“承包”的工程项目的。虽然，相对人可能无法辩明实际承包人加盖的印章与施工企业的关联性，但如果加盖的印章确为实际承包人私刻，且没有证据证明相关资金、物质、设备用于施工企业“承包”的工程项目的，让施工企业承担责任没有法律和事实依据，按合同相对性原则予以处理最为妥当。

笔者认为，江苏高级法院的上述表述，结合了建设工程的实际情况，具有一定的合理性，可以作为认定项目经理等是否构成表见代理情况的参考。

六、案例分析

【案例】自然人通过挂靠其他公司，并私刻该公司公章，多次使用该枚公章从事一系列经营活动，且该公章已为相关政府职能部门确认的，可推定该公司明知该自然人使用该枚公章，该公司应当对外承担相应民事责任

【基本案情】

再审申请人（一审被告、二审上诉人）：某房地产公司

被申请人（一审原告、二审被上诉人）：雷某

一审被告、二审被上诉人：吴某

一审被告、二审被上诉人

一审被告、二审被上诉人：江西某科技有限公司

再审申请人江山市某房地产开发有限责任公司（以下简称房地产公司）因与被申请人雷某，一审被告、二审被上诉人吴某、俞某、江西某科技公司民间借贷纠纷一案，不服江西省高级人民法院（2014）赣民一终字第32号民事判决，向最高法院申请再

审。最高法院院依法组成合议庭，对本案进行了审查。本案现已审查终结。

房地产公司申请再审称：1. 一、二审程序违法。针对吴某向雷某所借的款项在2014年4月18日已由东乡县人民法院做出刑事判决，并在其生效后，进入了法院执行程序。江西高院在事隔一年半后对同一事实又做出了一份判令吴某向雷某还款，房地产公司对此承担担保责任的民事实体判决，是错误的。2. 一、二审民事判决以“推定房地产公司知情”为名判令房地产公司承担担保责任在事实上和法律上都不能成立。房地产公司与吴某不构成担保关系。业已生效的东乡县人民法院刑事判决在第29页“（三）伪造公司印章的事实”一节中认定，2011年7月19日，吴某与借款人雷某签订还款协议时，以房地产公司的名义提供担保，加盖房地产公司的印章是伪造的。二审判决也做出了“《还款协议》《承诺书》中的印章作为伪造公章罪的对象，并被刑事判决书中认定为伪造的公章”的认定。《最高人民法院关于审理民间借贷案件适用法律若干问题的规定》第八条规定“借款人涉嫌犯罪或者生效判决认定有罪，出借人起诉请求担保人承担民事责任的，人民法院应予受理”，按照该条规定，江西高院在处理本案时应尊重东乡县人民法院刑事判决对案件事实的实体认定，而仅对房地产公司与雷某之间是否构成担保关系、其是否合法有效而予以审理，不应当再判令吴某等向雷某偿还借款。二审判决认定伪造的公章具有“公示效力”是错误的。对“挂靠人”吴某涉及“某某商厦”项目提出需要提供的正常手续，房地产公司都予以提供。所谓“路途远、盖章不便”，根本不能成为吴某等私刻公章正当理由。在向政府有关机构（东乡县房管局）提交的“预售证”申报材料中，均有清单列明，并由房地产公司逐页审查后加盖了公司印章后才予提交的。江西高院判决中所称的“承诺书”，系吴某在上述申报材料之外，伪造事实，加盖上其私刻的公司印章，并私下自行向政府有关机构（东乡县房管局）提交的。政府有关机构（东乡县房管局）认可并予以批准，房地产公司对此毫不知情。3. 吴某在借据担保人处加盖其私刻的公司印章超出了“挂靠经营”的范围，应属无效。综上，房地产公司依据《中华人民共和国民事诉讼法》第二百条第二项、第三项、第六项的规定申请再审。

根据房地产公司再审申请书载明的理由，最高法院对以下问题进行审查。

1．关于一、二审是否存在程序违法

对于借款人是否涉嫌犯罪的认定，不影响担保责任的认定与承担。在由第三人提供担保的民间借贷中，就法律关系而言，存在出借人与借款人之间的借款关系以及出借人与第三方的担保关系两种法律关系，而借款人涉嫌犯罪或者被生效判决认定有罪，并不涉及担保法律关系。刑事案件的犯罪嫌疑人或犯罪人仅与民间借贷纠纷中的借款人重合，而出借人要求担保人承担担保责任的案件，其责任主体与刑事案件的责任主体并不一致。因此，借款人涉嫌或构成刑事犯罪时，出借人起诉担保人的，应适用“民刑分离”的原则。房地产公司关于本案程序违法的主张缺乏依据，本院不予支持。

2. 关于房地产公司是否应当承担担保责任

吴某与雷某达成的《还款协议》是双方真实意思表示，应为有效，《还款协议》上房地产公司作为担保人加盖公章。虽然该公章已被刑事判决认定为吴某伪造，但从一审查明的情况看，吴某多次使用该枚公章从事一系列经营活动，且该公章已为施工单位和相关政府职能部门确认。本案中，吴某通过挂靠房地产公司，取得了“某某商厦”项目的开发人资格，吴某是该项目的实际控制人，吴某所借款项部分用于“某某商厦”项目。房地产公司为涉案款项提供担保的行为合法有效。吴某在《招标通知书》和《建设工程施工招标备案资料》以及与施工单位订立的《建设工程施工合同》中均使用了该枚私刻的公章。

上述法律行为必须要使用公章，在此情况下，二审判决推定房地产公司对于吴某使用该枚公章知情并无不当。且依据一审时的鉴定结论，吴某使用的该枚公章与其向东乡县房管局申报《承诺书》中的公章相同。上述事实使雷某对于该公章形成合理信赖，雷某的合理信赖利益应当受到保护。一、二审判决认定房地产公司承担担保责任并无不当。

综上，二审判决认定事实与适用法律方面均无不当。房地产公司的再审申请不符合《中华人民共和国民事诉讼法》第二百条第二项、第三项、第六项规定的情形，本院依照《中华人民共和国民事诉讼法》第二百零四条第一款之规定，裁定如下：

驳回江山市江建房地产开发有限责任公司的再审申请。

【案例分析】

这是一个典型的表见代理的案例。在本案中，《还款协议》上房地产公司作为担保人加盖公章。尽管该公章已被刑事判决认定为吴某伪造，但从法院查明的情况看，吴某多次使用该枚公章从事一系列经营活动，并且该公章已为施工单位和相关政府职能部门确认。吴某在《招标通知书》和《建设工程施工招标备案资料》以及与施工单位订立的《建设工程施工合同》中均使用了该枚私刻的公章。从这一系列活动中使用伪造的公章看，房地产公司对于吴某使用该枚公章应当是知情的，房地产公司在知道或者应当知道吴某私刻公司印章，并经常使用的情况下，放任、容许吴某长期使用，而未及时制止，才导致了雷某对于该公章形成合理信赖，雷某的合理信赖利益应当受到保护。所以吴某的行为符合表见代理的条件，房地产公司应当对外承担相应民事责任。

第三节　建设工程实际施工人的若干法律问题

一、实际施工人的概念

在建设工程合同的履行过程中，违反合同约定的情况时有发生，比如与建设单位签订合同后，承包人并不亲自完成合同项下的施工任务，而是通过转包、违法分包或挂靠等方式，将施工任务交由他人来完成，由此产生了实际施工人的概念。

我国《合同法》对合同主体的称谓中有“施工人”的表述，“施工人”概括了有效建设工程施工合同的所有施工主体，包括总承包人、承包人、专业工程承包人、劳务作业分包人，不包括转包、违法分包合同的承包人。

但合同法没有“实际施工人”表述。“实际施工人”首次出现于2005年最高人民法院《施工合同司法解释》，其中第1、4、25、26等条款使用了“实际施工人”的概念，但没有针对该概念进行专门的界定。

从《施工合同司法解释》中使用了实际施工人的条文可以看出，三处均是指无效合同的承包人，如转承包人、违法分包合同的承包人、没有资质借用有资质的建筑施工企业的名义与他人签订建设工程施工合同的承包人。当然，对于实际施工人的界定存在不同认识，但目前较为统一的观点是，实际施工人应该是指无效建设工程施工合同的承包人，包括转承包人、违法分包合同的承包人、借用资质的承包人、挂靠施工人，而不包括承包人的履行辅助人、合法的专业分包工程承包人、劳务作业承包人。

因此，不属于实际施工人的四种情况：第一种，内部承包中的承包人。内部承包需要与单纯的挂靠进行区分：内部承包是在承包方内部有劳动关系的员工承包某项工程，该工程由承包方统一管理、对外均系以承包方的名义，表现为项目经理部，是承包方合法履行合同的行为，不存在实际施工人。第二种，合法分包中的承包人。第三种，违法转包中的转包人、违法分包关系中的分包人，因其只是收取管理费用、并未实际从事施工，故不能认定为实际施工人。第四种，只从事劳务的农民工，不能认定为实际施工人。

二、实际施工人的界定

最高法院《施工合同司法解释》第二十六条规定：“实际施工人以转包人、违法分包人为被告起诉的，人民法院应当依法受理。实际施工人以发包人为被告主张权利的，人民法院可以追加转包人或者违法分包人为本案当事人。发包人只在欠付工程价款范围内对实际施工人承担责任。”但该司法解释没有对实际施工人作出基本界定，导致司法实践对于实际施工人的认定仍然存在一定模糊认识，甚至出现将合法的劳务分包人、农民工个人等均认定为实际施工人的情况，扩大了实际施工人的适用范围的现象。为解决此问题，各地高级法院作了相应规定。

如《北京市高级人民法院关于审理建设工程施工合同纠纷案件若干疑难问题的解答》（2012年8月）规定：“实际施工人”是指无效建设工程施工合同的承包人，即违法的专业工程分包和劳务作业分包合同的承包人、转承包人、借用资质的施工人（挂靠施工人）；建设工程经数次转包的，实际施工人应当是最终实际投入资金、材料和劳力进行工程施工的法人、非法人企业、个人合伙、包工头等民事主体。

《2011 年山东省高级法院民事审判工作会议纪要（讨论稿）》曾规定：实际施工人应当是指无效建设工程施工合同的承包人，包括转包合同的转承包人、违法分包合同的承包人、借用资质（包括挂靠）的承包人等三类人，可以是法人、非法人企业、个人合伙、包工头等民事主体，而不包括合法的专业分包工程承包人、劳务作业承包人、直接提供劳动力的农民工。

上述省高级法院对实际施工人作出了实质的界定，有利于审判实践认定标准的统一，值得借鉴。

三、实际施工人权利保护问题

从上述我们可知，实际施工人是指无效合同的承包人，如转承包人、违法分包合同的承包人、没有资质借用有资质的建筑施工企业的名义与他人签订建设工程施工合同的承包人。

实际施工人与其合同相对方之间签订的合同是无效合同，但由于建设工程的特殊性，它不能像其他无效合同一样双方承担相互返还、折价补偿承担责任来即决争议，而是实际施工人只能主张工程款。所以《施工合同司法解释》第二十六条第二款赋予实际施工人直接向发包人起诉要求其在未支付工程款范围内承担支付责任的权利，该项请求权实际突破了合同的相对性，但有严格的适用条件。

《施工合同司法解释》起草人冯小光法官认为，只有在实际施工人的合同相对方破产、下落不明等实际施工人不提起以发包人或总承包人为被告的诉讼就难以保障权利实现的情形下，才准许实际施工人行使司法解释第二十六条第二款的特殊权利。

可见，最高法院的法官他们对《施工合同司法解释》第二十六条第二款的适用问题，采取的是慎重态度：首先，他们认为第二款适用时先要与第一款联系起来理解，也就是说，应当按照合同相对性原则有序诉讼，也才符合法律规定的主导诉讼方向。其次，适用该条时，第一手承包合同与下手的所有合同应均为无效合同；再次，决不允许借用实际施工人的名义，提起对发包人和总承包人的恶意诉讼。

最高院法官的上述意见，这是否意味着“实际施工人的合同相对方破产、下落不明等实际施工人不提起以发包人或总承包人为被告的诉讼就难以保障权利实现的情形”构成实际施工人工程款支付请求权的先决条件？

而有些专家认为，若构成先决条件，这未免过于苛刻。实践中的情况多种多样，十分复杂。比如转包人、违法分包人、被挂靠人多在收取管理费之后对其应当向发包人行使的债权不闻不问，导致实际施工人的债权无法实现；如工程经竣工验收合格，因合同的无效导致实际施工人仅可向转包人、违法分包人、被挂靠人要求其承担合同无效的法律后果，对实际施工人是不公平的。

他们认为，《施工合同司法解释》第二十六条第二款实际是法律为了保护实际施工人的利益，进而保护广大农民工的利益而制定一种突破了合同相对性的一种权宜之计。审判实践中，处理原则一般是只要是实际施工人，就可以适用上述司法解释规定。所以将实际施工人的合同相对人破产、下落不明作为前提条件并不符合保护实际施工人和广大农民工的合法利益的诉求。笔者同意此种观点，只要实际施工人能够证明发包人未支付或未完全支付工程款，则实际施工人可在该款项范围内对发包人主张权利。

我们知道，对实际施工人的利益保护还可以通过代位权的行使达到目的。

关于代位权制度，在《合同法》第七十三条有明确规定："因债务人怠于行使其到期债权，对债权人造成损害的，债权人可以向人民法院请求以自己的名义代位行使债务人的债权，但该债权专属于债务人自身的除外。"在建设工程领域，实际施工人为债权人，承包人为债务人，发包人为次债务人，如果承包人怠于行使其对发包人主张工程款的权利，导致未支付实际施工人施工款，按照代位权制度的规定，实际施工人可以在起诉承包人的同时，代替承包人的位置将发包人诉至法院。

那么既然合同法已经有相应的制度来保障实际施工人的合法利益，《施工合同司法解释》为何还要在一定条件下，赋予实际施工人特殊的诉讼权利？

对此问题，的确存在不同认识。有人认为《施工合同司法解释》第二十六条的设置属于"多此一举"；第二十六条的设置可能会造成大量的恶意诉讼，并且不利于打击建设工程领域中的违法违规行为。根据《施工合同司法解释》第一条和第四条的规定：借用资质、超越资质、非法转包、违法分包的建设工程施工合同为无效合同，但《施工合同司法解释》第二十六条又允许实际施工人以与其没有合同关系的发包人为被告提起诉讼，并且发包人要在欠付工程款的范围内承担实体责任。这样的规定，实际上将无效合同按照有效合同处理，这将导致无效合同的合法化，完全有悖建筑法严格的资质管理制度和非法转包、违法分包禁止制度。

笔者认为，实际施工人的代位权和特殊诉讼权利这是两种不同性质的权利，两者存在许多差异：

首先，请求权基础不同。实际施工人主张权利的法律依据是《施工合同司法解释》，即实际施工人基于法律的规定对发包人享有请求权。代位权的请求权基础则是《合同法》及《关于适用〈中华人民共和国合同法〉若干问题的解释（一）》的相关规定。

其次，二者构成要件不同。实际施工人向发包人主张工程款的前提条件是涉案工程已竣工验收合格，未经竣工验收合格的需根据司法解释第三条处理，且要求实际施工人与违法分包人、转包人、被挂靠人之间存在无效合同。

代位权的构成要件则是（1）债权人对债务人的债权合法；（2）债务人怠于履行自己的到期债权，对债权人造成损害，即债务人不履行对债权人的到期债权，又不以诉讼、仲裁等方式向债务人主张自己的到期债权，而因此导致债权人的到期债权无法实现；（3）债务人的债权已到期；（4）债务人的债务不是专属于债务人自身的债权。即仅要求存在合法债权即可。

最后，管辖不同。根据《施工合同司法解释》第二十四条“建设工程施工合同纠纷以施工行为地为合同履行地”，最高院新《民事诉讼司法解释》第二十八条又规定按照不动产纠纷确定管辖，即由不动产所在地法院管辖。代位权之诉则应当由次债务人住所地人民法院管辖。

综上所述，笔者认为，实际施工人的代位权和特殊诉讼权利这是两种不同性质的权利，适用条件各不相同，两者不能等同。

在最高院法官针对《施工合同司法解释》答记者问时，最高院法官是这样解释实际施工人对发包人的诉讼权利的：“从建筑市场的情况看，承包人与发包人订立建设工程施工合同后，往往又将建设工程转包或者违法分包给第三人，第三人就是实际施工人。按照合同的相对性来讲，实际施工人应当向与其有合同关系的承包人主张权利，而不应当向发包人主张权利。但是从实际情况看，有的承包人将工程转包收取一定的管理费用后，没有进行工程结算或者对工程结算不主张权利，由于实际施工人与发包人没有合同关系，这样导致实际施工人没有办法取得工程款，而实际施工人不能得到工程款则直接影响到农民工工资的发放。因此，如果不允许实际施工人向发包人主张权利，不利于对农民工利益的保护。”“承包人将建设工程非法转包、违法分包后，建设工程施工合同的义务都是由实际施工人履行的。实际施工人与发包人已经全面实际履行了发包人与承包人之间的合同并形成了事实上的权利义务关系。在这种情况下，如果不允许实际施工人向发包人主张权利，不利于对实际施工人利益的保护。”

有学者针对上述观点分析得出，最高院《施工合同司法解释》第二十六条的法理基础是，突破了合同相对性原则，是合同相对性原则例外的使用。

也有人从中分析得出，在实际施工人与发包人之间最终形成了一种事实合同关系，以此证明实际施工人向发包人提起相应支付工程款项的诉讼的正当性。

当然，还有人认为这正是实际施工人在行使代位权的表现。他们认为，实际施工人与转包人或违法分包人间存在合同关系，该合同因违反法律禁止性规定而无效。实际施工人基于该无效合同，有权请求转包人或违法分包人对其投入工程上的劳务和建筑材料等予以返还，又因其所投入的劳务和建筑材料依性质不能返还，实际施工人只能请求折价补偿。实际施工人与转包人或违法分包人违反法律规定，将工程进行转包或违法分包，通常情形下，双方均有过错。双方因履行该合同所遭受的损失，对方当事人亦应承担相应的过错责任。因此，实际施工人依无效的转包或违法分包合同对转包人或违法分包人主要享有折价补偿和赔偿损失之债权。但是转包或违法分包合同无效，不影响转包人或违法分包人作为原承包人与发包人之间的建设工程施工合同的效力，发包人所签订的该建设工程施工合同的效力仍依合同法及相关的法律法规确定。因此，转包人或违法分包人基于其与发包人之间的施工合同对发包人享有合同之上的支付工程价款等债权或合同无效所产生的折价补偿等债权。对于实际施工人来说，发包人系其债务人（转包人或违法分包人）的债务人，即次债务人（或称第三人）。如果转包人或违法分包人在取得转包或违法分包的利益后，不积极进行工程结算或者在发包人欠付工程价款时不积极主张权利，进而影响到对实际施工人债务的清偿时，其怠于行使权利的行为已危害到实际施工人债权的实现，实际施工人作为债权人，完全可以行使代位权，以自己的名义行使债务人即转包人或违法分包人的权利，向次债务人即发包人主张权利，维护自己的利益。

笔者认为上述观点都有一定道理。对发包人的直接请求权利属于突破了合同相对性原则，出于保护农民工的利益考量，是很有必要的，应属于是合同相对性原则例外的适用，符合法理；代位权观点也符合《合同法》有关代位权制度的规定。因此笔者认为，属两种权利在实践中发生了竞合，适用时应考虑不同的条件，实际施工人可以根据情况任选其一以主张相应的权利。

四、案例分析

【案例一】实际施工人可以直接起诉建筑公司或发包方索要工程款①

【基本案情】

原告：张某

被告：某市第三建筑公司（简称三建公司）

被告：某市房地产置业公司（市置业公司）

2011 年 3 月，市置业公司与三建公司签订建设工程施工合同一份，约定市置业公司开发的某小区土建、安装工程发包给三建公司施工建设，合同签订后三建公司将承包的工程，分了三部分转包给他人，其中的一部分分包给原告，并与原告签订了建设工程承包合同，约定由原告具体施工，并垫付工程款，三建公司从结算的工程款中按照比例抽取管理费、扣除税金、水电等费用后，再支付给原告。工程全部由原告垫资施工，2012 年 7 月工程竣工，并验收合格，获得上海市优质工程施工奖。原告施工的工程总造价 9 219 万元，从三建公司处仅结算 4 100 万元，尚欠 5 119 万元，原告依法将结算报告特快专递邮寄给两被告，可被告迟迟没有答复，在无奈情况下，原告于 2012 年 9 月以发包人和转包人为被告起诉至法院，第一次开庭时，三建公司提出反诉，认为工程总价款为 6 027 万元，扣除掉已付的工程款 4 100 万元、质保金 300 万元，再扣除掉管理费、税金、水电费等1 097 万元，再扣除原告再施工过程中向三建公司的借款

① 来源于：http：//www. 66law. cn/goodcase/26090. aspx，2016 年 11 月 10 日访问。

及利息640万元后，三建公司多付给原告110万元，反请求原告支付110万元。被告市置业公司答辩，与原告不存在合同关系，所有工程款已经全部支付给了三建公司，要求驳回对其起诉。

【法院审理】

法院根据原、被告的答辩及反诉，总结焦点为：工程价款数额、原告与三建公司的合同效力、给付工程款的义务。

经过多次的开庭审理，多次的证据交换、质证，并对工程价款进行司法鉴定，最后法院判决本案原被告合同无效，但由于所涉工程业已竣工并验收合格，三建公司向原告支付工程款3 280.6万元，市置业公司在未支付工程价款2017万元的范围内承担连带支付责任。驳回三建公司的反诉。一审判决后，二被告不服，提起上诉，上级法院经过审理，认为一审认定的事实清楚，证据充分，驳回上诉，维持原判。

【案例评析】

本案涉及实际施工人、转包合同的效力等法律问题。

最高法院《施工合同司法解释》第二条的规定：建设工程施工合同无效，但建设工程经竣工验收合格，承包人请求参照合同约定支付工程价款的，应予支持；第二十六条规定：实际施工人以转包人、违法分包人为被告起诉的，人民法院应当依法受理。实际施工人以发包人为被告主张权利的，人民法院可以追加转包人或者违法分包人为本案当事人。发包人只在欠付工程价款范围内对实际施工人承担责任。

根据以上规定，本案原告对建筑公司或发包方是具有工程款请求权的。

三建公司作为特级资质的建筑施工企业，与市置业公司签订了建设工程施工合同后，没有经过施工就将工程分为三个部分分别转包给三个施工人，由三个施工人垫资施工，在具体施工和项目的承建中，三建公司只是负责结算工程款，传递发包人的文件等，三建公司的行为就是典型的转包，该转包违反了《建筑法》和《合同法》等法律，是严格禁止的、无效的法律行为。法院认定的合同效力符合合同法和建筑法的规定。

为了保护实际施工人的合法权益，保护农民工的利益，最高院关于审理建设工程合同纠纷适用法律问题的司法解释突破了合同的相对性原则，赋予实际施工人直接起诉发包方追讨工程款的权利，有力地保护了实际施工人的利益，保护了农民工的权益，维护了社会稳定。

【案例二】发包人应在欠付工程款范围内对实际施工人承担付款责任①

【基本案情】

上诉人（原审原告）厦门某科技有限公司

① 陕西省高级人民法院 民事判决书，(2008) 陕民一终字第119号。

被上诉人（原审被告）陕西某实业有限公司

被上诉人（原审被告）西安某海洋公司

上诉人厦门某科技公司（以下简称某科技公司）因与被上诉人陕西某实业公司（以下简称某实业公司）、被上诉人西安某海洋公司（以下简称某海洋公司）建设工程施工合同纠纷一案，不服西安市中级人民法院（2007）西民四初字第274号民事判决，向高院提起上诉。高院依法组成合议庭公开开庭进行了审理。

经审理查明：2004年4月25日，某海洋公司与陕西某物资有限公司（以下简称某物资公司）签订“西安某海洋馆外观山体造景施工合同”，约定由某海洋公司将其海洋馆广场景观山体造景工程交由某物资公司施工，承包方式为包工包料，工程价款暂估为16 807 960元，最终决算以实际测量面积为准，并约定了具体决算单价，工期自2004年4月28日—2004年11月30日。双方还约定了具体的付款方式及违约责任。2004年11月2日，某科技公司与某实业公司签订“山体景观施工合同”，约定某实业公司将其承包的西安某海洋馆广场山体珊瑚景观、海树大门景观、配合舞台造景工程交由某科技公司施工，承包方式为包工包料，工程总造价为400万元，工期自2004年11月2日—2005年1月2日，双方对付款方式亦作了明确约定。该合同由周某某代表某实业公司签字。2006年12月20日、22日，某海洋公司工程部及西安某某海洋馆运行部对某科技公司完成的工程盖章验收，并注明“合格”“正常使用”。以上事实，原、被告双方均无异议。某实业公司向其支付工程款45万元，下欠工程款355万元。另查，周某某于2003年12月2日担任某海洋公司法定代表人，2004年12月16日，其法定代表人变更为杨某某。

另查明，2007年8月16日，某科技公司以某海洋公司使用某实业公司的名义与其签订《山体景观施工工程合同》，尚欠355万元工程款未支付为理由，曾向西安市中级人民法院提起诉讼。2007年10月16日，西安市中级人民法院作出（2007）西民四初字第222号民事裁定书，以某科技公司不能证明与某海洋公司有施工合同关系，亦不能证明被告借用其他公司的名义与其签订施工合同为由驳回了某科技公司的起诉。某科技公司未提起上诉。该民事裁定已经发生法律效力。

本院审查期间，某海洋公司提交的债务确认表显示，截至2007年6月18日，合同审定金额16 807 960元，已付给某物资公司广场景观山体造景工程款15 969 500元，未付金额838 460元。

2007年10月16日，某科技公司以完成某海洋公司工程后，某海洋公司应依法承担付款责任，但某实业公司、某海洋公司只支付给某科技公司45万元工程款，尚有355万元工程工款没有支付为理由提起诉讼，请求判令，某实业公司支付工程款355万元，某海洋公司承担连带清偿责任。诉讼费由某实业公司、某海洋公司承担。某实业公司未出庭答辩。某海洋公司一审辩称：第一，其与某科技公司之间无合同关系，亦没有向某科技公司支付工程款的义务；某实业公司将其承包的某海洋公司山体景观造景工程违法分包给某科技公司施工，某科技公司应向某实业公司追索工程款。第二，某海洋公司依照其与某物资公司之间的合同，已履行了付款义务，某科技公司不能证明某海洋公司尚欠某实业公司的工程价款，故某海洋公司不存在欠付工程款范围内承担责任的问题。

原审判决认为，某物资公司承包的西安某海洋馆山体造景工程，其中广场山体珊瑚景观、海树大门景观及配合舞台造景工程，实际由某科技公司施工完成。某海洋公司亦认可该部分工程确系某科技公司施工。某科技公司的施工合同是与某实业公司签订，实为工程分包，代表某实业公司签字的周某某在合同签订时虽系某海洋公司的法定代表人，但合同加盖的是某实业公司印章，某实业公司又系依法设立的企业法人，故某科技公司请求某实业公司向其支付下欠工程款355万元，本院依法予以支持。某科技公司认为其所施工的工程建设方为某海洋公司，周某某是代表某海洋公司与其签订合同，要求某海洋公司承担连带清偿责任，其理由不能成立。最高人民法院《关于审理建设工程施工合同纠纷案件适用法律问题的解释》第二十六条第二款规定，“实际施工人以发包人为被告主张权利的，人民法院可以追加转包人或者违法分包人为本案当事人。发包人在欠付工程款范围内对实际施工人承担付款责任。”而本案某海洋公司向法庭提供了转账支票及相关收据，且称其与某物资公司之间尚未决算，各方当事人均未向法庭提交某海洋公司存在拖欠工程款事实的相关证据，不能证实某海洋公司存在拖欠工程款事实的相关证据，不能证实某海洋公司欠付工程款的事实，故某科技公司要求某海洋公司承担连带责任的请求，本院依法不予支持。依照《合同法》第一百零九条“当事人一方未支付价款或者报酬的，对方可以要求其支付价款或者报酬”、《中华人民共和国民法通则》第八十四条“债权人有权要求债务人按照合同的约定或者依照法律的规定履行义务”、最高人民法院《关于审理建设工程施工合同纠纷案件适用法律问题的解释》第二十六条第二款之规定，遂判决：一、厦门市某科技有限公司与陕西某实业有限公司签订的施工合同有效；二、陕西某实业有限公司于本判决生效后十日内，向厦门市某科技有限公司支付工程款355万元。逾期加倍支付迟延履行期间的债务利息。三、驳回厦门市某科技有限公司其余诉讼请求。案件受理费35 200元，由某实业公司负担。

宣判后，某科技公司不服，向本院提起上诉。请求依法改判第二项，由某海洋公司对支付工程款355万元承担连带责任，诉讼费由被上诉人承担。

高院认为，2004年4月25日，某海洋公司与某物资公司签订《西安某海洋馆外观山体造景施工合同》。2004年11月2日，某科技公司与某实业公司签订《山体景观施工工程合同》，双方意思表示真实，且不违反法律行政法规的禁止性规定，应为有效。一审判令某实业公司支付某科技公司工程款355万元正确，应予维持。关于西安市中级人民法院作出（2007）西民四初字第222号民事裁定是否可再行起诉的问题。依照《中华人民共和国民事诉讼法若干问题的意见》第一百四十二条，某科技公司再次起诉符合法律规定。关于某科技公司上诉请求某海洋公司承担连带付款责任问题。经审查，某科技公司与某海洋公司虽无合同关系，但涉案工程是某海洋公司发包给某物资公司工程的一部分，某科技公司是该工程的实际施工人，且该工程已经由某海洋公司验收并交付使用。对此某海洋公司是认可的。依照最高人民法院《关于审理建设工程施工合同纠纷案件适用法律问题的解释》第二十六条第二款规定，某海洋公司作为发包人应在欠付工程款范围内对实际施工人承担付款责任。本院审理期间，某海洋公司提交的债务确认表显示，截至2007年6月18日，合同审定金额16 807 960元，已付给承包方某物资公司广场景观山体造景工程款15 969 500元，未付金额838 460元。某海洋公司应在未付金额838 460元的范围内向某科技公司承担连带付款清偿责任。综上，原审判决认定事实部分有误，本院予以纠正。依照《中华人民共和国民事诉讼法》第一百五十三条第一款（三）项之规定，判决如下：

一、维持西安市中级人民法院（2007）西民四初字第274号民事判决。

二、西安某海洋公司在838 460元的范围内向厦门市某科技有限公司承担连带清偿责任。

如果未按照本判决指定的期间履行金钱给付义务，应当依照《中华人民共和国民事诉讼法》第二百二十九条之规定，加倍支付迟延履行期间的债务利息。

二审案件受理费35 200元，由厦门市某科技有限公司负担21 120元。西安某海洋公司负担14 080元。

【案例分析】

本案是一起典型的实际施工人向发包人请求支付工程款的典型案件。本案中，某科技公司与某海洋公司虽无合同关系，但涉案工程是某海洋公司发包给某物资公司工程的一部分，某科技公司是该工程的实际施工人，且该工程已经由某海洋公司验收并交付使用。对此根据最高人民法院《施工合同司法解释》第二十六条第二款规定："实际施工人以发包人为被告主张权利的，人民法院可以追加转包人或者违法分包人为本案当事人。发包人只在欠付工程价款范围内对实际施工人承担责任。"某海洋公司作为发包人应在欠付工程款范围内对实际施工人承担付款责任。所以高院判决某海洋公司应在未付金额838 460元的范围内向某科技公司承担连带付款清偿责任是符合法律规定的。

第四节　建设工程合同履行抗辩权的行使

一、合同履行抗辩权的一般理论

所谓的抗辩权是指合同一方当事人，依法对抗合同另一方当事人的要求或否认对方权利主张的权利。

在合同履行中，当事人可享有同时履行抗辩权、先履行抗辩权、不安抗辩权。即我们通常所说的在合同履行中的三大抗辩权。这些抗辩权利的设置，使当事人在法定情况下可以对抗对方的请求权，使当事人的拒绝履行不构成违约，可以更好地维护当事人的利益。

同时履行抗辩权。《合同法》第六十六条规定："当事人互负债务，没有先后履行顺序的，应当同时履行。一方在对方履行之前有权拒绝其履行要求。一方在对方履行债务不符合约定时，有权拒绝其相应的履行要求。"同时履行抗辩权主要适用于一些没有约定履行先后顺序的双务合同，这在一些常见的"一手交钱，一手交货"的简单交易中经常碰到。而在建设工程合同的履行中很少能见到，在此不作赘述。但是，当发包人在合同以外要求承包人进行"三通一平"工程时，往往只是口头约定工程价款，而不同时出具有效的签证，在此种情况下承包人可以主张同时履行的抗辩权，要求发包人同时出具工程价款签证。

先履行抗辩权。《合同法》第六十七条规定："当事人互负债务，有先后履行顺序，先履行的一方未履行的，后履行的一方有权拒绝其履行要求。先履行的一方履行债务不符合约定的，后履行的一方有权拒绝其相应的履行要求。"在建设工程合同中，如合同双方约定了发包人支付工程预付款义务的，在发包人未能按约定支付工程预付款时，承包人就可以主张暂不开工、开工期顺延和损失赔偿的权利；在发包人没有按合同约定支付工程进度款时，承包人也可以主张停工、工期顺延和停工损失赔偿的权利。在此承包人权利的主张，就是正当行使先履行抗辩权的情况。

不安抗辩权。对于不安抗辩权，《合同法》第六十八条规定："应当先履行债务的当事人，有确切证据证明对方有下列情形之一的，可以中止履行：（一）经营状况严重恶化；（二）转移财产、抽逃资金，以逃避债务；（三）丧失商业信誉；（四）有丧失或者有可能丧失履行债务能力的其他情形。当事人没有确切证据中止履行的，应当承担违约责任。"第六十九条规定："当事人依照本法第六十八条的规定中止履行的，应当及时通知对方。对方提供适当担保时，应当恢复履行。中止履行后，对方在合理期限内未恢复履行能力并且未提供适当担保的，中止履行的一方可以解除合同。"

在建设工程合同的履行过程中，有证据证明发包人出现了法定的"不安"情形，而无能力支付工程进度款或工程结算款时，承包人就可以主张"不安抗辩权"，中止合同的继续履行，采取停止施工等措施，要求发包人提供相应的担保；中止履行后，对方在合理期限内未恢复履行能力并且未提供适当担保的，中止履行的一方可以解除合同。

一般而言，由于建设工程合同履行期限长，合同履行的不确定因素也相应增多，合同当事人如何正当行使相应的抗辩权，对维护自己的合法权利，显得意义重大。

二、承包人的抗辩权行使

（一）工程停工

《合同法》第二百八十三条规定："发包人未按照约定的时间和要求提供原材料、设备、场地、资金、技术资料的，承包人可以顺延工程日期，并有权要求赔偿停工、窝工等损失。"

《施工合同示范文本》在第 12.2 款中约定：发包人逾期支付预付款超过 7 天的，承包人有权向发包人发出要求预付的催告通知，发包人收到通知后 7 天内仍未支付的，承包人有权暂停施工，并按第 16.1.1 项〔发包人违约的情形〕执行。

用停工的方式来行使抗辩权，在建设工程项目中，是事关项目生死的重大事项，必须严谨和规范。在建的工程停工，往往伴随着纠纷产生，处理不好会使一方或双方当事人遭受重大经济损失。因此，当事人不能随便地轻易行使这一抗辩权。首先，抗辩权人要向对方当事人发出通知，说明拒绝履行义务的事实理由和法律依据，使对方明确知道己方不履行义务的原因和具体做法，从而使对方有心理准备和应对措施；其次，行使抗辩权的同时，也要采取相应的措施，避免因拒绝履行义务而造成的损失，并防止这种损失的进一步扩大。最后，抗辩权人要主动与对方当事人协商，研究解决问题的具体办法。

（二）拒绝交付工程

在工程建设实践中存在两种情况，第一种情况，施工合同中如有约定，发包人欠付工程款，承包人可以拒绝交付工程且承包人拒绝交付工程的部分应当与欠付工程款的数额相当。但是对于拒绝交付的工程明显超过欠付工程款数额，给发包人造成损失的部分，承包人应当承担赔偿责任。

还有第二种情况，施工合同中没有约定发包人欠付工程款，承包人可以拒绝交付工程。承包人以发包人欠付工程款为由拒绝交付工程的，在审判实践中，法院一般不会支持承包人行使后履行抗辩权，而对此种情况法院的处理原则是，判令发包人支付工程款及利息或者违约金；同时，判令承包人承担因拒绝交付工程给发包人造成的损失。

比如《北京市高级人民法院关于审理建设工程施工合同纠纷案件若干疑难问题的解答》第三十八条的规定就有这样的规定："工程竣工验收合格后，承包人以发包人拖延结算或欠付工程款为由拒绝交付工程的，一般不予支持，但施工合同另有明确约定的除外。承包人依据合同约定拒绝交付工程，但其拒绝交付工程的价值明显超出发包人欠付的工程款，或者欠付工程款的数额不大，而部分工程不交付会严重影响整个工程使用的，对发包人因此所受的实际损失，应由当事人根据过错程度予以分担。"

（三）拒绝交付工程资料

工程资料是由承包人整理的工程建设过程中形成的各种形式的信息记录，反映了工程的施工的全过程，具有可追溯性，是建设项目竣工验收的重要依据之一。工程资料包括工程材料设备合格资料、工程检验评定资料、竣工图以及法律法规规定的其他应交资料。

根据《城市房地产权属登记管理办法》（建设部令第 99 号）第十六条规定："新建的房屋，申请人应当在房屋竣工后的 3 个月内向登记机关申请房屋所有权初始登记，并应当提交用地证明文件或者土地使用权证、建设用地规划许可证、建设工程规划许可证、施工许可证、房屋竣工验收资料以及其他有关的证明文件。"可见，工程资料是工程档案的重要组成部分，在缺少工程资料的情况下，发包人将无法整理完整的工程档案，甚至无法办理房地产权属登记。可见工程资料的重要性。

实践中承包人常以工程资料的移交作为催讨工程款的手段。根据后履行抗辩权的规定，如果发包人未依约支付进度款，承包人可以以拒交资料的方式进行抗辩。

但反过来，发包方不能以承包方未交付工程资料而行使抗辩权拒绝支付相应的工程款。建设工程施工合同是承包人按照合同约定完成工程建设，发包人支付工程款的协议。因此，承包人的主义务是完成工程建设，交付工程资料是承包人的从义务。发包人的主义务是给付工程款。发包人不能以承包人不履行未交付工程资料的从义务，而不履行支付工程款的主义务。除非施工合同中明确约定了，承包人没有交付工程资料，发包人可以拒付工程款。

三、发包人的抗辩权行使

（一）工程质量瑕疵

实践中较为常见的情况是发包人在工程竣工验收合格后以工程质量存在瑕疵为由拒绝工程结算款的支付。这种做法是不符合法律规定的。因为根据《合同法》第二百七十九条规定："建设工程竣工后，发包人应当根据施工图纸及说明书、国家颁发的施工验收规范和质量检验标准及时进行验收。验收合格的，发包人应当按照约定支付价款，并接收该建设工程。"第二百八十一条规定："因施工人的原因致使建设工程质量不符合约定的，发包人有权要求施工人在合理期限内无偿修理或者返工、改建。经过修理或者返工、改建后，造成逾期交付的，施工人应当承担违约责任。"另外，《施工合同司法解释》第三条第二款规定："修复后的建设工程经竣工验收不合格，承包人请求支付工程价款的，不予支持。"

可见，竣工验收合格后发包人就应当支付价款，除当事人另有约定外，发包人不能以工程存在质量瑕疵为由拒绝支付工程款。

而只有在承包人对这些瑕疵拒绝修复或修复后仍不合格时，发包人才可拒绝支付相应的工程款。

（二）承包人工程逾期

对于承包人工程逾期，能否行使抗辩权，要视情况而定。如果是承包人在某个工程节点上，未按合同规定完成工程进度的，那么发包人可以行使抗辩权，拒绝支付相应的工程款。但是，如果是工程未在合同约定的时间内完工的，则不能行使抗辩权，因为毕竟承包人合同义务履行完毕，发包人失去了抗辩的意义。这时候，发包人只能依据合同的规定，来追究承包人的违约责任。

四、案例分析

【案例一】发包方未按合同约定支付工程进度款，承包方采取停工办法，属于行使同时履行抗辩权的情形

原告：四川某工程公司

被告：成都某房地产公司

2005 年 9 月 4 日，某工程公司与某房地产公司签订了修建“中国坊”连体别墅 1～14幢、36 幢、37 幢及商铺工程的《建设工程施工合同》。合同签订后，某工程公司及时安排工人进场施工，但合同范围内工程并未在 2005 年 9 月 8 日全面开工。由于在《建设工程施工合同》前的2005 年 9 月 2 日双方签订了一份《“中国坊”建设工程补充协议》，在工程刚开始施工的前几个月，某房地产公司未按《建设工程施工合同》支付进度款。经某工程公司催要，某房地产公司在 2006 年 1 月向某工程公司支付了部分进度款，但某房地产公司的付款远远跟不上工程进度的需要。至 2006 年 5 月 10 日大部分工程主体验收时，某工程公司已完工程量为 11 038 895 元，按合同约定某房地产公司应付工程进度款8 279 171 元,但某房地产公司仅支付 1 250 000 元。因此，2006 年 5 月 11 日（主体验收次日），某工程公司以某房地产公司不按规定支付工程进度款和合同外增加工程款致使工程无法运转为由向监理提交了《停工报告》，工程进入全面停工状态。之后，某房地产公司为劝某工程公司复工，从 2006 年 5 月 18 日—7 月14 日,先后六次向某工程公司支付工程款 1 830 000 元。并承诺房屋销售回款优先支付某工程公司的进度款。2006 年 8 月29 日工程复工，截至 2006 年 11 月 12 日，某工程公司完成了近 500 万元的工程量，而对方仅支付 46 万元的工程进度款。2006 年 12 月 30 日，某工程公司向对方发函，要求对方支付尚欠某工程公司的开工至 2006 年 5 月前应付某工程公司的工程进度款 333. 9 万元，要求对方在收函后 14 日内对 2006 年 5 月起至今的《已完工程量月报表》进行审查。某房地产公司回函明确拒绝支付进度款。2007 年 2 月春节前，在政府清欠办的要求下，某房地产公司支付了 70 万元民工工资和代付 60 万元地材款。某房地产公司不按合同约定支付工程进度款的违约行为，造成施工无法正常进行，故请求：1. 判令某房地产公司支付拖欠某工程公司的工程进度款 675 万元；2. 支付工程款的资金利息 204 843. 82 元；3. 诉讼费由某房地产公司承担。

反诉原告某房地产公司诉称，2005 年 9 月 2 日，反诉人与被反诉人签订《“中国坊”建设工程补充协议》。同年 9 月 4 日，双方签订《建设工程施工合同》（以下简称合同）。上述协议及合同签订后，被反诉人以反诉人未按合同约定支付工程款为由多次停工。为了促使被反诉人复工，反诉人与被反诉人于 2006 年 7 月 17 日召开会议并形成《会议纪要》。后反诉人分别于 2006 年 7 月 24 日、7 月 26 日向被反诉人支付了工程款（民工工资）30 万元和 60 万元。同时，反诉人还于 2006 年 7 月 26 日向被反诉人支付砂石等地材款20 万元，于 8 月 15 日向被反诉人支付工程款（民工工资）30 万元。但被反诉人仍不能在《会议纪要》规定日期完工，于 2006 年 11 月再次全面停工。2007 年2 月 13 日，被反诉人通过崇州市建设局向反诉人送达《解除合同通知书》。2007 年春节前，被反诉人再次以民工工资相要挟，在崇州市建设及规划局的协调下，双方于 2007 年 2 月 14 日再次达成《会议纪要》，反诉人按约又向被反诉人支付了工程款 70 万元，由被反诉人用于解决民工工资。期间，双方多次就复工问题进行协商，但终未达成一致。目前，被反诉人承包工程处于全面停工状态，不仅直接影响到反诉人对房屋的销售，而且也给反诉人造成巨大商业利益损失。某房地产公司于 2007 年 4 月 19 日以特快专递和传真形式向被反诉人发送《同意解除合同通知书》。根据合同约定，截至提起诉讼之日，被反诉人应赔偿反诉人延期完工违约金人民币 373 000 元（暂计至 2007 年 4 月 19 日）。按照合同法的相关规定，此损失不足以弥补反诉人商业利益损失，被反诉人还应赔偿反诉人 3 551 164 元（暂计至 2007 年4 月19 日）。综上，请求：1. 确认反诉人与被反诉人于 2005 年 9 月 4 日签订的《建设工程施工合同》及相关补充协议、备忘录等已解除；2. 判令被反诉人立即提交已形成的工程竣工验收资料；3. 判令被反诉人向反诉人支付逾期完工违约金 373 000 元（暂计至 2007 年4 月19 日）；4. 判令被反诉人向反诉人支付商业利益损失 3 551 164 元（暂计至 2007 年 4 月 19 日）。

这个案件最终是调解结案。双方解除了协议，某工程公司、某房地产公司共同确认由某工程公司施工的“XX 莲花”项目第 1 ~ 14 幢、第 36 ~ 37 幢的工程造价为 15 024 450 元。同时，某房地产公司同意在上述金额之外向某工程公司补偿人民币 1 250 000 元，故某房地产公司共计应向某工程公司支付人民币 16 274 450 元。

【案例评析】

《合同法》第六十七条规定：当事人互负债务，有先后履行顺序，先履行一方未履行的，后履行一方有权拒绝其履行要求。先履行一方履行债务不符合约定的，后履行一方有权拒绝其相应的履行要求。

某工程公司在某房地产公司不按规定支付工程进度款和合同外增加工程款致使工

程无法运转的情况下，向监理提交了《停工报告》，工程进入全面停工状态，这就是正当行使了履行抗辩权，该权利的行使符合《合同法》的上述规定。

【案例二】行使不安抗辩权，解除合同

【基本案情】

1998 年 8 月 1 日，眉山某房产公司房地产开发公司（简称某房产公司）与建筑承包商黄 X 华签订《项目承包合同书》，并出具《委托书》一份。1999 年 3 月 11 日，黄 X 华以甲方某房产公司委托代理人名义与乙方眉山某建筑公司签订《大亨花园第二期建设工程施工合同》。合同签订后，眉山某建筑公司于 1999 年 3 月 18 日进场施工。9 月 17 日，眉山某建筑公司向某房产公司公司发出《关于某大厦工程停工经济损失费用通知》，声明某房产公司未按约定在眉山某建筑公司已完成主体工程施工情形下支付工程款，遂决定停工。

1999 年 12 月 13 日，黄 X 华以某房产公司名义向眉山某建筑公司发出《通知》，限期眉山某建筑公司在同月 15 日前恢复施工。27 日，眉山某建筑公司又要求某房产公司向眉山某建筑公司支付工程款，并拒绝由黄 X 华作为某房产公司公司代表进行磋商。30 日，眉山某建筑公司在某大厦建设工地张贴因某房产公司公司欠款致工程停工、要求购房户找某房产公司公司解决某大厦权属问题的《公告》。2000 年 1 月，某房产公司公司指出眉山某建筑公司未按时恢复施工，限眉山某建筑公司于 1 月 20 日前撤出施工现场，在 1 月20 日后，将按《施工合同》办理工程结算，在扣减眉山某建筑公司造成的停工及侵害商业信誉的经济损失后，分期支付工程款。

2000 年 2 月 28 日，眉山某建筑公司向眉山市中级人民法院提起诉讼。2001 年 4 月，眉山市中院经审理后作出一审判决，判令解除眉山某建筑公司与某房产公司签订的《某某花园第二期建设工程施工合同》；由某房产公司公司支付眉山某建筑公司工程款 360 万元及利息；由某房产公司公司赔偿眉山某建筑公司停工损失 43 万元等。

某房产公司不服判决，向省高级人民法院提出上诉。省高院于 2001 年 10 月下旬作出终审判决：解除四川省眉山县眉山某建筑公司与眉山某房产公司房地产开发有限公司签订的《某某花园第二期建设工程施工合同》；由眉山某房产公司房地产开发有限公司支付四川省眉山县眉山某建筑公司工程款 360 万元及利息。由某房产公司赔偿眉山某建筑公司律师代理费 2. 4 万元；驳回眉山某建筑公司其他诉讼请求。

【案例分析】

我国《合同法》第六十八条规定：应当先履行债务的当事人，有确切证据证明对方有下列情形之一的，可以中止履行：

（一）经营状况严重恶化；

（二）转移财产、抽逃资金，以逃避债务；

（三）丧失商业信誉；

（四）有丧失或者可能丧失履行债务能力的其他情形。

当事人没有确切证据中止履行的，应当承担违约责任。

第六十九条规定：当事人依照本法第六十八条的规定中止履行的，应当及时通知对方。对方提供适当担保时，应当恢复履行。中止履行后，对方在合理期限内未恢复履行能力并且未提供适当担保的，中止履行的一方可以解除合同。

在本案中，某房产公司未按约定在眉山某建筑公司已完成主体工程施工情形下支付工程款，经多次催讨未果，该事实符合《合同法》第六十八条（四）的情形，即属于有丧失或者可能丧失履行债务能力的情形，故某建筑公司决定停工。眉山某建筑公司停工行为就是行使了不安抗辩权，完全符合《合同法》不安抗辩权的行使条件，先中止履行合同，最后在某房产公司不履行工程款支付义务又未提供担保情况下，法院判决解除了合同。本案法院的判决符合《合同法》的规定。

第五节　建设工程合同情势变更原则的适用

一、情势变更的基本理论

我国合同法最终没有确立情势变更原则，原因是担心规定此原则之后，当事人可能会滥用此原则，来主张变更合同或解除合同。但是，最高人民法院《关于适用〈中华人民共和国合同法〉若干问题的解释（二）》却规定了情势变更原则，其中，第二十六条规定："合同成立以后客观情况发生了当事人在订立合同时无法预见的、非不可抗力造成的不属于商业风险的重大变化，继续履行合同对于一方当事人明显不公平或者不能实现合同目的，当事人请求人民法院变更或者解除合同的，人民法院应当根据公平原则，并结合案件的实际情况确定是否变更或者解除。"

其实，在最高院合同法司法解释出台之前，审判实践就存在以情势变更原则审理案件的意见和判例。如2002年8月5日最高人民法院《关于审理建设工程合同纠纷案件的暂行意见》第二十七条规定："建设工程合同约定对工程总价或材料价格实行包干的，如合同有效，工程款应按该约定结算。因情势变更导致建材价格大幅上涨而明显不利于承包人的，承包人可请求增加工程款。但建材涨价属正常的市场风险范畴，涨价部分应由承包人承担。"这一规定说明工程建设行业早在2002年就允许适用情势变更原则。

1981年的《经济合同法》第二十七条第一款规定了情势变更原则。司法实践中也在运用情势变更原则，如武汉市煤气公司诉重庆检测仪表厂煤气表装配线技术转让合同购销煤气表散件合同纠纷案。

2002年8月1日，合肥某室内装饰集团家庭装饰工程部与合肥市三河亚美大酒店经理吴某某签订了一份房屋租赁契约，双方约定：该工程部将其所有的房屋出租给吴某某经营餐饮，租期3年，月租金12 000元，每月5日前交清当月租金；承租方拖欠房屋租金达10天，出租方有权解除契约，并要求赔偿3个月租金损失。之后，吴某某按约缴纳了截至2003年4月的全部租金。2003年5月8日，吴某某要求装饰工程部考虑爆发的非典疫情，减免5月的租金，双方协商未果。5月21日，装饰工程部将吴某某诉至法院，认为吴某某以非典转嫁商业风险，拒付房租是违反契约约定和法律规定的，要求被告解除契约按约付租金并作赔偿。合肥市卢阳区法院于2003年6月27日作出了一审判决：减免吴某某2003年5月4 000元租金，给付原告5月租金8 001）元，驳回原告要求解除租房契约及赔偿损失的诉讼请求。法院认为：非典不属于通常意义上的商业风险，商业风险客观上是可以克服的，但非典是原被告订立契约时均无法预见的。原被告双方对因非典产生的损失均不具有过错。此案中，如果按约继续履行契约，就是把非典产生的损失由吴某某一方承担，显然有悖于民法上的公平、诚信原则。所以判决适用情势变更原则，重新公平合理分配双方应获得的利益和风险。①

基于建设工程合同的复杂性及其长期性的特点，在双方当事人履约过程中适用情势变更原则几率比其他类型的合同要高很多。

所谓情势，是指合同履行过程中出现了不可预见的情况。所谓变更则是指合同的基础散失，即合同赖以成立的环境或基础发生异常变动。情势变更原则是指合同有效成立后，非当事人双方的过错而发生情势变更，致使继续履行合同会导致显失公平后果，因此合同当事人可以变更或解除合同，以消除不公平的后果。

情势变更原则，是诚实信用原则的进一步延伸。诚实信用原则要求当事人以诚实信用的方法来行使权利和履行义务，它的重要作用之一，是平衡合同当事人的利益关系。而情势变更原则允许当事人在合同的基础丧失的情况下，变更或解除合同，也就是在于平衡当事人之间的利益关系。但诚实信用原则并不能完全包容情势变更原则，作为合同履行中的指导原则，情势变更原则具有不可替代的作用。

在大陆法系国家，通过立法或判例来确认情势变更原则，实为诚实信用原则在债法中的具体体现。英美法系国家则采用“合同落空”规则解决合同基础丧失的问题。“合同落空”的含义是：如果合同订立后出现与当事人过错无关的某种情势变更，合同订立时所追求的目的无法达到，或订立合同所基于的理由已不复存在，义务人即可不履行合同义务，尽管这种履行仍属可能。

情势变更原则的适用必须符合一定的条件。

具体条件是：

（1）须有情势变更的客观事实。合同是当事人的合意。当事人在订立合同时，是

① 合肥法院采用情势变更原则判决首例非典契约案［N］. 合肥晚报，2003－6－29（3）.

根据当时的可能预见到的情况来确定相互之间的权利义务关系的。合意就是建立在这样的一种基础之上的。但在合同履行中，出现了当事人当初没有预见的情况，也即发生了情势变更的事实，导致原来的合同基础散失，如国家经济政策、社会经济形势以及其他自然灾害等，这些订立合同时不可能预见的事实，就是情势变更的事实。有情势变更的事实存在，是适用情势变更原则的基础。

在建设工程合同中除国家经济政策、社会经济形势以及其他自然灾害等构成情势变更的事实外，居于该类合同的特殊性，以下构成特别的情势变更之事实：

①异常地质条件。所谓异常地质条件，是指建设工程工地地下或隐藏的实际物理条件与合同的条款、文件所规定的不一致。一般而言，建设工程合同承包方应当在投标前对工地做实际的勘查，但此工地勘查应仅限于承包人基于在合理及其知识范围所能得到之资料后能够合理预测或推算出将来可能发生之情况，如果合同签订后发生了承包人通过地质调查或合理的工地勘查后仍然不知之状况，称之为异常地质条件。对于当事人缔约时无从获知的异常地质条件，理应被认定为情势变更的事实。

②异常气候状况。就建设工程而言，异常气候状况会构成合同履行的障碍，最直接的后果就是导致工期延长，履约成本明显增加。异常气候状况是合同当事人无法预见的事实，应当允许承包方援引情势变更原则，准许变更合同以延长工期，增加相应的工程款或者利润。

③工程材料价格飙升。工程价格飙升情势非建设工程合同缔结当时所能预料，如果无论工程材料价格如何飙升，均按原合同约定履行，则合同履行显失公平，所以当适用情势变更原则，对工程款予以调整。

情势变更的事实需发生在合同生效后，履行终止之前。如果情势变更发生在合同订立时，则应当推定合同当事人已经认识到发生的事实，他们所订立的合同正是以此为基础的，所以不存在情势变更的问题。情势变更的事实必须发生在合同履行完毕以前，如果在合同终止后发生，因此时合同关系已经消灭，也没有适用情势变更原则的不要。这里要注意的是，债务人迟延履行债务，在迟延履行期间发生了情势变更的事实，也不能适用该原则。因为债务人迟延履行已构成违约，如果债务人能够在合同约定的期限履行债务，本就可以避免情势变更的情况发生。所以在迟延履行期间发生的情势变更造成债务人的损害，应当由债务人自己承担。如果在债务人履行债务期间，发生了情势变更，但当事人不知情或者知道而没有主张适用情势变更原则，而继续履行，在履行完毕后，也不能再行主张。因为，适用情势变更原则的主张应是在合同履行期间提出，履行后主张，应视为当事人已放弃主张的权利。

（2）情事变更事实的发生是当事人所不可能预见的。如果当事人在订立合同时能够预见，则表明他承担了该事件发生的风险，不适用情势变更的原则。如果当事人能够预见而没有预见，应当认定当事人主观上有过错，这种情形下，也应由当事人自己承担风险。如果当事人一方预见到而另一方则没有也不可能预见到，在这种情况下，对于善意的没有预见的一方当事人应允许其主张适用情势变更原则。

（3）当事人对情势变更事实的发生没有过错。当事人对于不可抗力、意外事件及其他事件如政策的改变，新法律法令的颁布等情况的发生，本身没有过错。

（4）情势变更须发生在合同生效以后、合同关系终止以前。也就是说，情势变更是发生在合同履行期间。

（5）因情势变更而使原合同继续履行会造成显失公平的后果发生。这就是说，如果在情势变更的情况下，继续履行不会造成当事人之间的重大利益的影响，而只是轻微的影响，则不能适用这一原则。只有对当事人的利益造成极不平衡的情况下才能适用。情势变更原则的适用，目的在于保护当事人双方的经济利益，所以不能因为一方适用该原则使之免受损害，而使另一方承担不必要的经济负担。

（6）在程序上，协商程序是适用情势变更的必须程序，即发生情势变更，一方当事人应首先与对方当事人就合同的内容重新进行协商，只有在协商不成时，才能通过法定程序向法院或仲裁机构提出适用这一原则的请求。①

从效力方面看，情势变更原则体现在变更合同和解除合同。

第一，变更合同。变更合同主要是通过以下几种方式完成：

（1）增减履行标的的数额。这种方式主要是针对由于情势变更的事实发生，使得合同标的的价值在量上发生了变化，而合同双方当事人都愿意维持现有的合同关系的情形。通过增加履行标的的数额，使双方的利益重新的到平衡。如果对方当事人不同意增减，则遭受不利的一方不能主张。

（2）延期或分期履行。前提是当事人都愿意继续履行合同，并且情势变更的发生只是暂时性的，采用延期履行或分期履行能够消除不公平的后果。

第二，解除合同。如果当事人一方认为合同变更不符合合同订立的目的，合同变更仍不能排除不公平结果的情况下才解除合同，以彻底消除不公平的情形。

究竟采用变更合同还是解除合同，当事人应当本着公平的原则，来协商解决。如果协商不成，当事人也可以请求法院或仲裁机构作出决定。

二、情势变更与相关概念的区别

1. 情势变更与不可抗力

情势变更与不可抗力的在我国合同法上是有区别的。因不可抗力致使不能实现合同目的的，当事人可以解除合同。情势变更与不可抗力都是在合同订立以后发生的，

① 吴庆宝．合同裁判精要卷［C］．最高人民法院专家法官阐释民商裁判疑难问题．北京：中国法制出版社，2013，4.

都对合同的效力产生影响；两者都导致了合同基础的散失，都是当事人不能预见的客观事实造成的。但两者有区别：首先，不可抗力可以是引起情势变更的原因，而情势变更则一般不会或直接导致不可抗力；情势变更后，并不导致合同不能履行，而是继续履行会产生不公平的后果。而不可抗力的事件发生后，一般导致不能履行合同或不能全部履行合同、不能按期履行合同。其次，引发事由不同。不可抗力主要有两种情况，一是自然灾害，如海啸、地震、洪水等。二是社会的异常变动，如战争、罢工、社会动乱等。而情势变更则主要表现为合同基础的变更，如货币币值大幅度变更、物价暴涨暴跌等；再次，当事人的权利性质不同。不可抗力情形下，当事人所享有的形成权，即只需于不可抗力事件发生后，通知对方当事人即可，无须进行协商，而情势变更则与之不同，当事人所享有的是请求权，需经司法判决来进行合同变更或者解除；然后，法律程序不同。情势变更须经双方当事人协商之后再行诉讼，而不可抗力无须此行为，径行诉诸法院即可；最后，法律后果不同。情势变更是“裁量免责”。即情势变更原则只是赋予了当事人依法请求变更或解除合同关系并免责的权利，而最终是否变更或解除合同并免责，取决于人民法院或仲裁机构的裁量；而因不可抗力致使不能实现合同的则是“当然免责”。即因不可抗力事件导致合同不能履行或无法履行的，当事人有权通知对方当事人解除合同，合同自通知到达对方时解除，并可免予承担履行义务和违约责任。

2. 情势变更与商业风险

商业风险属于从事商事交易活动的固有风险，比如尚未达到异常变动程度的供求关系变化、价格涨跌等，而且当事人在交易时能够大体预见到其交易的后果，并且对其后果有充分的思想准备，这种预见来自于经营者对商品的价值规律的遵循，以及对市场行情的了解和对市场经济信息的预测等，也就是说，对于商业风险来说，当事人在订立建设工程合同时就应当已经预见，只是出于追求商业利益的目的而甘冒风险，抱着侥幸心理希望商业风险不会发生，即当事人在主观上有过错；而情势变更是当事人在缔约时无法预见的非市场系统固有的风险，即使在当事人订立建设工程合同时尽了最大的注意义务仍不能预见。所以在考量某种重大客观变化是否属于情势变更时，应当着重衡量其风险类型是否属于社会一般观念上的事先无法预见、风险程度是否远远超出正常人的合理预期、风险是否可以防范和控制、交易性质是否属于通常的“高风险高收益”范围等因素。

比如在建设工程合同履行过程中，当事人双方基于通货膨胀预期而可以预见的合理范围内的建筑材料涨价则属正常的价格波动，不是情势变更适用的范围。但如果合同履行过程中材料设备价格非理性上涨的幅度巨大，属于社会一般观念上的事先无法预见的情形，属于风险程度远远超出正常人的合理预期的范畴，就目前施工企业的经营能力而言属于风险无法防范和控制的范畴，而且与签约时相比这种变化是重大的、根本性的，应属于情势变更而非商业风险，可以适用情势变更原则，要求调整合同价款。

三、建设工程合同中情势变更的类型化分析

（一）《FIDIC 施工合同条件》涉及的风险类型

1. 不可抗力

《FIDIC 施工合同条件》第 19.1 条约定："于本契约中，不可抗力指任何时间或状况：（1）在当事人控制范围外；（2）当事人无法在签约前适当防备；（3）当事人无法适当避免或克服以及；（4）不可归责于他方当事人。"在合于以上条件下，包括但是不限于以下异常事件或状况：战争、敌对行为、入侵、外敌行为：包括叛乱、恐怖行动、革命、颠覆、军事政变、篡夺政权或内战；承包商或其分包商的雇员以外人员引起之暴动、动乱、骚动、罢工或停工；军需品爆炸性材料、核子辐射或放射性污染、但可归责与承包商使用军需品、爆炸物、辐射或放射能者不在此限，及天灾如地震、飓风、台风、火山爆发等自然问题。

2. 费用与法规的变更

《FIDIC 施工合同条件》第 13.7 条"法规变化引起的调整"约定：如果在基准日期以后，能够影响承包商履行其合同义务的工程所在国的法律（包括新法律的实施以及现有法律的废止或修改）或对此法律的司法的或官方政府的解释的变更导致费用的增减，则合同价格应作出相应调整。如果承包商由于此类在基准日期后所作的法律或解释上的变更而遭受了延误（或将遭受延误）和/或承担（或将承担）额外费用，承包商应通知工程师并有权依据第 20.1 款【承包商的索赔】，要求：（a）根据第 8.4 款【竣工时间的延长】的规定，获得任何延长的工期，如果竣工已经或将被延误；以及（b）支付任何有关费用，并将之加入合同价格。在接到此通知后，工程师应按照第 3.5 款【决定】的规定，对此事作出商定或决定。

第 13.8 条"费用变化引起的调整"约定：在本款中，"数据调整表"是指投标函附录中包括的调整数据的一份完整的报表。如果没有此类数据调整表，则本款不适用。如果本条款适用，应支付给承包商的款额应根据劳务、货物以及其他投入工程的费用的涨落进行调整，此调整根据所列公式确定款额的增减。如果本款或其他条款的规定不包括对费用的任何涨落进行充分补偿，接受的合同款额应被视为已包括了其他费用涨落的不可预见费的款额。

以上因素，当事人在签订合同时，往往会在合同中加以约定，并以此分配各自风险及损害。这首先说明对于这种变化当事人已经有所预见。但是，现实生活中的风险往往是无法通过合同穷尽列举的，同时不能排除约定内容的变化幅度超出当事人缔约时预见到的变化幅度的情况，对于此种情况，依然可以适用情事变更制度。

（二）《标准施工招标文件》和《建设工程施工合同（示范文本）》涉及风险类型

《标准施工招标文件》和《施工合同示范文本》，也对可能构成的“情势”作了类型化约定。

1. 不可抗力

《标准施工招标文件》通用条款第二十一条约定：不可抗力是指承包人和发包人在订立合同时不可预见，在工程施工过程中不可避免发生并不能克服的自然灾害和社会性突发事件，如地震、海啸、瘟疫、水灾、骚乱、暴动、战争和专用合同条款约定的其他情形。

对于不可抗力造成损害的责任，《标准施工招标文件》通用条款约定：除专用合同条款另有约定外，不可抗力导致的人员伤亡、财产损失、费用增加和（或）工期延误等后果，由合同双方按以下原则承担：（1）永久工程，包括已运至施工场地的材料和工程设备的损害，以及因工程损害造成的第三者人员伤亡和财产损失由发包人承担；（2）承包人设备的损坏由承包人承担；（3）发包人和承包人各自承担其人员伤亡和其他财产损失及其相关费用；（4）承包人的停工损失由承包人承担，但停工期间应监理人要求照管工程和清理、修复工程的金额由发包人承担；（5）不能按期竣工的，应合理延长工期，承包人不需支付逾期竣工违约金。发包人要求赶工的，承包人应采取赶工措施，赶工费用由发包人承担。

《标准施工招标文件》通用条款第21.3.4还约定因不可抗力可解除合同：合同一方当事人因不可抗力不能履行合同的，应当及时通知对方解除合同。合同解除后，承包人应按照第22.2.5项约定撤离施工场地。已经订货的材料、设备由订货方负责退货或解除订货合同，不能退还的货款和因退货、解除订货合同发生的费用，由发包人承担，因未及时退货造成的损失由责任方承担。合同解除后的付款，参照第22.2.4项约定，由监理人按第3.5款商定或确定。

《施工合同示范文本》通用条款第十七条对不可抗力的定义与标准施工招标文件通用条款的定义、对于不可抗力造成损害的责任承担和解除合同的规定相同。

2. 不可归责于承包人的其他原因

（1）不利物质条件。《标准施工招标文件》通用条款第4.11款对不利物质条件定义及处理原则约定如下：不利物质条件，除专用合同条款另有约定外，是指承包人在施工场地遇到的不可预见的自然物质条件、非自然的物质障碍和污染物，包括地下和水文条件，但不包括气候条件。

承包人遇到不利物质条件时，应采取适应不利物质条件的合理措施继续施工，并及时通知监理人。监理人应当及时发出指示，指示构成变更的，按第十五条约定办理。监理人没有发出指示的，承包人因采取合理措施而增加的费用和（或）工期延误，由发包人承担。

《施工合同示范文本》对不利物质条件定义及处理原则约定与标准施工招标文件通用条款的约定大致相同。

（2）发现文物。《标准招标文件》通用条款第1.10.1款规定，在施工场地发掘的所有文物、古迹以及具有地质研究或考古价值的其他遗迹、化石、钱币或物品属于国家所有。一旦发现上述文物，发包人、监理人和承包人应按文物行政部门要求采取妥善保护措施，由此导致费用增加和（或）工期延误由发包人承担。

施工合同示范文本在第1.9“化石、文物”中作出了类似的约定。

（3）异常恶劣的气候条件。《施工合同示范文本》第7.7约定：异常恶劣的气候条件是指在施工过程中遇到的，有经验的承包人在签订合同时不可预见的，对合同履行造成实质性影响的，但尚未构成不可抗力事件的恶劣气候条件。合同当事人可以在专用合同条款中约定异常恶劣的气候条件的具体情形。

承包人应采取克服异常恶劣的气候条件的合理措施继续施工，并及时通知发包人和监理人。监理人经发包人同意后应当及时发出指示，指示构成变更的，按第十条【变更】约定办理。承包人因采取合理措施而增加的费用和（或）延误的工期由发包人承担。

《标准招标文件》通用条款第11.4则约定：由于出现专用合同条款规定的异常恶劣气候的条件导致工期延误的，承包人有权要求发包人延长工期。

《标准招标文件》通用条款和《施工合同示范文本》约定的以上情况在缔约前已经客观存在，尽管合同专用条款允许当事人对构成上述两种情势作出约定，但该约定是无法穷尽具体情形的，依旧会出现当事人无法预料的事情发生，当事人对这些事情的发生无过错，所以还是可以适用情势变更规则的。

四、关于各地调价文件与情势变更的关系

2008年的全球金融危机对我国的工程建设行业的影响也很大，如我国的建筑材料等价格就受到较大影响，此类的建设工程合同履行纠纷突然增多。为保证工程建设项目的顺利进行，我国许多地方政府出台了关于调整工程建设要素价格的调价文件，以便以此来稳定市场。

金融危机的发生，建设工程合同履行是否能沿引情势变更原则来变更合同或解除合同，应当根据合同的具体情况来分析判断。

正如最高人民法院印发《关于当前形势下审理民商事合同纠纷案件若干问题的指导意见》中所述：“1. 当前市场主体之间的产品交易、资金流转因原料价格剧烈波动、市场需求关系的变化、流动资金不足等诸多因素的影响而产生大量纠纷，对于部分当事人在诉讼中提出适用情势变更原则变更或者解除合同的请求，人民法院应当依据公

平原则和情势变更原则严格审查。2. 人民法院在适用情势变更原则时，应当充分注意到全球性金融危机和国内宏观经济形势变化并非完全是一个令所有市场主体猝不及防的突变过程，而是一个逐步演变的过程。在演变过程中，市场主体应当对于市场风险存在一定程度的预见和判断。人民法院应当依法把握情势变更原则的适用条件，严格审查当事人提出的“无法预见”的主张，对于涉及石油、焦炭、有色金属等市场属性活泼、长期以来价格波动较大的大宗商品标的物以及股票、期货等风险投资型金融产品标的物的合同，更要慎重适用情势变更原则。3. 人民法院要合理区分情势变更与商业风险。商业风险属于从事商业活动的固有风险，诸如尚未达到异常变动程度的供求关系变化、价格涨跌等。情势变更是当事人在缔约时无法预见的非市场系统固有的风险。人民法院在判断某种重大客观变化是否属于情势变更时，应当注意衡量风险类型是否属于社会一般观念上的事先无法预见、风险程度是否远远超出正常人的合理预期、风险是否可以防范和控制、交易性质是否属于通常的“高风险高收益”范围等因素，并结合市场的具体情况，在个案中识别情势变更和商业风险。4. 在调整尺度的价值取向把握上，人民法院仍应遵循侧重于保护守约方的原则。适用情势变更原则并非简单地豁免债务人的义务而使债权人承受不利后果，而是要充分注意利益均衡，公平合理地调整双方利益关系。在诉讼过程中，人民法院要积极引导当事人重新协商，改订合同；重新协商不成的，争取调解解决。为防止情势变更原则被滥用而影响市场正常的交易秩序，人民法院决定适用情势变更原则作出判决的，应当按照最高人民法院《关于正确适用〈中华人民共和国合同法〉若干问题的解释（二）》（法［2009］165 号）的要求，严格履行适用情势变更的相关审核程序。”

在上述最高院的指导意见出台之前，各地就颁布了相应的文件。这些文件大体分为以下几类：

1. 尊重当事人约定，合同中没有约定或约定不明的，建议按文件办法调整

如上海市《关于建设工程要素价格波动风险条款约定、工程合同价款调整等事宜的指导意见》（沪建市管［2008］12 号）：“四、已签订工程施工合同但尚未结算的工程项目，如在合同中没有约定或约定不明的，发承包双方可结合工程实际情况，协商订立补充合同协议，建议可采用投标价或以合同约定的价格月份对应造价管理部门发布的价格为基准，与施工期造价管理部门每月发布的价格相比（加权平均法或算术平均法），人工价格的变化幅度原则上大于 ±3%（含 3%下同）、钢材价格的变化幅度原则上大于 ±5%、除人工、钢材外上述条款所涉及其他材料价格的变化幅度原则上大于 ±8%应调整其超过幅度部分要素价格。”

2. 合同有约定的，按合同约定的风险系数或方法调整，合同中没有约定或约定不明的，应当按文件办法调整

如湖南省《关于工程主要材料价格调整的通知》（湘建价［2008］2 号）：“二、凡在施工承包合同中没有具体明确风险范围和调整幅度的，不论是采用固定综合单价（含平方米造价包干）或固定总价合同包干的工程，均应列入此次调整范围。三、已招标及已签订施工承包合同且尚未办理工程结算的工程，发、承包双方应本着实事求是、互惠互利的原则，参照上述规定协商确定主要材料结算价格。”

笔者认为，上述各地在处于金融危机时期出台的有关建筑材料等工程建设要素价格调整的文件，是政府为了稳定市场而制定的，它并不是国家制定的法律法规，甚至也不是地方法规，所以在司法审判实践中，不具有指导意义。只能作为在相关诉讼案件中，调解其纠纷的一个参照，由当事人协商变更。至于是否构成情势变更的情形，应当按照最高院的指导意见，看是否符合情势变更的适用条件来确定。

五、固定价格合同下情势变更原则的适用

固定价格合同是指双方在合同专用条款内约定合同价款包含的风险范围和风险费用的计算方法，在约定的风险范围内合同价款不再调整，风险范围以外的合同价款调整方法，则在专用条款内约定。《施工合同示范文本》第 12.1 约定了三种合同价格形式，其中第二种为总价合同。该条约定：总价合同是指合同当事人约定以施工图、已标价工程量清单或预算书及有关条件进行合同价格计算、调整和确认的建设工程施工合同，在约定的范围内合同总价不作调整。合同当事人应在专用合同条款中约定总价包含的风险范围和风险费用的计算方法，并约定风险范围以外的合同价格的调整方法，其中因市场价格波动引起的调整按第 11.1 款〔市场价格波动引起的调整〕、因法律变化引起的调整按第 11.2 款〔法律变化引起的调整〕约定执行。

在实践中，许多采用固定价格合同的建设施工合同中一般都载明“无论材料价格涨跌与否，本合同价格不得调整”，那么该条款能否排除情势变更原则的适用？笔者认为，情势变更原则是法定的原则，当事人不能通过约定来排除对该原则的适用。是否适用情势变更主要在于是否符合其适用条件，其中最为关键要件之一是在合同成立之后出现了当事人缔约时无法预见的客观情况的重大变化，当合同原有的利益平衡因经济的激烈动荡而导致显示公平的结果时，给予相应的法律救济，这正是情势变更原则的价值所在。所以一旦发生了价格异动情形并符合了情势变更原则所适用条件，当事人一方有权要求法院支持变更合同的诉讼请求。

但是在司法实践中，也有不同的观点。有一种观点认为，采用固定价格合同的建设施工合同中如果载明“无论材料价格涨跌与否，本合同价格不得调整”，表明当事人自愿承担将来的风险，应尊重当事人的选择。即便这种条款会出现显失公平的情况，施工方也只能按《合同法》第五十四条规定，在一年之内行使撤销权。笔者认为，这种观点有失偏颇，工程建设复杂多变，并且合同中“无论材料价格涨跌与否，本合同价格不得调整”的约定，往往是施工方迫于压力接受的，因此在一年内撤销的可能性

几乎为零，当一年后发生情势变更，而施工方意外损失得不到救济，这显然不合理。

在工程合同采用固定价格时，适用情势变更原则的度，有专家提出应以工程成本来作为衡量的主要标准：[①]（1）如因情势变更导致一方获利显著低于成本，也即该项交易严重亏损时，遭受较大经济损失的，可以认定为显失公平。（2）工程成本应在整个工程的所有工程项目中整体综合考量。如情势变更发生仅引起某些项目亏损，而整体工程仍然有利润，则不得适用该原则。

对于成本加薪酬合同，由于这种价款确定方式不会出现造成当事人显失公平的情况，没有适用情势变更原则的必要。因为在这种合同中，工程成本按照现行计价标准和合同约定的计价方式计算，薪酬是基于成本和约定的费率计算出来的，发包方承担了工程成本的全部风险，最终价格是依客观实际的价格。

对于可调价格合同，由于在合同专用条款中约定了合同价款所包含的风险范围和风险费用的计算方法，在合同约定的风险范围内，价格条款不再调整。所以发生了约定的风险范围之外的风险，如重大情势变更情形，当事人要求适用该原则是由道理的。

六、案例分析

【案例】2009 年之前，由于缺乏法律规定，法院审判无法适用情势变更原则

【基本案情】

G 市某水处理公司投资约 3 000 万元在 H 开发区兴建厂房的建筑工程承包合同纠纷中，G 市某水处理公司（下称甲方）与 M 市某建筑工程总公司（下称乙方）于 2007 年 4 月签订了《建筑工程承包合同》，由乙方包工包料，并约定了合同开工日期是 2007 年 6 月 1 日，合同完工日期是 2008 年 2 月 1 日，但由于乙方工程施工期间钢材、水泥等建筑材料大幅度涨价，其中，钢材从 3 700 元/吨涨价到 7 200 元/吨，涨幅已接近一倍，乙方无法按原价按时完成工程，而向甲方提出约 500 万元材料补差的工程索赔。甲方以《建筑工程承包合同》中所约定的合同工程造价是固定总价合同，不存在可调价的适用空间进行抗辩并建议不承担乙方的材料上涨损失。但乙方多次前往 G 市 H 区建设局及开发区管委会等行政部门上访投诉，且拒不交出施工场地，这不仅导致甲方无法接收工程场地，亦延误了工期。乙方依据 G 省建设厅发出的行政文件，作为向甲方提出变更合同价格条款补充材料价差工程索赔的重要依据，该文件具体为 2007 年 10 月 G 省建设厅公布的《关于建设工程工料机价格涨落调整与确定工程造价的意见》第五条之规定：在施工合同履行期间，当工程造价管理机构发布的人工、材料（设备）、施工机械台班价格涨落超过合同工程基准期（招标工程为递交投标文件截止日期前 28

① 吴庆宝．合同裁判精要卷［C］．最高人民法院专家法官阐释民商裁判疑难问题．北京：中国法制出版社，2013，4.

天；非招标工程为订立合同前28天）价格10%时，发包人、承包人应秉着实事求是的原则调整工程价款，并签订补充协议。乙方以此作为追加（减）合同价款和支付工程进度款的依据，具体的调整方法，要求按照《G省建设施工合同示范文本（2006）》第61.1款的要求办理。

双方为此诉讼到法院，在诉讼中，甲方以该文件为行政机关内部管理文件，无法确认以上行政文件的法律效力，法院亦不能将其作为审理案件的法律依据加以适用。最后法院也没有支持乙方的诉讼请求。

【案例评析】

此案涉及情势变更原则，甲乙双方争议焦点是情势变更原则的适用问题。如果适用情势变更原则，那么乙方的要求就应该得到支持，否则就属于正常的商业风险，乙方只能按合同价履约。2009年2月9日，最高人民法院审判委员会第1462次会议通过，2009年5月13日起施行的《最高人民法院关于适用〈中华人民共和国合同法〉若干问题的解释（二)》规定了事情变更原则，其中，第二十六条规定："合同成立以后客观情况发生了当事人在订立合同时无法预见的、非不可抗力造成的不属于商业风险的重大变化，继续履行合同对于一方当事人明显不公平或者不能实现合同目的，当事人请求人民法院变更或者解除合同的，人民法院应当根据公平原则，并结合案件的实际情况确定是否变更或者解除。"

但遗憾的是本案发生在2009年5月13日《合同法司法解释二》出台之前，情势变更原则一般由于缺乏法律依据，法院不会主动适用；所以本案乙方的诉讼请求在当时没能得到法院的支持，最终败诉，也是意料之中的事情。

第六节　建设工程合同的解除

一、合同解除的一般理论

合同解除，是指合同有效成立后，因当事人一方的意思表示或者双方的协议，而使基于合同发生的权利义务关系终止的行为。

合同的解除有两种形式，一是协议解除，二是法定解除。《合同法》第九十三条是对协议解除的规定，第九十四条是关于法定解除的规定。

（一）协议解除

协议解除，是指当事人通过协商一致解除合同关系。《合同法》第九十三条规定，"当事人协商一致，可以解除合同。当事人可以约定一方解除合同的条件。解除合同的条件成就时，解除权人可以解除合同。"协议解除是基于当事人的意思而解除合同的一种形式，是一种双方的法律行为，这是合同自愿原则在终止合同关系时的一种运用形式。协议解除合同有两种情况。

第一，事后协商解除。按照《合同法》第九十三条第一款规定，在合同履行前或者履行过程中，经当事人协商一致即可解除合同，这种形式被称为事后协商解除。使用这种解除合同的形式，当事人在协商时，应当就解除合同后责任与损失的分担等内容一并协商。

第二，约定解除。按照《合同法》第九十三条第二款规定，在订立合同时当事人就可以约定解除合同的条件，一旦条件成就，有解除权一方的当事人就可以解除合同，这种形式也称约定解除。使用这种形式解除合同的，在约定条件时，要注意与违约责任和补救措施联系在一起。

（二）法定解除

法定解除，是指合同成立后，在没有履行或者履行过程中，当事人一方行使法定解除权而终止。法定解除是一种单方的法律行为，即当事人一方在有法律规定的解除条件出现时，即可以通过行使解除权而使合同终止。

法定解除，是法律赋予当事人的一种选择权，即当守约的一方当事人认为解除合同对他有利时，可以通过解除合同来保护自己的利益。

法定解除与协议解除的不同，主要在于法定解除是当事人一方行使法定解除权的结果，在法定解除条件出现时，有解除权的一方可以直接行使解除权，将合同解除，而无须经过对方的同意。而协议解除则是双方的法律行为，并非一方行使解除权的结果。

《合同法》第九十四条规定了五种法定解除的条件。

1. 因不可抗力致使不能实现合同目的

按照《合同法》第一百一十七条规定，不可抗力，是指不能预见、不能避免并且不能克服的客观情况。不可抗力，是人力所不能抗拒的力量，它包括某些自然现象，如地震、台风、洪水、海啸等，也包括某些社会现象，如战争，它是独立于人的行为之外，并且不受当事人的意志所支配的客观现象。

当事人订立合同各有不同的目的，实现这种目的是当事人履行合同的原动力，一旦不可抗力发生，可能使当事人无法实现其订立合同的目的时，对当事人而言可能是继续履行合同已经毫无意义，这时如果要求当事人继续履行，其结果可能是对已经遭到不可抗力事件打击的当事人造成更大的损害，从公平角度，应当允许当事人解除合同。

2. 在履行期限届满之前，当事人一方明确表示或者以自己的行为表明不履行主要债务

合同的主要债务与合同的目的是紧密相连的，如果一方当事人明确表示或者以自

己的行为表示将不履行主要债务，这就是所谓的“预期违约”，预期违约将会使合同的目的难以达到，这种情况下合同存在的必要性已经丧失，另一方当事人当然应当可以解除合同。

明确表示不履行主要债务，当事人必须以清楚的意思表示，向对方当事人传达不履行主要债务的信息。如以书面形式。

以自己的行为表明不履行主要债务，这一条件是一种默示的表明，与“明确地表示”这一条件联系起来看，这种行为必须是可以使任何一个正常的人都可以了解其行为含义的。

3. 当事人一方迟延履行主要债务，经催告后在合理期限内仍未履行

迟延履行，即不按照约定的时间履行。债务人迟延履行可能不会造成对债权人的重大损害，但是如果经债权人催告后仍然不能履行主要债务，债务人就明显缺乏履行合同的诚意与履行能力了。经过一个合理的期限，或者经过债权人给予的宽限期之后，仍未履行的，债权人据此可以得出债务人不具备履行能力或者根本不愿意履行的结论，根据本项规定解除合同，就是十分自然的。这里“合理的期限”，需要根据合同的具体情况加以判断。

4. 当事人一方迟延履行债务或者有其他违约行为致使不能实现合同目的

在一些合同中履行期限是十分重要的，如像建设工程合同，某一城市将举办重大国际会议修建的会议场馆，若施工方迟延履行，将影响到国际会议是否能如期举行的重大问题，债权人订立合同的目的也就根本无法实现，这时应当允许当事人解除合同。在合同履过程中，也有可能由于债务人的其他一些违约行为使当事人订立合同的目的不能实现，如在技术咨询合同中，受托人将委托人提出的项目泄露给了委托人的竞争对手，这时委托人要欲进行的项目可能已没有意义，也应当可以解除合同。

5. 法律规定的其他情形

这是一项兜底条款，除了上述四项之外，其他法律也规定了另外一些法定解除情形。

（三）根本违约解除合同

第九十四条规定的（二）、（三）、（四）项等几种情形，也被称为根本违约，即当规定的违约情形出现时，合同的目的根本不能实现。也就是说，《合同法》规定只有根本违约的情形出现，当事人才能单方行使解除合同的权利。如果只是合同目的部分不能实现，如标的物只是部分质量不合格，是不能单方行使解除权的。

（四）合同解除权的期限

《合同法》第九十五条规定，“法律规定或者当事人约定解除权行使期限的，期限届满当事人不行使的，该权利消灭。法律没有规定或者当事人没有约定解除权的行使

期限，经对方催告后在合理期限内不行使的，该权利消灭。”

根据上述规定，当事人行使解除权应当约定期限，当事人只有在约定的期限内才能行使解除权。如果当事人没有在约定的期限内行使权利，这项权利归于消灭。如果法律没有规定或者当事人没有约定解除权的行使期限，当事人行使解除权的时间应当是可以随时的，但若经对方催告后，经过一个合理的期限，仍未行使，此后这项权利也归于消灭。

规定解除权行使期限，对于保护合同当事人的利益，维护经济秩序有着十分重要的作用。如果没有期限的规定，当事人不及时行使解除权，将影响合同当事人权利义务关系的确定，使得经济秩序发生某种混乱，这样的后果是不符合合同法的立法目的的。

（五）行使解除权的程序

《合同法》第九十六条规定了行使解除权的程序：“当事人一方依照本法第九十三条第二款、第九十四条的规定主张解除合同的，应当通知对方。合同自通知到达对方时解除。对方有异议的，可以请求人民法院或者仲裁机构确认解除合同的效力。法律、行政法规规定解除合同应当办理批准、登记等手续的，依照其规定。”

（1）一般程序。根据第九十六条第一款的规定，当事人行使解除权时应当通知对方，这种通知应当理解为以书面的形式，通知到对方时合同解除。

若对方当事人对解除合同有异议的，应当向人民法院或者仲裁机构申请确认解除合同的效力。

（2）特别程序。第九十六条第二款是关于解除合同的特别程序的规定，即如果法律、行政法规规定解除合同应当办理批准、登记手续的，应当按照规定办理。如以机动车辆、船舶、不动产为标的的买卖合同，解除时应当到原登记机关办理注销手续。

（六）合同解除的法律后果

《合同法》第九十七条规定：“合同解除后，尚未履行的，终止履行；已经履行的，根据履行情况和合同性质，当事人可以要求恢复原状、采取其他补救措施，并有权要求赔偿损失。”

（1）合同解除的法律效力是合同关系的消灭，合同消灭后，对当事人来说，原来合同的义务已不存在，因此过去的义务还没有履行的，自然不必继续履行。

（2）合同解除后，已经履行的，根据履行情况和合同性质，当事人可以要求恢复原状、采取其他补救措施，并有权要求赔偿损失。

所谓恢复原状，是指恢复到合同订立以前的状态。这一规定说明，合同解除，对当事人的权利义务关系是有溯及力的。这样规定的目的，在于更加有效地保护守约一方的权益和制裁违约一方。

但是，由于合同的情况多种多样，笼统规定在解除合同后将合同当事人之间的关系恢复到合同履行前的状态，有些合同是做不到的。如建设工程合同中，合同解除后，承包方的已经施工部分，是无法恢复原状的，承包方的劳动或其他材料设备的投入，已经物化到了工程项目中，因此，当事人也可以要求采取其他措施给予补偿。由于合同解除后，不论是采用恢复原状还是采取其他补救措施，对于守约的一方当事人来说，可能都会造成一定的损失，因此，《合同法》第九十七条规定，当事人还有权要求赔偿损失，同时应当注意的是，第九十七条的规定适用于合同终止的全部七种情形。这一原则在《民法通则》第一百一十五条也作了规定："合同的变更或者解除，不影响当事人要求赔偿损失的权利。"

二、建设工程合同的解除

《施工合同司法解释》第八条对建设工程合同的解除作了如下规定：承包人具有下列情形之一，发包人请求解除建设工程施工合同的，应予支持：（一）明确表示或者以行为表明不履行合同主要义务的；（二）合同约定的期限内没有完工，且在发包人催告的合理期限内仍未完工的；（三）已经完成的建设工程质量不合格，并拒绝修复的；（四）将承包的建设工程非法转包、违法分包的。

第九条规定：发包人具有下列情形之一，致使承包人无法施工，且在催告的合理期限内仍未履行相应义务，承包人请求解除建设工程施工合同的，应予支持：（一）未按约定支付工程价款的；（二）提供的主要建筑材料、建筑构配件和设备不符合强制性标准的；（三）不履行合同约定的协助义务的。

第十条规定：建设工程施工合同解除后，已经完成的建设工程质量合格的，发包人应当按照约定支付相应的工程价款；已经完成的建设工程质量不合格的，参照本解释第三条规定处理。因一方违约导致合同解除的，违约方应当赔偿因此而给对方造成的损失。

（一）发包人的合同解除权

1. 发包人是否享有随时解除建设工程合同的权利

首先，我们从一个法院判例说起。2003 年 8 月 28 日广西武鸣县某采血站与中标单位南宁大地建筑工程公司（下称大地公司）签订了一份《建设工程施工合同》，约定将其投资建设的业务综合楼发包给大地公司承建。合同签订后，大地公司进行了人工挖孔桩分部程的施工，但由于自身原因，未能在合同约定的期限内完成人工挖孔桩的施工任务。2003 年 12 月 5 日采血站向大地公司发出解除合同通知书，并于同日以大地公司严重违约致使合同无法履行为由向武鸣县人民法院提起诉讼，请求解除双方签订的《建设工程施工合同》。武鸣县人民法院经审理后，认定大地公司未能按合同约定的施工进度完成人工挖孔桩施工任务，已构成违约。但该违约属一般性违约，亦不属法定的合同解除事由，并不必然导致合同不能履行，故采血站以大地公司在履行合同中存在严重进度违约为由请求解除合同其理由不能成立。但法院认为，根据《合同法》分则第十六章“建设工程合同”第二百八十七条的规定，该章对建设工程合同没有规定的，可以适用承揽合同的有关规定。而《合同法》分则第十五章“承揽合同”第二百八十六条赋予了定作人随时解除合同的权利，因此，采血站可以随时解除合同。对其诉讼请求应予支持。但采血站应对解除合同给大地公司造成的合理损失给予赔偿。

2004 年 8 月 9 日武鸣县人民法院作出（2003）武民初字第 856 号民事判决，解除上述《建设工程施工合同》同时判决采血站向大地公司支付已施工部分工程价款及赔偿招投标费用、留守人员工资、退场费等共计 74 718.77 元。①

笔者认为，上述案例法院的判决是值得商榷的。诚然，建设工程合同与承揽合同在历史上有千丝万缕的联系，但在我国，把建设工程合同独立作为一个有名合同单独规定，足以证明该类合同与承揽合同的不同。尽管《合同法》分则第十六章“建设工程合同”第二百八十七条的规定，该章对建设工程合同没有规定的，可以适用承揽合同的有关规定，而《合同法》分则第十五章“承揽合同”第二百六十八条赋予了定作人随时解除合同的权利，但笔者认为有关建设工程合同解除权问题，应当首先适用《合同法》总则第九十四条有关法定解除权的规定，大地公司未能按合同约定的施工进度完成人工挖孔桩施工任务，已构成违约，但该违约属一般性违约，不属法定的合同解除事由，并不必然导致合同不能履行；假使允许发包方随时解除合同，这与我国招投标法的规定的精神也相违背，是无视招投标法律效力的做法。从上述《施工合同司法解释》对发包人解除合同的规定来看，也没有肯定其享有任意解除权，而是与《合同法》第九十四条的规定一致。故采血站以大地公司在履行合同中存在严重进度违约为由请求解除合同，其理由不能成立。

2. 承包人明确表示或者以行为表明不履行合同主要义务的。这就是我们通常所说的在“预期违约”情况下法定解除合同的情形

建设工程合同中，预期违约主要表现为承包人预期不履行合同主要义务，无理由拒绝施工。“明确表示”不履行合同的，发包方在施工期到来之前，就可以解除合同，寻求违约救济；以“自己的行为表明”不履行，应需视具体情况而定。比如，无正当理由拒绝进场施工或擅自停工，即属于是以自己行为表明不履行其主要义务。在建设工程合同中，合同约定的质量、工期和工程范围被视为合同的主要义务，其他义务是否为主要义务要视该义务的违反是否影响到合同目的的实现。

3. 合同约定的期限内没有完工，且在发包人催告的合理期限内仍未完工的

这就属于《合同法》第九十四条规定当迟延履行主要债务，经催告后在合理期限

① 黄强光. 发包人可以随时解除合同吗？[J]. 建筑时报，2004-10-21.

内仍未履行的情况。未能在合同约定的期限内完工，将直接影响到发包人订立合同的目的实现，属于承包人主合同义务的不履行，赋予发包人解除权是合适的。但应当注意，因迟延履行而解除合同的解除权的发生除了需要迟延履行主要义务之外，还需要“催告”这个必经程序以及经过“合理期限”。

4. 承包人已经完成的建设工程质量不合格，并拒绝修复的。这属于《合同法》第九十四条规定的根本违约的情形。质量不合格不能通过竣工验收，工程就不能投入使用，发包方合同目的也无法实现，而承包人又拒绝修复的，应当允许发包人解除合同。

5. 发包人将承包的建设工程非法转包、违法分包的。违法转包、违法分包的合同是无效合同，无效合同不得履行，所以属于可解除的合同。根据最高院《施工合同司法解释》第八条规定，发包人可以解除合同。

（二）承包人的合同解除权

1. 发包人不履行主要义务导致的施工合同解除

在建设工程施工合同中，发包人的主要义务即支付工程价款，发包人迟延支付工程价款，并经承包人催告，在合理的期限内仍未履行相应的义务，发包人可以依据《合同法》第九十四条第（三）项的规定行使法定解除权。《施工合同司法解释》对这种情况下承包人解除施工合同作了相应的限制，即未按约支付工程价款已致使承包人无法施工时，经催告无效，承包人才可以行使法定解除权。

承包人主张因发包人迟延付款而解除合同，需对“迟延付款导致无法继续施工”承担相应的举证责任。

2. 发包人提供的主要建筑材料、建筑构配件和设备不符合强制性标准，致使承包人无法施工，且在催告的合理期限内仍未履行相应义务的

在建设工程施工合同中，根据合同的具体情况，双方可以约定由发包人采购建筑材料、建筑构配件和设备。但是，如果发包人提供的上述产品不符合国家强制性标准，承包人不得在工程中使用，这就会导致承包人无法施工。对此，承包人应催告发包人在合理期限内提供合格产品，若发包人仍不履行相应义务，则将导致合同无法继续履行，合同目的也无法实现，承包人可以行使合同解除权。

3. 发包人不履行合同约定的协助义务，致使承包人无法施工，且在催告的合理期限内仍未履行相应义务的

协助义务包括：（1）法定义务，如《合同法》第二百八十三条规定的“发包人未按照约定的时间和要求提供原材料、设备、场地、资金、技术资料的”等；（2）约定义务，双方可以在合同中约定发包人的义务；（3）行业习惯，如“三通一平”，即通电、通水、通路、平整场地等。实践中，发包人未办理施工许可证的也属于未履行协助义务的情形。

《施工合同示范文本》就对发包方采购建筑材料、建筑构配件和设备等协助义务进

行了详细的规定：（1）发包人自行供应材料、工程设备的，应在签订合同时在专用合同条款的附件《发包人供应材料设备一览表》中明确材料、工程设备的品种、规格、型号、数量、单价、质量等级和送达地点。（2）发包人应按《发包人供应材料设备一览表》约定的内容提供材料和工程设备，并向承包人提供产品合格证明及出厂证明，对其质量负责。发包人应提前24小时以书面形式通知承包人、监理人材料和工程设备到货时间，承包人负责材料和工程设备的清点、检验和接收。（3）发包人供应的材料和工程设备，承包人清点后由承包人妥善保管，保管费用由发包人承担，但已标价工程量清单或预算书已经列支或专用合同条款另有约定除外。因承包人原因发生丢失毁损的，由承包人负责赔偿；监理人未通知承包人清点的，承包人不负责材料和工程设备的保管，由此导致丢失毁损的由发包人负责。

（三）、建设工程施工合同约定解除的情形——以相关合同示范文本为例

1. 约定发包人解除合同的情形

（1）承包人未按约定提供履约担保的情形。FIDIC合同条件第15.2款a规约定，如果承包尚未能按约定提供履约担保，雇主有权终止合同。而我国《标准招标文件》通用条款和《建设施工合同示范文本》都没有将未提供履约担保作为发包人解约事由。

（2）承包人明确表示或者以行为表明不履行合同主要义务的情形。FIDIC合同条件第15.2款b项约定，承包商放弃工程，或明显表现出不愿继续按照合同履行义务的意向，雇主有权终止合同。

而我国《标准招标文件》通用条款第22.1款约定，承包人无法继续履行或明确表示不履行或实质上已停止履行合同，发包人可通知承包人立即解除合同。承包人违反约定，未经监理人批准，私自将已按合同约定进人施工场地的施工设备、临时设施或材料撤离施工场地，监理人可向承包人发出整改通知，要求其在指定的期限内改正。监理人发出整改通知28天后，承包人仍不纠正违约行为的，发包人可向承包人发出解除合同通知。

（3）承包人在合同约定的期限内没有完工。

FIDIC合同条件第15.2款c项约定，如果承包商未能按第八条（开工、延误和暂停）的约定实施工程，雇主有权终止合同。

我国《标准招标文件》通用条款第22.1款约定，承包人未能按合同进度计划及时完成合同约定的工作，已造成或预期造成工期延误，监理人可向承包人发出整改通知，要求其在指定的期限内改正。监理人发出整改通知28天后，承包人仍不纠正违约行为的，发包人可向承包人发出解除合同通知。

（4）承包人的工程质量不合格，并拒绝修复的。FIDIC合同条件第15.2款c项约定，如果经检查、检验、测量或试验，发现任何永久设备、材料或工：艺有缺陷或不符合合同要求，工程师可拒收此永久设备、材料或工艺，并通知承包商修复、重新施

工。承包商在接到通知后 28 天内未能遵守通知要求的，雇主有权终止合同。

我国《标准招标文件》通用条款第 22. 1 款约定，承包人违反约定使用了不合格材料或工程设备，工程质量达不到标准要求，又拒绝清除不合格工程，或者承包人在缺陷责任期内，未能对工程接收证书所列的缺陷清单的内容或缺陷责任期内发生的缺陷进行修复，而又拒绝按监理人指示再进行修补，监理人可向承包人发出整改通知，要求其在指定的期限内改正。监理人发出整改通知 28 天后，承包人仍不纠正违约行为的，发包人可向承包人发出解除合同通知。

（5）擅自转包或转让合同的。FIDIC 合同条件第 15. 2 款 d 项约定，承包商未经必要的许可，擅自将整个工程分包出去或转让合同，雇主有权终止合同。

我国《标准招标文件》通用条款第 22. 1 款约定，承包人违反约定，私自将合同的全部或部分权利转让给其他人，或私自将合同的全部或部分义务转移给其他人，监理人可向承包人发出整改通知，要求其在指定的期限内改正。监理人发出整改通知 28 天后，承包人仍不纠正违约行为的，发包人可向承包人发出解除合同通知。

（6）承包人丧失履行能力。FIDIC 合同条件第 15. 2 款 c 项约定，承包商破产或无力偿债，停业清理，或已有对其财产的接管令或管理令，与债权人达成和解，或为其债权人的利益在财产接管人、受托人或管理人的监督卜营业，或承包商所采取的任何行动或发生的任何事件（根据有关适用的法律）具有与前述行动或事件相似的效果，雇主有权终止合同。

我国《标准招标文件》《通用条款》和《施工合同示范文本》都未将此情形约定为发包人解约事由。

（7）承包人有贿赂行为的。FIDlC 合同条件第 15. 2 款 f 项约定，承包人（直接或间接）给予或提出给予任何人以任何贿赂、礼品、小费、佣金或其他有价值的物品，作为他人采取或不采取与该合同有关的任何行动，或者对与该合同有关的任何人员表示赞同或不赞同的引诱或报酬，雇主有权终止合同。

（8）承包人不按合同约定履行义务的其他情形。FIDlC 合同条件第 15. 2 款 a 项约定，如果承包商未能根据合同履行任何义务，工程师可通知承包商，要求他在规定的合理时间内纠正与补救。承包商未能按通知要求改正的，雇主有权终止合同。

我国《标准招标文件》通用条款第 22. 1 款约定，承包人不按合同约定履行义务的其他情况，监理人可向承包人发出整改通知，要求其在指定的期限内改正。监理人发出整改通知 28 天后，承包人仍不纠正违约行为的，发包人可向承包人发出解除合同通知。

（9）不可抗力。F1D1C 合同条件第 19. 6 款约定了不可抗力的合同终止。如果由于不可抗力，导致整个工程的施工无法进行已经持续了 84 天，且已根据约定发出了不可抗力有关事项的通知，或由于同样原因停工时间的总和已经超过了 140 天，则任一方可向另一方发出终止合同的通知。

我国《标准招标文件》通用条款第 21. 3. 4 款约定，合同一方当事人因不可抗力不能履行合同的，应当及时通知对方解除合同。

（10）发包人任意解约。FIDIC 合同条件第 15. 5 款约定了发包人的任意解约权。雇主有权在他方便的任何时候，通知承包商终止合同。合同终止后，承包商按照第 19. 6 款（因不可抗力终止合同）的规定从雇主处得到支付。

值得注意的是，我国的两个合同文本均没有约定发包人的任意解除权。

2. 承包人解除合同的约定情形

（1）发包人未能按合同约定支付合同价款的。FIDlC 合同条件第 16. 2 款 b、c 项约定，在收到报表和证明文件后 56 天内，工程师未能签发相应的支付证书，或者在约定的支付时间期满后 42 天内，承包商没有收到按开具的期中支付证书应向其支付的应付款额，承包商应有权终止合同。

我国《标准招标文件》通用条款第 22. 2 款约定，发包人未能按合同约定支付预付款或合同价款，或拖延、拒绝批准付款申请和支付凭证，导致付款延误的，承包人可向发包人发出通知，要求发包人采取有效措施纠正违约行为。发包人收到承包人通知后的 28 天内仍不履行合同义务，承包人有权暂停施工，并通知监理人。暂停施工 28 天后，发包人仍不纠正违约行为的，承包人可向发包人发出解除合同通知。

（2）发包人或工程师的原因造成停工。FIDIC 合同条件第 16. 2 款 f 项约定，非因承包商的原因造成停工已持续 84 天以上，承包商可要求工程师同意继续施工。若在接到上述请求后 28 天内工程师未给予许可，承包商可发出通知，提出终止合同。

我国《标准招标文件》通用条款第 22. 2 款约定，发包人原因造成停工的，或者监理人无正当理由没有在约定期限内发出复工指示，导致承包人无法复工的，承包人可向发包人发出通知，要求发包人采取有效措施纠正违约行为。发包人收到承包人通知后的 28 天内仍不履行合同义务，承包人有权暂停施工，并通知监理人。暂停施工 28 天后，发包人仍不纠正违约行为的，承包人可向发包人发出解除合同通知。

（3）发包人拒不签订合同协议书或者擅自转让合同的。FIDIC 合同条件第 16. 2 款 e 项约定，雇主未能按照约定在承包商收到中标函后的28 天内签订合同协议书，或者擅自转让全部或部分合同以及根据合同应得的利益或权益，承包商有权终止合同。

（4）发包人明确表示或者以行为表明不履行合同主要义务的。我国《标准招标文件》通用条款第 22. 2 款约定，发包人无法继续履行或明确表示不履行或实质上已停止履行合同的，承包人可书面通知发包人解除合同。

（5）发包人丧失履行能力。FIDIC 合同条件第 16. 2 款 g 项约定，雇主破产或无力偿债，停业清理，或已有对其财产的接管令或管理令，与债权人达成和解，或为其债权人的利益在财产接管人、受托人或管理人的监督下营业，或所采取的任何行动或发生的任何事件（根据有关适用的法律）具有与前述行动或事件相似的效果，承包商有权终止合同。

（6）发包人不履行合同约定其他义务的。FIDIC 合同条件第 16.2 款 d 项约定，雇主实质上没有履行合同规定的义务，承包商有权终止合同。

我国《标准招标文件》通用条款第 22.2 款约定，发包人不履行合同约定其他义务的，承包人可向发包人发出通知，要求发包人采取有效措施纠正违约行为。发包人收到承包人通知后的 28 天内仍不履行合同义务，承包人有权暂停施工，并通知监理人。暂停施工 28 天后，发包人仍不纠正违约行为的，承包人可向发包人发出解除合同通知。

（7）不可抗力。FIDIC 合同条件第 19.6 款、《标准招标文件》通用条款第 21.3.4 款约定了不可抗力情况下的合同终止、解除。

从以上文本分析我们可以得知，作为国际影响力较大 FIDIC 施工合同条件，对合同各方解除权的约定较为全面；我国的《标准招标文件》通用条款对当事人的合同解除权的约定，参照了最高院的《施工合同司法解释》的规定，范围较窄。

（四）建设工程施工合同解除的法律后果

根据《合同法》第九十七条的规定，建设工程施工合同的解除不具有溯及既往的效力，其法律后果包括以下两个方面：

1. 折价补偿

建设工程施工合同解除后，对于已完成的合格工程，发包人应当按照合同约定支付相应的工程价款；对于工程经验收或鉴定为不合格的，发包人可以要求承包人进行修复，经修复后合格的，发包人应当按照合同约定支付相应的工程价款，但承包人应当承担修复费用；对于修复后仍不合格的，发包人有权不支付工程款，已经支付的，有权要求承包人返还。对于按照合同约定难以确定工程价款的，可以委托有造价鉴定资质的机构进行工程造价鉴定。

2. 承担违约责任

因当事人一方违约而导致建设工程施工合同解除的，违约方应当承担违约责任，包括支付违约金、赔偿经济损失等。如果当事人在合同中约定了违约金，守约方可以要求违约方支付违约金。违约金不足以弥补守约方经济损失的，守约方还可以要求对方赔偿违约金与损失之间的差额部分；根据最高法院的相关司法解释，违约金超过造成损失的 30% 的，违约方可以请求人民法院或仲裁机构适当减少。

三、案例分析

【案例一】承包人非法转包合同的，发包人享有合同解除权

【基本案情】

原告：山东某地产开发有限公司

被告：济南市某工程总公司

2003 年 5 月 27 日，原、被告签订了步行街北 1、北 2、南 1、南 2、南 3 楼《建设工程施工合同》及《步行街合同补充条款》一份，标的额为 3500 万元，工期天数 298 天，竣工时间为 3 月 30 日。依据《步行街合同补充条款》第七条第（2）项约定："所有主体工程均由承包人（被告）亲自依约施工完成，承包人不得有转包、分包或允许第三人挂靠施工行为，一旦发包人（原告）发现承包人有上述行为，发包人有权单方解除本合同，由承包人赔偿原告一切损失，并按工程总预算造价的 10% 支付违约金"。被告严重违反双方的约定，将工程分包给"江苏某建筑安装总公司东营办事处"等队伍，构成严重违约，并为此造成了工程进度拖延，至今无法交工，以致仅因建材市场三大材料涨价一项就给原告造成了巨大的经济损失。依据《合同法》第一百零七条的规定被告应当对其违约行为承担赔偿责任。故请求判令被告按双方签订的《建设工程施工合同》及《步行街合同补充条款》第七条第（2）项赔偿因分包工程应支付的违约金 350 万元；由被告承担全部诉讼费用和实支费。

被告在庭审中答辩称，被告不存在将工程分包、转包的行为，不存在违约行为，原告方也没有任何经济损失。在整个工程施工期间，原告资金严重不足，至今仍拖欠被告工程款 320 万元。请求驳回原告的诉讼请求。

经法院审理认定，2003 年 5 月 27 日，原、被告签订了建设工程施工协议，被告承揽了原告位于某公园的步行街北 1、北 2、南 1、南 2、南 3 工程。合同价款 35 000 000 元。合同第 38. 1 规定，"承包人按专用条款的约定分包所承包的部分工程，并与分包单位签订分包合同。非经发包人同意，承包人不得将承包工程的任何部分分包"。合同专用条款中，发包人同意承包人分包的工程约定为"无"，分包施工单位亦为"无"。《步行街合同补充条款》7.（2）违约责任约定，所有主体工程均由承包人亲自依约施工完成，承包人不得有转包、分包或允许第三人挂靠施工行为，一旦发包人发现承包人有上述行为，发包人有权单方解除本合同，由承包人赔偿发包人一切损失，并按工程总预算造价的 10% 支付违约金。原、被告对合同的真实性没有争议，该合同的内容应当予以认定。

原、被告对被告是否存在转包行为，应否承担《步行街合同补充条款》7.（2）条约定的违约责任存在争议。原告为证实被告将合同约定的工程进行了转包，提供了如下证据：

第一，被告于 2003 年 6 月与济南某劳务有限公司签订的《包工包部分材料工程协议》，2003 年 10 月 10 日与江苏某工程公司签订的《包工包部分材料工程协议》，2003 年 6 月与江苏某建安总公司东营分公司签订的《包工包部分材料工程协议》。证明，被告将承包原告的"步行街北 1、北 2、南 1、南 2、南 3 楼工程"整体分别转包给了上述三家公司，即违反了《合同法》第二百七十二条的禁止性规定，也违反了双方的合同中不得对承包工程进行转包的约定，应当承担违约责任。被告对三份协议质证认为，被告公司并没有与该三家公司签订转包协议。原告所提供的三份协议有二份为复印件，真实性无法确认。协议加盖的是第三工程公司公章，该公司仅是被告下属的一个职能部门，没有营业执照，也没有得到被告公司的授权。

第二，原告申请法院对所提供的三份协议复印件的真实性向济南某劳务有限公司、江苏某工程公司以及江苏某建安总公司东营分公司进行调查。法院根据原告的申请调查了济南某劳务有限公司某湖公园南三楼项目负责人吴某，吴某证实，其所在公司曾与被告公司签订过一份“包工包部分材料工程协议书”，工程名称为“某公园步行街南三楼工程”，地点是东营市某公园，原告提交的协议复印件是其交给原告的，与所在公司持有的原件一致，但是没有加盖公章。江苏某建安总公司东营分公司驻某湖公园项目部项目经理董某某经调查证实，其所在公司曾与被告签订过一份“包工包部分材料工程协议书”，签字人分别是宋某某和其所在公司的缪某某。原告提交法庭的复印件是被调查人提供给原告的。江苏某工程公司驻某湖公园南1、南2项目部经理卜某某证实，所在公司曾与被告签订过一份“包工包部分材料工程协议书”，工程名称是某公园步行街南1、南2楼工程，地点在东营市某公园，签字人是宋某某和徐某某，被调查人曾向原告提供过一份协议书的复印件。被告对三被调查人的证言有异议，认为被调查人均是原、被告解除合同，被告方撤出工地后，另行承包该工程的施工队伍的员工，与原告有利害关系。

第三，原告提供江苏某建安总公司东营分公司向原告要求代付工程款的报告及收款收据。证明，被告将工程转包给第三人，并因被告不能给转包的施工队伍及时付款造成工程延期竣工。被告质证认为，按照合同原告方只能向被告支付工程款，未经被告方认可向第三人支付工程款的行为对被告不产生效力。

【法院审理】

根据上述证据及质证意见，法院认定，原告依据2003年5月27日与被告签订的《建设工程施工合同》将位于某公园的步行街北1、北2、南1、南2、南3楼工程发包给了被告。根据原告提供的济南某劳务有限公司签订的《包工包部分材料工程协议》，江苏某工程公司签订的《包工包部分材料工程协议》，江苏某建安总公司东营分公司签订的《包工包部分材料工程协议》以及本院依据原告的申请向吴某、董某某、卜某某所作调查，并结合原告向具体施工的江苏某建安总公司支付工程款的事实可以认定，在东营市某公园步行街进行北1、北2、南1、南2、南3楼工程前期施工的是该三家公司。该三家公司与原告并无合同关系，而是依据与被告济南市某工程总公司第三工程公司签订的包工包部分材料工程协议进行了施工。原、被告基本认可在2004年4月20日解除了合同，此前进行了结算。

法院认为，原、被告签订的建设工程施工合同系双方真实意思表示，内容合法，系有效的合同，原、被告应全面履行。原告依据合同将某公园的步行街北1、北2、南1、南2、南3楼工程发包给了被告，并明确约定不得将工程主体转包，转包为违约行为，应承担违约责任，原告并因此享有单方解除权。在原、被告的合同解除之前的工程是由济南某劳务有限公司，江苏某工程公司，江苏某建安总公司东营分公司对应由被告亲自施工的工程进行了施工。该三家公司与原告之间没有合同关系，是根据与被告第三工程公司的包工包部分材料工程协议进行了施工，被告主张第三工程公司没有获得授权，没有签订合同的行为能力的辩解不足以推翻原告发包给被告并约定应由被告亲自施工的工程实际上是由第三人施工的事实，被告第三工程公司的行为产生的后果应由被告承担。被告应当按照合同关于转包违约责任的约定，按工程总预算造价35 000 000元的10%支付违约金350万元。被告主张不存在违约行为不应当承担违约责任证据不足，不予支持。最终法院判决如下：

一、原、被告签订的步行街北1、北2、南1、南2、南3楼《建设工程施工合同》及《步行街合同补充条款》于2004年4月20日解除。

二、被告支付原告违约金350万元，于判决生效之日起10日内履行。

【案件评析】

这是一起典型的承包人违法分包，发包人享有法定解除权解除合同的案例。

本案原告山东某房地产开发有限公司与被告济南市某工程总公司在施工合同中明确约定“所有主体工程均由承包人亲自依约施工完成，承包人不得有转包、分包或允许第三人挂靠施工行为，一旦发包人发现承包人有上述行为，发包人有权单方解除本合同。”

《合同法》第九十四条规定：“有下列情形之一的，当事人可以解除合同：（一）因不可抗力致使不能实现合同目的；（二）在履行期限届满之前，当事人一方明确表示或者以自己的行为表明不履行主要债务；（三）当事人一方迟延履行主要债务，经催告后在合理期限内仍未履行；（四）当事人一方迟延履行债务或者有其他违约行为致使不能实现合同目的；（五）法律规定的其他情形。”

另外，最高人民法院《施工合同司法解释》第八条也规定：“承包人具有下列情形之一，发包人请求解除建设工程施工合同的，应予支持：（一）明确表示或者以行为表明不履行合同主要义务的；（二）合同约定的期限内没有完工，且在发包人催告的合理期限内仍未完工的；（三）已经完成的建设工程质量不合格，并拒绝修复的；（四）将承包的建设工程非法转包、违法分包的。”

以上条文是关于法定解除合同的规定，当具备以上规定的法定解除情形之一时，即使施工合同中未约定此解除合同的条件，发包人也可向法院或仲裁机构请求解除施工合同。本案中承包人将承包的建设工程非法转包、违法分包的情形属于上述司法解释第八条第一款的情形，即也属于《合同法》第九十四条第（二）项规定得以转包的行为表明自己不履行合同主要义务的情况，符合合同法及司法解释有关法定解除权的情形，因此法院判决合同解除合同是正确的。

【案例二】发包人未按约定支付工程价款，致使承包人无法施工，经催告在合理期限内仍然不履行相应义务的，承包人可以解除合同

【基本案情】

某房地产公司与某建筑公司签订了建设工程施工合同。合同约定，某建筑公司承建某房地产公司开发的某某小区一幢楼，25 层，板式结构，总建筑面积 64000 平方米，工期从 2003 年 6 月 1 日—2005 年 10 月 30 日，合同价款 102 400 000 元，如某建筑公司不能按期竣工，每延期一天，应支付某房地产公司违约金 2 000 元，在工程施工期间，某房地产公司根据工程进度，分期预付工程款，其一期预付款应于合同签订后五日内支付，工程竣工并经验收合格后，某房地产公司按合同约定支付工程尾款。

合同签订后，某建筑公司如期开工。但某建筑公司承包工程过多，施工人员十分紧张，而且为保一项国家重点工程，将公司大部分人员调至该工地，以致某房地产公司的工程开工仅一个月就几乎停工。某建筑公司与几家信誉好、实力强的劳务分包公司联系劳务分包，但未能如愿。10 天后，某房地产公司书面通知某建筑公司 10 日内复工，否则将解除双方所签合同。但 10 天后，某建筑公司仍未解决施工人员问题。某房地产公司即书面通知某建筑公司解除合同，某建筑公司的资金亦十分紧张，只得贷款垫资施工。工程进行到五层时，某房地产公司仍未按合同约定预付各期预付款，致某建筑公司再无资金继续施工。而且，时值春节前夕，因某建筑公司不能发放农民工工资，造成农民工波动，农民工多人有过激行为。某建筑公司陷入极度困难，无奈再次与某房地产公司交涉，希望某房地产公司按合同约定尽快预付工程款。但某房地产公司依然拒付。山穷水尽的某建筑公司只得忍痛放弃这项工程，向某房地产公司发出解除合同的书面通知，并要求对已完工程进行验收后，结算工程款。某房地产公司则认为，本公司未按合同约定预付工程款实出于资金极度紧张，而并非有意拖欠，如资金状况好转便立即支付，不同意解除合同，也不同意对已完工程进行验收和结算工程款。某建筑公司与某房地产公司多次交涉未果，遂诉至法院，请求法院判令解除双方所签合同，并对已完工程进行验收和结算工程款。

【法院的认定与判决】

在庭审中，原告某建筑公司诉称，本公司与某房地产公司签订的建设工程施工合同是双方真实意思的表示，合法有效。本公司已履行了部分合同义务，但被告某房地产公司未按合同约定支付工程预付款，致本公司已无力继续施工，故请求法院判令解除双方所签合同，并对已完工程进行验收和结算工程款。

被告某房地产公司辩称，本公司未按合同约定预付工程款实出于资金极度紧张，而并非有意拖欠，如资金状况好转便立即支付，不同意解除合同，也不同意对已完工程进行验收和结算工程款。

法院经审理查明后认为，原告某建筑公司与被告某房地产公司签订的建设工程施工合同是双方真实意思的表示，合法有效。原告已履行了部分合同义务，但被告未按合同约定支付工程预付款，且经原告多次催告后仍未支付，致原告无力继续施工，原告关于解除双方所签合同，并对已完工程进行验收和结算工程款的请求符合法律规定，本院予以支持；鉴于已完工程尚未进行验收和结算，故裁定中止本案诉讼，原、被告双方于30日内对已完工程进行验收和结算后恢复诉讼。法院裁定下达后，原、被告双方于10日内对已完工程进行了验收，但又对其造价发生了争议，于是又共同指定某工程造价鉴定部门进行了鉴定，鉴定结果为已完工程造价9 200 000元。对该造价，双方均无异议。30日后，法院恢复诉讼。被告仍称资金紧张，难付工程款，请原告再宽限时日，而不同意解除合同。原告则坚持其诉讼请求。法院根据《合同法》第九十四条第（三）项和本条司法解释的规定，判决解除原、被告签订的建设工程施工合同，被告于本判决生效之日起30日内支付原告已完工程价款9 200 000元。

【案件评析】

在建设工程施工合同履行过程中，时常会遇到发包人迟付或拒付合同约定的工程预付款问题。在当前建筑市场中建设方处于优势地位的情况下，承包人承揽工程极为困难。所以，一旦揽到工程，即使发包人利用优势地位迟付或拒付合同约定的工程预付款或要求承包人垫资施工，承包人也只得屈从，而且往往需向银行贷款，由此而造成资金的极度紧张，甚至陷入困境。即便如此，承包人也不愿解除合同，以避免更大的损失。但在承包人确实无力继续履行合同的情况下，如果不能解除合同，则几乎会使其陷入绝境。因此根据《合同法》第九十四条第（三）项的规定，当事人一方迟延履行主要债务，经催告后在合理期限内仍未履行的情形下，对方当事人可以解除合同。所以本案承包人可以解除合同；最高法院《施工合同司法解释》第八条对承包人的合同解除权也作出了明确规定：“承包人具有下列情形之一，发包人请求解除建设工程施工合同的，应予支持：（一）明确表示或者以行为表明不履行合同主要义务的；（二）合同约定的期限内没有完工，且在发包人催告的合理期限内仍未完工的；（三）已经完成的建设工程质量不合格，并拒绝修复的；（四）将承包的建设工程非法转包、违法分包的。”

本案中，原告已履行了部分合同义务，但被告未按合同约定支付工程预付款，且经原告多次催告后仍未支付，致原告无力继续施工。所以，原告关于解除双方所签合同，并对已完工程进行验收和结算工程款的诉讼请求符合法律规定。法院根据《合同法》第九十四条第（三）项和最高法院《施工合同司法解释》第八条的规定所作的上述判决是正确的。

第六章　建设工程合同的担保

第一节　建设工程合同的担保制度

一、工程保证担保制度

工程担保制度是国际上盛行的保障工程建设承发包双方履行合同的一种重要信用工具，同时也是工程合同履约风险管理的有效手段。

比如，世界银行对建设项目有许多担保的规定，世界银行要求投标人在投标的同时提交投标保证金，保证金可以是银行开出的银行保函、保兑支票、银行汇票或现金支票；亚洲开发银行也有类似的要求，投标人一旦中标，则在收到中标通知书后一定期限内应向业主提交履约保证金（通常为银行保函），这是订立合同的前提条件。

建设工程担保制度最早起源于美国。其标志是1935年《米勒法案》的施行，它提出用向担保人索赔的权利取代公共工程的留置权利，还要求所有参与联邦工程建造的总承包商，必须投保以保证该承包商履约并按时付款给材料供应商和工人。此外，它还规定了必须进行保证担保的工程规模、范围和金额。

此外，日本的《建筑业法》也对工程担保进行了规定，使工程担保有明确的法律依据。目前国际上具有代表性的工程担保有以下几种模式：

（1）银行保函模式。在国际上占据市场份额绝对优势的是银行保函模式。由承包商在特定条件下交给了业主一笔可向银行兑换为货币的保证金，由第三方为业主提供的书面承诺形式的一种保证担保。一旦承包商不能履行合同义务，银行要按照合同规定的履约保证金额对业主进行赔偿。在各种担保形式中银行保函由于其信用最高，且收费合理，成为最普遍，最易被各方接受的常见的工程保证担保模式。

（2）美国的美式担保模式。所谓美式担保模式指的是采用担保公司保证书的担保模式。“美式担保”在国际工程担保市场占有较大的份额，特别是占据了美国国内工程担保市场的三分之二。

美国的保证担保公司一般为金融机构，具有充足的资金实力来提供担保服务，保证担保公司全部由从事担保、法律、管理方面的专家组成。这些保证担保公司进入工程担保行业从事经营活动必须符合州政府的有关规定。事实上美国对保证担保有严格的法律规定，凡在美国境内从事保证担保业务的公司，必须经美国财政部评估、批准，提供的每项保证担保业务的金额，也不得超过其注册金额；法律还规定保证担保公司，是承包商的第一债权人。

（3）英国的信托基金模式。英国作为老牌的工程建设强国，工程担保也很完善。信用基金模式是指，业主在合同生效后的一周内，向受托人注入一笔相当于原值的款项，或者提供由银行及其他金融机构出具的相当于原值的即付保证书，以此建立信托基金。业主具有使其在信托基金中的资金维持于原值的义务。

信托基金的受益人为承包商及其下属的分包商和供应商。如果业主破产或公司解散，因而无力偿债，则受益人可以向受托人提出赔偿要求，受托人可自行向受益人支付一笔不超过应得款项总值的信托付款。这种担保属于业主工程款支付担保范畴。

（4）日本的同业担保模式。日本国内除了采用符合国际惯例的工程担保形式之外，对于国内工程合同，往往是由另一家具有同等资信或更高资信水平的承包商作为保证人来提供信用担保，这就是所谓的同业担保模式。

日本《建筑业法》第二十一条“合同的保证”规定，在建筑工程承包合同中，如果工程价款部分或全部以预付款形式支付，发包方在向承包商支付预付款之前，可以要求承包商提供保证人担保，否则业主将不予支付。保证人必须具备下列条件之一：当被保证人不履行其义务时，保证人应支付延期利息、违约金以及其他经济损失或者保证人同样作为承包商，能够亲自代替被保证人完成该项工程。

二、建设工程担保类型

建设工程合同担保具有其特殊性，其表现在于建设工程担保均采用保证担保的方式，而其他担保方式如抵押、质押、留置及定金方式并不符合工程建设项目的要求。

首先，从我国国内情况来看，采用抵押方式不具备可操作性。根据《担保法》的规定，建设工程合同当事人是可以用自己的财产以抵押的方式向对方提供相应担保，但是我国工程建设企业为维系正常经营，早已将大部分可抵押的财产向银行申请抵押贷款，甚至有的企业申请贷款也都无财产可供抵押了，只能找第三方保证担保。因此，要求企业以牺牲企业的融资能力和机会为代价，采用抵押方式提供工程担保几乎是不可能的事情。而发包方连在建工程也已经抵押给了银行，所以也无其他财产抵押用以提供工程款的支付担保。

其次，质押也不具有可行性。我国建筑业企业拥有的不动产大都是建筑机械、交通车辆等经营性设备，这些是他们经营所需的生产资料。不大可能拿出去质押作为工程担保，否则无法经营下去。

再次，根据我国《担保法》对留置的规定，它只基于债务人的动产，针对建设工程不动产实施留置存在着法律障碍。因此，目前留置不适用于工程担保。

最后，除勘察、设计合同适用定金外，施工合同并不适用。有人认为承包人向发包人提交的履约保证金就是定金，其实履约保证金不等同于定金，定金和履约保证金有一定的相似之处，但定金罚则是刚性的，定金是法定担保方式，而履约保证金是意定的，从这两种担保方式的形式和内容都能看出两者的不同和区别。从《招标投标法》第六十条规定来看，履约保证金不适用定金罚则。

目前在工程项目实践中，主要有以下三种担保形式：

1. 投标保证担保

在投标过程中，保证投标人有能力和资格按照竞标价签订合同，完成工程项目，并能够提供业主要求的履约和付款保证担保。投标保证担保可采用银行保函或担保公司担保书、投标保证担保金等方式，具体方式由招标人在招标文件中确定。

根据《中华人民共和国招标投标法实施条例》第二十六条的规定，招标人在招标文件中要求投标人提交投标保证金的，投标保证金不得超过招标项目估算价的2%。投标保证金有效期应当与投标有效期一致。依法必须进行招标的项目的境内投标单位，以现金或者支票形式提交的投标保证金应当从其基本账户转出。招标人不得挪用投标保证金。第三十五条规定，投标人撤回已提交的投标文件，应当在投标截止时间前书面通知招标人。招标人已收取投标保证金的，应当自收到投标人书面撤回通知之日起5日内退还。投标截止后投标人撤销投标文件的，招标人可以不退还投标保证金。

《中华人民共和国招标投标法实施条例》第七十四条规定，中标人无正当理由不与招标人订立合同，在签订合同时向招标人提出附加条件，或者不按照招标文件要求提交履约保证金的，取消其中标资格，投标保证金不予退还。

另外根据《中华人民共和国招标投标法实施条例》第七十三条（四）项规定，无正当理由不与中标人订立合同的，招标人除退还投标人标保证金外，给投标人造成损失的，依法承担赔偿责任。

2. 履约保证担保

履约保证担保是指发包人在招标文件中规定的要求承包人提交的保证履行合同义务的担保。

履约保证担保可以采用银行保函或保证担保公司担保书、履约保证金的方式，也可以引入承包商的同业担保，即由实力强、信誉好的承包商为其他承包商提供履约保证担保。对于履约担保，如果是非业主的原因，承包商没有履行合同义务，担保人应承担其担保责任，一是向该承包商提供资金、设备、技术援助，使其能继续履行合同义务；二是直接接管该工程或另觅经业主同意的其他承包商，负责完成合同的剩余部分，业主只按原合同支付工程款；三是按合同的约定，对业主蒙受的损失进行补偿。实施履约保证金的，应当按照《招标投标法》的规定执行，《招标投标法》第四十六条规定："招标文件要求中标人提供履约保证金的，中标人应当提交。"根据《中华人民共和国招标投标法实施条例》第五十八条规定，招标文件要求中标人提交履约保证金的，中标人应当按照招标文件的要求提交。履约保证金不得超过中标合同金额的10%；《招标投标法》第六十条规定："中标人不履行与招标人订立的合同的，履约保证金不予退还，给招标人造成的损失超过履约保证金数额的，还应对超过部分予以赔偿。"履约保证担保可以实行全额担保（即合同价的100%），也可以实行分段（一般为合同价的10%～15%）滚动担保。对于一些大工程或特大工程可以由若干保证担保人共同联合担保；担保人应当按照担保合同约定的担保份额承担担保责任，没有约定担保份额的，这些担保人承担连带责任。

3. 付款保证担保

付款保证担保包括业主工程款支付担保和承包商付款担保。业主工程款支付担保是指为保证业主履行工程合同约定的工程款支付义务，由担保人为业主向承包商提供的，保证业主支付工程款的担保。业主在签订工程建设合同的同时，应当向承包商提交业主工程款支付担保。未提交业主工程款支付担保的建设工程，视作建设资金未落实。业主支付担保可采用的方式有两种：一是银行保函；二是专业担保公司的保证。

承包商付款担保，是指为保障分包商和材料供应商的工程款和材料款的清偿，承包商向开发商提供法律认可的担保，受益人则为分包商和材料供应商。在承包商没有按规定向分包商、材料供应商支付款项时，分包商、材料供应商可以通过承包商在开发商处提供的担保获取相应的款项。

承包商付款担保的方式，常见的有两种：一是保函担保，即由承包商向业主提供履约保函，在承包商没有按规定向分包商、材料供应商支付款项时，分包商、材料供应商可以凭保函复印件和开发商出具的证明文件直接要求提供保函的银行支付相关款项；二是履约保证金担保，即由承包商向业主交付一定数额的履约保证金。当承包商没有按规定向分包商、材料供应商支付款项时，分包商、材料供应商可以直接要求开业主从履约保证金中支付相关款项。①

2004年，建设部《关于在房地产开发项目中推行工程建设合同担保的若干规定》（试行）第五条规定了工程担保的类型："本规定所称担保分为投标担保、业主工程款支付担保、承包商履约担保和承包商付款担保。投标担保可采用投标保证金或保证的方式。业主工程款支付担保，承包商履约担保和承包商支付担保应采用保证的方式。当事人对保证方式没有约定或者约定不明确的，按照连带责任保证承担保证责任。"

① 文颖．试论法释（2004）14号"解释"对承包商付款担保制度的影响［J/OL］．载于 http://law590.infoeach.com/view-NTkwfDE0MzQ3Mw==.html，2016年12月2日9:00访问。

三、合同示范文本关于工程担保的约定

1. FIDIC 关于履约担保约定[①]

（1）承包商向雇主提供的担保。FIDIC 合同条件第 4. 2 款约定，承包商应自费取得一份保证其完全履约的履约担保，保证的金额和货币种类应与投标函附录中的规定一致。承包商应在收到中标函后 28 天内将此履约担保提交给雇主，该担保应由雇主批准的国家内的实体提供。在承包商不支付业主的索赔，或者承包商违约拒不进行补救等情况下，雇主可以根据履约担保提出索赔。

（2）雇主向承包商提供资金安排的担保。FIDIC 合同条件第 2. 4 款约定，雇主应根据承包商的请求，在 28 天内提供合理的证据，表明他已作出了资金安排，此安排能够使雇主按照第十四条的约定支付合同价格的款额。如果雇主欲对其资金安排做出任何实质性变更，雇主应向承包商发出通知并提供详细资料。

以上可知，在履约担保问题上，FIDIC 对业主和承包商的要求存在较大差别。

此外，FIDIC 合同条件还设计了很多具有担保功能的其他条款以保障雇主权利的实现，如：

第 4. 17 款　所有承包商的设备一经运至现场，都应视为专门用于该工程的实施。没有工程师的同意，承包商不得将任何主要的承包商的设备移出现场。

第 7. 7 款　当永久设备和材料运至现场，或者依照合同约定承包商有权获得相当于永久设备和材料的价值的付款时，从两者中较早的时间起，只要不违反工程所在国法律规定，每项永久设备和材料均应在不设置任何留置权和其他限制的情况下成为雇主的财产。

第 11. 5 款　当任何有缺陷的永久设备不能在现场迅速修复时，经雇主的同意，承包商可将之移出现场进行修理。业主可要求承包商按该部分的重置费用另行提供履约担保。

第 15. 2 款　业主终止合同后，如果此时承包商还有应支付给雇主的款额未支付，雇主可以出售承包商设备和临时工程，以收回欠款，收益的余额应归还承包商。

第 14. 2 款　当承包商根据本款提交了银行预付款保函时，雇主应向承包商支付一笔预付款。如果雇主没有收到该保函，或者投标函附录中没有规定预付款总额，则本款不再适用。

第 14. 3 款 c 项　作为保留金减扣的任何款额，按投标函附录中标明的保留金百分率乘以上述款额的总额计算得出，减扣直至雇主保留的款额达到投标函附录中规定的保留金限额为止。

---

① 廖正江．建设工程合同条款精析及实务风险案解［M］．北京：中国法律出版社，2011，8.

第 18.2 款　投保方应为工程、永久设备、材料以及承包商的文件投保，该保险的最低限额应不少于全部复原成本，包括补偿拆除和移走废弃物以及专业服务费和利润。

值得注意的是，在 FIDIC《土木工程施工合同条件应用指南》（1989 年版）中指出：持有保证担保书的业主不能要求保证担保人支付一笔金额，业主只能要求完成合同。也就是说，如果出现委托保证担保人（承包商）违约，保证担保人不是赔偿一笔钱，而是必须首先按照合同规定的质量、工期、造价等各项条件履约，而不是简单地赔一笔款，从而更大程度地、更全面地保护了受益人（业主）的利益，因为业主花钱买的是工程产品，而不是耗费大量精力后买回赔款。这也是在美国工程保证担保的保函一般由专业化的保证担保公司出具而并非是保险公司等机构出具的原因所在。

2.《标准施工招标文件》对工程担保的有关约定

（1）关于投标保证金。《标准施工招标文件》在 3.4 投标保证金约定很详细：

投标人在递交投标文件的同时，应按投标人须知前附表规定的金额、担保形式和第八章“投标文件格式”规定的投标保证金格式递交投标保证金，并作为其投标文件的组成部分。联合体投标的，其投标保证金由牵头人递交，并应符合投标人须知前附表的规定。投标人不按本章第 3.4.1 项要求提交投标保证金的，其投标文件作废标处理。招标人与中标人签订合同后 5 个工作日内，向未中标的投标人和中标人退还投标保证金。有下列情形之一的，投标保证金将不予退还：（1）投标人在规定的投标有效期内撤销或修改其投标文件；（2）中标人在收到中标通知书后，无正当理由拒签合同协议书或未按招标文件规定提交履约担保。

（2）关于履约担保。

《标准施工招标文件》在第 7.3 款就履约担保事项进行了约定：在签订合同前，中标人应按投标人须知前附表规定的金额、担保形式和招标文件第四章“合同条款及格式”规定的履约担保格式向招标人提交履约担保。联合体中标的，其履约担保由牵头人递交，并应符合投标人须知前附表规定的金额、担保形式和招标文件第四章“合同条款及格式”规定的履约担保格式要求。中标人不能按本章第 7.3.1 项要求提交履约担保的，视为放弃中标，其投标保证金不予退还，给招标人造成的损失超过投标保证金数额的，中标人还应当对超过部分予以赔偿。

3.《施工合同示范文本》对工程担保的有关约定

《施工合同示范文本》中第 3.7 款履约担保中约定：发包人需要承包人提供履约担保的，由合同当事人在专用合同条款中约定履约担保的方式、金额及期限等。履约担保可以采用银行保函或担保公司担保等形式，具体由合同当事人在专用合同条款中约定。因承包人原因导致工期延长的，继续提供履约担保所增加的费用由承包人承担；非因承包人原因导致工期延长的，继续提供履约担保所增加的费用由发包人承担。

履约保证金目的在对招标人提供合理保护，招标人可在招标文件中直接规定履约保证金。按照《招标投标法》第六十条规定："中标人不履行与招标人订立的合同的，履约保证金不予退还，给招标人造成的损失超过履约保证金数额的，还应当对超过部分予以补偿；没有提交履约保证金的，应当对招标人的损失承担赔偿责任。"履约保证金数额一般在招标标的额的5% ~10%之间。

四、我国目前工程担保的实践情况

1. 我国有关工程担保的规定

时至今日，我国尚未有专门的工程担保的立法，关于工程担保存在于其他法律之中。也有相应的部门规章专门是针对工程担保制定的。

我国《招标投标法》中规定"招标文件要求中标人提供履约保证金的，中标人应当提交。"首次提出了履约保证金的概念。并规定"中标人不履行与招标人订立的合同的，履约保证金不予退还，给招标人造成的损失超过履约保证金金额的，还应当对超过部分予以赔偿"。从上述规定可以看出在我国保证金制度不是强制性的，是由招标人在招标采购中根据招标项目的特点自由协商决定是否采用履约保证金制度。同时，《招标投标法》也没有规定投标人拒绝提交履约保证金的后果。可见履约保证金的意定性质。

对工程担保作了较为全面系统规定的是建设部2004年8月发布的《关于在房地产开发项目中推行工程建设合同担保的若干规定（试行)》，虽然说该规定不是法律，只是部门规章，但它标志着我国开始正式实行建筑工程上担保制度。按照该规定，现在只要是投资1000万元以上的房地产项目就要进行工程担保，其他建设项目可参照执行。工程建设合同担保分为投标担保、业主工程款支付担保、承包商履约担保和承包商付款担保，其中，投标担保可以采用投标保证金或保证的方式，业主工程款支付担保、承包商履约担保和承包商付款担保应采用保证的方式。

2005年5月，建设部印发了《工程担保合同示范文本试行》，该示范文本由投标委托保证合同、投标保函业主支付委托保证合同、业主支付保函承包商履约委托保证合同、承包商履约保函总承包商付款分包委托保证合同、总承包商付款分包保函总承包商付款供货委托保证合同、总承包商付款供货保函组成。

2005年10月，建设部确定天津、深圳、厦门、青岛、成都、杭州、常州等七城市作为推行工程担保试点城市，为进一步推行工程担保制度积累了经验。

2006年建设部在《关于在房地产开发项目中推行工程建设合同担保的若干规定（试行)》的基础上又颁布了关于印发《关于在建设工程项目中进一步推行工程担保制度的意见》的通知（建市［2006］326号)，把工程担保推行到整个工程建设项目中。提出了"工作目标：2007年6月前，省会城市和计划单列市在房地产开发项目中推行试点；2008年年底前，全国地级以上城市在房地产开发项目中推行工程担保制度试点，有条件的地方可根据本地实际扩大推行范围；到2010年，工程担保制度应具备较为完善的法律法规体系、信用管理体系、风险控制体系和行业自律机制。”

尽管工程担保的实践正在推进，但是担保行业在现行法制下却举步维艰，这正是由于缺乏相应法律的规定所致。推行担保不是一种简单的市场行为，它必须要有适当的公共政策引导和政府管理介入，这种认识已成行业共识。

2. 工程担保方面的实践

早在1998年，我国第一家专业工程担保公司——长安工程保证担保公司成立，其使命是通过市场机制推动工程保证担保在中国的试点。随后一个新兴的担保行业在全国各地涌现。但由于缺乏法律的统一规定，在工程担保实践中各地做法不尽一致。

就2005年10月建设部确定的作为推行工程担保试点的七城市实践做法比较，存在以下不同：①

（1）保证人规定不同。北京市建设委员会于2006年9月20日颁布实施《关于工程建设保证担保的若干规定》以下简称（《北京规定》）规定的保证人应当是我国境内注册的有资格的银行业金融机构或专业担保公司。该条款所称有资格的银行业金融机构是指具有法人资格或法人授权的分支机构，不包括银行储蓄所、分理处；专业担保公司是指银行业金融机构根据中国银行业监督管理委员会的规定，可以展开授信业务的专业担保公司。杭州市建设委员会于2006年11月28日颁布实施《杭州市建设工程担保管理试行办法》（以下简称《杭州试行办法》）未对保证人做具体规定。天津市建设委员会于2008年1月23日颁布实施《天津市建设工程担保管理办法》（以下简称《天津管理办法》）规定的保证人包括银行业金融机构、专业担保公司、企业。

（2）保证担保种类不同。《北京规定》所称保证担保包括投标保证担保、承包履约保证担保、工程款支付保证担保、劳务分包付款保证担保、劳务分包履约保证担保、预付款保证担保和保修金保证担保。《杭州试行办法》所称工程担保分为投标担保、承包商履约担保和业主工程款支付担保。《天津管理办法》所称工程担保工程款支付担保、工程履约担保。

（3）管理机构不同。《北京规定》规定市和区县建设行政主管部门为工程办证担保的管理机构。《杭州试行办法》规定市建设行政主管部门对工程担保活动实行统一的监督管理，各区、县（市）建设行政主管部门负责辖区内工程担保活动的监督管理工作，各级建设工程招标投标管理办公室负责日常的管理工作；杭州市担保协会协助市建设行政主管部门对担保公司实施行业自律的管理。《天津管理办法》规定市建设行政主管部门和各区（县）建设行政主管部门按照管理权限分工，对办法的实施进行监督。

（4）保证担保费用支付不同。《北京规定》规定保证担保费用可计入工程造价；房

① 葛丹华．由“垫资开禁”引发对工程保证担保制度的研究［D］．重庆：西南政法大学，2010.

地产开发项目发包人保证担保费用应当计入工程造价，承包人、分包人保证担保费用应当计入投标价格。《杭州试行办法》规定财政全额投融资建设项目，由财政统一提供支付担保；部分财政投融资建设项目，由建设单位提供支付担保。《天津管理办法》规定建设工程的担保费用可计入工程造价。

再如，四川省为了在建设领域推行工程款支付担保制度，有如下举措：（1）推动建筑企业委托银行代发农民工工资。全面实行建筑企业农民工工资保证金制度和差异化缴存办法，建立健全农民工工资专用账户管理制度。（2）在工程建设领域推行工程款支付担保制度。四川省行政区域内财政性资金比例低于30%的工程项目，原则上实行建设单位支付担保，担保费列入工程造价。（3）加强政府投资工程项目管理。对建设资金来源不落实的政府投资项目不予批准，不办理施工许可。政府投资项目一律不得以施工企业带资承包的方式进行建设，并严禁将带资承包有关内容写入工程承包合同及补充条款。（4）全面推行施工过程结算。建设单位应按合同约定的计量周期或工程进度结算并支付工程款。工程竣工验收后，对建设单位未完成竣工结算或未按合同支付工程款项且未明确剩余工程款支付计划的，探索建立建设项目抵押偿付制度，有效解决拖欠工程款问题。

各地工程担保的实践表明，我国的工程担保急需国家立法统一，以促进整个行业的健康发展。

第二节　承包人对建设工程价款的优先受偿权

一、建设工程价款的优先受偿权的理论

所谓优先权，是指法律所规定的特定债权人就债务人全部财产或特定财产优先受偿的担保物权。优先权分为一般优先权和特别优先权。一般优先权是指存在于债务人全部财产上的优先权，特别优先权则是存在于债务人特定财产上的优先权，是根据法律的直接规定，对与债务人特定动产或不动产有牵连关系的特定种类的债权，债权人可于债务人特定的财产，直接优先受偿的排他性的权利。

建设工程价款优先受偿权属特别优先权，是承包人就建筑物直接支配其交换价值而优先于发包人的其他债权人受偿其债权的权利，它的实现无须借助义务人的给付行为，且不仅可以对抗发包人，还可以对抗第三人，是一种支配权、绝对权，属于物权范畴。

在建设工程实践中，工程款的拖欠成了常态，工程款拖欠造成了建筑企业经营的困难，同时工程款拖欠造成了部分建筑企业拖欠民工工资，社会不安定因素增加，严重影响了社会稳定。如何解决这一顽疾，成了整个行业必须直面的问题，尤其是应当

在立法方面做出明确规定，以保证在实践中有法可依，以稳定我国的工程建设市场。建设工程价款的优先受偿权就是解决工程款拖欠问题的不可替代的法律措施。

其实解决工程款拖欠问题已成为世界的难题。承包人的法定担保权利成了解决该难题的突破口。目前大陆法系国家法律对承包人工程款法定担保权利的规定主要有两种类型：

第一种类型：规定承包人就工程款债权对完成的工程享有优先权或者先取特权。如法国的《法国民法典》和日本的《日本民法典》。

如《法国民法典》第 2103 条第 4 项赋予工程承包人等不动产特别优先权，此种优先权设定于修建的不动产上，但仅限于建筑工程为该不动产增加的价值部分，且为行使优先权时该增加的价值尚存的部分。该优先权属于一切实施修建工程的人，包括建筑师、承揽人以及工人，只要他们与不动产所有人有直接的关系。① 根据该法第 2110 条的规定，承包人要保持优先权必须进行两次登记，一是确认现场状况的笔录的登记，二是工程验收笔录的登记。只有在抵押权登记处进行了上述两次笔录的登记，从而进行公告之后，优先权始对不动产产生效力。只要进行了上述两次的登记，则建筑师和承揽人的优先权就属于第一顺位，优先于抵押权而受偿。

第二种类型：如《德国民法典》《瑞士民法典》等，规定承包人就工程款对其完成的工程或者用地享有法定抵押权。

比如根据《德国民法典》第 648 条的规定："建筑工程或者建筑工程一部分的承揽人，以其因合同所产生的债权，可以要求定作人让与建筑用地的担保抵押权。工作尚未完成的，承揽人可以为了其已提供的劳动的相应部分的报酬以及未包括在报酬之内的垫款，要求让与担保抵押权。"②

我国承包人对建设工程价款的优先受偿权源于《合同法》第二百八十六条的规定："发包人未按照约定支付价款的，承包人可以催告发包人在合理期限内支付价款。发包人逾期不支付的，除按照建设工程的性质不宜折价、拍卖的以外，承包人可以与发包人协议将该工程折价，也可以申请人民法院将该工程依法拍卖。建设工程的价款就该工程折价或者拍卖的价款优先受偿。"

最高人民法院 2002 年 6 月 11 日颁布的《关于建设工程价款优先受偿权问题的批复》（以下简称《批复》）进一步明确了建设工程价款优先受偿权的效力及行使范围。该批复即明确认定"建筑工程的承包人的优先受偿权优于抵押权和其他债权。"关于行使范围，批复认定的建设工程价款优先受偿权的行使范围包括"承包人为建设工程应当支付的工作人员报酬、材料款等实际支出的费用，不包括承包人因发包人违约所造

① 尹田．法国物权法［M］．北京：法律出版社，1998，2.

② 郑冲，贾红梅译．德国民法典［M］．北京：法律出版社，1999.

成的损失。”此外，批复规定“建设工程承包人行使优先权的期限为六个月，自建设工程竣工之日或者建设工程合同约定的竣工之日起计算。”

2004 年最高人民法院《关于装修装饰工程款是否享有合同法第二百八十六条规定的优先受偿权的函复》主要内容如下：“装修装饰工程属于建设工程，可以适用合同法第二百八十六条关于优先受偿权的规定，但装修装饰工程的发包人不是该建筑物的所有权人或者承包人与该建筑物的所有权人之间没有合同关系的除外。享有优先权的承包人只能在建筑物因装修装饰而增加价值的范围内优先受偿。”

上述有针对性的规定，对于解决实务中发生的建设工程价款相关纠纷起到了很好的规范作用，但并没有解决实践中遇到的问题。事实上承包人的工程价款优先受偿权在司法审判实践中，如何适用引起了很大争议，做法不一导致实践问题百出。《合同法》第二百八十六条甚至一度成为“休眠条款”，工程款拖欠问题并没有得到有效解决，其原因错综复杂，但优先受偿权制度本身存在的问题无疑是一个重要的原因。《合同法》第二百八十六条以及相关司法解释存在的缺陷主要是：

第一，立法及司法解释没有明确建设工程承包人优先受偿权的性质，导致理论界认识不一致，司法实践中无法准确适用。

第二，建设工程承包人优先受偿权的成立条件不明确。其中关键在于对权力主体的规定及该权利成立的时间上。

第三，建设工程承包人优先受偿权的效力规定不明确。比如承包人优先受偿权的行使在发包人破产情形下与其职工工资、所欠税款和破产费用发生冲突时，权力顺位如何排序，法律没有规定。

第四，建设工程承包人优先受偿权的行使方式缺乏可操作性的程序规定。比如催告是否是必经程序；对于类似“烂尾楼”情况下，承包人是否能及如何行使优先权没有规定。

值得庆幸的是国家司法机关已经关注到建设工程价款优先受偿权相关法律法规在适用时遭遇的状况；并且已经在起草相关的司法解释。据了解，建筑工程价款优先受偿权将成为《建设工程施工合同纠纷案件适用法律问题的司法解释（二）》当中最为重要的一部分。我们期待该司法解释尽快出台，以解决实践中建设工程价款优先受偿权适用的难题。

二、优先受偿权的性质

关于优先受偿权的法律性质，理论界主要有三种观点，即留置权说、法定抵押权说和优先权说。

1. 留置权说

该观点认为，建设工程优先受偿权属于留置权。虽然担保法中规定的留置权标的物仅限于动产，但这样规定不利于对债权人利益的充分保护，《合同法》实际上扩大了可留置财产的范围。如果发包人不按约定支付工程价款，承包人即可留置该工程，并以此优先受偿，即建设工程的承包人对不动产同样可以行使留置权。

笔者认为，留置权说在我国没有法律依据。物权法和担保法均明确规定了留置权的标的物为动产，而建设工程优先受偿权的标的物是不动产。若认定该优先受偿权性质为留置权，则需对现行留置权理论和法律规定进行全面修改。留置权以债权人对标的物的实际占有为成立和存续条件，但在建设工程合同中，承包人在行使优先受偿权时大多已不再占有标的物，故亦不符合留置权的特点。另外，留置权作为一种法定担保物权，其产生只能由法律直接规定，担保法明确了留置权的适用范围包括因保管合同、运输合同、加工承揽合同发生的债权，其中并不包括建设工程合同。

2. 法定抵押权说

该观点认为，建设工程优先受偿权在性质上属于一种法定抵押权。优先受偿权作为一种不转移占有的担保物权，具有从属性、物上代位性和优先受偿性，符合抵押权的一般特点，其直接根据法律的规定而成立，不须当事人间订立抵押合同，也不须办理抵押权登记，类似于瑞士民法和我国台湾地区民法所规定的承揽人就承揽关系所生之债权对承揽标的物所享有的法定抵押权。有学者指出，《合同法》第二百八十六条在立法时始终是指法定抵押权，只是考虑到法律适用上的便利，才采用了直接规定其内容、效力以及实现方式的条文表述，而未直接使用“抵押权”之名。这种法定抵押权是由法律直接规定的，具有法定性，无需当事人之间事先约定，也无需登记公示。

笔者认为，我国现行法律并无法定抵押权的规定，抵押权须由当事人以法律行为设立。抵押权自登记时设立，以建筑物和其他地上附着物以及正在建造的建筑物抵押的，应当办理抵押登记。同时法定抵押权说也违背了物权法定原则。在现行担保法规定的抵押权之外确定另一类抵押权，势必涉及担保法体系的重大变动，并随时可能引发立法的冲突。同时，将优先受偿权界定为法定抵押权与《最高人民法院关于建设工程价款优先受偿权问题的批复》（以下简称《批复》）相矛盾。两者担保的范围也不一致。担保法规定，抵押担保的范围是“主债权及利息、违约金、损害赔偿金和实现抵押权的费用”；《批复》规定，建设工程优先受偿权的范围则仅限于“实际支出的费用”。

3. 优先权说

优先权是指特定的债权人依据法律规定而享有的就债务人的总财产或特定财产优先于其他债权人受偿的权利。优先权在性质上属于担保物权，它基于法律的直接规定产生，不允许当事人任意创设，无需登记公示，可以针对动产或不动产，不以占有标的物为成立要件，受偿顺序由法律直接规定。我国立法中类似的规定还有船舶优先权和民用航空器优先权等。从立法体例上看，我国现行民事立法尚未将优先权作为一种独立的担保物权，只是在某些法律中赋予了特定债权优先受偿权。

《批复》对建设工程价款优先受偿权性质为优先权也予以了肯定。该批复第一条规定，建设工程的承包人的优先受偿权优于抵押权和其他债权；第四条规定，建设工程承包人行使优先权的期限为六个月，亦直接将建设工程优先受偿权表述为“优先权”。

因此，笔者认为，将建设工程优先受偿权定性为优先权较为合理，符合我国现行的法律规定。

三、建设工程价款优先受偿权的行使条件

根据《合同法》第二百八十六条的规定，承包人行使建设工程价款优先受偿权必须要具备一定的条件。

（一）承包人享有优先权的标的物是特定的。即为承包人施工所完成，属于发包人所有的建筑成果，建设工程价款优先受偿权作为一种担保物权，担保范围应当仅限于承包人投入的资金、人力和物力物化其中的建筑成果，不包括建设工程配套使用并未组装或固定在不动产上的动产及土地使用权。《批复》对优先受偿范围的规定，就是标的物特定的最好佐证。

（二）符合法律规定的实现程序、方式。《批复》第一条规定，人民法院在审理房地产纠纷案件和办理执行案件中，应当依照《合同法》第二百八十六条的规定，认定建筑工程价款优先受偿权优于抵押权和其他债权。可见，实现优先受偿权的司法程序有两种：一是建设工程合同纠纷案件审判程序，承包人应在诉讼过程中明确提出要求优先受偿的诉讼请求；二是案件执行程序，在申请执行程序中仍可作为明确请求提出。故优先受偿权不应按照民事诉讼法特别程序之实现担保物权案件处理。优先受偿权的实现方式有两种，即“承包人可以与发包人协议将该工程折价，也可以申请人民法院将该工程依法拍卖”。

（三）承包人催告发包人在合理期限内支付价款，发包人逾期仍未支付价款。《合同法》及《批复》都没有对承包人催告发包人支付价款的合理期限作出明确规定，造成实践中适用标准不统一，严重影响到了承包人对优先权的行使，因此法律或司法解释应对承包人催告发包人支付价款的合理期限作出明确规定。当然，该合理期限的确定，双方当事人有约定的从约定；没有约定或约定不明的，应由法院根据合同的具体情况确定。

工程价款是发包人以建设工程合同约定应支付给承包人的工程款，包括工程竣工后的工程结算款，也包括施工过程中的工程进度款。

四、行使优先权的主体问题

依据法律规定，当发包人未按照约定支付价款的，承包人当然有权行使优先受偿

权。但实践中有些主体存在争议。

（1）勘察方、设计方能否就工程款享有建设工程价款优先受偿权。第一种观点认为，《合同法》第二百八十六条所说的建设工程合同，应作狭义理解，建设工程价款优先受偿权的权利主体仅指建设工程施工合同的承包人，不包括建设工程勘察、设计合同的承包人。第二种观点则认为，从字面解释的角度看，《合同法》第二百六十九条规定："建设工程合同包括工程勘察、设计、施工合同。"因此，工程勘察人、设计人同样属于工程承包人，对应的业主同样属于发包人，因勘察、设计合同拖欠工程款性质的勘察费、设计费，同样属于物化在工程中的工程造价，而且《合同法》第二百八十六条也没有明确排除勘察、设计合同，所以被拖欠工程价款的勘察人，设计人同样可按已出台的司法解释行使相应的优先受偿权。

笔者同意第一种观点。工程建设体现为施工方通过材料购置、工程施工等一系列措施，将最终劳动成果物化为建筑物或构筑物的行为。而施工方也仅对其承建的建筑物或构筑物享有优先受偿权，且享受优先受偿权的范围也仅限于工作人员报酬、材料款等实际支出费用。虽然勘察、设计属于建设工程的重要组成部分，但其劳动价值主要体现为技术成果，并无材料的添附，即没有直接物化成建筑物或构筑物，故其对建筑物折价款或拍卖款不享有优先受偿权。各地实践中也均将勘察、设计排除于建设工程价款优先受偿权享受主体之外。此外，勘察、设计的费用产生于建设工程正式施工之前，此时，建设工程原则上尚不存在，用以拍卖、折价的客体尚未形成，何以主张实现建设工程价款优先受偿权。

（2）分包人或实际施工人是否享有该优先受偿权。对此问题目前争议较大，如江苏高院《建设工程施工合同案件审理指南》规定，建设工程合同无效，承包人或实际施工人主张建设工程价款优先受偿权的，人民法院不应支持。

安徽省高级人民法院《关于审理建设工程施工合同纠纷案件适用法律问题的指导意见》第十七条规定："建设工程施工合同无效，但工程经竣工验收合格的，承包人主张工程价款优先受偿权，可予支持。"

安徽高院所代表的观点是虽然建设工程施工合同无效，但不必然导致建设工程价款优先受偿权丧失，还要看工程是否竣工验收合格，如果工程竣工验收合格，则承包人主张工程价款优先受偿权，可予支持；如果工程未竣工或验收不合格，则承包人主张工程价款优先受偿权，不予支持。

浙江高院民一庭《关于审理建设工程施工合同纠纷案件若干疑难问题的解答》规定，分包人或实际施工人完成了合同约定的施工义务且工程质量合格，在总承包人或转包人怠于行使工程价款优先受偿权时，就其承建的工程在发包人欠付工程价款范围内可以主张工程价款优先受偿权。

持肯定观点的理由是，最高人民法院《施工合同司法解释》第二十六条第二款规定："实际施工人以发包人为被告主张权利的，人民法院可以追加转包人或者违法分包人为本案当事人。发包人只在欠付工程价款范围内对实际施工人承担责任。"该条规定赋予了实际施工人直接向发包人主张欠付工程款债权的权利，因此，作为欠付工程款债权的担保方式之一，实际施工人当然可以享有工程价款优先受偿权，只要实际施工人所主张的工程款不超过发包人欠付工程价款的范围即可。

笔者认为，实际施工人不能享有建设工程价款优先受偿权。最高人民法院民事裁定书（2015）民申字第2311号在其裁定书是这样阐释理由的："行使建设工程价款优先受偿权，应当同时具备以下条件：第一，行使优先受偿权的主体应仅限于承包人，现行法律及司法解释并未赋予实际施工人享有建设工程价款优先受偿的权利。第二，建设工程施工合同应当合法有效。《批复》第三条规定，优先受偿的工程价款包括承包人为建设工程应当支付的工作人员报酬、材料款等实际支出的费用，不包括承包人因发包人违约所造成的损失。合同被确认无效的，当事人承担的是返还财产和根据过错程度赔偿损失的责任，即具有普通债权属性，故无效合同中的承包人不应享有建设工程价款优先受偿权。第三，可以行使优先受偿权的工程应当限于承包人施工的，且在性质上适宜折价、拍卖的建设工程。根据前述规定，法律赋予承包人对其施工的凝聚其劳动和投入的建设工程折价或者拍卖所得价款的优先受偿权。不属于承包人施工的工程，或者在性质上不宜折价、拍卖的工程，则不属于可以行使优先受偿权的工程范围。第四，行使优先受偿权应当严格遵守法律及司法解释规定的行使期限。即在发包人经催告未在合理期限内支付工程款的，承包人应在自建设工程竣工之日或者建设工程合同约定的竣工之日起六个月内行使优先受偿权。"可见最高院是否定实际施工人享有建设工程价款优先受偿权的。笔者认为，最高法院对此案的阐释是对目前实际施工人不能享有建设工程价款优先受偿权的最好解释。

根据以上阐述可知，目前审判实践中对实际施工人能否享有建设工程价款优先受偿权，并没有形成统一的认识，因此亟待法律或相关司法解释予以明确，以正确处理相关建设工程合同纠纷。

对于分包人是否享有建设工程价款优先受偿权。笔者认为，主要看该分包合同是否有效。如果分包合同无效，意味着发包人并不知道或不应知道分包情况，发包人无法了解总承包人是否存在拖欠分包人的工程款，这时要求发包人直接承担本应由总承包人支付的工程价款责任，对发包人来说也显失公平；但是如果分包合同有效，一般来说，该合同分包发包人是同意的，并且发包人也了解工程的分包情况，该分包人与总承包人在质量等方面要对发包人承担连带责任，因此，应当允许合法分包人对建设工程价款享有优先受偿权。此外，在分包合同有效的前提下，若总承包人怠于行使优先权，损害了分包人利益，分包人则可依照《合同法》第七十三条的规定在发包人欠付工程款的范围内向发包人主张代位优先权。

当然，实践中如果是各个分包人参加一个工程总承包，各分包人直接与发包人订立合同，这种情况下，分包人享有建设工程价款优先受偿权。

（3）装修装饰合同的承包人是否享有建设工程价款优先受偿权。装修装饰合同的承包人应当享有建设工程价款优先受偿权。作为一种对建筑物的添附和修缮，装修装饰人将自己的劳动物化到建筑物中，并在装修装饰过程中投入了实际的人力、物力，建筑物因此而得以增值。

最高人民法院《关于装修装饰工程款是否享有合同法第二百八十六条规定的优先受偿权的函复》（[2004] 民一他字第14号）明确指出，装修装饰工程款享有建设工程价款优先受偿权，但必须满足两个特定条件：（1）装修装饰工程的发包人须为该建筑物的所有权人或者承包人与该建筑物的所有权人之间具有合同关系；（2）享有优先受偿权的承包人只能在建筑物因装修装饰而增加价值的范围内优先受偿。

五、行使工程价款优先受偿权的几个疑难问题

1. 工程价款优先受偿权能否由当事人约定抛弃

首先我们从一案件说起：2011 年 6 月 8 日，甲公司作为承包方与乙公司签订建设工程施工合同。同年 2 月 1 日，乙公司欲以在建工程为抵押向丙银行申请贷款，甲公司向丙银行出具了承诺书，承诺在工程款范围内放弃建设工程价款优先受偿权（以下简称优先受偿权）。之后乙公司获得贷款，并办理了在建工程的抵押登记。工程竣工验收后，因工程款纠纷，甲公司诉至法院，要求乙公司支付工程余款，并在其承建工程范围内享有优先受偿权。丙银行认为甲公司已经承诺放弃优先受偿权，其不应再享有该权利。

对此也存在不同观点：

一种观点认为，甲公司承诺放弃优先受偿权，系对自身权利的自由处分，符合私法自治的原则，是有效的。优先受偿权属于民事权利，民事权利的行使由权利人的意思决定，任何人和任何组织不得干涉。甲公司承诺放弃该权利，后又主张无效，违背诚实信用原则，且会对丙银行的权益造成严重损害。

另一种观点认为，优先受偿权系合同法规定的法定优先受偿权，保护的不仅是建筑施工企业的利益，还有效保护工人工资和材料商的货款，涉及社会公共利益，当事人不得约定或者承诺放弃。

笔者同意第二种观点，工程价款优先受偿权的产生基于法律的直接规定而不是当事人的约定，所以不能放弃。此外，如允许放弃，在现今发包人占据优势地位的建设市场中，发包人为了自己的利益（如以工程抵押给银行获得贷款），强迫承包方放弃对工程款的优先受偿权，承包方不得不接受该不合理的条件。这对承包人的利益无疑会造成巨大损害。

但是在特殊情形下，笔者认为承包人可以放弃优先权。主要包括：发包人提供了切实可靠的担保；银行、发包人、承包人三方达成发包人以在建工程抵押给银行，银行将贷款直接支付给承包人；承包人已全额支付建设工人工资；实现建设工程优先权有悖公序良俗原则或损害社会公共利益，如对学校、医院等公益性工程实现优先权。

2. 工程价款优先受偿权担保的债权范围是否包括工程垫资款、承包人的利润

对此存在不同意见：第一种观点认为，承包人所能主张优先受偿权的工程价款的范围应仅限于工程款中所包含的工人工资，对其他费用则不应当产生优先受偿的效力。第二种观点认为，该价款是指发包人依建设工程合同约定应支付给承包人的承包费。包括承包人施工所付出劳动的报酬、所投入的材料和因施工所垫付的其他费用，及依合同发生的损害赔偿，亦即：报酬请求权、垫付款项请求权及损害赔偿请求权。第三种观点认为，享有优先受偿权的工程款应当包括承包人为建设工程支付的劳务报酬、材料款等实际支出的费用，但对于承包人依合同向发包人主张的损害赔偿（赔偿金、违约金等）则不应包括在内。

笔者认为第三种观点较为合理。关键是如何理解“工程款”。根据建设部《建设工程施工发包与承包价格管理暂行规定》第五条的规定，建设工程价款包括三部分：“成本（直接成本、间接成本）、利润（酬金）和税金。”具体可分四部分：一是直接费，即直接成本，包括定额直接费、其他直接费、现场管理费和材料价差。其中，定额直接费又包括人工费、材料费和施工机械使用费三部分。二是间接费，即间接成本或称企业管理费，包括管理人员工资、劳动保护费等十多项。三是利润，由发包人按工程造价的差别利率计付给承包人。四是税金，包括营业税、城市建筑税、教育附加费。这四部分构成工程价款的整体。可见利润构成了工程款的一部分。

承包人垫资是建筑行业的惯例。现在的建设工程发包人在发包时只需给付少部分备料款，先由承包人垫资建到一定程度，由工程师签字认可后再由发包人拨付进度款，即承包人先施工，发包人后付款。进入施工阶段后，成为了承包人履行合同支出的直接成本，垫资已经物化为建设工程的一部分，理应成为工程价款优先受偿权担保的债权范围的一部分。

3. 已经竣工但有质量瑕疵的建设工程，能否作为建设工程优先权的客体

已经竣工但有质量瑕疵的建设工程能否作为建设工程优先权的客体，包括以下两种情形：（1）发包人验收并认定工程质量不合格的，承包人无权请求支付工程价款，故不能主张建设工程优先权。经承包人采取补救措施达到质量要求的，承包人方可行使建设工程优先权。（2）因发包人不及时组织验收或故意拖延验收导致工程未验收的，不影响承包人行使建设工程优先权。另外，对尚未竣工的工程，往往不进行质量验收，此时，工程质量合格与否，不影响承包人行使建设工程优先权。

4. 质量保修金、履约保证金是否享有建设工程优先权的保护

质量保修金是指建设单位与施工单位在建设工程承包合同中约定或施工单位在工

程保修书中承诺，在建筑工程竣工验收交付使用后，从应付的建设工程款中预留的用以维修建筑工程在保修期限和保修范围内出现的质量缺陷的资金。根据《建设工程质量管理条例》《房屋建筑工程质量保修办法》和《建设工程质量保证金管理暂行办法》的相关规定，在保修期届满后，施工单位依约履行保修、维修义务的，建设单位应将质量保修金退还施工单位。可见，质量保修金本质上即为工程价款，故应当属于建设工程优先权的保护范围。

履约保证金是工程发包人为防止承包人在合同履行过程中违反合同约定，并弥补发包人因此造成的损失而要求承包人交纳的一定数目的金钱。发包人不得将履约保证金挪作他用，并在工程竣工验收后退还给承包人。可见，履约保证金只是一种债的担保方式，不属于工程款范畴，承包人享有的只是一种返还请求权，故不应适用《合同法》第二百八十六条规定的建设工程优先权。

5. 未完工程承包人是否可以主张优先受偿工程款

根据《合同法》第二百八十六条的规定："发包人未按照约定支付价款的，承包人可以催告发包人在合理期限内支付价款。发包人逾期不支付的，除按照建设工程的性质不宜折价、拍卖的以外，承包人可以与发包人协议将该工程折价，也可以申请人民法院将该工程依法拍卖。建设工程的价款就该工程折价或者拍卖的价款优先受偿。"从该条的表述分析，没有要求承包人优先受偿工程款以工程完工并经竣工验收为先决条件，所以在合同解除的情况下，承包人也对未完成工程享有优先受偿的权利。

6. 行使建设工程价款优先受偿权起算日期

行使建设工程价款优先受偿权起算日期是最具争议的。第一种观点认为，根据《批复》规定的规定："建设工程承包人行使优先权的期限为六个月，自建设工程竣工之日或者建设工程合同约定的竣工之日起计算。"可见行使建设工程价款优先受偿权的标的物必须是已竣工的工程，不包括在建工程。竣工是指工程已实际完工，不是指竣工验收。司法实践中成立建设工程价款优先受偿权和行使建设工程价款优先受偿权是不一样的。建设工程价款优先受偿权自建设工程合同成立之时成立。但承包人行使该项权利则还需具备一定条件。承包人按照合同约定全部履行了自己的义务是承包人行使建设工程价款优先受偿权的先决条件。有学者还以《施工合同司法解释》第 3. 18 条的规定来论证其观点的正确：在工程质量不合格的情况下，承包人无权要求发包人支付工程款，因此工程竣工并验收合格作为行使工程款支付优先权的前提条件。

第二种观点认为，《批复》第四条与《合同法》第二百八十六条的规定存在冲突。合同法并没有行使建设工程价款优先受偿权的标的物必须是已竣工的工程的要求。如果承包人因发包人拖欠工程款，在未到合同约定的竣工日期被迫停工了，此时，承包人向法院要求发包人支付工程款，按照《批复》第四条的规定，在条件上尚未成就优先受偿权，那是否承包人要等到合同约定的竣工日期到了之后，再另外起诉要求确认优先受偿权呢？同样，根据《合同法》第二百八十六条的字面理解，竣工日期到达之前就享有优先受偿权。因此，行使建设工程价款优先受偿权起算日期为从被拖欠的工程款之合同约定的付款日期开始计算，这样较为符合工程实践的情况。承包人对已竣工的工程和未竣工的工程应该都可行使优先受偿权。《合同法》第二百八十六条没有排除对未竣工的工程享有优先权。此外，实践中在未完工的工程中拖欠工程价款的情况时有发生，如果将承包人的优先受偿权仅限于已竣工的工程，则不利于保护承包人的合法权益。

笔者基本同意第二种观点。但笔者认为，《批复》规定："建设工程承包人行使优先权的期限为六个月，自建设工程竣工之日或者建设工程合同约定的竣工之日起计算。"其中"约定的竣工之日起"就是对未竣工工程而言的，所以《批复》与合同法规定的精神是不矛盾的。此外，工程即便未竣工，但承包人已经投入的资金、人力和物力，早已物化在项目工程里，承认承包人对未竣工工程享有工程款优先受偿权，符合司法实践的客观要求。

六、案例分析

【案例一】[①] 招投标中的履约保证金不应双倍返还

【基本案情】

力X公司就一建设项目组织了招投标，经过法定的程序，海X公司。在收到海X公司10万元的履约保证金后，力X公司向海X公司发出了通知书。但三天之后，力X公司通知海X公司，原建设项目已被取消，双方不再签订施工合同。海X公司向法院起诉，要求力X公司双倍返还履约保证金。力X公司表示愿意退还已收取的10万元履约保证金，但不同意海X公司双倍返还的请求。

【案例分析】

履约保证金与定金不同的是，履约保证金只单方面对中标人具有法律约束力，它的目的在于对招标人提供合理保护。按照《招标投标法》第六十条规定："中标人不履行与招标人订立的合同的，履约保证金不予退还，给招标人造成的损失超过履约保证金数额的，还应当对超过部分予以补偿；没有提交履约保证金的，应当对招标人的损失承担赔偿责任。"就本案的处理有意见认为，力X公司应双倍返还履约保证金。因为根据2003年《工程建设项目施工招标投标办法》第八十五条规定："招标人不履行与中标人订立的合同的，应当双倍返还中标人的履约保证金。"

《中华人民共和国招标投标法实施条例》第七十三条规定："依法必须进行招标的项目的招标人有下列情形之一的，由有关行政监督部门责令改正，可以处中标项目金

① http：//www.fabang.com/a/20140626/650290.html，2016年11月12日9:00访问。

额10‰以下的罚款；给他人造成损失的，依法承担赔偿责任；对单位直接负责的主管人员和其他直接责任人员依法给予处分：（一）无正当理由不发出中标通知书；（二）不按照规定确定中标人；（三）中标通知书发出后无正当理由改变中标结果；（四）无正当理由不与中标人订立合同；（五）在订立合同时向中标人提出附加条件。”可见《中华人民共和国招标投标法实施条例》对不与中标人订立的合同的，并没有规定双倍返还中标人的履约保证金。

笔者认为，《工程建设项目施工招标投标办法》的规定，与招投标法实施条例的规定不符，该办法只是部门规章，而招投标法是法律，具有相应的法律效力，应当以招投标法的规定来认识履约保证金的性质。履约保证金只单方面对中标人具有法律约束力，所以本案海X公司无权要求力X公司双倍返还履约保证金。

值得注意的是，《工程建设项目施工招标投标办法》已于2013年4月修订，修订版中的第八十五条是这样规定的：“招标人不履行与中标人订立的合同的，应当返还中标人的履约保证金，并承担相应的赔偿责任；没有提交履约保证金的，应当对中标人的损失承担赔偿责任。”已经删除了“应当双倍返还中标人的履约保证金”的规定，这样的修改是正确的，因为履约保证金不适用定金罚则。

【案例二】[①] **见索即付保函的法律风险**

【基本案情】

2007年6月8日，中国某世界500强企业（中国企业）与巴基斯坦Bismilah Niagara Paradigm Pvt. Ltd.（下简称“BNP”）于签订凯悦酒店项目工程施工合同，工程造价3 000万美元，BNP提供钢筋水泥等施工材料。中国企业根据合同规定向BNP提供了300万美元的履约银行保函和150万美元的预付款银行保函。两份保函中都有此规定：“The Bank irrevocably and unconditionally guarantees and covenants to pay to the employer on demand without reference to the contractor and notwithstanding any dispute or notice given by the contractor to bank not to pay the same, any sum or sums which may from time to time be demanded by the employer up to a maximum aggregate sum of USD 3.000, 000.00.”（本银行无条件且不可撤销的保证和契诺在业主要求时不考虑承包商，并且不参考任何承包商提供的通知和提出的异议要求本银行不支付保函金额，在业主要求时一次或多次支付不超过最高保函总金额300万美元。）

2008年，因受世界经济危机的影响，BNP资金受到影响导致BNP无法根据合同规定供应钢筋水泥等施工材料，同时也未能支付中国企业3～7期已审核的工程款398万美元并一直未审核8、9两期账单，中国企业只有根据合同规定于2008年4月开始降低施工速度，并于2008年10月份正式停止施工。同时BNP资金无法到位，重新开工日

---

① 庞萌律师的博客. http://blog.sina.com.cn/s/blog_a692fad40101baui.html，2016年11月12日9:00访问.

期无法确定，在双方协商无果的情况下 BNP 于 2009 年 6 月 1 日向银行发出提现保函的通知，要求提现中国企业的两份总额为 450 万美元的银行保函。

本案中，中国企业向 BNP 提供的就是无条件保函，又称“见索即付保函”。在这类保函项下，不论基础合同交易的实际执行情况如何，也不论受益人本身是否实际履行了合同所赋予他的义务，也不需要受益人提供任何有关证据，只要担保人在保函的有效期收到了受益人所提交的符合保函条款规定的书面索赔即应立即付款，而不得以任何理由来对抗受益人，不得拖延付款，更不得拒付。

【案例评析】

见索即付保函是目前国际通行的履约担保形式。这种担保有功能强的特点，同时也存在一定风险。就本案来说，首先，在工程合同争议尚不明确责任时，中国企业就被 BNP 通过预付款保函和履约保函的方式索赔了 450 万美元，陷入被动。其次，BNP 本来就拖欠了中国企业的工程款，银行保函的赔付将进一步加大中国企业的资金压力，并且损害中国企业在国际市场的信誉。

所以建设工程合同当事人在采取这种履约担保形式时，应当慎重对待，采取相应的措施，应对风险的发生，如承包人尽可能与主业协商，出具有条件保函；或者要求对方出具支付保函，以减少法律风险。

【案例三】① 合法分包人在其应收工程款范围内，对其施工的案涉工程享有建设工程价款优先受偿权

【基本案情】

A 公司作为建设单位/项目业主与 B 公司签订建设工程总包协议，约定将包括涉案工程在内的工厂扩建项目整体发包给 B 公司，A 公司仅需按约定支付固定价款，并在约定交付日期接收 B 公司提供的已完工且运营条件齐备的完整项目；而 B 公司作为项目工程的总承包商，可自行选聘项目工程分包方、自行支付分包方价款，并就分包方的行为向 A 公司负责。

此后，B 公司作为发包方，将工厂扩建项目中的涉案工程发包给 C 公司。在实际履行过程中，B 公司和 C 公司就工程价款支付问题发生了纠纷；而 A 公司则与 B 公司就包括案涉工程在内的工厂扩建项目需支付工程价款已达成协议并已结清所有款项，但根据双方达成的协议，B 公司放弃了部分工程款的主张。后 C 公司以 B 公司拖欠工程价款为由向法院提起诉讼，要求 B 公司支付拖欠的工程价款，A 公司作为建设单位应承担连带清偿责任，且其对案涉工程折价或拍卖价款享有优先受偿权。

就 C 公司要求确认其对案涉工程折价或拍卖价款享有优先受偿权的诉讼请求，一

---

① 邓咏，林嘉，吴伟．案例丨分包人能否享有建设工程价款优先受偿权？ [J/OL]．载于：http：//www.360doc.com/content/15/0826/11/27265461_ 494827007.shtml，于 2016 年 12 月 14 日访问。

审法院经审理后认为，A 公司、B 公司和 C 公司实际形成了建设工程“发包—总包—分包”的关系，参照《广东省高级人民法院关于在审判工作中如何适用〈合同法〉第 286 条的指导意见》（粤高法发［2004］2 号，下称“广东高院 286 条指导意见”）中“分包人对自己承建部分主张享有优先权的，人民法院不予支持”的规定，判决驳回 C 公司的该项诉讼请求。

C 公司不服，提起上诉。二审法院经审理认为，虽 A 公司与 B 公司就包括案涉工程在内的工厂扩建项目需支付工程价款已达成协议并已结清所有款项，但根据双方达成的协议 B 公司放弃了部分工程款；B 公司在一直未足额向 C 公司支付工程款且 C 公司不知情的情况下放弃对 A 公司的部分债权，可能影响 C 公司获得足额工程款权利的实现，加之 B 公司自始至终未曾向 A 公司主张过工程价款优先受偿权，因此应允许作为分包人的 C 公司行使建设工程价款优先受偿权。至于广东高院 286 条指导意见，其仅为指导性文件不可作为直接的裁判依据，且本意为在总包人已就建设工程价款主张优先权的情况下，分包人再主张承建部分工程价款优先权的，人民法院不予支持。若总包人未行使建设工程价款优先受偿权导致分包人的工程款可能难以受偿的，分包人可依法行使建设工程价款优先受偿权。据此，二审法院判决撤销原审法院的该项判决，确认 C 公司在其应收工程款范围内（未超出 B 公司放弃的对 A 公司的工程款数额）对其施工的案涉工程享有建设工程价款优先受偿权。

【案例分析】

在本案中，A 公司、B 公司和 C 公司实际形成了建设工程“发包—总包—分包”的关系，一审法院参照《广东省高级人民法院关于在审判工作中如何适用〈合同法〉第 286 条的指导意见》，否定了 C 公司建设工程价款优先受偿权，该判决是有问题的。首先，正如二审所认定的广东高院 286 条指导意见，其仅为指导性文件不可作为直接的裁判依据；其次，分包合同有效，一般来说，该合同分包发包人是同意的，并且发包人也了解工程的分包情况，该分包人与总承包人在质量等方面要对发包人承担连带责任，因此，应当允许合法分包人对建设工程价款享有优先受偿权。

二审判决认为，总包人 B 未行使建设工程价款优先受偿权导致分包人的工程款可能难以受偿的，分包人 C 可依法行使建设工程价款优先受偿权。该观点笔者认为是正确的，但是本案中法院既然已经认定发包人与总承包人已完成结算并已结清所有款项的情况下，未对 B 公司放弃部分工程款的合法性、合理性及正当性进行审理的前提下，就径行认定总承包人怠于行使优先权，这是不慎重的表现，应先由 C 公司证明 B 公司放弃了部分工程款，导致不能支付 C 公司的工程款，这样 C 公司才能在 B 公司放弃工程款的范围内向 A 公司主张工程价款优先受偿权，因此笔者认为二审判决也是欠缺考虑的，也在一定程度上造成对发包人的不公平。

第七章　工程价款决算与支付

工程价款结算是指施工企业，对已完成的单项工程、单位工程、分部工程或分项工程，经有关单位验收合格后，按照规定程序向建设单位（业主）收取工程价款的一项经济活动。

工程结算价格以预算价格为基础，单个计算。建设工程产品具有单件性的特点，每一建设工程产品都是按照建设单位的具体要求，在指定地点建造。由于其建筑、结构形式，建造地点的工程地质、水文地质的不同，建设地区的自然条件与经济条件的不同，以及施工企业采用的施工方案等不同，决定了建设工程价款结算不能如一般商品那样，按统一的销售价格结算。当然，建设工程的结算价格的计算也会有一个统一的基础，那就是建设工程的预算价格。

建设工程产品生产周期长，需要采用不同的工程价款结算方法。根据工程的特点和工期，建设单位与施工企业一般都会在合同中，明确工程价款结算方法及有关问题。

根据工程性质、规模、资金来源和施工工期，以及承包内容不同，采用的结算方式也不同。按工程结算的时间和对象，可分为按月结算、竣工后一次结算、分段结算、目标结款方式和结算双方约定的其他结算方式。（1）按月结算。实行旬末或月中预支，月终结算，竣工后清算的方法。跨年度竣工的工程，在年终进行工程盘点，办理年度结算。我国现行建设工程价款结算中，相当一部分是实行这种按月结算。（2）竣工后一次结算。建设项目或单项工程全部建设工程建设期在12个月以内，或者工程承包合同价值在100万元以下的，可以实行工程价款每月月中预支，竣工后一次结算。（3）分段结算。即当年开工，当年不能竣工的单项工程或单位工程按照工程形象进度，划分不同阶段进行结算。分段结算可以按月预支工程款。分段的划分标准，由各部门、自治区、直辖市、计划单列市规定。（4）目标结款方式。将承包工程的内容分解成不同的控制界面，以业主验收控制界面作为支付工程价款的前提条件。将合同中的工程内容分解成不同的验收单元，当承包商完成验收后，业主支付构成单元工程内容的工程价款。目标结款方式实质上是运用合同手段、财务手段对工程的完成进行主动控制。

工程款的结算与支付是发包人的主要义务，也是其行使抗辩权并有效制约承包人的违约行为的法律武器。合同价款的约定是工程价款结算与支付的基础与前提。

工程价款结算的内容包括预付款、工程进度款、工程竣工价款等。

对于工程价款的计算标准，最高法院在《施工合同司法解释》第十六条进行了规定：当事人对建设工程的计价标准或者计价方法有约定的，按照约定结算工程价款。因设计变更导致建设工程的工程量或者质量标准发生变化，当事人对该部分工程价款不能协商一致的，可以参照签订建设工程施工合同时当地建设行政主管部门发布的计价方法或者计价标准结算工程价款。建设工程施工合同有效，但建设工程经竣工验收不合格的，工程价款结算参照本解释第三条规定处理。

本条包括以下几层含义：首先，如果当事人对建设工程的计价标准或计价方法事先有约定的，当然应当按照约定结算工程价款；其次，如果因设计变更导致建设工程的工程量或者质量标准发生变化，当事人对工程价款无法协商一致的，可以考虑参照签订原建设工程施工合同时当地建设行政主管部门发布的计价标准或者计价方法进行工程价款的结算；再次，建设工程施工合同本身是有效的，但建设工程经竣工验收后的结果是不合格工程，则应当按无效合同的处理原则来结算工程价款。①

第一节　工程预付款、进度款的决算与支付

一、工程预付款的支付

1. 预付款的概念

预付款是指在承包人开工之前或者已实施工程的合同价款结算之前，发包人按合同的约定预先向承包人支付的一定数额的资金。预付备料款是我国工程建设中一项行之有效的制度，施工企业承包工程，有的实行包工包料，这就需要有一定数量的备料周转金；另外，施工企业工程前期各项准备工作也需要有一定数量的周转金。在工程承包合同条款中，一般明文规定发包方在开工前拨付给承包方一定限额的工程预付款。此预付款构成施工企业为该承包工程项目储备主要材料、结构件、工程前期准备所需的流动资金。

《标准招标文件》通用条款第 17.2.1 款约定，“预付款用于承包人为合同工程施工购置材料、工程设备、施工设备、修建临时设施以及组织施工队伍进场等。预付款的额度和预付办法在专用合同条款中约定。预付款必须专用于合同工程。”《施工合同示范文本》第 12.2.1 “预付款的支付” 也有类似规定。

工程预付款在国际工程承发包活动中是一种通行的做法。国际上的工程预付款不

---

① 最高人民法院民事审判第一庭．最高人民法院建设工程施工合同司法解释的理解和适用［M］．北京：人民法院出版社，2004，11.

仅有材料设备预付款，还有为施工准备和进驻场地的动员预付款。根据FIDIC施工合同条件规定，预付款一般为合同总价的10%～15%。

值得注意的是，我国的工程预付款是工程款的一部分，是提前支付，而FIDIC也有关于预付款的规定，但性质不同。FIDIC合同条件第14.2款约定："雇主支付一笔预付款，作为对承包商动员工作的无息贷款。"由此可见，在FIDIC合同条件中，预付款的性质是发包人与承包人之间的资金借贷，预付款产生了另一法律关系即借贷关系。

1. 工程预付款的支付的条件

（1）一般在合同专用条款中有约定。如《标准招标文件》通用条款对预付款的额度和预付办法在专用合同条款中有约定。施工合同示范文本也要求预付款的支付按照专用合同条款约定执行。

（2）承包人须提供保函。预先支付的资金对发包人来说，是一种现实的风险，为化解这种风险，发包人通常会在合同中约定由承包人提供相应的保函。比如《标准招标文件》通用条款第17.2.2"预付款保函"中约定："除专用合同条款另有约定外，承包人应在收到预付款的同时向发包人提交预付款保函，预付款保函的担保金额应与预付款金额相同。保函的担保金额可根据预付款扣回的金额相应递减。"《施工合同示范文本》也在第12.2.2中约定了预付款担保条款。

2. 工程预付款的支付的时间和方法

《施工合同示范文本》约定预付款的支付按照专用合同条款约定执行，但至迟应在开工通知载明的开工日期7天前支付。

《FIDIC施工合同文本》在通用条款第14.7支付（b）中约定：期中支付证书中开具的款额，时间是在工程师收到报表及证明文件之日起56天内。

3. 预付款的扣回

工程备料款是发包人为保证施工生产顺利进行而预交给承包人的一部分垫款。当施工到一定程度后，材料和构配件的储备量将减少，需要的工程备料款也随之减少，此后办理工程价款结算时，应开始扣还工程备料款。

《标准招标文件》通用条款第17.2.3款对预付款的扣回的约定是：预付款在进度付款中扣回，扣回办法在专用合同条款中约定。在颁发工程接收证书前，由于不可抗力或其他原因解除合同时，预付款尚未扣清的，尚未扣清的预付款余额应作为承包人的到期应付款。

二、工程进度款的支付

施工企业在施工过程中，按逐月（或形象进度、或控制界面等）完成的工程数量计算各项费用，向建设单位（业主）办理工程进度款的支付。也称中间结算。

已核实已完成质量合格的工程量并承包人按照合同约定的方法和时间，向发包人提交已完工程量的报告，这是工程进度款的支付的前提条件。

《标准招标文件》通用条款第 17.3.2 约定了进度付款申请单的提交的时间和内容：承包人应在每个付款周期末，按监理人批准的格式和专用合同条款约定的份数，向监理人提交进度付款申请单，并附相应的支持性证明文件。除专用合同条款另有约定外，进度付款申请单应包括下列内容：（1）截至本次付款周期末已实施工程的价款；（2）根据第 15 条应增加和扣减的变更金额；（3）根据第 23 条应增加和扣减的索赔金额；（4）根据第 17.2 款约定应支付的预付款和扣减的返还预付款；（5）根据第 17.4.1 项约定应扣减的质量保证金；（6）根据合同应增加和扣减的其他金额。

《施工合同示范文本》对不同合同价款支付方式申请单提交约定了不同要求：单价合同的进度付款申请单，按照第 12.3.3 项〔单价合同的计量〕约定的时间按月向监理人提交，并附上已完成工程量报表和有关资料。单价合同中的总价项目按月进行支付分解，并汇总列入当期进度付款申请单；总价合同按月计量支付的，承包人按照第 12.3.4 项〔总价合同的计量〕约定的时间按月向监理人提交进度付款申请单，并附上已完成工程量报表和有关资料。总价合同按支付分解表支付的，承包人应按照第 12.4.6 项〔支付分解表〕及第 12.4.2 项〔进度付款申请单的编制〕的约定向监理人提交进度付款申请单；其他价格形式合同的进度付款申请单的提交合同当事人可在专用合同条款中约定其他价格形式合同的进度付款申请单的编制和提交程序。

《标准招标文件》通用条款约定：监理人在收到承包人进度付款申请单以及相应的支持性证明文件后的 14 天内完成核查，提出发包人到期应支付给承包人的金额以及相应的支持性材料，经发包人审查同意后，由监理人向承包人出具经发包人签认的进度付款证书。监理人有权扣发承包人未能按照合同要求履行任何工作或义务的相应金额。发包人应在监理人收到进度付款申请单后的 28 天内，将进度应付款支付给承包人。发包人不按期支付的，按专用合同条款的约定支付逾期付款违约金。

《施工合同示范文本》约定：除专用合同条款另有约定外，发包人应在进度款支付证书或临时进度款支付证书签发后 14 天内完成支付，发包人逾期支付进度款的，应按照中国人民银行发布的同期同类贷款基准利率支付违约金。

《标准招标文件》通用条款和施工合同示范文本都还约定：发包人拒绝支付进度款的，承包人可向发包人发出通知，要求发包人采取有效措施纠正违约行为。发包人收到承包人通知后 28 天内仍不纠正违约行为的，承包人有权暂停相应部位工程施工，并通知监理人。约定暂停施工满 28 天后，发包人仍不纠正其违约行为并致使合同目的不能实现的，承包人有权解除合同，发包人应承担由此增加的费用，并支付承包人合理的利润。

第二节　工程竣工结算与支付

一、工程竣工结算概述

竣工结算是指承包人按照合同规定的内容全部完成所承包的工程，经验收质量合格，并符合合同要求之后，向发包人办理最终工程价款结算。竣工结算可分为单位工程竣工结算、单项工程竣工结算和建设项目竣工总结算。工程项目的竣工验收是施工全过程的最后一道工序，也是工程项目管理的最后一项工作。它是建设投资成果转入生产或使用的标志，也是全面考核投资效益、检验设计和施工质量的重要环节。

2004 年 10 月，财政部、建设部联合发布《建设工程价款结算暂行办法》，其中规定，工程完工后，双方应按照约定的合同价款及合同价款调整内容以及索赔事项，进行工程竣工结算。工程竣工结算分为单位工程竣工结算、单项工程竣工结算和建设项目竣工总结算。

单位工程竣工结算是指对单项工程中单独设计、可以独立组织施工的工程进行造价的确定；单项工程竣工结算是指对建设工程中由若干单位工程组成，有独立设计文件、建成后能独立发挥功能效益的工程进行造价的确定；建设项目竣工总结算是指项目竣工后，承包方按照合同约定的条款和结算方式，完成最终建筑产品的工程造价的确定。

竣工结算应遵循以下基本原则：

（1）竣工结算，必须在该工程完工、经竣工验收并提出竣工验收报告后方能进行。对于未完工程或质量不合格者，一律不得办理竣工结算。

（2）严格按照合同的约定进行。合同是工程结算最直接、最主要的依据，应全面履行工程合同条款，包括双方根据工程实际情况共同确认的补充条款。同时，应严格执行双方据以确定合同造价的包括综合单价，工料单价及取费标准和材料设备价格等计价方法，不得随意变更，变相违反合同以达到某种不正当目的。

（3）办理竣工结算，必须依据充分，基础资料齐全。具体包括：设计图纸、设计修改手续、现场签证单、价格确认书、会议记录、验收报告和验收单，其他施工资料，原施工图预算和报价单，甲方提供的材料、设备清单等。

最高法院《施工合同司法解释》第十四条对实际竣工时间的确定进行了规定：当事人对建设工程实际竣工日期有争议的，按照以下情形分别处理：（一）建设工程经竣工验收合格的，以竣工验收合格之日为竣工日期；（二）承包人已经提交竣工验收报告，发包人拖延验收的，以承包人提交验收报告之日为竣工日期；（三）建设工程未经竣工验收，发包人擅自使用的，以转移占有建设工程之日为竣工日期。

以上规定包括以下几层含义：当事人对建设工程实际竣工日期有争议的，如果建设工程经过竣工验收属于优良或合格的，以竣工验收合格之日作为竣工日期。若经验收属于不合格工程，则需要承包方按合同约定标准或有关工程质量技术规范进行整改，并达到合同约定标准或符合有关工程质量技术规范，重新验收合格之日作为实际竣工日期；如果承包人早已提交了竣工验收报告，而发包人出于种种目的而拖延验收，竣工验收合格的时间就可能拖后，这时应以承包人提交验收报告之日作为工程竣工的日期；如果建设工程未经竣工验收就被发包人擅自使用的，则以转移占有建设工程之日作为确定竣工日期的标准。①

二、竣工验收和竣工结算关系

竣工验收和竣工结算，按照先后顺序解决两个问题，一个是质量是否合格，这决定了是否要支付工程款；一个是工程款的具体金额，解决的是支付多少的问题。一般来说，竣工结算必须以竣工验收合格为前提。

三、工程竣工结算款的支付

1. 工程竣工结算款的支付的前提条件

我国的《建设工程合同文本》及《FIDIC 施工合同文本》都约定，工程竣工结算款，须在竣工验收后工程质量合格的条件下支付。《标准招标文件》通用条款第 17. 5 “竣工结算”、2013《施工合同范本》第 14 条 “竣工结算” 及《FIDIC 施工合同条件》第 14. 11 款均约定竣工结算应在工程通过竣工检验或者工程接收（颁发工程接收证书）后进行，表明工程通过竣工验收是竣工结算的先决条件。

另外，《施工合同司法解释》的相关规定也强调了这点：根据《施工合同司法解释》第三条、第十条的规定，无论建设工程施工合同是否有效，工程经竣工验收不合格的：（一）修复后的建设工程经竣工验收合格，发包人请求承包人承担修复费用的，应予支持；（二）修复后的建设工程经竣工验收不合格，承包人请求支付工程价款的，不予支持。也就是说，工程质量验收不合格，经修复后仍不合格，承包人无权要求发包人支付工程款。因为工程质量合格是合同的基本目的，质量不合格则无权请求工程价款。

2. 竣工结算的程序

（1）承包人提交申请及竣工结算资料。

《标准招标文件》通用条款第 17. 5. 1 款规定，工程接收证书颁发后，承包人应按

---

① 最高人民法院民事审判第一庭．最高人民法院建设工程施工合同司法解释的理解和适用［M］．北京：人民法院出版社，2004，11.

专用合同条款约定的份数和期限向监理人提交竣工付款申请单，并提供相关证明材料。《施工合同示范文本》第14.1款规定，工程竣工验收报告经发包人认可后28天内，承包人向发包人递交竣工结算报告及完整的结算资料。

（2）工程师及发包人审核并确认工程款。

《标准招标文件》通用条款第17.5.2中约定：发包人未在约定时间内审核又未提出具体意见的，监理人提出发包人到期应支付给承包人的价款视为已经发包人同意。施工合同示范文本第14.2款也同样约定：发包人在收到承包人提交竣工结算申请书后28天内未完成审批且未提出异议的，视为发包人认可承包人提交的竣工结算申请单，并自发包人收到承包人提交的竣工结算申请单后第29天起视为已签发竣工付款证书。

《施工合同示范文本》第14.2款的约定与《标准招标文件》通用条款第17.5.2款的约定一致，审核的时间为28天，分别由监理人、发包人的审核时间各为14天。

《施工合同司法解释》第二十条也有类似的规定："当事人约定，发包人收到竣工结算文件后，在约定期限内不予答复，视为认可竣工结算文件的，按照约定处理。承包人请求按照竣工结算文件结算工程价款的，应予支持。"

值得注意的是，《FIDIC合同条件》仅约定了竣工申请的审核、答复期限，却没有约定"视为认可"条款，所以在选择合同文本时应当给以关注。

《建设工程价款结算暂行办法》第十四条规定：单项工程竣工后，承包人应在提交竣工验收报告的同时，向发包人递交竣工结算报告及完整的结算资料，发包人应按以下规定时限进行核对（审查）并提出审查意见：500万元以下，从接到竣工结算报告和完整的竣工结算资料之日起20天；500万~2 000万元，从接到竣工结算报告和完整的竣工结算资料之日起30天；2 000万~5 000万元，从接到竣工结算报告和完整的竣工结算资料之日起45天；5 000万元以上，从接到竣工结算报告和完整的竣工结算资料之日起60天。建设项目竣工总结算在最后一个单项工程竣工结算审查确认后15天内汇总，送发包人后30天内审查完成。同时，该办法第六条规定：发包人收到竣工结算报告及完整的结算资料后，在本办法规定或合同约定期限内，对结算报告及资料没有提出意见，则视同认可。《建设工程工程量清单计价规范（B 50500—2008)》第4.8款也有类似规定。

但是，这里存在一个值得探讨的问题，即如果当事人未约定发包人审查竣工结算资料的期限，是否必然适用上述规定。笔者认为，《建设工程价款结算暂行办法》是规范性文件，不属于法律法规范畴，人民法院在审判案件不能直接将其作为判案的依据。除非当事人明确约定适用特定的规章，否则，对于当事人在合同中未约定的事项，部门规章的规定不能成为合同的当然条款而起到填补作用。

3. 竣工结算款的支付

发包人应按合同约定的时间支付竣工决算款，这是发包人最主要的合同义务之一。

《标准招标文件》通用条款和《施工合同示范文本》都约定发包人应在收到竣工结算报告及结算资料后 28 天内支付工程竣工结算价款。

对于竣工结算款的付款时间约定不明的，依据《施工合同司法解释》第十八条的规定，下列时间视为应付款时间：（一）建设工程已实际交付的，为交付之日；（二）建设工程没有交付的，为提交竣工结算文件之日；（三）建设工程未交付，工程价款也未结算的，为当事人起诉之日。

《标准招标文件》通用条款第 17. 5. 2（2）中约定：发包人应在监理人出具竣工付款证书后的 14 天内，将应支付款支付给承包人。发包人不按期支付的，按第 17. 3. 3（2）目的约定，将逾期付款违约金支付给承包人。

FIDIC 施工合同条件第 14. 7（c）约定：最终支付证书中开具的款额，时间是在雇主收到该支付证书之日起 56 天内。

发包人未按约定的期限支付竣工工程款的，构成违约，应承当相应的违约责任，以上合同文本都对此进行了详细的约定。

四、无效建设工程合同的工程款结算与支付

关于借用资质承包工程或非法分包、转包工程的合同效力，已在前章作过论述，在此不涉及，仅就被认定无效后工程合同的结算与支付问题作些探讨。

无效合同虽不具有相应的法律效力，但是施工方毕竟付出了建设的直接费用，如施工企业垫付的资金、机械设备费、人工及其他直接费用，并且在施工过程中，前述财产价值并没有发生质的改变，同时物化到了相应新的建设工程内，因此，施工方的相应的补偿诉求是合理的。

根据合同法的规定，无效合同的后果是取得的财产应当予以返还，不能返还或者没有必要返还的应当折价补偿。建设工程施工合同因其特殊性，已经履行的内容无法作返还处理，只能折价补偿。

在工程实践中，合同无效后工程款的结算一般有两种方式：一种是参照合同约定计价方式结算工程款，另一种是以定额为标准结算工程款。于是实践中就出现了一种怪现象，即合同被认定无效后，无效合同的施工方往往主张合同无效，以避开按合同约定的结算方式结算，要求按照定额标准审定工程造价并结算工程款；而发包方或转包方往往主张合同虽无效，但还应按合同约定结算。究其原因在于，在我国，定额标准中已经包含了施工方的一部分利润，而实际情况是，施工方为了取得工程施工权，往往把工程报价压低，或者向发包方承诺在定额标准基础上下浮一定的比例，所以按照定额标准结算工程款对施工方来说更有利。

为了解决这种利益冲突问题，最高人民法院《施工合同司法解释》在第二条作出了相应的规定：建设工程施工合同无效，但建设工程经竣工验收合格，承包人请求参

照合同约定支付工程款的，应予支持，即确立了参照合同约定结算工程价款的折价补偿方法。

笔者认为，最高院上述规定有其道理：首先，工程款的结算方法是当事人自行约定的，是双方当事人的真实合意，并且只涉及当事人之间的利益，法律没有必要强行干预，故合同无效并不必然否定结算条款，因此，可以比照《合同法》第五十七条来处理：合同无效、被撤销或者终止的，不影响合同中独立存在的有关解决争议方法的条款的效力。其次，如法院允许以定额为标准结算，则施工方因其违法行为反而可获得更大的利益，从某种程度上鼓励了施工方的违法行为，这既不符合法律的本意，也不利于平衡各方当事人的利益。亦可避免因采用鉴定等方式结算工程价款，导致增加当事人诉讼成本，延长案件审理期间，增加当事人诉累的情况出现。

五、工程造价鉴定

（一）概述

工程造价鉴定，是指依法取得工程造价鉴定资格的机构和人员，受当事人或司法机关的委托，依据当事人提供的鉴定材料和有关工程造价定额，对某一特定建设项目的造价问题进行鉴别、判断并提供鉴定意见的活动。

工程造价鉴定主要有以下几个特点①：

1. 鉴定主体的专门性

从事工程造价鉴定，必须取得工程造价相应的咨询资质，并在其资质许可范围内从事工程造价咨询活动。我国目前工程造价咨询单位资质等级分为甲级和乙级，甲级工程造价咨询单位在全国范围内承接各类建设项目的工程造价咨询业务，中外合资及利用国外金融机构贷款的建设工程，原则上由国内甲级工程造价咨询单位承接工程造价咨询业务。乙级工程造价咨询单位在本省、自治区、直辖市范围内承接中、小型建设项目的工程造价咨询业务。

从事工程造价鉴定的人员，必须具备注册造价工程师执业资格，并且只得在其注册的机构从事工程造价鉴定工作。

2. 鉴定对象的复杂性

建设工程生产周期长，过程复杂，导致鉴定的复杂性，主要表现在：涉及的鉴定材料量大，内容多，且不完善、不规范的鉴定材料大量存在。而这些材料是鉴定所必需的第一手资料；此外，鉴定过程中还涉及大量的法律问题，如虚假招标、“黑白合同”、无效合同和未经授权主体的签证问题。这就使得鉴定变得复杂多变。

---

① 高印立．建设工程施工合同法律实务与解析［M］．北京：中国建筑工业出版社，2012，8.

3. 独立性

造价鉴定本质上是一种科学认识活动，因此要求鉴定机构及鉴定人员应严格保持中立，不受任何一方当事人或其他人员的干扰。以事实为依据，以法律、法规和有关的技术标准、规定为准绳，独立地运用建设工程的专业知识和相关的行业规定，出具鉴定报告。与当事人或案件有利害关系的鉴定机构或鉴定人应当回避。

4. 工程造价目前正处在新旧体制交替

工程造价计价依据和计价办法正在发生深刻变化的时期，使鉴定的依据处于指导与市场价并存、行业标准多元化的境地，这一定程度影响到造价鉴定结果科学性。

涉及工程造价鉴定的法律依据主要有：（1）《中华人民共和国民事诉讼法》。2012年8月31日修改的《中华人民共和国民事诉讼法》第七十六条规定："当事人可以就查明事实的专门性问题向人民法院申请鉴定。当事人申请鉴定的，由双方当事人协商确定具备资格的鉴定人；协商不成的，由人民法院指定。当事人未申请鉴定，人民法院对专门性问题认为需要鉴定的，应当委托具备资格的鉴定人进行鉴定。"（2）《中华人民共和国仲裁法》第四十四条规定："仲裁庭对专门性问题认为需要鉴定的，可以交由当事人约定的鉴定部门鉴定，也可以由仲裁庭指定的鉴定部门鉴定。"

在工程造价鉴定活动中，除要求裁判机构和鉴定机构合法、独立、公正、客观外，首先还应尊重当事人合同的约定。工程造价的确定归根结底是一个合同问题，工程造价鉴定中的裁判机构和鉴定机构应当树立合同优先意识，应尽力探求符合建设工程施工合同目的的工程价格，而不是置具体合同于不顾，依据第三方标准另行制作出一个工程价格。除非出现法定不能或无法适用合同价格条款的情形，裁判机构才可以委托鉴定机构以专业技术方法按照市场公平价格来计算工程价格，并据此解决工程造价纠纷。《施工合同司法解释》第十六条规定："当事人对建设工程的计价标准或者计价方法有约定的，按照约定结算工程价款"就体现了合同优先的原则。

在工程实践中，工程造价鉴定分为自行鉴定和司法鉴定两种：（1）工程造价自行鉴定。工程造价自行鉴定是指在进入诉讼程序前，当事人委托具有工程造价鉴定资格的鉴定机构进行的鉴定。（2）工程造价司法鉴定。是指在诉讼过程中，为查明案件争议事实，人民法院根据当事人申请或依职权，委托由当事人协商确定或法院指定的具有工程造价鉴定资格的鉴定机构和鉴定人，对工程造价问题进行鉴别、判断并提供鉴定意见的活动。本文主要针对工程造价司法鉴定展开论述。

（二）工程造价鉴定结论的性质

关于鉴定结论的性质，存在较大争议。有人认为鉴定结论是一种独立的证据形式，只有法院委托鉴定机构作出的鉴定意见才能称为鉴定结论，才是一种法定证据，法院可以直接采信。也有人认为，鉴定结论只是司法人员和鉴定人员认识证据的一种文字记载，应该被看作是一种证据资料。它包括法院委托作出的司法鉴定，也包括当事人直接委托有关鉴定机构作出的鉴定结论，只有经过法院查证属实的鉴定结论才能作为证据被采信，才能作为定案的根据①。

笔者也认为鉴定结论本身是一种证据资料，经合法程序形成的鉴定结论必须经过查证属实才能作为定案的根据。这种观点与我国《民事诉讼法》第六十三条的规定一致。所以工程造价鉴定从性质上来说只能是一种证据材料。工程造价鉴定机构最终出具的造价鉴定意见书只是第三方的一种意见性或者说是倾向性证据。即工程造价鉴定机构的鉴定意见只是一种证据材料，其能否构成法律意义上的证据，以及具有多大的证明力，尚需进行法律上的审查判断，而这种审查判断权理应由审判机构或仲裁机构享有。同时因为工程造价鉴定过程中涉及大量的法律问题，而鉴定人往往只是工程造价方面的专家，并不一定是法律专家，对于涉及法律问题的不正确或不准确的认识，都会导致鉴定结论出现偏差。在双方当事人不予认可的情况下，必须经过质证，由法官判断其结论是否可以采信。②

（三）工程造价司法鉴定的范围

工程造价司法鉴定的基本原则是对“争议事实”进行鉴定，即对应付工程价款数额存在争议的案件事实进行鉴定。这个原则体现在《施工合同司法解释》第二十三条规定：“当事人对部分案件事实有争议的，仅对有争议的事实进行鉴定，但争议事实范围不能确定，或者双方当事人请求对全部事实鉴定的除外。”如果合同约定的不是固定总价，又对全部工程的计价、签证、核定工程量等均有争议，则应对全部工程进行司法审价，若只对工程某项或某些签证、索赔等有争议，则应对这一部分进行司法鉴定。实践中，工程造价司法鉴定的范围确定要注意以下几个问题：

一是《施工合同司法解释》第二十二条规定：“当事人约定按照固定价结算工程价款，一方当事人请求对建设工程造价进行鉴定的，不予支持”，这是最高院对建设工程造价鉴定范围的有关规定。在适用时应结合司法解释和案情的实际确定，若明确约定了固定总价，则不予进行造价司法鉴定；若只约定了固定单价，而工程量约定据实结算，则应进行司法鉴定。

二是约定了固定总价，但是施工中出现的变更、签证、索赔，这些涉及的价款没有确定，也应进行审价鉴定。

三是若只对部分工程结算有争议，其他无争议，则只应对争议工程进行审价鉴定。

四是合同解除或无效，已完工程质量合格的，也可按照合同约定审价鉴定。

（四）工程造价司法鉴定程序的启动主体

工程造价鉴定程序的启动主体是：人民法院及合同当事人及其他诉讼参与人。

① 高印立．建设工程施工合同法律实务与解析［M］．中国建筑工业出版社，2012，8.

② 高印立．建设工程施工合同法律实务与解析［M］．北京：中国建筑工业出版社，2012，8.

依据我国《民事诉讼法》和《最高人民法院关于民事诉讼证据的若干规定》，申请鉴定属于当事人举证责任的范畴。在特殊情况下才能由人民法院依职权委托。

在建设工程施工合同纠纷案件中，作为原告追索工程欠款的承包人负有向法庭提供证据证明其主张的责任。但当其提供了施工资料、结算报告以后，其举证责任是否完成，实践中存有争议，法院观点也不一致。第一种观点认为，承包人垫付了大量的建设费用，完成了工程项目，发包人在竣工验收后，就负有与其结算工程款的法定义务。当承包人提供了施工资料和结算报告以后，其也就已经完成举证责任，若发包人对结算报告持有异议，应由发包人申请司法鉴定；第二种观点认为，承包人向发包人勒索工程款，负有向法庭提供证据证明发包人所欠工程价款事实的责任。由于其提供的结算报告系依据施工资料单方作出，而施工资料的专业性极强，使仅具有一般社会理性和认知能力的法官无法对该事实作出准确认定，此时，法官必须求助于具有专门知识的鉴定人才能发现事实之真相，而司法鉴定就是揭示当事人举证材料与待证事实之间联系的有效手段。因此，从举证责任的角度来说，承包人仅提供施工资料，应视为其举证不充分，申请鉴定是承包人继续履行举证责任、证明自己诉讼主张的一项义务。笔者同意第二种观点。

（五）目前工程造价鉴定存在的主要问题及建议

1. 法官对司法鉴定意见依赖性过强，“以鉴代审”情况严重

由于法官由于专业知识的限制所致，对鉴定所需证据材料及鉴定意见的内容和公正性、准确性无法全面客观的审查，在司法实践中，往往是将所有的工程材料统统交给鉴定机构，并依据鉴定机构出具的鉴定意见径行做出判决，这种“以鉴代审”的状况实际上严重影响到了法官对案件事实的独立裁判权，导致建设工程纠纷案件判决结果的不公。

“以鉴代审”情况主要表现在以下几个方面：（1）工程鉴定机构和人员自行确定鉴定范围。（2）工程鉴定机构和人员自行确定鉴定依据。（3）工程鉴定机构和人员自行确定鉴定材料。鉴定资料是否具有真实性、合法性以及与工程司法鉴定的关联性，依法应通过法庭质证并由法院予以认定后再交给鉴定单位和人员进行鉴定，但实践中存在着案件当事人直接将相关材料交给鉴定机构，再由鉴定机构直接认定鉴定材料是否有效，是否可以纳入鉴定材料范围的情形，明显超越鉴定人职权。

2. 鉴定意见审核存在问题

（1）对于单方委托鉴定的报告审查把握不当。司法实践中，由于诉前单方鉴定中鉴定机构及鉴定人由当事人一方选定，鉴定材料由当事人单方提供且未经法院组织的质证认证程序，鉴定的具体事项由当事人一方确定，相对人一旦对当事人单方委托的司法鉴定意见的公正性提出异议并要求重新鉴定的，法院就会同意重新鉴定，无形中否定了诉前单方鉴定的效力。

（2）鉴定意见质证不充分全面。根据《最高人民法院关于民事诉讼证据的若干规定》第四十七条规定，鉴定意见依法应经过庭审质证，方能成为定案的依据。质证实际上就是要求鉴定人对自己作出的鉴定意见进行说明、解释，并对案中所涉的当事人提出的其他意见进行辩论和说明的过程。但在目前的司法实践中，由于以下几方面的原因，出现了鉴定意见质证流于形式的情况。A. 承办法官“主动放弃”审判权，过于依赖鉴定人。对于当事人的质询和异议通常也只要求鉴定人以书面形式答复，质证流于形式。B. 鉴定人拒绝出庭质证情况较为普遍。工程司法鉴定专业性极强，鉴定人到法庭接受案件当事人和法官质询，是鉴定结论充分进行质证的前提条件。但是由于我国法律没有规定强制鉴定人出庭措施，没有鉴定人出庭补偿制度和鉴定人保护制度，造成部分鉴定人不愿意出庭，严重影响鉴定意见质证程序的展开。

3. 鉴定周期漫长，严重拖延案件审理周期。

实践中，工程造价鉴定已成为建设工程合同纠纷案件能否及时审结的关键因素。鉴定周期漫长成为这类案件审理的顽疾。虽然司法部和最高人民法院相关规定将鉴定时限明确为15、30、60个工作日，但实践中极少有建设工程案件的司法鉴定能在60日内完成。在建设工程纠纷的工程造价鉴定中，法院无力监督管理鉴定进程，使工程造价鉴定进展困难，鉴定意见迟迟不能出具，严重拖延了此类案件的审理期限。

工程造价鉴定存在的问题还有许多，这些问题不解决，将严重影响到建设工程合同纠纷案件审理的公正性，为此，应在以下几方面完善：

首先，尽快制定建设工程司法鉴定的程序规范，统一鉴定机构的业务规范标准。制定出台《建设工程司法鉴定程序规范》以规范建设工程司法鉴定程序。

其次，探索鉴定人、专家辅助人、专家咨询员和专家陪审员参与调解、陪审、咨询的三位一体审判模式。

最后，发展工程司法鉴定技术标准和技术规范。在2011年前后，司法部已经出台了33项司法鉴定技术规范；2013年最高人民法院、最高人民检察院、公安部、国家安全部、司法部联合发布了《人体损伤程度鉴定标准》。在工程司法鉴定方面，可借鉴英美发达国家经验，通过行政机关或行业协会颁布工程司法鉴定技术标准与规范，通过发展工程司法鉴定技术标准和规范，改变因鉴定技术标准不一致而导致的“一案多鉴、结论各异”的局面。

六、案例分析

【案例一】发包人收到竣工结算文件后，在约定期限内不予答复，视为认可竣工结算文件的，按照约定处理，即“以送审价为准”结算工程价款

【基本案情】

2004年10月，原告北京某建筑公司与被告某地产开发有限公司签订某广场建设施工合同，合同约定承包人在合同竣工验收后的30天内向发包人提供完整的竣工结算文件，发包人应在收到结算资料的30天内审查完毕，到期未提出异议，视为同意。2005年8月29日工程竣工，同年9月4日交付使用。同年9月20日原告向被告递交工程结算文件，结算价为1 566.97万元。被告已付款440.25万元，扣除保修金尚欠1 029.37万元。被告在约定的审价期内未提出异议，也未给予答复。原告经多次催要无果，遂向北京一中院提起诉讼，要求按司法解释第20条规定，由被告按单方送审价支付价款。2006年10月10日，北京一中院作出一审判决，一审法院以建设部107号文件《建筑工程施工发包与承包计价管理办法》第十六条和《示范合同文本》通用条款的结算条款的有关规定，作为适用司法解释第二十条的依据，未再鉴定而以原告申报的结算价款作出一审判决，判由被告支付尾款1 029.37万元。

【案例评析】

最高人民法院《施工合同司法解释》第二十条："当事人约定，发包人收到竣工结算文件后，在约定期限内不予答复，视为认可竣工结算文件的，按照约定处理。承包人请求按照竣工结算文件结算工程价款的，应予支持。"

本案是"以送审价为准"结算工程价款的典型案例。法院在合同当事人对竣工决算有约定的情况下，以建设部107号文件《建筑工程施工发包与承包计价管理办法》第十六条和合同结算条款的有关规定，作为适用《施工合同司法解释》第二十条的依据，未再行鉴定，以原告申报的结算价款为准，判决被告支付剩余尾款，这完全符合《施工合同司法解释》规定的精神。本案施工方充分利用《施工合同司法解释》第二十条的规定，维护了自己的合法权益。

【案例二】发包人将承包的建设工程非法转包、违法分包的，工程虽已竣工，但经过鉴定，工程质量不合格的，不予支付工程价款

【基本案情】

2003年3月6日，某实业公司慕名与当地名牌建筑企业（某建筑公司）签订了建设工程施工合同。合同约定，某建筑公司承建多功能酒楼，包工包料，合同总价款2 980万元，开工前7日内，某实业公司预付工程款100万元，工期13个月，2003年3月15日开工，2004年4月14日竣工，工程质量优良，力争创优，工程如能评为优，则某实业公司在工程款之外奖励100万元。为确保工程质量优良，某实业公司与某监理公司签订了建设工程监理合同。

合同签订后，某建筑公司如期开工。但开工仅几天，某监理公司监理人员就发现施工现场管理混乱，遂当即要求某建筑公司改正。一个多月后，某监理公司监理人员和某实业公司派驻工地代表又发现工程质量存在严重问题。某监理公司监理人员当即要求某建筑公司停工。

令某实业公司不解的是，某建筑公司明明是当地名牌建筑企业，所承建的工程多数质量优良，却为何在这项施工中出现上述问题？经过认真、细致地调查，某实业公司和某监理公司终于弄清了事实真相。原来，某实业公司虽然是与某建筑公司签订的建设工程合同，但实际施工人是当地的一支没有资质的农民施工队（以下简称施工队）。施工队为了承揽建筑工程，千方百计地打通各种关节，挂靠于有资质的尤其是名牌建筑施工企业。为了规避相关法律、法规关于禁止挂靠的规定，该施工队与某建筑公司签订了所谓的联营协议。协议约定，施工队可以借用某建筑公司的营业执照和公章，以某建筑公司的名义对外签订建设工程合同；合同签订后，由施工队负责施工，某建筑公司对工程不进行任何管理，不承担任何责任，只提取工程价款5%的管理费。某实业公司签施工合同时，见对方（实际是施工队的负责人）持有某建筑公司的营业执照和公章，便深信不疑，因而导致了上述结果。某实业公司认为某建筑公司的行为严重违反了诚实信用原则和相关法律规定，双方所签订的建设工程合同应为无效，要求终止履行合同。但某建筑公司则认为虽然是施工队实际施工，但合同是某实业公司与某建筑公司签订的，是双方真实意思的表示，合法有效，双方均应继续履行合同；而且，继续由施工队施工，本公司加强对施工队的管理。对此，某实业公司坚持认为某建筑公司的行为已导致合同无效，而且本公司已失去了对其的信任，所以坚决要求终止合同的履行。双方未能达成一致意见，某实业公司遂诉至法院。

【法院的认定与判决】

在法庭上，原告某实业公司诉称，被告某建筑公司与某农民施工队假联营真挂靠，并出借营业执照、公章给施工队的行为违反了相关法律规定，请求法院认定原告与被告所签合同无效，终止履行合同，判令被告返还原告预付的工程款100万元，并赔偿原告因签订和履行合同而支出的费用20万元。

被告辩称，原告某实业公司与被告某建筑公司签订的合同是双方真实意思的表示，合法有效，双方均应继续履行合同；并称，如果法院认定合同无效，被告亦不应返还原告预付的工程款，因为被告已完成工程的基础部分，所支出的费用为130万元，原告还应向被告支付30万元。

对此，原告请求法院指定建设工程鉴定部门对被告已完成的工程进行鉴定，如果合格，原告可以再向被告支付30万元，如果不合格亦不能修复，则被告应返还原告预付的工程款100万元，并拆除该工程，所需费用由被告自负。

法院指定建设工程鉴定部门对被告已完成的工程进行了鉴定，结果为不合格亦不能修复。被告申请法院重新鉴定。重新鉴定的结论同前。

【法院判决】

法院经审理查明后认为，被告某建筑公司与没有资质的某农民施工队假联营真挂靠，并出借营业执照、公章给施工队与原告签订合同的行为违反了我国《建筑法》、《合同法》等相关法律规定，原告某实业公司与被告某建筑公司签订的建设工程合同应当认定无效。被告已完成的工程经建设工程鉴定部门鉴定为不合格亦不能修复。所以，原告关于认定双方所签合同无效，被告返还原告预付工程款并赔偿原告损失的请求理由成立，符合法律规定，本院予以支持。被告关于其与原告签订的合同是双方真实意思的表示、合法有效的答辩与事实不符，本院不予采信；被告已完成的工程经建设工程鉴定部门鉴定为不合格亦不能修复，故被告关于不应返还原告预付的工程款及原告还应向其支付30万元的理由不能成立，本院不予支持。根据《建筑法》第二十六条、《合同法》第二十五条第（五）项、最高人民法院《关于审理建设工程施工合同纠纷案件适用法律问题的解释》第一条第（二）项之规定，判决原告与被告所签建设工程施工合同无效；被告返还原告预付的工程款100万元，并赔偿原告损失186 754元，被告承担本案的全部诉讼费用16 510元。

被告不服一审判决上诉，被二审法院依法驳回。

【案件评析】

我国最高人民法院《施工合同司法解释》第一条第（二）项规定，没有资质的实际施工人借用有资质的建筑施工企业名义签订的合同无效。第三条规定，建设工程施工合同无效，且建设工程经竣工验收不合格的，按照以下情形分别处理：（一）修复后的建设工程经竣工验收合格，发包人请求承包人承担修复费用的，应予支持；（二）修复后的建设工程经竣工验收不合格，承包人请求支付工程价款的，不予支持。因建设工程不合格造成的损失，发包人有过错的，也应承担相应的民事责任。

本案中，被告的行为属于最高人民法院《施工合同司法解释》第一条第（二）项规定的行为，因而本案所涉合同无效。被告能否获得相应工程款，在于该工程是否质量合格，因而工程鉴定结果是关键。最终被告已完成的工程经建设工程鉴定部门鉴定为不合格亦不能修复，符合上述司法解释第三条第（二）项的规定的情形。因此，被告不能获得工程款项，应依上述法律规定返还原告预付的工程款100万元，并赔偿原告相应的损失。综上，法院对本案的判决是正确的。

【案例三】未完成结算的工程项目，发包人作为被告对工程款的付款义务确定问题①

【基本案情】

甘肃某房地产开发有限公司（被告一、二审被上诉人、再审申请人）与甘肃某建筑工程有限公司签订施工合同（被告二、二审上诉人、再审被申请人），由该建筑公司承包某项目的施工工作，合同签订后，该建筑公司将劳务工作分包给张某某（原告、二审上诉人、再审被申请人）等共计159人。工程完工后，因房地产开发公司未与建筑公司进行最终的结算，建筑公司因为未收到工程款而无法向张某某等人支付劳务费

① 来源：谭敬慧 建纬（北京）律师事务所，无讼阅读独家供稿，tougao@ wusongtech. com，实习编辑/雷彬

用。因此，张某某等人将房地产开发公司与建筑公司诉至法院，要求支付费用。本案经过一审、二审程序，后于 2014 年，房地产开发公司不服甘肃省高级人民法院（2013）甘民一终字第 250 号判决书，其向最高人民法院申请再审，并主张最高人民法院《施工合同司法解释》第二十六条第二款规定的适用前提是：①存在发包人欠付分包人工程款的客观事实；②该事实无争议或被生效法律文书确认，数额明确。但发包人与总承包人之间没有形成确定的结算。本案中没有房地产开发公司欠付工程款的基本事实，故本案不具备适用《施工合同司法解释》第二十六条第二款的前提条件。2014 年最高人民法院已审结本案。

【争议焦点】

本案争议焦点为，法院根据最高人民法院《施工合同司法解释》第二十六条要求发包人向实际施工人承担支付工程款责任时，是否需要以发包人与承包人已办理结算并明确欠付工程款为前提条件。

【法院审判观点】

第一，房地产公司作为本案工程的发包人和业主，虽然提交了其向建筑公司支付工程款的凭据和其单方所作的工程结算，以主张其已超付工程款；但因其和建筑公司并未就案涉工程进行最终结算，以上证据不能证明其不欠付建筑公司工程款。根据最高人民法院《关于民事诉讼证据的若干规定》的规定，对是否已超付工程款这一事实负有举证责任的房地产公司应承担其举证不利的后果。

第二，在房地产公司无证据证明其不欠付建筑公司工程款的情况下，最高法院认为二审法院适用《施工合同司法解释》第二十六条第二款的规定，判决房地产公司在欠付工程款范围内对张某某等 159 人承担支付工程款的责任，并无不当。

综上，最高人民法院依法裁定，驳回甘肃某房地产开发有限公司的再审申请。

【案例评析】

最高法院《施工合同司法解释》第二十六条规定："实际施工人以转包人、违法分包人为被告起诉的，人民法院应当依法受理。实际施工人以发包人为被告主张权利的，人民法院可以追加转包人或者违法分包人为本案当事人。发包人只在欠付工程价款范围内对实际施工人承担责任。"该条规定的请求权实际突破了合同的相对性，是法律为了保护实际施工人的利益，进而保护广大农民工的利益而制定一种突破了合同相对性的一种权宜之计。所以从法律目的出发，本案发包方如果不能提供证据证明已经按照合同的约定向承包方足额支付了工程款，实际施工人就有权以业主为被告，要求其在欠付工程价款范围内承担责任。所以依据法院认定的事实，本案判决是符合《施工合同司法解释》规定的。

第八章　建设工程合同索赔与争议解决

第一节　建设工程合同索赔

一、工程索赔概述

索赔，是指在履行合同的过程中，当事人对于因并非自己的过错，而应由对方承担责任的情况造成的实际损失，向对方提出经济补偿和时间补偿的一种要求。此处“并非自己的过错”，应包括不可抗力、不利物质条件及异常恶劣气候条件等客观情势。可见，索赔的本质是一种经济补偿，是确保正确履行合同的一种正当权利行使。索赔具有补偿性、客观性和合法性三大特征①：补偿性是指承包商与雇主按照合同约定的风险进行合理的调整或再分配，以弥补受损方的损失。国际通用的合同文本对于索赔的范围基本限定为“额外”的工期或者费用，索赔本身不具有经济惩罚性。客观性是指索赔必须是在发生实际损失后或权利受到损害后才能向对方提起，无损失无索赔，而且这种损失必须是能够被证明的法律事实。合法性是指提起索赔必须有充分的法律依据，既包括双方之间签订的合同文件，也包括准据法或者工程所在国的法律以及国际惯例。索赔的三大特征有其内在逻辑规律：补偿性是索赔的第一属性，是索赔的最本质特征。客观性受合法性制约，客观性的评价标准在不同法域认定差异很大。

索赔基于不同的理论基础，内涵有所不同。以业主违约理论为基础的索赔，通常可称为“损失索赔”。以合同变更理论为基础的索赔，则可称为“额外工作索赔”。工程索赔，包括工期索赔和费用索赔。同时索赔也是双向的，包括承包方索赔和发包方索赔两个方面。在实践中，由承包方向发包方提出的补偿要求，称为“索赔”；发包方向承包方提出的补偿要求，称为“反索赔”。索赔实质是对合同价款进行适当、公正的调整，使建设合同的风险分配趋于合理。

索赔是一门综合的“艺术”，涉及工程技术、工程管理、贸易、法律、财会、公共关系等在内的众多学科的交叉专业知识，它对从事索赔管理的人员特别是决策者提出了很高的要求，不仅要求其具备丰富的知识，还要有丰富的索赔实践经验。

---

① 张浩．国际工程索赔的法理基础［J］．辽宁工业大学学报（社会科学版），第18卷第3期，第11页。

在建设工程施工合同中，一般都有约定工程索赔条款。《施工合同示范文本》第19.1款约定："根据合同约定，承包人认为有权得到追加付款和（或）延长工期的，应按以下程序向发包人提出索赔：……"，从中我们可知，承包方索赔的目的主要是获得费用补偿和顺延工期；而根据第19.3发包人的索赔的约定："根据合同约定，发包人认为有权得到赔付金额和（或）延长缺陷责任期的，监理人应向承包人发出通知并附有详细的证明。"可见，发包方索赔的目的主要是获得金额赔付和延长缺陷责任期。

在国际工程承包活动中，工程索赔被认为是承包方经营管理的制胜法宝。正常情况下，一般工程项目承包所能取得的利润为工程造价的3%～5%，而通过工程索赔有的能取得的利润为工程造价的10%～20%，甚至有些工程索赔价值超过了工程合同额。难怪行业有"中标靠低价，盈利靠索赔"的说法。而在我国工程建设市场中，索赔工作一直没有得到应有的重视。特别是一方面承包方索赔意识不强，对合同的制定和管理重视不够，也缺乏相应的经验；另一方面索赔管理本身较为复杂，涉及因素多、难度大，这更使得承包方对索赔望而却步。但是，随着市场经济一体化的形成，市场竞争迫使承包方借鉴国外成熟经验，提高经营管理水平，通过索赔方式来降低成本，使其的利益最大化。作为中国第一个使用世界银行贷款的项目，我国首次实行国际竞争性招标的鲁布革水电站工程，承包商就曾提出21项业主违约索赔，获得索赔款230万元。鲁布革水电站工程无疑也是在索赔方面借鉴国际上工程管理方面成熟经验的典范。

工程索赔具有以下几个特征：（1）索赔的事件实际已发生，并且由于该事件的发生，已经造成了实际损失。实际损失即导致了合同以外的费用增加及工期延长。（2）工程索赔只是一方当事人的可期待利益。工程索赔不同于工程签证，工程签证就是承包方与发包方对合同价款以外的所发生的费用及工期已经经协商一致，并进行了确认，所以工程签证后权利人对费用及工期的利益是现实确定的。而索赔在对方认可前，对费用及工期的利益均不确定。（3）建设工程施工合同索赔应依程序提出并由索赔方承担举证责任。如依据《施工合同示范文本》的约定，建设工程施工合同的举证责任由承包方承担，28天内向监理工程师提出索赔意向，同时说明理由，然后根据具体情况提供相应证据。如果承包商没有在规定期限内提出索赔意向、提供索赔报告及必要的索赔证据，则意味着其放弃索赔的权利，并可能遭受反索赔。

工程索赔与违约责任有着密切的关系。违约行为可以成为工程索赔的原因，但工程索赔的原因远非如此，还包括各种不可预见的客观情况发生。具体两者的区别是：（1）是否在合同中有约定要求不同。违约责任以合同约定为前提，"无义务则无违约"；而工程索赔不以约定为前提。（2）不可抗力是否可以免除责任不同。索赔原因包括发生了不可抗力。而在违约责任制度下，发生不可抗力当事人可以免责。（3）违约责任作为一种财产责任，在某种情况下具有惩罚性，而工程索赔，本质上只是对承包商的损失补偿，而不具有惩罚作用。（4）违约责任的承担具有任意性。合同双方可以自由约定合同的内容，包括约定违约责任的承担方式以及具体违约金额，违约责任的承担具有任意性，而建设工程的索赔需要在特定的情况下，遵守一定的程序及规则才能进行索赔。

二、索赔产生的成因

（一）承包方的索赔原因

在工程建设过程中，导致合同索赔的原因很多，主要的原因有：

1. 合同文件缺陷引起的索赔

合同文件的组成不仅包括合同条款（专用条款、通用条款），还包括协议书、中标通知书、投标书及其附件、标准、规范及有关技术文件、图纸、工程量清单、工程报价单或预算书。合同缺陷通常表现为合同文件表达不严谨甚至矛盾、合同条款的遗漏或错误，合同履行后导致的费用的增加或工期延误，为此承包方提出的索赔。

2. 工程变更引起的索赔

由于客观情况发生了变化，发包方不得不更改合同文件中所描述的工程，使得工程任何部分的结构、质量、数量、施工顺序、施工进度和施工方法发生变化，这些变化即构成“工程变更”。由于建设工程的特性决定，合同文件是无法做到对未来履行的合同所涉及条件和客观情况作出准确不变的约定的，因此在工程建设中，工程变更是经常发生的。由于工程变更导致费用增加或工期延误，这也是承包商提出的索赔原因之一。

3. 工程师指令引起的索赔

工程师作为发包方的代表，对工程实施发布指令。工程师指令通常表现为工程师指令承包商加速施工、进行某项工作、更换某项材料、采取某种措施和停工等。如果这些指令导致费用增加或工期损失，构成承包商提出的索赔理由。

4. 其他承包方（业主指定分包商）干扰引起的索赔

通常是指其他承包方未能按时完成某项工作、各承包商之间配合协调不好等因素而给本承包方的工作带来的严重影响，导致费用增加或工期损失，为此承包商提出的索赔。

5. 不可抗力、不利物质条件及异常恶劣气候条件等引起的索赔

即施工中遭遇的实际自然条件比招标文件所描述的更为困难和恶劣，这些不利的自然条件增加了施工难度，导致了承包商必须花费更多的时间和费用，为此承包商有权提出索赔。

6. 业主未能按时提供施工条件引起的索赔

通常表现为业主未能按合同规定为承包人提供应由其提供的使承包人得以施工的

必要条件（如未能按时提供场地使用权、未按时发图纸、材料供应不及时或存在质量问题等），或未能在规定的时间内付款，导致费用增加或工期损失，为此承包商提出的索赔。

（二）发包方索赔原因

1. 工程质量索赔

当承包的施工质量不符合施工技术规程的要求时，或使用的设备和材料不符合合同规定，发包人有权要求承包人对有缺陷的产品进行修补；要求承包人对不能通过验收的产品进行返工；要求承包人在规定的时间内修复存在质量问题的工程等。

2. 工期延误索赔

工期延误属于承包人责任时，发包人对承包人进行索赔，即由承包人支付延期竣工违约金。

3. 工程保修索赔

在保修期未满以前对于未完成应该由承包方负责补修的工程时，发包人有权向承包人追究责任。如果承包人未在规定的期限内完成修补工作，发包人有权雇佣他人来完成工作，发生的费用由承包人承担。

4. 解除合同时的索赔

如果发包人依据合同约定或法律规定依法解除合同，或者承包人无正当理由放弃工程施工，发包人解除合同，而改由新的施工人完成全部工程，这也构成发包人索赔的成因。索赔额为新的施工单位完成全部工程所需的工程款与原合同未付部分的差额。

三、承包人工程索赔的情形

（一）《FIDIC 施工合同条件》下的工程索赔情形及我国相关文本的借鉴

FIDIC 在确定工程索赔条款是基于这样的想法：并不希望承包商在其报价中就将不可预见到的风险因素和大笔应急费用全部包括进去，以弥补履约过程中可能发生的有关经济损失，而是主张如果确实发生了此类事件，则应由业主赔偿或支付这类费用，这种主张成了工程索赔的思想基础。于是索赔条款就成为了《FIDIC 施工合同条件》中举足轻重的部分。在《FIDIC 合同条件》中有近一半的条款涉及工期的延期、变更和索赔。特别是 99 新版《施工合同条件》（用于业主设计的房屋建筑或工程），也即我们所说的新红皮书，在以前的版本基础上，增加了与索赔有关的条款并丰富了其细节，如提出了解决补充付款以及延长工期的问题，具体问题具体分析，将费用索赔和工期索赔综合考虑，大大增加了方案的合理性。此外，《FIDIC 合同条件》在工程索赔条款的设置上，对承包商、业主、咨询工程师都是平等对待的。通过这些条款的设置，合理平衡有关各方之间的要求和利益，公平地在合同各方之间分配风险和责任。新红皮书共有20个条款。其中第20款“索赔、争端和仲裁”明确规定了承包商索赔的程序和解决方法；而前19款对业主、工程师和承包商的合同上的权利和义务所作的规定，就是将风险和责任在他们之间作出分配的约定。

1. 单纯的工期索赔

单纯的工期索赔，或称为“不可补偿的工期索赔”即按照合同约定承包人只能索赔工期，而不能索赔费用和利润。此种索赔的起因虽然也是由于业主的原因或业主与承包商双方均不可控制的原因所引起的，并且延误也发生在关键线路上，同时也得到了工程师的认可，但承包商只获得工期延长的承诺，却不能获得费用补偿。它的起因通常有：双方无法控制的原因（业主风险）、特别恶劣的气候条件和第三方原因等。

《FIDIC合同条件》第8.4款（c）项约定，由于异常不利的气候条件，致使达到第10.1款（工程和区段的接收）要求的竣工遭到或将要遭到延误，承包商可依据索赔的规定要求延长竣工时间。

《FIDIC合同条件》第8.5款约定，如果承包商已尽力遵守了工程所在国依法成立的公共当局制定的程序，这些公共当局延误或干扰了承包商的工作，并且此延误或干扰是无法预见的，则此类延误或干扰应被视为是一种延误原因，承包商可依据索赔的规定要求延长竣工时间。

《标准招标文件》通用条款第11.4款约定，由于出现专用合同条款规定的异常恶劣气候的条件导致工期延误的，承包人有权要求发包人延长工期。

2. 可补偿的工期索赔

造成这种索赔的原因通常有：业主、工程师对材料、图纸和施工工序质量认可的拖延；不利的自然条件或客观障碍；工程变更；特殊风险；业主的延期支付；由于业主原因造成对工程施工的干扰、阻碍等。上述延误，承包商可要求业主对其损失进行补偿。

造成费用补偿的原因通常有如下几项：（1）劳务损失。此时一般不按投标书中的工日来计算，而按劳务的成本计算，包括工资、奖金、差旅费、各类人工应缴纳的法定费用、施工人员各类保险金和税金等；（2）施工设备费。由租赁设备的窝工所引起的，通常按实际租金和进退场费的分摊等计算，自有设备则按折旧率计算（通常为租赁费的2/3左右）；（3）材料费。因延期造成材料无法使用，则可按购买价计算，若不影响材料的使用情况则参考库存费；（4）分包费用。同上述三种损失，即劳务损失、施工设备、材料等；（5）现场管理附加费。一般可计算，但若只是部分项目停工时可不予计算；（6）总部管理费。应提供确切计算依据和证明材料；（7）利息。指延误时间长时，承包商的相应周转资金收回期延迟，其利息负担加重。

3. 费用索赔（不包括利润）

费用索赔是承包商索赔中的重点，也是最困难、双方争议最大的索赔部分。它直接关系到承包商项目的盈利情况，工期索赔在很大程度上也是为了费用索赔。

可索赔的费用种类有：（1）由索赔事件引起的直接额外成本增加；（2）由于索赔事件的干扰导致承包商劳动生产率降低引起的额外成本；（3）由于合同延期而带来的额外成本（如额外贷款、自有资金的使用）；（4）由于合同延期而带来的利润损失和总部管理费损失。

《合同法》对可索赔的费用也有规定，如第二百八十四条规定："因发包人的原因致使工程中途停建、缓建的，发包人应当采取措施弥补或者减少损失，赔偿承包人因此造成的停工、窝工、倒运、机械设备调迁、材料和构件积压等损失和实际费用。"第二百八十五条规定："因发包人变更计划，提供的资料不准确，或者未按照期限提供必需的勘察、设计工作条件而造成勘察、设计的返工、停工或者修改设计，发包人应当按照勘察人、设计人实际消耗的工作量增付费用。"

不同的干扰事件会产生不同的费用损失，可索赔的费用通常有以下项目构成：(1)人工费。承包商人工费的损失包括额外劳动力雇用费，劳动生产率降低所产生的费用，人员闲置费用，加班工作费用，工资税金，工人的人身保险和社会保险支出等。（2）材料费。包括额外的材料使用、材料破坏估价、材料涨价、材料采购运输及保管费等。（3）机械设备费。包括额外的机械设备使用费、机械设备闲置费、机械设备折旧费和修理费分摊、机械设备租赁费用、机械设备保险费、新增机械设备所发生的采购、运输、维修、燃料消耗费等。此类费用通常参照有关的定额标准进行计算，也可按双方约定的标准计算。（4）分包费。指由于非承包商原因而造成的分包工程费用增加的部分。（5）保险费。指由于业主要求增加工程内容或业主方面的其他原因而延长工期，使承包商需要增加新增工程保险或对原保险办理延期所支付的费用。（6）保证金。指承包商在履行合同前向业主提交的履约保证金。当工程内容减少时，减少部分所占比例的保证金数额。（7）管理费。它是建筑施工中的一种间接费，无法直接计入某个具体合同或某项具体工作中。只能按一定比例进行分摊，它包括现场管理费和总部管理费。（8）融资成本。也称资金成本，是企业取得和使用资金所付出的代价，其中包括向资金供应者支付的利息和使用自有资金而造成的机会损失。

对于不包括利润的费用索赔，《FIDIC 施工合同条件》约定如下：

（1）不利物质条件。第 4.12 款规定，如果承包商遇到了他认为是无法预见的不利物质条件时，应尽快通知工程师。此通知应描述该物质条件以便工程师审查，并说明为什么承包商认为是不可预见的理由。承包商应采取与物质条件相适应的合理措施继续施工，并且应该遵守工程师给予的任何指示。如果此指示构成了变更，则适用第 13 条（变更和调整）的规定。如果承包商遇到了不可预见的物质条件，发出了通知，且因此遭到了延误和（或）导致了费用，承包商应有权依据第 20.1 款（承包商的索赔）要求工期延长和支付计入合同价格的有关费用。

对此，我国相关合同文本借鉴了FIDIC的约定。《标准招标文件》通用条款第4.11款约定，承包人遇到不利物质条件时，应采取适应不利物质条件的合理措施继续施工，并及时通知监理人。监理人应当及时发出指示，指示构成变更的，按约定办理。监理人没有发出指示的，承包人因采取合理措施而增加的费用和（或）工期延误，由发包人承担。

《建设施工合同示范文本》第7.6款就也对不利物资条件下了定义，并约定了索赔的程序。

（2）发现文物。《FIDIC施工合同条件》第4.24款约定，在工程现场发现所有化石、硬币、有价值的物品或文物、建筑结构以及其他具有地质或考古价值的遗迹或物品，承包商应立即通知工程师，工程师可发出关于处理上述物品的指示。如果承包商由于遵守该指示而引起延误和招致了费用，则应进一步通知工程师并有权索赔工期和费用。

《标准招标文件》通用条款第1.10.1款约定，在施工场地发掘的所有文物、古迹以及具有地质研究或考古价值的其他遗迹、化石、钱币或物品属于国家所有。一旦发现上述文物，发包人、监理人和承包人应按文物行政部门要求采取妥善保护措施，由此导致费用增加和（或）工期延误由发包人承担。《建设施工合同示范文本》也有类似的约定。

（3）暂停施工。《FIDIC施工合同条件》第8.9款约定，如果承包商因遵守工程师所发出的工程暂停的指示，或在复工时遭受了延误、导致了费用，则承包商应通知工程师，并有权索赔工期和费用。

我国《标准招标文件》通用条款第11.3款、《施工合同示范文本》第7.8.1款与FIDIC规定的索赔范围有所不同，我国的两个文本都约定，在暂停施工情形下，承包人可进行合同利润的索赔。

《施工合同示范文本》第7.8.1款约定：发包人原因引起的暂停施工因发包人原因引起暂停施工的，监理人经发包人同意后，应及时下达暂停施工指示。情况紧急且监理人未及时下达暂停施工指示的，按照第7.8.4款【紧急情况下的暂停施工】执行。因发包人原因引起的暂停施工，发包人应承担由此增加的费用和（或）延误的工期，并支付承包人合理的利润。

《标准招标文件》通用条款第11.3款第四项约定，因发包人原因导致的暂停施工，造成工期延误的，承包人有权要求发包人延长工期和（或）增加费用，并支付合理利润。

（4）工程删减。《FIDIC施工合同条件》第12.4款约定，当对任何工作的删减构成变更或部分变更，如果该工作未被删减，承包商将招致（或已经招致）的费用，本应包含在中标合同金额的某部分款额中，删减该工作将导致（或已经导致）这笔费用不构成合同价格的一部分，并且此费用不视为包含在任何替代工作的估价之中，而对其价值未达成一致时，承包商应向工程师发出通知，并附具体的证明资料。在接到通知后，工程师应依据 3.5 款的规定，同意或决定此项费用，并计入合同价格。

根据《标准招标文件》通用条款第 15.1 款第一项的约定，取消合同中任何一项工作，但被取消的工作不能转由发包人或其他人实施，应按照规定进行变更。承包人可以按照第 15.3 款的规定，要求调整工期、确定变更估价。而按照第 15.4 款规定的估价原则，如工程无适用或类似子目的单价，可按照成本加利润的原则确定变更工作的单价，这表明标准招标文件通用条款中，隐含如发包人取消工程，不排除承包商索赔利润的意思。

（5）因法律变化引起的调整。《FIDIC 合同条件》第 13.7 款约定，如果承包商由于在基准日期后做出的法律或解释上的变更而遭受了延误（或将遭受延误）或承担（或将承担）额外费用，承包商应通知工程师并有权要求延长工期，支付计入合同价格的任何有关费用。

《标准招标文件》通用条款第 16.2 款约定，在基准日后，因法律变化导致承包人在合同履行中所需要的工程费用发生因物价波动引起的价格以外的增减时，监理人应根据法律、国家或省、自治区、直辖市有关部门的规定，商定或确定需调整的合同价款。

（6）不可抗力。根据《FIDIC 合同条件》第 19.4 款的约定，如果由于不可抗力，承包商无法依据合同履行他的任何义务，而且已经发出了相应的通知，由于承包商无法履行此类义务而使其遭受工期的延误和（或）费用的增加，承包商有权索赔工期；对于该款列举的几种特定情形可以索赔费用。

《标准招标文件》通用条款第 21.3.1 款约定，除专用合同条款另有约定外，不可抗力导致的人员伤亡、财产损失、费用增加和（或）工期延误等后果，由合同双方按以下原则承担：（1）永久工程，包括已运至施工场地的材料和工程设备的损害，以及因工程损害造成的第三者人员伤亡和财产损失由发包人承担；（2）承包人设备的损坏由承包人承担；（3）发包人和承包人各自承担其人员伤亡和其他财产损失及其相关费用；（4）承包人的停工损失由承包人承担，但停工期间应监理人要求照管工程和清理、修复工程的金额由发包人承担；（5）不能按期竣工的，应合理延长工期，承包人不需支付逾期竣工违约金。发包人要求赶工的，承包人应采取赶工措施，赶工费用由发包人承担。《建设施工合同示范文本》第 39.3 款的规定与此大致相同。

（7）因不可抗力终止合同。《FIDIC 合同条件》第 19.6 款约定，一旦因不可抗力而终止合同，工程师应决定已完成的工作的价值，并颁发包括下列内容的支付证书：已完成的且其价格在合同中有规定的任何工作的应付款额；承包商为完成工程合理导致的永久设备和材料的费用及任何其他费用或债务；撤场的费用、遣返费用等。

《标准招标文件》通用条款第 21. 3. 4 款约定，合同一方当事人因不可抗力不能履行合同的，应当及时通知对方解除合同。合同解除后，承包人应按照约定撤离施工场地。已经订货的材料、设备由订货方负责退货或解除订货合同，不能退还的货款和因退货、解除订货合同发生的费用，由发包人承担，因未及时退货造成的损失由责任方承担。2013《建设施工合同示范文本》第 44. 6 款作了类似规定。

（8）业主任意终止合同。《FIDIC 合同条件》第 15. 5 款约定：雇主有权在他方便的任何时候，通知承包商终止合同。合同终止后，承包商按照第 19. 6 款（因不可抗力终止合同）的规定从雇主处得到支付。

值得注意的是，业主任意终止合同是《FIDIC 合同条件》的独特约定，我国《标准招标文件》通用条款、《施工合同示范文本》并未约定发包人任意解约权。这与我国对建设工程性质的认识与 FIDIC 不一致，国外大都认为属承揽合同，承揽合同当事人享有任意解除权。我国为独立于承揽合同的一种有名合同即建设工程合同。

（二）包括利润的费用索赔

（1）迟延的图纸和指示。《FIDIC 合同条件》第 1. 9 款的约定，工程师迟延提供图纸和指示的，承包商应通知工程师并给出一个宽限期，如果工程师在宽限期内人不提供的，承包商应向工程师再次发出通知，索赔工期或费用、利润。

《标准招标文件》通用条款第 1. 6. 1 款约定，由于发包人未按时提供图纸造成工期延误的，承包人有权要求发包人延长工期和（或）增加费用。第 11. 3 款第五项约定，发包人提供图纸延误，造成工期延误的，承包人有权要求发包人延长工期和（或）增加费用，并支付合理利润。该约定显然是借鉴了 FIDIC 条款的约定经验。

（2）未给予进入或占有现场的权利。《FIDIC 合同条件》第 2. 1 款约定，如果由于雇主一方未能在规定时间内给予承包商进入现场和占用现场的权利，致使承包商延误了工期和（或）增加了费用，承包商应向工程师发出通知，并有权索赔工期或费用、利润。

《标准招标文件》通用条款第 2. 3 款约定，发包人应按专用合同条款约定向承包人提供施工场地。

《施工合同示范文本》在第 2. 4. 1 款“提供施工现场”约定：“除专用合同条款另有约定外，发包人应最迟于开工日期 7 天前向承包人移交施工现场。”

我国的合同文本对于发包人未按约定提供现场时，承包人能否索赔，均未作约定。

（3）基准资料错误。《FIDIC 合同条件》第 4. 7 款约定，如果由于（原始基准点、基准线和参考标高）几项基准的差错而不可避免地对实施工程造成了延误和（或）导致了费用，而且一个有经验的承包商无法合理发现这种差错并避免此类延误和（或）费用，承包商应向工程师发出通知并有权索赔工期或费用、利润。

《标准招标文件》通用条款第 8. 3 款约定，发包人应对其提供的测量基准点、基准线和水准点及其书面资料的真实性、准确性和完整性负责。发包人提供上述基准资料错误导致承包人测量放线工作的返工或造成工程损失的，发包人应当承担由此增加的费用和（或）工期延误，并向承包人支付合理利润。

《施工合同示范文本》第2.4.4约定：因发包人原因未能按合同约定及时向承包人提供施工现场、施工条件、基础资料的，由发包人承担由此增加的费用和（或）延误的工期。但没有约定可索赔利润。

（4）工程师或业主原因影响质量检验。《FIDIC合同条件》第7.4款、第9.2款约定，检验过程中，如因服从工程师的指示或者因雇主应负责的延误而使承包商遭受了延误或导致了费用，则承包商应通知工程师，并有权索赔工期或费用、利润。

《标准招标文件》通用条款第13.1.3款约定：因发包人原因造成工程质量达不到合同约定验收标准的，发包人应承担由于承包人返工造成的费用增加和（或）工期延误，并支付承包人合理利润；第13.6.2款约定，由于发包人提供的材料或工程设备不合格造成的工程不合格，需要承包人采取措施补救的，发包人应承担由此增加的费用和（或）工期延误，并支付承包人合理利润。

（5）竣工验收前，业主使用部分工程。《FIDIC合同条件》第10.2款约定，如果由于雇主接收和（或）使用部分工程（合同中规定的及承包商同意的使用除外），而使承包商招致了费用，承包商应通知工程师并有权索赔有关费用以及合理利润的支付，并计入合同价格。

《标准招标文件》通用条款第18.4.2款约定，发包人在全部工程竣工前，使用已接收的单位工程导致承包人费用增加的，发包人应承担由此增加的费用和（或）工期延误，并支付承包人合理利润。

《施工合同示范文本》第13.4.2约定：发包人要求在工程竣工前交付单位工程，由此导致承包人费用增加和（或）工期延误的，由发包人承担由此增加的费用和（或）延误的工期，并支付承包人合理的利润。

（6）业主妨碍竣工检验。《FIDIC合同条件》第10.3款约定，如果由于雇主应负责的原因妨碍承包商进行竣工检验已达14天以上，则应认为雇主已在本应完成竣工检验之日接收了工程或区段（视情况而定）。若延误进行竣工检验致使承包商遭受了延误和（或）导致了费用，则承包商应通知工程师并有权索赔工期、有关费用以及合理利润，并计入合同价格。

（7）查验费用。《FIDIC合同条件》第11.8款约定，应工程师的要求，承包商应在其指导下调查产生任何缺陷的原因。除非依据约定应由承包商承担修复费用，否则调查费用及其合理的利润应由工程师依据第3.5款（决定），作出同意或决定，并计入合同价格。

《标准招标文件》通用条款第19.2.3款约定，监理人和承包人应共同查清缺陷和（或）损坏的原因。经查明属承包人原因造成的，应由承包人承担修复和查验的费用。经查验属发包人原因造成的，发包人应承担修复和查验的费用，并支付承包人合理利润。

（8）价值工程。《FIDIC 合同条件》第 13.2 款约定，承包商可以随时向工程师提交书面建议，该建议被采用将加快竣工速度，降低雇主施工、维护或运行工程的费用，提高竣工工程的效率或价值，或为雇主带来其他利益。如果由工程师批准的建议包括部分永久工程的设计的改变，导致该部分工程的合同的价值减少，工程师应依据第 3.5 款（决定）的规定，同意或决定计入合同价格的费用。这笔费用应是以下金额的差额的一半。

《标准招标文件》通用条款第 15.5.2 款约定，承包人提出的合理化建议降低了合同价格、缩短了工期或者提高了工程经济效益的，发包人可按国家有关规定在专用合同条款中约定给予奖励。《建设施工合同示范文本》第 29.3 款规定，工程师同意采用承包人合理化建议，所发生的费用和获得的收益，发包人承包人另行约定分担或分享。

（9）承包人暂停施工。《FIDIC 合同条件》第 16.1 款约定，雇主未能按约定付款，承包商可至少提前 21 天通知雇主，暂停工作（或减缓工作速度）。如果承包商根据本款规定暂停工作或减缓工作速度而造成拖期或导致发生费用，则承包商应通知工程师，索赔工期或费用、利润。

《标准招标文件》通用条款第 22.2.2 款约定，发包人发生未能按合同约定支付预付款或合同价款，或拖延、拒绝批准付款申请和支付凭证，导致付款延误等违约情况时，承包人可向发包人发出通知，要求发包人采取有效措施纠正违约行为。发包人收到承包人通知后的 28 天内仍不履行合同义务，承包人有权暂停施工，并通知监理人，发包人应承担由此增加的费用和（或）工期延误，并支付承包人合理利润。

（10）承包人因业主违约而终止合同。《FIDIC 合同条件》第 16.4 款约定，承包商根据第 16.2 款雇主违约的情形发出的终止通知生效后，雇主应尽快将履约担保退还承包商，向承包商支付已完工程的价款、费用以及承包商因终止合同而遭受的任何利润损失或其他损失。

《标准招标文件》通用条款第 22.2.4 款约定，因发包人违约解除合同的，发包人应在解除合同后 28 天内向承包人支付下列金额，承包人应在此期限内及时向发包人提交要求支付下列金额的有关资料和凭证：（1）合同解除日以前所完成工作的价款；（2）承包人为该工程施工订购并已付款的材料、工程设备和其他物品的金额。发包人付还后，该材料、工程设备和其他物品归发包人所有；（3）承包人为完成工程所发生的，而发包人未支付的金额；（4）承包人撤离施工场地以及遣散承包人人员的金额；（5）由于解除合同应赔偿的承包人损失；（6）按合同约定在合同解除日前应支付给承包人的其他金额。

《建设施工合同示范文本》第 44.6 款约定，合同解除后，有过错的一方应当赔偿因合同解除给对方造成的损失。

（11）业主风险。《FIDIC 合同条件》第 17.4 款约定，如果合同约定的雇主风险导致了工程、货物或承包商的文件的损失或损害，则承包商应尽快通知工程师，并且应按工程师的要求弥补此类损失或修复此类损害。如果为了弥补此类损失或修复此类损害使承包商延误工期和（或）承担了费用，则承包商应进一步通知工程师，并且有权索赔工期、费用。除合同另有规定外雇主使用或占用永久工程的任何部分，或者雇主的人员、雇主所负责的其他人员提供的工程任何部分设计不当等两种情形，承包商还可索赔利润。

以上对承包方工程索赔作了详细分析，为了更加直观了解 FIDIC 条款及我国的文本中承包方的索赔内容，可通过以下表格获得。

99 版 FIDIC 合同条件中涉及承包商向业主索赔的条款：

序号	条款	事由	工期（T）	费用（C）	利润（P）	（明示/默示）
1	1.3 通讯联络	业主或工程师无理扣押或拖延某项应由他们颁发的批准、证书、统一及决定，造成承包商误期及费用损失	√	√	√	默示
2	1.8 文件的保管和提供	业主或工程师在施工文件中发现了技术性错误或缺陷，未发出通知造成承包商误期及费用损失	√	√	√	默示
3	1.9 迟到的图纸或指示	工程师未能在合理的时间内发布图纸和指示，造成承包商误期及费用损失	√	√	√	明示
4	1.10 业主使用承包商的文件	未经承包商同意，业主私自将承包商编制的设计文件用于合同规定外的第三方复印、使用或移交，由此造成承包商的损失		√	√	默示
5	1.13 遵守法律	业主为获得本款所述的有关许可，造成误期及承包商费用损失	√	√	√	默示
6	2.1 现场进入权	业主未能给予承包商进入或占有现场的权利，造成承包商误期及费用损失	√	√	√	明示
7	2.3 业主的人员	如业主的人员不提供合作或不采取相应措施造成误期并招致承包商费用损失	√	√		默示
8	3.2 工程师的授权	承包商执行工程师助手的决定或指示而后工程师加以否定或更改，造成承包商误期及费用损失	√	√	√	默示
9	3.3 工程师的指示	工程师的指示超出合同范围或增加或修改图纸，均被视为变更，承包商有权提出索赔	√	√	√	默示
10	3.4 工程师的撤换	未经承包商确认，替换工程师造成承包商的损失	√	√		默示

续表

序号	条款	事由	工期（T）	费用（C）	利润（P）	（明示/默示）
11	4.1 承包商的一般义务	永久工程的设计或规范发现错误或进行修改，造成承包商损失	√	√	√	默示
12	4.2 履约保证	业主无权索赔的情况下提出索赔，致使承包商增加了开支		√		默示
13	4.6 合作	承包商根据工程师的指示，为业主的人员和其他承包商提供工作的机会或提供某种服务，增加了不可预见的费用并导致误期	√	√		默示
14	4.7 放线	业主提供基准点有错误，造成承包商误期及费用损失	√	√	√	明示
15	4.10 现场数据	业主提供的现场数据不准确造成误期及费用损失	√	√	√	默示
16	4.12 不可预见的物质条件	承包商遇到了不可预见的外界条件造成误期及费用损失	√	√		明示
17	4.20 业主设备和免费供应的材料	由于业主提供的设备或材料不符合合同约定，导致承包商误期及费用损失	√	√	√	默示
18	4.24 化石	承包商因在现场发现化石或其他文物造成误期及费用损失	√	√		明示
19	5.2 反对指定	业主坚持雇用承包商反对的指定分包商造成承包商损失	√	√		默示
20	7.3 检验	工程师无故拖延或未发出通知，使承包商遭受损失	√	√		默示
21	7.4 试验	在试验过程中，承包商因执行工程师的指示或因业主的延误而造成误期和（或）招致费用	√	√	√	明示
22	8.1 工程的开工	工程师无故拖延开工时间，造成承包商的损失	√	√		默示
23	8.4 竣工时间的延长	由于非承包商原因致使承包商对第10.1款中的竣工在一定程度上遭到或将要遭到延误，承包商可根据第20.1款要求延长竣工时间	√			明示
24	8.5 当局造成的延误	如因合法当局的原因给承包商造成了不可预见的误期，承包商可索赔工期延长	√			明示

续表

序号	条款	事由	工期（T）	费用（C）	利润（P）	（明示/默示）
25	8.9 暂停的后果	非承包商责任引起的临时停工造成承包商误期并招致费用	√	√		明示
26	8.10 暂停时对永久设备和材料的支付	承包商有权获得未被运至现场的永久设备或材料的支付		√		明示
27	9.2 延误的检验	如业主拖延竣工检验，承包商可援引7.4 款和（或）10.3 款	√	√	√	明示
28	10.2 部分工程的接受	业主接管和（或）使用部分工程使承包商招致费用		√	√	明示
29	10.3 对竣工检验的干扰	由于业主的原因使承包商不能及时进行竣工检验，造成承包商误期并招致费用	√	√	√	明示
30	11.2 修补缺陷的费用	由于非承包商原因造成修补缺陷产生的费用		√	√	默示
31	11.6 进一步的检验	进一步的检验结果表明责任方为非承包商原因，由此招致的费用		√		明示
32	11.8 承包商的调查	如果缺陷是非承包商的原因造成的，承包商可索赔调查产生的费用		√	√	明示
33	12.3 估价	适用合同规定新的费率或价格情况出现，造成的费用增加		√	√	默示
34	12.4 删减	如果作为变更而发生的删减使承包商遭受损失，承包商应得到赔偿		√		明示
35	13.1/13.3 变更权/变更程序	工程师提出的变更造成承包商的费用增加和工期延长	√	√		默示
36	13.2 价值工程	如果承包商提出的变更导致该部分工程合同价格减少且业主从中受益，则承包商可分享一半的利益		√		明示
37	13.5 暂定金额	承包商在完成工程师指示的暂定金额范围内的工作后，有权获得该项工程的实际费用和利润		√	√	明示
38	13.6 计日工作	承包商完成工程师指示的计日工作，有权获得该项工作的实际费用和利润		√		明示
39	13.7 因法律改变的调整	如果立法变更导致承包商工期延误或发生额外费用，承包商可得到工期及费用补偿	√	√		明示

续表

序号	条款	事由	工期（T）	费用（C）	利润（P）	（明示/默示）
40	13.8 费用变化引起的调整	如在工程实施过程中，相关费用指数有涨落，则根据合同规定的公式，承包商有权得到相应费用		√		明示
41	14.8 延误的支付	如承包商没有收到第 14.7 款应的款项，则有权就未支付款额按月所计复利收取利息		√		明示
42	15.5 业主终止的权利	业主为了自己的方便而终止合同，承包商可按 19.6 款的规定得到赔偿		√	√	明示
43	16.1 承包商暂停工作的权利	如工程师未能签发证书或业主未能提供资金安排的证据或业主未能如期支付，承包商可暂停工程并提出工期及费用赔偿	√	√	√	明示
44	16.2/16.4 终止时的付款	如业主严重违约或破产，承包商可终止合同并索赔由此造成的损失		√	√	明示
45	17.1 保障	业主未能保障和保护承包商，造成承包商的损失和损害		√		默示
46	17.3/17.4 业主风险的后果	如业主的风险使工程、物资或承包商的文件遭受损失，承包商可提出索赔	√	√	√	明示
47	17.5 知识产权和工业产权	由于业主原因导致承包商在工程中侵犯其他人的知识产权或工业产权，其他任何方向承包商提出的索赔所引起承包商的损失		√		默示
48	18.1 有关保险的一般要求	如果业主作为保险方面而保险失败，承包商可向业主索赔由此造成的损失		√		明示
49	19.4 不可抗力的后果	如承包商因不可坑里的影响发生费用或造成工期延误，业主应对此进行赔偿	√	√		明示
50	19.6 可选择的终止、支付和返还	如因不可抗力引起的合同终止，承包商有权向业主索赔由此造成的损失		√		明示
51	19.7 根据法律解除履约	如因法律解除履约，承包商有权向业主索赔由此造成的损失		√		明示

《标准施工招标文件》合同条款承包人索赔的条款

序号	条款号	主要内容	可补偿内容		
			工期	费用	利润
1	1.10.1	施工过程发现文物、古迹以及其他遗迹、化石、钱币或物品	√	√	
2	4.11.2	承包人遇到不利物质条件	√	√	
3	5.2.4	发包人要求向承包人提前交付材料和工程设备		√	
4	5.2.6	发包人提供的材料和工程设备不符合合同要求	√	√	√
5	8.3	发包人提供基准资料错误导致承包人的返工或造成工程损失	√	√	√
6	11.3	发包人的原因造成工期延误	√	√	√
7	11.4	异常恶劣的气候条件	√		
8	11.6	发包人要求承包人提前竣工		√	
9	12.2	发包人原因引起的暂停施工	√	√	√
10	12.4.2	发包人原因造成暂停施工后无法按时复工	√	√	√
11	13.1.3	发包人原因造成工程质量达不到合同约定验收标准的	√	√	√
12	13.5.3	监理人对隐蔽工程重新检查，经检验证明工程质量符合合同要求的	√	√	√
13	16.2	法律变化引起的价格调整		√	
14	18.4.2	发包人在全部工程竣工前，使用已接收的单位工程导致承包人费用增加	√	√	√
15	18.6.2	发包人的原因导致试运行失败的		√	√
16	19.2	发包人原因导致的工程缺陷和损失		√	√
17	21.3.1	不可抗力	√		

四、发包人索赔的情形

在《FIDIC合同条件》中，业主的索赔权利是1999年版的《PIDIC合同条件》新增加的内容，并对业主的索赔内容、程序等作了明确约定，这是不同于以往版本的地方，堪称一大进步。

（一）缺陷通知期索赔

根据《FIDIC合同条件》第11.3款约定，如果由于某项缺陷或损害达到使工程、区段或主要永久设备（视情况而定，并且在接收以后）不能按照预定的目的进行使用，则雇主有权依据合同要求延长工程或区段的缺陷通知期。但缺陷通知期的延长不得超过2年。第2.5款约定，如果雇主认为按照任何合同条款的规定他有权获得支付或缺陷通知期的延长，则雇主或工程师应向承包商发出通知并说明细节。

（二）费用索赔

（1）不合格工程的拒收和再次检验。《FIDIC合同条件》第7.5款约定，如果经检查、检验、测量或试验，发现任何永久设备、材料或工艺有缺陷或不符合合同要求，工程师可拒收此永久设备、材料或工艺，并通知承包商，同时说明理由。承包商应立即修复上述缺陷并保证使被拒收的项目符合合同规定。若工程师要求对此永久设备、材料或工艺再次进行检验，则检验应按相同条款和条件重新进行。如果此类拒收和再次检验致使雇主产生了额外费用，则承包商应向雇主支付这笔费用。

（2）雇用他人完成修复工作。《FIDIC合同条件》第7.6款约定，不论先前是否进行了任何检验或颁发了证书，工程师仍可以指示承包商：将工程师认为不符合合同规定的永久设备或材料从现场移走并进行替换；把不符合合同规定的任何其他工程移走并重建。如果承包商未能遵守该指示，则雇主有权雇用其他人来实施工作，并予以支付。除承包商有权从该工作所得的付款范围外，他应向雇主支付因其未完成工作而导致的费用。

（3）赶工导致业主费用的增加。《FIDIC合同条件》第8.6款约定，除了由于第8.4款（竣工时间的延长）中所列原因导致的迟延，工程师可以指示承包商提交一份修改的进度计划以及证明文件，详细说明承包商为加快施工并在竣工时间内完工拟采取的修正方法。如果这些修正方法导致雇主增加了费用，则除第8.7款中所述的误期损害赔偿费（如有）外，承包商还应向雇主支付该笔附加费用。

（4）误期损害赔偿费。《FIDIC合同条件》第8.7款约定，如果承包商未能遵守第8.2款约定的竣工时间，承包商应为此违约向雇主支付误期损害赔偿费。

《标准招标文件》通用条款第11.5款约定，由于承包人原因造成工期延误，承包人应支付逾期竣工违约金。

《建设施工合同示范文本》第16.2.1款及16.2.2款的约定：承包人未能按施工进度计划及时完成合同约定的工作，造成工期延误的，承包人应承担因其违约行为而增加的费用和（或）延误的工期。

（5）承包商延误检验。《FIDIC合同条件》第9.2款约定，如果承包商无故延误竣工检验，工程师可通知承包商要求他在收到该通知后21天内进行此类检验。承包商应在该期限内他可能确定的某日或数日内进行检验，并将此日期通知工程师。若承包商未能在21天的期限内进行竣工检验，雇主的人员可着手进行此类检验，其风险和费用均由承包商承担。

（6）业主自行清理现场。《FIDIC合同条件》第11.11款约定，在接到履约证书以后，承包商应从现场运走任何剩余的承包商的设备、剩余材料、残物、垃圾或临时工程。若在雇主接到履约证书副本后 28 天内上述物品还未被运走，则雇主可对此留下的任何物品予以出售或另作处理。雇主应有权获得为此类出售或处理及整理现场所发生的或有关的费用的支付。

《标准招标文件》通用条款第 18.7.2 款约定，承包人未按监理人的要求恢复临时占地，或者场地清理未达到合同约定的，发包人有权委托其他人恢复或清理，所发生的金额从拟支付给承包人的款项中扣除。

《建设施工合同示范文本》第 13.6.1 约定：施工现场的竣工退场费用由承包人承担。承包人应在专用合同条款约定的期限内完成竣工退场，逾期未完成的，发包人有权出售或另行处理承包人遗留的物品，由此支出的费用由承包人承担，发包人出售承包人遗留物品所得款项在扣除必要费用后应返还承包人；第 13.6.2 约定：承包人应按发包人要求恢复临时占地及清理场地，承包人未按发包人的要求恢复临时占地，或者场地清理未达到合同约定要求的，发包人有权委托其他人恢复或清理，所发生的费用由承包人承担。

（三）付款索赔

（1）履约担保。《FIDIC 合同条件》第 4.2 款约定，承包商未履行合同约定的义务，雇主可以依据履约担保的索赔范围，索赔承包商的应付金额。

（2）承包商使用现场水电服务。《FIDIC 合同条件》第 4.19 款约定，为工程之目的承包商有权使用现场供应的电、水、气及其他服务，其详细规定和价格见规范。承包商应自担风险和自付费用，提供此类服务的使用及计量所需的仪器。此类服务的消耗数量和应支付的款额（按其价格），应由工程师作出同意或决定。承包商应向雇主支付该项款额。

（3）使用业主设备。《FIDIC 合同条件》第 4.20 款约定，工程师应对使用雇主的设备的合适数量及应支付的款额（按指定价格）作出商定或决定。承包商应向雇主支付该项款额。

（4）业主直接对指定分包商付款。根据《FIDIC 合同条件》第 5.4 款的约定，雇主依据合同约定直接向指定分包商付款时，承包商应向雇主偿还这笔由雇主直接支付给指定分包商的款额。

（5）工程未通过竣工验收。根据《FIDIC 合同条件》第 9.4 款 c 项的约定，当整个工程或某区段未能通过所进行的重复竣工检验时，如果雇主同意颁发接收证书，承包商应根据合同中规定的所有其他义务继续工作，并且合同价格应按照可以适当弥补由于此类失误而给雇主造成的减少的价值数额予以扣除。

（6）承包商未修复缺陷。《FIDIC 合同条件》第 11.4 款约定，如果承包商未能在合理时间内修复任何缺陷或损害，雇主（或其代表）可确定一日期并通知承包商，要求在该日或该日之前修复缺陷或损害。如果承包商到该日期尚未修复缺陷或损害，并且依据约定，这些修复工作应由承包商承担费用，雇主可（自行选择）：（a）以合理的方式由他本人或他人进行此项工作，承包商承担费用，但承包商对此项工作不再承担责任；并且承包商应依据第2.5款的约定，向雇主支付其因修复缺陷或损害发生的合理费用；（b）要求工程师依据第3.5款（决定），同意或决定合同价格的合理减少额；（c）在缺陷或损害使雇主在实质上丧失了工程或工程的任何主要部分的整个利益时，终止整个合同或者不能按预期使用功能使用的该项主要部分。在不影响依据合同或其他规定所享有的任何其他权利的情况下，雇主还应有权收回为整个工程或该部分工程（视情况而定）所支付的全部费用以及融资费用、拆除工程、清理现场和将永久设备和材料退还给承包商所支付的费用。

（7）因承包商违约而终止合同。根据《FIDIC合同条件》第15.4款的约定，雇主因承包商违约而发出的合同终止通知生效后，可以自承包商处收回雇主由此招致的任何损失以及为完成工程所导致的额外费用。

《标准招标文件》通用条款第22.1.3款约定，监理人发出整改通知28天后，承包人仍不纠正违约行为的，发包人可向承包人发出解除合同通知。合同解除后，发包人可派员进驻施工场地，另行组织人员或委托其他承包人施工。发包人因继续完成该工程的需要，有权扣留使用承包人在现场的材料、设备和临时设施。但发包人的这一行动不免除承包人应承担的违约责任，也不影响发包人根据合同约定享有的索赔权利。

《建设施工合同示范文本》第16.2.3约定：除专用合同条款另有约定外，出现第16.2.1项【承包人违约的情形】第（7）目约定的违约情况时，或监理人发出整改通知后，承包人在指定的合理期限内仍不纠正违约行为并致使合同目的不能实现的，发包人有权解除合同。合同解除后，因继续完成工程的需要，发包人有权使用承包人在施工现场的材料、设备、临时工程、承包人文件和由承包人或以其名义编制的其他文件，合同当事人应在专用合同条款约定相应费用的承担方式。发包人继续使用的行为不免除或减轻承包人应承担的违约责任。

由于新红皮书增加了发包人索赔的约定，因此《FIDIC合同条件》中约定的发包人的索赔事由更加周全，我国的合同文本则约定较少，这也表明我国建设工程市场的相对不成熟，基于发包人与承包人的地位的失衡，我国在合同文本的制定方面，不得不作出相应的妥协。

99 版 FIDIC 合同条件中有关业主向承包商索赔的条款

序号	条款	事由	缺陷通知期	费用（C）	利润（P）	风险	明示默示
1	1.8 文件的照管和提供	承包商要求提供比合同约定数量多的图纸或规范导致业主的费用支出		√			明示
2	4.2 履约担保	业主根据第 4.2 款提出履约保函下的索赔		√			明示
3	4.18 环境保护	由于承包商原因造成环境污染造成业主的费用支出		√			默示
4	4.19 电、水、气	如承包商使用业主提供的水电气或其他服务，承包商应向业主支付相应的款项		√	√		明示
5	4.20 业主的设备和免费供应的材料	如承包商使用业主的设备，则业主有权从承包商那里得到相应的支付		√	√		明示
6	5.4 付款证据	业主直接向指定的分包商付款		√	√		明示
7	7.5 拒收	工程师要求对有缺陷的设备、材料等进行重复检验使业主招致额外费用		√			明示
8	7.6 修补工程	承包商未能按工程师的指示拆运不合格的设备材料，业主有权雇用他人完成		√			明示
9	8.6 工程进度	由于承包商自身原因导致进度缓慢需要加快进度而招致业主额外费用时，业主可按第 2.5 款规定向承包商索赔		√			明示
10	8.7 误期损害赔偿费	如承包商未能按第 8.2 款规定的时间内竣工，承包商应向业主支付误期赔偿费		√			明示
11	9.2 延误的检验	如承包商拖期检验且未执行第 9.2 款的相关规定时，业主可自行检验，由此发生的费用和风险由承包商承担		√		√	明示
12	9.3 重新试验	工程或分项工程未能通过竣工试验，重新进行试验引起的费用增加		√			明示

续表

序号	条款	事由	缺陷通知期	费用（C）	利润（P）	风险	明示默示
13	9.4 未能通过竣工检验	工程未能通过竣工检验而业主同意移交的情况下，合同价格将作相应的扣减		√	√		明示
14	11.2 修补缺陷的费用	由于承包商原因造成第 11.1 款，由此发生的费用和风险由承包商承担		√		√	明示
15	11.3 缺陷通知期的延长	如果工程或设备因承包商负责的缺陷或损失无法使用，业主有权要求延长缺陷通知期	√				明示
16	11.4 未能修补缺陷	如果承包商未能在合理期限内修补缺陷或损坏，业主可以用承包商的费用自行修补或对合同价格做出扣减。如故缺陷或损害使业主丧失工程的全部利益，业主可终止合同		√	√		明示
17	11.6 进一步的检验	进一步的检验结果表明责任方为承包商原因，由此招致的费用和风险由承包商承担		√		√	明示
18	11.11 现场清理	如承包商未能按合同规定清理现场，业主可自行完成，费用由承包商支付		√			明示
19	13.7 因法律改变的调整	当法律变更导致承包商成本减少时，业主可对合同价格进行相应扣减		√			明示
20	13.8 因成本改变的调整	承包商未能在竣工时间内完成工程，业主可选取对自己有利的指数或价格进行调整		√			明示
21	15.4 终止后的付款	如承包商严重违约、破坏或行贿，业主可终止合同并向承包商索赔由此造成的损失和损害		√			明示
22	17.1 保障	在承包商提供的保证范围内，业主可向承包商索赔所有发生的损害		√			明示
23	17.5 知识产权和工业产权	由于业主原因导致承包商在工程中侵犯其他人的知识产权或工业产权，其他任何方向承包商提出的索赔所引起承包商的损失		√			默示

续表

序号	条款	事由	缺陷通知期	费用（C）	利润（P）	风险	明示默示
24	18.1 有关保险的一般要求	如承包商作为保险方而保险失败，业主可向承包商索赔由此造成的损失		√			明示
25	18.2 工程和承包商设备的保险	如在基础日期一年后，第18.2款（d）项规定的保险不再有效，业主可向承包商索赔此类保险的保险金		√			明示

五、工程索赔的程序

（一）我国工程索赔的程序

根据我国《标准施工招标文件》的规定，工程索赔程序可通过下列附表体现出来：

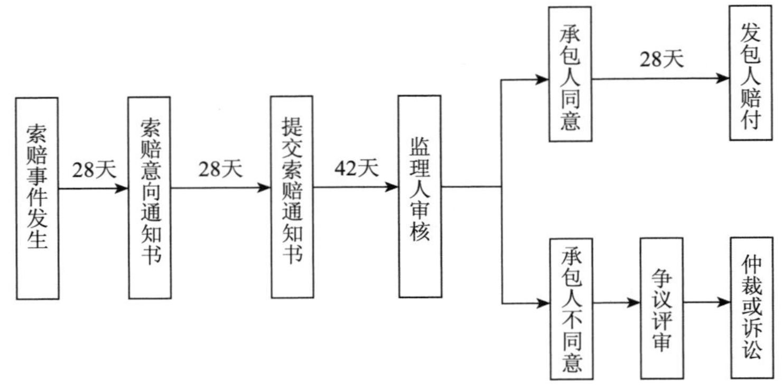

表格说明：

1. 索赔通知的提交及具体期限

（1）承包人应在知道或应当知道索赔事件发生后28天内，向监理人递交索赔意向通知书，并说明发生索赔事件的事由。承包人未在前述28天内发出索赔意向通知书的，丧失要求追加付款和（或）延长工期的权利。

（2）承包人应在发出索赔意向通知书后28天内，向监理人正式递交索赔通知书。索赔通知书应详细说明索赔理由以及要求追加的付款金额和（或）延长的工期，并附必要的记录和证明材料。

（3）索赔事件具有连续影响的，承包人应按合理时间间隔继续递交延续索赔通知，说明连续影响的实际情况和记录，列出累计的追加付款金额和（或）工期延长天数。在索赔事件影响结束后的28天内，承包人应向监理人递交最终索赔通知书，说明最终要求索赔的追加付款金额和延长的工期，并附必要的记录和证明材料。

2. 监理人审核

（1）监理人收到承包人提交的索赔通知书后，应及时审查索赔通知书的内容、查验承包人的记录和证明材料，必要时监理人可要求承包人提交全部原始记录副本。

（2）监理人应商定或确定追加的付款和（或）延长的工期，并在收到上述索赔通知书或有关索赔的进一步证明材料后的 42 天内，将索赔处理结果答复承包人。

（3）承包人接受索赔处理结果的，发包人应在作出索赔处理结果答复后 28 天内完成赔付。承包人不接受索赔处理结果的，按合同中约定的争议解决条款处理。

承包人接受了竣工付款证书后，应被认为已无权再提出在合同工程接收证书颁发前所发生的任何索赔。承包人提交的最终结清申请单中，只限于提出工程接收证书颁发后发生的索赔。提出索赔的期限自接受最终结清证书时终止。

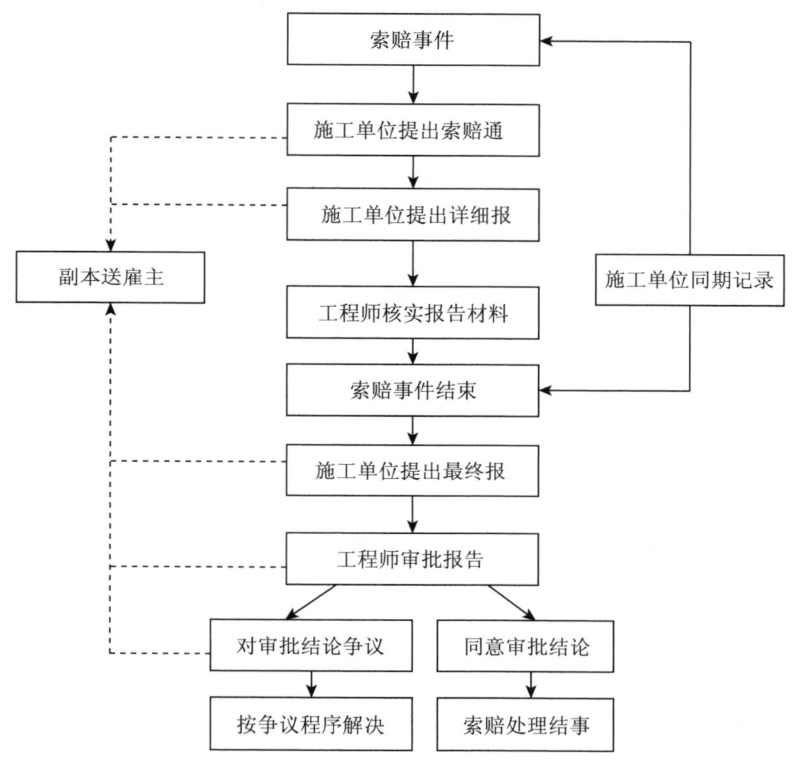

（二）《FIDIC 合同条件》下索赔处理程序①

以上表格可以看出，FIDIC 条款下的索赔程序井然有序，分工明确，以下就索赔中两个关键问题，作些说明。

① 曲修山．建设工程合同管理［M］．北京：地震出版社，1993.

1. 索赔通知的要求

《FIDIC 合同条件》第 20.1 款对承包商索赔作了集中约定，约定如果承包商根据本合同条件的任何条款或参照合同的其他规定，认为他有权获得任何竣工时间的延长或任何附加款项，他应向工程师发出一份书面的通知，说明引起索赔的事件或情况。还约定该通知的发出应在承包商开始注意到或应该开始注意到引起索赔的事件或情况之后的 28 天内。如果承包商未能在这一规定的时间内发出这一通知，则承包商将无权要求工期的延长或费用的增加，并且业主将被免除与此索赔有关的一切责任。

承包商在提交索赔通知的同时，还应该提交与此事件或情况有关的任何其他通知以及索赔的详细证明报告。

承包商应在现场或工程师可接受的另一地点保持用以证明任何索赔可能需要的同期记录。工程师在收到承包商索赔的通知之后，在不必承认业主的责任的情况下，监督此类记录的进行，并可指示承包商保持进一步的同期记录。

2. 工程师的审批决定

对此《FIDIC 合同条件》约定，工程师应在收到索赔报告或该索赔的任何进一步的详细报告后 42 天内（或在工程师建议且由承包商批准的此类其他时间内），作出批准或不批准的表示。

工程师在处理索赔时，主要遵循以下两项原则：（1）公正原则。遇索赔事件时，工程师应以完全独立的身份，站在客观公正的立场上以合同为依据审查索赔要求的合理性、索赔价款的正确性。对承包商而言，以合同为依据是索赔成功的制胜法宝。（2）协商一致原则。工程师在处理和解决索赔问题时应及时地与业主和承包方沟通，保持经常性的联系。

工程师的决定并不具有法律效力，当事人没有必须遵循或执行的义务。合同条件第 20.4 款【获得争端裁决委员会的决定】中规定："如果在合同双方之间产生起因于合同或实施过程或与之相关的任何争端任何种类，包括对工程师的任何证书的签发、决定、指示、意见或估价的任何争端，任一方可以将此类争端事宜以书面形式提交争端裁决委员会，供其裁定，并将副本送交另一方和工程师。"因此，只要承包商对工程师的决定不满就可以将争端提交争端裁决委员会，而无任何附加条件。

六、案例分析

【案例一】在建设工程实施过程中，承包人应充分利用索赔机制，维护自己的合法利益

【基本案情】

国内某大型航道治理工程试验段由于种种原因，工程结算过程中承包人向业主提出十几项费用索赔，索赔金额达 1100 万元，经过监理艰苦细致的工作，依据国家政策和施工合同，与业主、承包人多次协商，最终承包人成功索赔 843 万元。是监理处理工程索赔的一个典型案例。①

索赔汇总表

<table>
<tr><th rowspan="2">序号</th><th rowspan="2">索赔项目名称</th><th colspan="2">承包人索赔申请</th><th colspan="2">监理部最后核准意见</th></tr>
<tr><th>索赔金额/万元</th><th>索赔原因</th><th>核准金额/万元</th><th>核准依据（原因）</th></tr>
<tr><td>1</td><td>合同外增加项目</td><td>361</td><td rowspan="3">合同外业主委托，增加的费用应由业主承担</td><td>361</td><td rowspan="3">根据合同，业主委托承包人进行制作和新增合同外项目，费用应用由业主承担，依据充分合理，计算准确，与上述原因一致的项目共 7 项，监理予以核准</td></tr>
<tr><td>1）</td><td>关键设备支撑架制作</td><td>60</td><td>60</td></tr>
<tr><td>2）</td><td>合同外其他项目</td><td>301</td><td>301</td></tr>
<tr><td>2</td><td>关键设备延期直接损失</td><td>326</td><td rowspan="4">施工合同中约定由业主提供的关键设备交货期限由 2001 年 9 月底延期至 2001 年 12 月底。后因交货手续有误，造成业主办理关键设备提货困难。于 2002 年 1 月 14 日设备才全部到齐。造成 2002 年 1 月 1 日—2002 年 1 月 14 日承包人部分船机设备发生停置损失和人员窝工。</td><td>323</td><td>根据合同规定，业主原因造成的直接损失由业主承担，同意索赔申请。监理按合同要求对船机停置使用单价、停置事件，停置台班进行审查，并提请业主、承包人协商解决</td></tr>
<tr><td>1）</td><td>船机设备压驳停置</td><td>196</td><td>193</td><td rowspan="2">费用项目主要为各类船机设备的停置费用及人员窝工费，监理和业主、承包人一起商定了有关船机设备停置单价，船机停置时段以监理现场记录统计数据的为准，确定索赔金额</td></tr>
<tr><td>2）</td><td>船舶调遣</td><td>81</td><td>81</td></tr>
<tr><td>3）</td><td>人员窝工</td><td>49</td><td>46</td><td>人员窝工为已按合同规定先期进场的施工及测试技术人员窝工费。考虑到施工组织人员往返调迁的困难，这部分人员当时采用了现场待命的处置</td></tr>
<tr><td>3</td><td>关键设备延期间接损失</td><td>413</td><td>由于关键设备延期交货 3 个月，现场施工期拖延至 2002 年 2 月才开始，正值冬末春初恶劣的气象条件，有效施工作业天数大为减少致使避风拖航次数大为增加，且多次发生机、海损事故</td><td>159</td><td>根据现场 10—12 月统计的有效作业天数与延期交货后的 2—4 月有效作业天数进行对比，认为延期交货导致作业天数大为减少是事实，并增加了相应的拖航次数，可以认为是设备延期交货导致的间接影响，由于合同没有对间接损失的赔偿作明确的规定，建议业主给予适当的补偿。经三方协商一致认为本工程系采用新结构，新工艺的工程，工程地点施工条件差，风险较大；产生损失费用与业主延期交付关键施工设备存在一定的间接关系。本着风险共担的原则，由甲乙双方分别承担间接损失费的 50%。</td></tr>
<tr><td>4</td><td>合计</td><td>1100</td><td></td><td>843</td><td></td></tr>
</table>

① 李金炎，徐婷婷．一个成功的索赔处理案例［J］．中国港湾建设，2014，6（6/196）：100－101.

【案例评析】

本案承包商索赔1 100万元，最终核准的索赔额达843万元，占承包商要求的80%以上，从以上索赔表可以看出，本案索赔成功，一方面由于承包方提供的索赔材料完整，证据充分；另一方面，监理工程师的审核完全是居于合同双方当事人的约定进行的，可见合同的约定是索赔成功的基础。

【案例二】不可抗力情形下的索赔①

【基本案情】

某承包商承揽了在某城市江北修建一座疗养院的工程项目，合同价为450万元，合同工期为18个月，从1998年4月15日—1999年10月15日。由承包商工包全部材料。

在施工过程中，由于该城市1998年夏天发生了该地区百年一遇的大洪水，而该工程正好地处江边不远，造成了部分已完工程被损，部分材料被冲走、被损坏，现场道路等临时设施部分被冲毁，并造成工程施工受阻等多种影响。为此承包商提出以下索赔要求：（1）支付部分被损坏已完工程款3.45万元；（2）该被损坏已完工程修整及重建费用2.48万元；（3）现场材料损失1.45万元；（4）现场道路等临时设施重建费用0.68万元；合计为8.06万元。管理费（9.5%）为8.06×0.095=0.77万元。利润（5%）为(8.06+0.77)×0.05=0.442万元。同时由于受到洪水影响工期拖延及之后的恢复工程，要求延长10周，工程师经过认真研究，认为洪水是一个有经验的承包商无法预见的，但也不是业主的责任，是属于不可抗力造成的影响，对于承包商的材料损失，不予补偿；利润的损失不予补偿，支付被损坏的已完工程款3.45万元中已包括管理费和利润，不应再重复计算，最后指示如下：（1）正常支付被损坏的已完工工程款3.45万元；（2）被损坏工程修整及重建费用2.48万元；（3）现场道路等临时设施重建费用0.68万元；（4）管理费（2.48+0.68）×0.095=0.3万元。索赔款合计为2.48+0.68+0.3=3.46万元。批准承包商展延工期10周。

【案例评析】

本案在合同履行过程中，发生了双方都不能预见的洪水灾害，造成了施工设备的损失和工期延误，对此工程师对承包方索赔要求进行审查后，对于承包商提供的材料损失、利率损失不予赔偿；对于被损坏的已经完工工程款、修复重建费用等费用予以赔偿的决定，完全符合合同在不可抗力情形下责任分担的原则，是一种较为公平的解决方式。

① 王骏．FIDIC合同条件下工程索赔的经济学透视［J］．经营管理者，2014（总第34期）：362.

第二节　建设工程合同争议解决

一、建设工程合同争议的特点

不同于其他类型的合同，建设工程合同的争议有如下特点：

（一）案件法律关系复杂

同一建设项目中涉及不同的法律关系，从建设工程的承包方式上看，实践中有承包、转包、分包、挂靠等多种方式，涉及发包方、承包方、分包方、转包方、挂靠和个人、劳动者等多个主体之间的关系；由于受到利益的驱使，当事人之间订立的建设工程合同因违反法律效力性强制性规定而无效的现象较为普遍；从合同主体方面来看，建设工程合同的主体既有企业法人、又有个人，由于受国家行政管理的约束，又涉及到有无承包资质等问题。不同的承包方式、不同的签约主体，使案件的关系错综复杂，给处理建设工程案件认定事实、确定合同效力及责任承担带来很大难度。

（二）案件法律适用难度较大

该类案件所涉标的额一般较大；不仅涉及合伙、挂靠、分包、转包等诸多民事法律关系，还涉及行政管理关系，如相关行政职能部门对施工企业资质、相关竣工验收等的审查；适用法律难度较大，案件涉及的法律法规众多，不仅包括《民法通则》、《合同法》，还包括有关建筑市场管理的行政法、经济法，有时还存在许多习惯、惯例等等。

（三）案件审理周期长

由于该类案件的法律关系复杂，导致案件证据庞杂，无论是诉讼还是仲裁，需耗费比一般民事案件更多的时间；许多案件甚至还需进行工程造价、工程质量等方面的鉴定才能确定原因和责任，加之现行法律法规关于司法鉴定的规定不完善，必然导致鉴定的环节过多，时间过长，因此导致案件整体所需时间增加。

（四）调解难度较大

该类案件调解率偏低，大多数建设工程合同纠纷涉及工程款和工程量问题，而工程量和工程款的结算，关系到合同双方的根本利益，所以难以磋商。此外，在工程建设中，发包方一般处于强势地位，施工方处于劣势地位，往往发包方不太愿意调解，反而要求对方让步，而施工方的利益又涉及农民工等的利益，由于本身利润就薄，担心亏损，所以也不愿意让步导致调解难度较大。

二、建设工程合同争议解决的方式

目前国际上通用的解决国际工程争议的争端解决机制包括和解与调解、争议评审机制、仲裁或诉讼四大类。其中《国际商会争议小组规则》按照评审意见效力又将争议评审分为三种：一是DRB模式（Dispute Review Board，争议评审小组）。是由争议评审小组对争议作出建议，当事人在规定期限内对建议提出书面异议的，该建议对当事人不发生约束力，争议应提交仲裁或诉讼解决；当事人在规定期限内未提出异议的，该建议产生约束力，当事人应当遵守。二是DAB模式（Dispute Adjudication Board，争议裁决小组）。是由争议裁决小组对争议作出决定。决定自当事人收到时产生约束力。当事人不论是否提出异议均应遵守决定。即使当事人在规定期限内提出书面异议，且争议提交仲裁或诉讼，在仲裁庭或法院作出相反的裁决或判决前，该决定对双方当事人始终具有拘束力。三是CDB模式（Combined Dispute Board，综合争议小组）。是DRB和DAB的综合。通常情况下争议评审小组对争议作出建议，当事人对建议提出异议，该建议对当事人不发生拘束力；但是，在一方当事人请求对争议作出决定且他方当事人不表示反对或者虽然他方当事人反对但综合争议小组认为必要的，则其对争议作出的决定与DAB形式下争议裁决小组的决定具有相同的约束力。FIDIC合同条款采用的是DAB模式，而我国工程建设领域采用的则是DRB模式。

（一）和解与调解

1. 和解

和解是指建设工程争议的双方当事人在自愿友好基础上，通过协商谈判，互相沟通，互相谅解，从而解决争议的方式。

和解具有成本低、及时、便利的特点，其实质是双方各自做出让步与妥协。和解协议不具有强制执行的效力，和解协议订立后，任何一方反悔的，均可以依仲裁条款或协议，向选定的仲裁机构提起仲裁申请，没有仲裁协议的，可向法院提起诉讼。

2. 调解

调解是指建设工程争议双方当事人在第三方主持下，通过对双方当事人进行斡旋与劝解，促使双方自愿达成协议，从而解决争议的方式。调解与和解的区别在于调解有中立的第三方参与，而和解则没有第三方参与。

根据我国法律规定以及调解人身份和性质划分，建设工程纠纷的调解主要分为民间调解、行政调解、仲裁调解、法院调解等形式。

民间调解是指在当事人以外的第三人或组织的主持下，通过相互谅解，使纠纷得到解决的方式。民间调解达成的协议不具有强制约束力。

行政调解是指在有关行政机关的主持下，依据相关法律、行政法规、规章及政策，处理纠纷的方式。行政调解达成的协议也不具有强制约束力。

法院调解指在人民法院的主持下，在双方当事人自愿的基础上，以制作调解书的形式，从而解决纠纷的方式。调解书经双方当事人签收后，即具有法律效力。

仲裁调解是仲裁庭在作出裁决前进行调解的解决纠纷的方式。当事人自愿调解的，仲裁庭应当调解。仲裁的调解达成协议，仲裁庭应当制作调解书或者根据协议的结果制作裁决书。调解书与裁决书具有同等法律效力，调解书经当事人签收后即发生法律效力。

通过和解或调解解决争议，可以大大节省时间，节省仲裁或者诉讼费用，有利于双方日后的继续交往和合作，应是当事人解决合同争议的首选方式。但这种和解和调解是在当事人自愿的原则下进行的，一方当事人不能强迫对方当事人接受自己的意志，第三方也不能强迫调解。

以《土木工程施工合同条件》（1987 年第 4 版，1992 年修正版）（“老红皮书”）为代表，一直沿用着一个独特的调解方式，即首先将争议提交给工程师，由工程师进行调解并向合同双方提出解决争议的复审决定。如合同双方均同意并执行此决定，则争议得到解决。如任何一方不同意，或开始时双方均同意但事后又有一方反悔不执行，则只有另行提起仲裁。在合同双方得到工程师的决定后如果一方不同意并要求仲裁，还应经过一个56 天的“友好解决”期，如不能和解或调解，则再行提起仲裁。

FIDIC 合同条件中这种由工程师来处理争议的方式，受到人们质疑和批评，理由是：首先，尽管在合同条件中规定工程师应在管理合同中行为公正，但毕竟由于工程师是受雇于业主，相当于业主的雇员，因而很难保证其公正性；其次，因为承包商向工程师提交的争议，大多数是工程师在工程实施过程中已做出的决定，当承包商有异议并提交工程师要求复审时，实际上就是要求工程师推翻或修改其原来自己所作的决定，因此，这种解决争议做法的成功率也不高，这在实践中也得到了验证。

英国的一些合同条件（如 ICE）也采取了类似 FIDIC 的这种方法。

（二）《FIDIC 合同条件》下的争议裁决制度（Dispute Adjudication Board，简称 DAB）

FIDIC 合同自 1955 年颁布以来，先后经过四次修改。尤其在争议解决方式方面有了很大改变，先后经过工程师决定、DRB（Dispute Review Board）建议和 DAB 裁决等阶段，最终确立了目前的 DAB 方式。DAB 方式本质上属于非诉讼纠纷解决方式 ADR（Alternative Dispute Resolution）的范畴。

争议裁决程序具体包括以下几个阶段：

1. 将争议提交 DAB（争端裁决委员会）

首先成员任命保证了争端裁决的公正性。根据 FIDIC 99 施工合同条件第 20. 2 款规定，DAB 应在投标书附录中规定的日期前，双方联合任命，由具有相应资格的一名或三名（“成员”）组成。如果对委员会人数没有约定，且双方没有另外协议，DAB 应有三人组成。对任何成员的任命，可以经过双方相互协议终止，但雇主或承包商不能单独采取行动。除双方另有协议。

99 施工合同条件第 20.4 款规定，任何起因于合同或工程实施的争端（不论任何种类），包括对工程师的任何证书、确定、指示、意见或估价的任何争端，任何一方可以将该争端以书面形式提交 DAB，并将副本送达另一方和工程师，DAB 应在 84 天之内，或在可能由 DAB 建议并经双方认可的其他期限内，提出他的决定。除非合同已被放弃、拒绝或终止。即使进入了争端解决程序，承包商还应继续按照合同进行工程，并执行工程师的指令。

值得注意的是，争端解决程序没有提交 DAB 的时间限定。争议甚至可能发生在工程完成多年以后，只要合同适用的所在国法律规定的时效允许，承包商就可依据程序将争端提交 DAB，如果该 DAB 拒绝就此作出决定，当事人则可直接启动国际仲裁程序。

2. 现场调查、召开听证会

DAB 在收到报告书及证据材料后，到施工现场开展调查研究，召开争议双方意见听证会。意见听证会后，DAB 内部召开秘密会议，研究争议解决方法。

3. 做出决定

承包商如果对 DAB 的决定不满或 DAB 未能在 84 天之内作出决定，则任一方可以在该期限满后 28 天内，向对方发出不满通知。如果 DAB 已就争议事项向双方提交了决定，而任何一方在收到 DAB 决定后 28 天内，均未发出表示不满的通知，则该决定应是终局的，对双方均具有约束力。

4. 决定执行与仲裁

对决定不满的任何一方可在规定日期内通知对方并将争议提交仲裁。对于双方均表示同意，但之后又有一方不执行的，另一方可根据未遵从 DAB 决定条款就对方当事人的违约行为申请仲裁，DAB 决定应作为仲裁的依据。

值得注意的是，FIDIC 要求双方当事人在将争议提交仲裁前，应努力寻求协商解决争议的方法。双方友好协商解决争议是双赢的方法，一方面可以使双方当事人继续保持良好的合作关系，另一方面双方均可减少因诉讼和对抗所带来的负面影响。为此第 20.5 款约定，如果已按照上述第 20.4 款发出了不满的通知，双方应在着手仲裁前，努力以友好方式解决争端。但是，除非双方另有协议，仲裁可以在表示不满的通知发出后的第 56 天或其后着手作出，即使未曾做过友好解决的努力。

（三）我国的争议评审制度（DRB）

在我国工程建设实践中，建设工程合同当事人之间发生纠纷时，在目前的法律制度下能够采取的救济措施主要为三种方式：协商、仲裁、诉讼。通过协商解决争议，当然是最好的办法，解决的成本最低，但是通过协商解决的基本上是属于简单的、争议不大的问题。由于建设工程合同本身的复杂性和长期性的特点决定，绝大多数问题很难以协商的方式和平解决；与国际工程合同不同，我国对于工程建设项目的争议解决方式，除协商解决外，还包括仲裁和诉讼（国际工程合同争议基本不通过诉讼方式，而是采用仲裁方式）的方式，仲裁和诉讼是我国建设项目争议解决的重要方法，但选用这两种方式有很明显的缺陷，即裁决周期长、花费费用高、消耗精力大、结果执行难等问题。极大地影响到了行业的发展甚至社会的稳定。因此，在我国便迫切的需要寻求一种便捷、高效、经济、专业、公正的争议解决方式。建设工程争议评审制度就是我国从国际工程建设领域直接借鉴的解决建设工程纠纷的一种很好的机制。

建设工程争议评审（DiSpute Review Board，简称 DRB），是指在工程开始时或工程进行过程中，当事人选择出独立于任何一方当事人的争议评审专家（通常是 3 人，小型工程 1 人）组成评审小组，就当事人发生的争议及时提出解决问题的建议或者作出相应决定的实时争议解决方式。当事人通过协议授权评审组进行调查、听证、建议或者作出相应的裁决。争议评审组存在于工程整个进程中，持续地解决相关争议。若不愿接受评审组的建议或者决定，当事人仍可通过仲裁或者诉讼的方式解决争议。这种争议评审的方式，对于及时化解争议，保障建设工程的顺利进行，起到了重要作用。

争议评审制度起源于美国。该制度早在 1975 年的美国科罗拉多州艾森豪威尔隧道工程中就被采用，并取得了很大成功：这条隧道的土建、电气和装修三个合同共计 1.28 亿美元，均采用了争议评审的方式解决争议，在整个四年工期内就有 28 次不同的争议听证和评审，而争议评审小组的意见均得到了双方的同意和执行，使争议在非仲裁或诉讼的情况下得以解决，由此赢得了很好的声誉。并导致了美国仲裁协会（AAA）非诉讼纠纷解决程序（Alternative Dispute Resolution，简称 ADR）的诞生，并得到了世界银行等国际金融机构贷款项目的推崇，成为解决工程项目争端解决的重要方式之一。

2007 年我国《标准施工招标文件》中的“通用合同条款”第二十四条争议的解决条款中首次引入了争议评审机制，尝试使用新的争议解决方式解决建设工程项目争议。

根据《标准施工招标文件》的规定，采用争议评审的，发包人和承包人应在开工日后的 28 天内或在争议发生后，协商成立争议评审组。争议评审组由有合同管理和工程实践经验的专家组成。

合同双方的争议，应首先由申请人向争议评审组提交一份详细的评审申请报告，并附必要的文件、图纸和证明材料，申请人还应将上述报告的副本同时提交给被申请人和监理人。被申请人在收到申请人评审申请报告副本后的 28 天内，向争议评审组提交一份答辩报告，并附证明材料。被申请人应将答辩报告的副本同时提交给申请人和监理人。除专用合同条款另有约定外，争议评审组在收到合同双方报告后的 14 天内，邀请双方代表和有关人员举行调查会，向双方调查争议细节；必要时争议评审组可要求双方进一步提供补充材料。除专用合同条款另有约定外，在调查会结束后的14天内，争议评审组应在不受任何干扰的情况下进行独立、公正的评审，作出书面评审意见，并说明理由。在争议评审期间，争议双方暂按总监理工程师的确定执行。

发包人和承包人接受评审意见的，由监理人根据评审意见拟定执行协议，经争议双方签字后作为合同的补充文件，并遵照执行。发包人或承包人不接受评审意见，并要求提交仲裁或提起诉讼的，应在收到评审意见后的14天内将仲裁或起诉意向书面通知另一方，并抄送监理人，但在仲裁或诉讼结束前应暂按总监理工程师的确定执行。

《标准施工招标文件》有关争议评审的具体约定如下："24.2 友好解决。在提请争议评审、仲裁或者诉讼前，以及在争议评审、仲裁或诉讼过程中，发包人和承包人均可共同努力友好协商解决争议。24.3 争议评审。24.3.1 采用争议评审的，发包人和承包人应在开工日后的28天内或在争议发生后，协商成立争议评审组。争议评审组由有合同管理和工程实践经验的专家组成。24.3.2 合同双方的争议，应首先由申请人向争议评审组提交一份详细的评审申请报告，并附必要的文件、图纸和证明材料，申请人还应将上述报告的副本同时提交给被申请人和监理人。24.3.3 被申请人在收到申请人评审申请报告副本后的28天内，向争议评审组提交一份答辩报告，并附证明材料。被申请人应将答辩报告的副本同时提交给申请人和监理人。24.3.4 除专用合同条款另有约定外，争议评审组在收到合同双方报告后的14天内，邀请双方代表和有关人员举行调查会，向双方调查争议细节；必要时争议评审组可要求双方进一步提供补充材料。24.3.5 除专用合同条款另有约定外，在调查会结束后的14天内，争议评审组应在不受任何干扰的情况下进行独立、公正的评审，作出书面评审意见，并说明理由。在争议评审期间，争议双方暂按总监理工程师的确定执行。24.3.6 发包人和承包人接受评审意见的，由监理人根据评审意见拟定执行协议，经争议双方签字后作为合同的补充文件，并遵照执行。24.3.7 发包人或承包人不接受评审意见，并要求提交仲裁或提起诉讼的，应在收到评审意见后的14天内将仲裁或起诉意向书面通知另一方，并抄送监理人，但在仲裁或诉讼结束前应暂按总监理工程师的确定执行。"

《施工合同示范文本》也采纳了与《标准施工招标文件》相类似的约定。

2009年，北京仲裁委制定了《北京仲裁委员会建设工程争议评审规则》《北京仲裁委员会建设工程争议评审收费办法》《北京仲裁委员会评审专家守则》，并于2009年3月开始正式实施。这是我国诞生的第一个建设工程争议评审制度方面的规则。中国国际贸易促进委员会/中国国际商会也在2010年1月公布实施了《建设工程争议评审规则（试行）》《建设工程争议评审收费办法（试行）》。这标志着我国工程建设领域争议解决方式有了一种全新、有效的解决方式。

我国的争议评审制度具有如下几个特点：

（1）尊重当事人的合同自由约定。从我国相关文本的约定中我们可以看出，争议评审并不具有强制性，采取与否完全由当事人自由选择，效力也由当事人自己决定，充分反映了尊重当事人意志的原则。这种争议解决方式，是介于当事人自由协商解决和仲裁和诉讼之间的一种第三方专家公正评判的方式，对当事人而言，这种评审结果更加容易接受。

（2）专业性强。争议评审组由当事人从有富有合同管理和工程实践经验的专家中选择组成，专家将专业优势引入解决过程，这使得评审意见更加准确，更具信服力，进而被双方所接受并得到自觉执行。

（3）国际性。争议评审制度为国际较为盛行的一种争议解决方式，不像诉讼等受管辖约束，所以双方可以指定任何评审组来担任争议评审事宜。同时参与评审的专家也没有国籍之分，任何国籍的专家都可能成为争议项目评审组成员。

（4）快捷性。《标准施工招标文件》第 24.3 条对争议评审工程的有关时间问题进行了明确规定，从这些规定中，我们可以看出，除非当事人在专用条款中另有约定，争议评审在申请人提交申请报告和被申请人提交答辩报告后的 28 天内能使得纠纷迅速得到解决，使其和仲裁或诉讼冗长的裁决程序相比，具有很大优势。

与其他解决方式相比，争议评审虽然具有以上独特优势，但时至今日，在我国工程建设行业并没有得到强有力的推广，究其原因，是多方面的，首先在我国合同双方当事人地位极不平等，导致采用这种争议解决方式的积极性不高；其次，争议评审机构数量较少，发展的速度慢，评审专家的数量和质量难以保证等。

一个制度的推广，需要该制度试行带来好的结果和好的经验。在 2013 年 11 月，“中国航信北京顺义高科技产业园区项目争议评审机制”在北京仲裁委员会启动。这是国内第一起运用市场化手段启动的全部是内资且属于国家重点工程的争议评审项目。该争议评审项目的启动，也标志着国内建设工程争议评审制度真正由规则进入到实践阶段。相信在我国随着工程建设行业的进一步发展，争议评审制度能在工程建设中起到积极的作用。

（四）仲裁与诉讼

1. 仲裁

指发生争议的建设工程合同的当事人，根据其达成的仲裁协议，自愿将该争议提交给选定的仲裁机构进行裁判的争议解决制度。

仲裁具有以下几个特点：第一，自愿性。当事人的自愿性是仲裁最突出的特点。仲裁以当事人的意思自治为前提，即是否提交仲裁，向哪个仲裁委员会申请仲裁，仲裁庭如何组成，仲裁员的选择，以及仲裁的审理方式等都是在当事人自愿的基础上，由当事人协商确定的；第二，专业性。仲裁员均由当事人共同选定的在工程建设领域的专家组成；第三，独立性。根据《仲裁法》第十四条的规定：“仲裁委员会独立于行政机关，与行政机关没有隶属关系。仲裁委员会之间也没有隶属关系。”第四，保密性。仲裁以不公开审理为原则。按照各仲裁规则的规定，当事人及其代理人、证人、翻译、仲裁员、仲裁庭所咨询的专家和指定的鉴定人、仲裁委员会有关工作人员等都要遵守保密义务，不得对外界透露案件实体和程序的有关情况；第五，快捷性。仲裁实行一裁终局制度，仲裁裁决一经作出即发生法律效力。

仲裁和诉讼是两种不同的争议解决方式，当事人只能选择其中一种加以采用。《仲裁法》第五条明确规定："当事人达成仲裁协议，一方向人民法院起诉的，人民法院不予受理，但仲裁协议无效的除外。"

（1）申请和受理。根据《仲裁法》的有关规定，仲裁委员会收到仲裁申请书之日起5日内，认为符合受理条件的应当受理，并通知当事人；认为不符合受理条件的，应当书面通知当事人不予受理，并说明理由。

当事人申请财产保全的，仲裁委员会应当将当事人的申请依照民事诉讼法的有关规定提交人民法院。

（2）仲裁庭的组成。根据《仲裁法》第三十条的规定，仲裁庭可以由三名仲裁员或者一名仲裁员组成。由三名仲裁员组成的，设首席仲裁员。仲裁庭的组成形式包括合议仲裁庭和独任仲裁庭两种，工程纠纷仲裁由于其复杂性决定，多为合议仲裁庭形式。

A. 合议仲裁庭的组成。《仲裁法》第三十一条的规定：当事人约定由三名仲裁员组成仲裁庭的，应当各自选定或者各自委托仲裁委员会主任指定一名仲裁员；第三名仲裁员由当事人共同选定或者共同委托仲裁委员会主任指定。第三名仲裁员是首席仲裁员。B. 独任仲裁庭组成。《仲裁法》第三十一条的规定，当事人约定一名仲裁员成立仲裁庭的，应当由当事人共同选定或者共同委托仲裁委员会主任指定仲裁员。《仲裁法》第三十二条还规定，当事人没有在仲裁规定的期限内约定仲裁庭的组成方式或者选定仲裁员的，由仲裁委员会主任指定。

（3）仲裁中的调解。仲裁庭在作出裁决前，可以先行调解。当事人自愿调解的，仲裁庭应当调解。调解不成的，应当及时作出裁决。调解达成协议的，仲裁庭应当制作调解书或者根据协议的结果制作裁决书。调解书与裁决书具有同等法律效力。调解书经双方当事人签收后，即发生法律效力。在调解书签收前当事人反悔的，仲裁庭应当及时作出裁决。

（4）仲裁裁决。仲裁裁决应当按照多数仲裁员的意见作出，少数仲裁员的不同意见可以记入笔录。仲裁庭不能形成多数意见时，裁决应当按照首席仲裁员的意见作出。裁决书自作出之日起发生法律效力：当事人不得就已经裁决的事项再申请仲裁，也不得就此提起诉讼；仲裁裁决具有强制执行力。

2. 诉讼

如果建设工程承包合同当事人没有在合同中订立仲裁条款，发生争议后也没有达成书面的仲裁协议，或者达成的仲裁协议无效，合同的任何一方当事人，包括涉外合同的当事人，都可向人民法院提起诉讼。向人民法院提起诉讼，应依照《民事诉讼法》的规定进行。

经过诉讼程序或者仲裁程序产生的具有法律效力的判决、仲裁裁决或调解书，当事人应当履行。如果负有履行义务的当事人不履行判决、仲裁裁决或调解书，对方当事人可以请求人民法院予以执行。这里所说的执行也就是强制执行，即由人民法院采取强迫措施，促进义务人履行法律文书确定的义务。

仲裁和民事诉讼都是民事纠纷解决机制的重要组成部分，仲裁裁决和民事判决都是具有法律效力的，生效仲裁裁决和生效判决一样，具有拘束力、形成力和执行力。它们在功能上具有趋同性，都是民事争议解决的手段。但是仲裁与诉讼这两种争议解决方式存在很大差异。

首先，两者性质不同。民事诉讼是一种司法制度，司法权是国家权力的重要组成部分。民事诉讼程序既是当事人行使诉权，请求国家保护其合法权益的过程，同时也是国家行使司法权的过程。而仲裁则是一种准司法制度，仲裁来自当事人的契约，仲裁员的任命、仲裁规则、仲裁所适用的准据法等，主要取决于当事人的合意，但是仲裁裁决的效力和强制执行则须由法律决定；其次，主管与管辖不同。仲裁和民事诉讼在受理范围、可处理事项上是不同的。仲裁相对于民事诉讼来说，其可以处理的民事争议范围要小一些；再次，在基本原则或基本制度上的不同。仲裁实行自愿原则和协议仲裁制度，当事人享有较大的意思自治。同时仲裁实行或裁或审，一裁终局制度，而法院审理案件则采用两审终审制度，第一审法院作出的判决、裁定，并不当然发生法律效力，当事人可以上诉。

所以建设工程合同争议双方当事人应当在合同订立时，就对争议的解决方法等给予慎重考虑，作出理智的选择。

三、案例分析

【案例一】当事人在仲裁过程中，自行和解，最终解决纠纷

【基本案情】

1997 年 10 月 17 日，北京市××施工公司（以下简称承包方）与北京××物业发展有限公司（以下简称发包方）签订《北京市建设工程施工合同》。合同约定，由承包方承建发包方的中国××商城基础土方、基坑支护、地下降水工程。同时，合同还对隐蔽工程和中间验收、设计变更、竣工验收、工程款支付、违约责任等作了约定。

工程依约于 1997 年 10 月 19 日开工，1999 年 5 月 31 日竣工。在施工过程中，工程经过设计变更和洽商，工程量在施工合同的基础上进行了增减。发包方委托的监理公司根据施工进度对工程进行了分部分项的验收。工程质量为合格，达到了施工合同对

工程质量等级的约定要求。

工程完工后，承包方对工程进行了结算，并于1999年6月上旬将结算单报送发包方，但发包方一直不予答复。承包方于2001年12月10日再次向发包方报送工程结算书，但发包方仍不予答复，此状态又持续了长达近一年半的时间。

承包方为此于2002年4月向北京仲裁委提出仲裁申请，要求发包方支付所欠的工程款、利息并承担仲裁费用，以上几项费用总计达1 500万元。

北京仲裁委在受理后，依法组成仲裁庭对此案进行了审理。在审理过程中，双方协商达成和解，发包方支付工程款，承包方撤回仲裁申请，争议得以圆满解决。

【案例评析】

和解是当事人解决工程合同争议的最好的办法，但是，和解往往又是非常不易的，须具备一定的条件和时机。在多数情况下，合同当事人是在无法“和解”的情况下，才按协议提起仲裁或诉讼。然而，这并不意味着就失去的和解的可能性，在仲裁员或法官的晓之以理、晓之以法的情况下，当事人仍然有和解的可能。本案就是一个很好的例证。

【案例二】当事人拒不执行生效仲裁裁决的，当事人一方可向法院申请强制执行

【基本案情】

2006年4月20日，A建设工程有限公司（以下简称A公司）大同分公司与B劳务有限责任公司（以下简称B公司）签订《北京市建设工程施工劳务合同》及其补充协议。双方约定：1. B公司以包工、包料的方式承包M工程项目，承包劳务费合同价采用综合闭口包干。2. 本合同定于2006年4月20日开工；于2006年10月20日竣工。3. 工程承包造价为人民币22 009 318元，最终结算价为A公司向建设方的决算总价（B公司参与结算），其中B公司按合同决算总价的10.2%（含税）上缴A公司。4. 本工程以A公司向建设方决算总价为依据，A公司在审定B公司结算书后28日内按照结算额的90%支付B公司结算款，剩余10%作为质量保证金和工程保修金。

2006年11月底，M工程项目竣工验收。此后，B公司多次催促A公司及时结算工程款，但A公司根本没有办理结算和支付工程款的意思，双方矛盾激化。

2007年12月，由于A公司未支付B公司工程款，导致B公司无法发放农民工工资，遂引发农民工多次围堵A公司项目部事件。迫于压力，2008年1月29日，A公司大同分公司与B公司签订了《工程款支付协议书》，确认2008年1月31日先行一次性支付给B公司155万元，其他问题在2008年春节后协商解决。然而A公司在支付155万元后，对于B公司会谈协商的要求不予理睬，拒不支付剩余工程款。

2008年4月28日，迫于B公司农民工持续不断讨薪的压力，A公司向北京仲裁委员会提出仲裁申请，请求确认其应支付B公司的剩余劳务费和辅料款。

2008年5月12日，针对A公司提出的仲裁申请，B公司提出反请求，要求确认A

公司还应支付B公司工程欠款人民币3 556 275元。理由是：1. 2007年2月，A公司、B公司、工程建设方及造价咨询公司四方进行结算，共同确认楼本体的工程结算价为26 773 616元。2. A公司给B公司出具的《承诺书》共同确认应支付B公司工期奖、停电补偿、看场费以及其他费用等。

对于B公司的反请求，A公司辩称：B公司为本案工程的劳务施工方，本案合同为劳务合同，因此A公司只能向B公司结算和支付劳务费，而不能包括材料费等费用；另外还辩称B公司出具的盖有A公司公章的《承诺书》系B公司伪造，此《承诺书》不能作为双方劳务费结算的依据。

【仲裁庭裁决】

北京仲裁委员会经审理认为：1. 本案合同虽名为劳务合同，但根据其关于承包方式和结算方式等条款来看，超出了劳务合同的范畴，B公司承担的不仅仅是劳务施工内容，A公司的主张违背合同约定，双方仍应按合同约定的方式进行结算和付款。2. 本案B公司出具的盖有A公司公章的《承诺书》明确了“无论A公司与建设单位的结算价格为多少，A公司与B公司关于楼本体的结算价格均为26 773 616元”，这一描述改变了本案合同关于最终结算价的约定。A公司对B公司提供的《承诺书》真实性有质疑，但其未在规定的时间内交纳鉴定费，因此仲裁委认为《承诺书》应作为双方结算的依据。

2008年12月5日，北京仲裁委员会作出裁决：1. A公司向B公司支付工程款3 280 862元；2. 驳回A公司的全部仲裁请求；3. 驳回B公司的其他反请求；4. 本案本请求仲裁费由A公司全部承担，反请求仲裁费由A公司承担90%，B公司承担10%。

【法院裁定】

2008年12月8日，A公司向北京市第二中级人民法院提出撤销仲裁裁决申请书。对于A公司的上述请求，B公司辩称：A公司提出的撤销仲裁裁决的理由毫无事实和法律依据，B公司提交的系列证据完全可以证明《承诺书》的真实性。

法院经审理认为：A公司并未提供证据证明《承诺书》系伪造，而且当事人之间就结算问题与工程建设方存在分歧，是否存在几方共同结算的问题，以及对工程结算的分歧如何认定，系仲裁庭对案件的实体处理问题，并不能得出该《承诺书》系伪造的结论。另外，仲裁员对《承诺书》的认定并无故意歪曲和破坏法律实施进行裁判的行为，故法院对于A公司撤销理由不予采信。

2009年1月16日，北京市第二中级人民法院裁定驳回A公司撤销仲裁裁决的请求。当日，B公司以农民工亟待领取工资返乡过年为由向北京市第二中级人民法院递交《紧急申请》，恳请法院迅速将执行案款划转B公司。三天之后，即2009年1月19日，B公司顺利拿到法院划转的执行案款3 328 691. 47元。

【案件评析】

仲裁是由合同双方当事人通过协议选定特定的第三方仲裁机构来解决工程合同争议的方式之一，仲裁采取的是一局终裁制度，相比诉讼，能够节省时间，而法院诉讼，采取的是两审终审制，不服一审法院判决还可上诉至二审。法院作为司法机关，其判决或裁定具有法律的强制性，而仲裁庭毕竟不是司法机关，其作出的裁定，当事人不服的，可向相关法院提出撤销仲裁裁决的请求，这种制度弥补了仲裁制度一局终裁带来的不足。

按照我国《仲裁法》的规定，申请撤销仲裁裁决必须符合下列条件：

1. 提出撤销仲裁裁决申请的主体必须是仲裁当事人；
2. 必须向有管辖权的人民法院提出撤销仲裁裁决的申请；
3. 必须在法定的期限内提出撤销仲裁裁决的申请；
4. 必须有证据证明仲裁裁决有法律规定的应予撤销的情形。

本案中，A 公司向北京市第二中级人民法院提出撤销仲裁裁决申请书，符合《仲裁法》的规定，但经北京市第二中级人民法院审理认为，A 公司提出的撤销仲裁裁决的理由缺乏证据支持，因此，驳回了 A 公司撤销仲裁裁决的请求。由于仲裁裁决已生效，B 公司以农民工亟待领取工资返乡过年为由向北京市第二中级人民法院递交《紧急申请》，恳请法院迅速将执行案款划转 B 公司，很快 B 公司顺利拿到法院划转的执行案款 3328691. 47 元。本案中法院的审理和执行完全符合法律的规定。

参考文献

［1］史尚宽．债法总论［M］．北京：中国政法大学出版社，2000，1.

［2］郑玉波著．民法债编总论［M］．北京：中国政法大学出版社，2004.

［3］王利明、崔建远．合同法新论·总则［M］．北京：中国政法大学出版社，1997，3.

［4］王利明．合同法新问题研究［M］．北京：（修订版），中国社会科学出版社，2011.

［5］郭明瑞、王轶著．合同法新论．分则［M］．北京：中国政法大学出版社，1997.

［6］尹田主编．法国现代合同法［M］．北京：法律出版社，1997.

［7］朱树英．建设工程法律实务［M］．北京：法律出版社，2001，5.

［8］田威．FIDIC 合同条件应用实务［M］．北京：中国建筑工业出版社，2009.

［9］黄强光．建设工程合同纠纷前沿问题析解［M］．北京：法律出版社，2010.

［10］王建东：建设工程合同法律制度研究［M］．北京：中国法制出版社，2004.

［11］周吉高．建设工程专项法律实务［M］．北京：法律出版社，2009.

［12］林文学．建设工程合同纠纷司法实务研究［M］．北京：法律出版社，2014.

［13］高印立．建设工程施工合同法律实务与解析［M］．北京：中国建筑工业出版社，2012.

［14］廖正江．建设工程合同条款精析及实务风险案解［M］．北京：中国法制出版社，2011.

［15］赵力军主编．建设工程合同法律适用与探索［M］．北京：中国人民公安大学出版社，2011.

［16］《司法解释适用指南》编写组．建设工程施工合同司法解释适用指南［M］．北京：中国法制出版社，2006 ，4.

［17］吴庆宝主编．最高人民法院专家法官阐释民商裁判疑难问题（合同裁判精要卷），中国法制出版社，2013.

［18］刘贵祥．合同效力研论［M］．北京：人民法院出版社，2012.

［19］王永起、李玉明．建设工程施工合同纠纷法律适用指南［M］．北京：法律出版社，2013.

［20］闫铁流、张桂芹主编．建筑法条文释义［M］．北京：人民法院出版社，1998，6.